"先进化工材料关键技术丛书"
编委会

中国化工学会　组织编写

U0292089

编委会主任：

薛群基　中国科学院宁波材料技术与工程研究所，中国工程院院士

编委会副主任：

陈建峰　北京化工大学，中国工程院院士

高从堦　浙江工业大学，中国工程院院士

谭天伟　北京化工大学，中国工程院院士

徐惠彬　北京航空航天大学，中国工程院院士

华　炜　中国化工学会，教授级高工

周伟斌　化学工业出版社，编审

编委会委员（以姓氏拼音为序）**：**

陈建峰　北京化工大学，中国工程院院士

陈　军　南开大学，中国科学院院士

陈祥宝　中国航发北京航空材料研究院，中国工程院院士

程　新　济南大学，教授

褚良银　四川大学，教授

董绍明　中国科学院上海硅酸盐研究所，中国工程院院士

段　雪　北京化工大学，中国科学院院士

樊江莉　大连理工大学，教授

范代娣　西北大学，教授

傅正义　武汉理工大学，中国工程院院士

高从堦　浙江工业大学，中国工程院院士

龚俊波　天津大学，教授

贺高红　大连理工大学，教授

胡　杰　中国石油天然气股份有限公司石油化工研究院，教授级高工

胡迁林　中国石油和化学工业联合会，教授级高工

胡曙光　武汉理工大学，教授

华　炜　中国化工学会，教授级高工

黄玉东　哈尔滨工业大学，教授

蹇锡高　大连理工大学，中国工程院院士

金万勤　南京工业大学，教授

李春忠　华东理工大学，教授

李群生　北京化工大学，教授

李小年　浙江工业大学，教授

李仲平　中国运载火箭技术研究院，中国工程院院士

梁爱民　中国石油化工股份有限公司北京化工研究院，教授级高工

刘忠范　北京大学，中国科学院院士

路建美　苏州大学，教授

马　安　中国石油天然气股份有限公司石油化工研究院，教授级高工

马光辉　中国科学院过程工程研究所，中国科学院院士

马紫峰　上海交通大学，教授

聂　红　中国石油化工股份有限公司石油化工科学研究院，教授级高工

彭孝军　大连理工大学，中国科学院院士

钱　锋　华东理工大学，中国工程院院士

乔金樑　中国石油化工股份有限公司北京化工研究院，教授级高工

邱学青　华南理工大学 / 广东工业大学，教授

瞿金平　华南理工大学，中国工程院院士

沈晓冬　南京工业大学，教授

史玉升　华中科技大学，教授

孙克宁　北京理工大学，教授

谭天伟　北京化工大学，中国工程院院士

汪传生　青岛科技大学，教授

王海辉　清华大学，教授

王静康　天津大学，中国工程院院士

王　琪　四川大学，中国工程院院士

王献红　中国科学院长春应用化学研究所，研究员

国家出版基金项目
NATIONAL PUBLICATION FOUNDATION

先进化工材料关键技术丛书

中国化工学会 组织编写

储热材料及应用
Thermal Storage Materials and Applications

张正国 方晓明 凌子夜 等 著

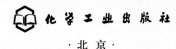

·北京·

内容简介

《储热材料及应用》是"先进化工材料关键技术丛书"的一个分册。

储热技术是指以储热材料为介质将热能储存并在适当时候予以释放和利用的技术，在太阳能热利用、工业与建筑节能、电子器件及动力电池热管理以及军事和民用领域具有广泛的应用前景。储热材料作为其关键介质，是储热技术应用的核心。本书以相变储热材料为重点，介绍了高性能相变储热材料的制备、热物性调控及其相关应用技术。共分为储热材料制备和储热材料应用上下两篇共12章。内容包括：绪论、有机/无机定形复合相变材料、无机/无机定形复合相变材料、有机/聚合物定形复合相变材料、复合相变材料的导热系数模型、相变微胶囊与相变料浆、相变材料乳液、储热材料在建筑节能领域的应用、储热材料在动力电池热管理领域的应用、储热材料在电子散热及热防护系统的应用、储热材料在生物医疗领域中的应用、储热器在热泵及太阳能领域的应用。

《储热材料及应用》可供化工、能源及材料等专业领域的科研与工程技术人员阅读，也可供高等学校相关专业师生参考。

图书在版编目（CIP）数据

储热材料及应用 / 中国化工学会组织编写；张正国
等著. —北京：化学工业出版社，2021.9（2024.5重印）
（先进化工材料关键技术丛书）
ISBN 978-7-122-39612-9

Ⅰ. ①储… Ⅱ. ①中… ②张… Ⅲ. ①热吸收-功能
材料 Ⅳ. ①TB34

中国版本图书馆 CIP 数据核字（2021）第 149397 号

责任编辑：杜进祥　徐雅妮　任睿婷
文字编辑：黄福芝　陈小滔
责任校对：边　涛
装帧设计：关　飞

出版发行：化学工业出版社（北京市东城区青年湖南街13号　邮政编码100011）
印　　装：北京建宏印刷有限公司
710mm×1000mm　1/16　印张27　字数519千字
2024年5月北京第1版第2次印刷

购书咨询：010-64518888　售后服务：010-64518899
网　　址：http：//www.cip.com.cn
凡购买本书，如有缺损质量问题，本社销售中心负责调换。

定　　价：298.00元　　　　　　　　　　　　版权所有　违者必究

作者简介

张正国，二级教授，博士生导师。华南理工大学化学与化工学院院长，中国化工学会储能专业委员会副主任委员，中国化工学会化工过程强化专业委员会委员，广东省热能高效储存与利用工程技术研究中心主任，教育部高等学校化工类专业教学指导委员会委员（2018—2022）。*Solar Energy Materials and Solar Cells* 期刊副主编，《高校化工学报》《化工进展》《储能科学与技术》等期刊编委。1990 年 6 月，获四川大学化学工程专业学士学位，1993 年 6 月和 1996 年 6 月，分别获华南理工大学化学工程专业硕士和博士学位。2002 年 10 月至 2003 年 9 月，日本九州大学访问学者。2015 年 1 月，日本北海道大学访问教授。主要从事传热强化与相变储热技术研究。作为项目负责人先后主持科技部"863 计划"项目、国家自然科学基金（联合基金）重点项目和面上项目、广东省自然科学基金团队项目以及军工项目等。在能源、化工领域主流国际学术期刊发表 SCI 收录论文 170 多篇，其中 12 篇论文入选 ESI 高被引论文，H 指数 54、引用次数 10029（Google 学术搜索）。强化传热与相变储热技术的研究成果在石化、化工、制冷等过程工业及军事装备中实施应用，获广东省、教育部及行业协会科技奖励一、二等奖 5 项。

方晓明，华南理工大学化学与化工学院研究员，博士生导师。1990 年 7 月毕业于成都科技大学化工系有机（精细）化工专业，获工学学士学位；1995 年至今一直在华南理工大学工作，于 2002 年 6 月获得华南理工大学化学工程专业博士学位。2003 年受聘于日本科学技术振兴事业团，在日本产业技术综合研究所九州中心任博士后研究员。2009 年 4 月到 2010 年 4 月在美国罗格斯大学（Rutgers University）化学与生物化学系作访问学者。研究领域涉及太阳能光催化材料、光热转化材料以及复合相变储热材料等。先后主持五项国家自然科学基金项目、科技部重点研发项目课题以及两项广东省科技计划项目。已在国内外主流学术期刊上发表学术论文逾 150 篇，被引用超 7000 次。

凌子夜，华南理工大学化学与化工学院副研究员。2011 年获中山大学化学工程与工艺学士学位，2016 年获华南理工大学化学工程博士学位。2018 年在华南理工大学工程热物理博士后流动站出站后留校任教，2019 年破格晋升为副研究员。研究方向为高效储热材料的制备传热性能调控，针对相变材料高导热化、储热系统的储热－传热耦合规律以及复杂环境下热管理系统设计方法开展系统研究。主持了国家自然科学基金青年基金、博士后基金特别资助及面上项目，科技部重点研发项目子课题等科研项目。以第一／通讯作者在能源、化工领域主流国际学术期刊发表 SCI 收录论文 20 余篇，其中 3 篇入选 ESI 高被引论文。获 *Applied Energy* 期刊 Highly Cited Paper 奖，华南理工大学优秀博士学位论文奖。担任 *Frontier in Energy Research* 客座编辑。

丛书序言

　　材料是人类生存与发展的基石，是经济建设、社会进步和国家安全的物质基础。新材料作为高新技术产业的先导，是"发明之母"和"产业食粮"，更是国家工业技术与科技水平的前瞻性指标。世界各国竞相将发展新材料产业列为国际战略竞争的重要组成部分。目前，我国新材料研发在国际上的重要地位日益凸显，但在产业规模、关键技术等方面与国外相比仍存在较大差距，新材料已经成为制约我国制造业转型升级的突出短板。

　　先进化工材料也称化工新材料，一般是指通过化学合成工艺生产的、具有优异性能或特殊功能的新型化工材料。包括高性能合成树脂、特种工程塑料、高性能合成橡胶、高性能纤维及其复合材料、先进化工建筑材料、先进膜材料、高性能涂料与黏合剂、高性能化工生物材料、电子化学品、石墨烯材料、3D 打印化工材料、纳米材料、其他化工功能材料等。

　　我国化工产业对国家经济发展贡献巨大，但从产业结构上看，目前以基础和大宗化工原料及产品生产为主，处于全球价值链的中低端。"一代材料，一代装备，一代产业"，先进化工材料具有技术含量高、附加值高、与国民经济各部门配套性强等特点，是新一代信息技术、高端装备、新能源汽车以及新能源、节能环保、生物医药及医疗器械等战略性新兴产业发展的重要支撑，一个国家先进化工材料发展不上去，其高端制造能力与工业发展水平就会受到严重制约。因此，先进化工材料既是我国化工产业转型升级、实现由大到强跨越式发展的重要方向，同时也是我国制造业的"底盘技术"，是实施制造强国战略、推动制造业高质量发展的重要保障，将为新一轮科技革命和产业革命提供坚实的物质基础，具有广阔的发展前景。

　　"关键核心技术是要不来、买不来、讨不来的"。关键核心技术是国之重器，要靠我们自力更生，切实提高自主创新能力，才能把科技发展主动权牢牢掌握在自己手里。新材料是国家重点支持的战略性新兴产业之一，先进化工材料作为新材料的重要方向，是化工行业极具活力和发展潜力的领域，受到中央和行业的高度重视。面向国民经济和社会发展需求，我国先进化工材料领域科技人员在"973 计划"、"863 计划"、国家科技支撑计划等立项支持下，集中力量攻克了一批"卡脖子"技术、补短板技术、颠覆性技术和关键设备，取得了一系列具有自主知识产权的重大理论和工程化技术突破，部分科技成果已达到世界领先水平。中国化工学会组织编写的"先进化工材料关键技术丛书"正是由数十项国家重大课题以及数十项国家三大科技奖孕育，经过 200 多位杰出中青年专家深度分析提炼总结而成，丛书各分册主编大都由国家科学技术奖获得者、国家技术发明奖获得者、国家重点研发计划负责人等担任，代表了先进化工材料领域的最高水平。丛书系统阐述了纳米材料、新能源材料、生物材料、先进建筑材料、电子信息材料、先进复合材料及其他功能材料等一系列创新性强、关注度高、应用广泛的科技成果。丛书所述内容大都为专家多年潜心研究和工程实践的结晶，打破了化工材料领域对国外技术的依赖，具有自主知识产权，原创性突出，应用效果好，指导性强。

创新是引领发展的第一动力，科技是战胜困难的有力武器。无论是长期实现中国经济高质量发展，还是短期应对新冠疫情等重大突发事件和经济下行压力，先进化工材料都是最重要的抓手之一。丛书编写以党的十九大精神为指引，以服务创新型国家建设，增强我国科技实力、国防实力和综合国力为目标，按照《中国制造 2025》、《新材料产业发展指南》的要求，紧紧围绕支撑我国新能源汽车、新一代信息技术、航空航天、先进轨道交通、节能环保和"大健康"等对国民经济和民生有重大影响的产业发展，相信出版后将会大力促进我国化工行业补短板、强弱项、转型升级，为我国高端制造和战略性新兴产业发展提供强力保障，对彰显文化自信、培育高精尖产业发展新动能、加快经济高质量发展也具有积极意义。

中国工程院院士：薛群基

2021 年 2 月

前言

　　能源是经济社会发展的重要物质基础，有力支撑了经济社会发展。我国已成为全球最大的能源生产国、消费国。但是，我国能源结构长期以煤为主，目前是全球最大的碳排放国家，能源清洁低碳转型要求紧迫，同时油气对外依存度高，能源安全存在隐患。2020 年 9 月 22 日，习近平总书记在第七十五届联合国大会一般性辩论上宣布，中国将采取更加有力的政策和措施，二氧化碳排放力争于 2030 年前达到峰值，努力争取 2060 年前实现碳中和。要实现这一目标，必须大力开发利用太阳能等可再生能源，同时提高能源的利用效率。然而，由于存在资源分散、波动性大等特点，太阳能等可再生能源在开发使用过程中存在利用效率低、能量输出与供给不匹配等问题。储能技术作为能量存储技术，可以通过能量的存储与释放，在能量生产与使用端构筑一个缓冲与调控的平台，将能量进行合理分配，从而有效解决能源供需之间的矛盾，提高能量利用效率。未来，随着能源互联网大规模发展的趋势，储能系统将成为能源调配的关键部件。除在可再生能源领域应用外，储能技术还在工业与民用建筑节能、电子器件及动力电池热管理以及医疗和军事等诸多领域都具有广阔的应用前景。

　　由于热量是生产和生活中最为常见的能量形式之一，储热技术成为了一项非常重要的储能技术。储热技术能够借助储热材料，实现对热量的存储和释放。根据储热材料的工作机理，储热技术可分为显热储热、相变储热（也称"潜热储热"）和热化学储热三类。显热储热是通过储热材料温度的改变进行热能的储存，具有操作简便、成本低等优点，但储热密度相对较低。相变储热是通过储热材料的相态变化过程进行热量的储存，具有储热过程温度恒定、储热密度较大、储放热过程易于控制等优点。热化学储热则是通过储热材料的化学反应进行热量的储存，具有储热密度大的优势。但化学反应过程受传热、传质等因素的影响，过程较难控制，运行成本高。综合成本、技术成熟度和储热密度等因素，相变储热技术是当前最具实际价值的储热技术。

相变储热技术涉及热能的储存与释放过程，其热性能受控于传热流体或界面与相变材料之间的热量传递。因此，相变储热技术的研究内容包括相变材料的制备及热物性调控、储热器及储热系统的传热研究与性能优化等，属于化学工程、工程热物理及材料工程等多学科交叉。从应用的角度来看，要求相变材料应具有高的相变潜热、良好的循环稳定性、合适的导热系数（又称热导率）、无毒（或低毒）、不易燃以及无或低的腐蚀性等特性，而普通的有机物（石蜡、酸或醇等）或无机物（无机盐或水合无机盐等）相变材料难以同时满足以上性能要求。近年来，复合相变材料成为发展趋势。一是制备微/纳米胶囊相变材料，采用高分子或无机物外壳将相变材料封装在壳体内，既解决了在固液相变过程中液体的流动性问题，又提高了相变材料与传热介质之间的相容性，还可以通过对壳体材料进行改性，提高其机械、热与光性能，扩展应用领域。二是利用无机物多孔介质（膨胀石墨、膨胀金属、膨胀珍珠岩、二氧化硅等）的吸附特性，将相变材料吸附到孔内制备复合相变材料。一方面可以利用无机物的高导热系数对相变材料的导热性能进行调控，另一方面利用毛细作用力抑制液体相变材料的泄漏，使复合相变材料保持定形特性，并提高与传热介质或界面之间的相容性。三是将低熔点的相变材料与高熔点的聚合物材料熔融共混制备复合相变材料，扩展聚合物材料在热能领域中的应用。四是制备微/纳米相变乳液，开发潜热型功能热流体，通过表观比热容的提升来提高流体的对流传热系数。除制备高性能相变材料外，设计开发高性能的储热器及储热系统，并对其结构参数和操作参数进行优化，对于最大限度地发挥储热材料的性能也至关重要。

本书由华南理工大学传热强化与过程节能教育部重点实验室组织编写，张正国教授、方晓明研究员和凌子夜副研究员等著，张正国教授负责统稿。本书共分十二章，重点围绕相变储热材料的制备、储热器及储热系统的设计开发进行全面的介绍和论述，为读者勾勒出储热材料及应用的整体面貌，以启发研究思路。第一章绪论由张正国教授和凌子夜副研究员共同撰写，主要介绍显热储热、相变储热和化学储热等三种储热技术的原理，并对这三类储热材料的技术特点进行了对比。第二至五章由方晓明研究员和张正国教授共同撰写，着重介绍了几类高性能定形复合相变材料的制备及其热物性调控方法，具体包括自行研制出的有机/无机、无机/无机以及有机/聚合物等类型复合相变材料，并对高导热复合相变材料的导热系数模型进行了介绍。第六章和第七章主要由张正国教授和方晓明研究员撰写。其中，第六章介绍了相变微胶囊的制备及其分散到水或离子液体中所得料浆的热物性；第七章论述了基于石蜡相变材料微/纳米乳液的制备以及稳定性和热物性的提升策略。第八章至第十二章由凌子夜副研究员、张正国教授以及林文珠博士共同撰写，瞄准高性能相变材料在建筑节能、动力电池热管理、电子器件散热与热防护、热疗技术以及热泵和太阳能热水系统等领域的应用研究进行介绍，并对其应用前景进行了分析。曹嘉豪、黄睿、孙婉纯、陈毅芳等参与了部分文字及图表的校对整理工作。

本书的核心内容来自本研究团队从 2004 年以来的研究成果，也凝聚了高学农教授、方玉堂教授、袁文辉教授和徐涛教授等人的辛勤付出和研究生们的辛苦努力。研究工作得到了国家重点研发计划"纳米科技"专项（2020YFA0210700）、国家自然科学基金（U1507201、U1407132、21276088、22078105、21908067）、广东省科技计划（2014A030312009、2016B020243008、2012B091000142）等项目资助，特此感谢！

本书内容较为全面和系统，将理论与实践紧密结合。既有关于复合相变储热材料制备的基础理论介绍，又有储热技术的应用示例，还对未来储热材料与技术的发展动向进行了展望。本书可供高等院校化学、化工、材料、能源等相关专业本科生、研究生参考，也可作为能源化工与功能材料等领域科研和工程技术人员的参考书。由于著者水平有限，书中难免存在不足和争议的地方，我们期待来自各方面的建议和指正。

著者

2021 年 4 月

目录

第一章
绪论　　　　　　　　　　　　　　　　　　　　　001

第一节　储热材料的性能要求　　　　　　　　　　　003
第二节　显热储热技术与材料　　　　　　　　　　　004
　　一、显热储热原理　　　　　　　　　　　　　　004
　　二、显热储热材料及其应用　　　　　　　　　　004
　　三、显热储热技术的优缺点　　　　　　　　　　008
第三节　相变储热技术与材料　　　　　　　　　　　008
　　一、相变储热原理　　　　　　　　　　　　　　008
　　二、相变材料的关键物性参数　　　　　　　　　010
　　三、相变材料的种类及其优缺点　　　　　　　　011
　　四、相变储热技术的优势及其应用领域　　　　　021
第四节　化学反应储热技术与材料　　　　　　　　　022
　　一、化学反应储热原理　　　　　　　　　　　　022
　　二、化学反应储热材料　　　　　　　　　　　　023
第五节　储热技术对比及相变储热材料发展趋势　　　025
　　一、三种储热技术对比　　　　　　　　　　　　025
　　二、相变储热材料发展趋势　　　　　　　　　　026
参考文献　　　　　　　　　　　　　　　　　　　027

上篇　储热材料制备

第二章
有机/无机定形复合相变材料　　031

第一节　定形复合相变材料的制备方法概述　　032
第二节　二氧化硅基定形复合相变材料　　033
　一、RT28/气相二氧化硅复合相变材料　　033
　二、蓄冷用十二烷/疏水型气相二氧化硅复合相变材料　　035
　三、癸酸–棕榈酸–硬脂酸三元共晶混合物/纳米二氧化硅
　　　复合相变材料　　037
第三节　膨润土基定形复合相变材料　　037
第四节　膨胀石墨基定形复合相变材料　　039
　一、石蜡/膨胀石墨复合相变材料　　039
　二、癸二酸/膨胀石墨复合相变材料　　041
　三、甘露醇/膨胀石墨复合相变材料　　042
　四、导热系数增强型有机/膨胀石墨复合相变材料　　043
参考文献　　046

第三章
无机/无机定形复合相变材料　　049

第一节　水合无机盐的定形复合相变材料　　050
　一、水合无机盐/改性膨胀石墨定形复合相变材料　　050
　二、水合无机盐/膨胀珍珠岩定形复合相变材料　　056
　三、光固化聚合物包覆的水合无机盐定形复合相变材料　　060
　四、胶黏剂封装的水合无机盐/氮化碳定形复合相变材料　　063
第二节　熔盐的定形复合相变材料　　067
　一、$LiNO_3$-KCl/膨胀石墨复合相变材料及热物性和腐蚀性　　067

二、新工艺制备膨胀率低且均匀性好的熔盐 / 膨胀石墨复合

　　相变块体材料　　071

三、高导热系数 MgCl$_2$-KCl/ 膨胀石墨 / 石墨纸复合相变块体材料　075

第三节　金属合金的定形复合相变材料　078

一、金属合金的定形复合相变材料概述　079

二、低熔点金属 / 膨胀石墨定形复合相变材料　080

参考文献　087

第四章
有机/聚合物定形复合相变材料　089

第一节　有机/聚合物定形复合相变材料概述　090

第二节　氢化苯乙烯-丁二烯嵌段共聚物基复合相变材料　092

一、石蜡 /SEBS 复合相变块　092

二、温致变色 OP10E/SEBS 复合相变油凝胶　095

第三节　中空纤维基复合相变材料　100

参考文献　103

第五章
复合相变材料的导热系数模型　105

第一节　分形计算模型　106

一、分形模型基本参数　107

二、A 型分形结构单元　110

三、B 型分形结构单元　115

四、分形单元的特征参数对预测值的影响　118

五、分形单元的构造形式对预测值的影响　119

六、分形模型可靠性验证　120

第二节　高度简洁的各向同性双参数模型　122

一、传统多组分材料导热系数模型　122

二、双参数各向同性导热系数模型　123

第三节　基于控制热阻的各向异性模型　　126

参考文献　　130

第六章
相变微胶囊与相变料浆　　133

第一节　相变微胶囊的制备方法　　134

　　一、原位聚合法　　135

　　二、界面聚合法　　135

　　三、复凝聚法　　136

　　四、溶胶－凝胶法　　137

第二节　纳米石墨改性聚合物壁相变微胶囊及其料浆　　138

　　一、相变微胶囊形貌与热物性　　139

　　二、离子液体基相变料浆的热物性　　140

　　三、离子液体基相变料浆的集热性能　　141

第三节　氧化石墨烯修饰纤维素壁相变微胶囊及其料浆　　144

　　一、纤维素自组装法合成相变微胶囊的原理与工艺　　144

　　二、氧化石墨烯改性纤维素壁相变微胶囊的形貌和热物性　　145

　　三、相变料浆的热物性和光热转化性能　　147

第四节　氧化石墨烯改性二氧化硅壳相变微胶囊及其料浆　　150

　　一、二氧化硅壳相变微胶囊的制备原理及工艺　　150

　　二、氧化石墨烯改性二氧化硅壳相变微胶囊的形貌与热物性　　151

　　三、改性二氧化硅壳相变微胶囊料浆的热物性和应用性能　　153

第五节　纳米相变胶囊的制备及其浆料　　155

　　一、聚苯乙烯壁纳米相变胶囊的制备及其浆料　　156

　　二、聚合物－无机双壳层纳米相变胶囊的制备及其料浆　　158

参考文献　　161

第七章
相变材料乳液　　165

第一节　相变乳液用作传热流体存在问题分析　　166

一、稳定性差 166

二、过冷度大 168

三、导热系数低 171

第二节　采用高分子型复合乳化剂制备稳定性好且过冷度低的
相变乳液 172

一、制备工艺优化 172

二、相变乳液的稳定性、热物性和流变特性 176

三、相变乳液的泵送功率分析 180

第三节　兼具导热系数和光热转化性能提升的纳米石墨改性
相变材料乳液 182

一、纳米石墨改性石蜡相变乳液的制备及其特性 182

二、纳米石墨改性石蜡相变乳液光热转化性能的优化 187

第四节　用于蓄冷的纳米石墨改性OP10E相变乳液 195

一、纳米石墨改性 OP10E 相变乳液的形貌与蓄冷特性 195

二、纳米石墨改性 OP10E 相变乳液的热可靠性和黏度 198

第五节　纳米相变乳液 199

一、纳米相变乳液的特性 199

二、超声乳化法制备 OP28E 纳米相变乳液 201

三、无过冷的纳米相变乳液 204

参考文献 207

下篇　储热材料应用

第八章
储热材料在建筑节能领域的应用 213

第一节　用于建筑围护结构实现被动式建筑节能 214

一、相变墙体及室内吊顶 215

二、相变隔热屋顶 221

三、热反射涂层与相变材料协同的新型建筑围护结构 226

第二节　与暖通设备相结合实现主动建筑节能 230

一、与新风系统结合的相变节能系统　　230

二、与地板采暖相结合的相变储热系统　　232

第三节　被动与主动相结合实现建筑节能　　241

一、具有通风系统的相变储能建筑围护结构实验研究　　241

二、具有通风腔的相变储能建筑围护结构模拟优化　　244

参考文献　　246

第九章
储热材料在动力电池热管理领域的应用　　249

第一节　相变储热式电池冷却系统　　251

一、膨胀石墨基复合相变材料应用于电池被动式冷却　　251

二、强制空冷 – 膨胀石墨基复合相变材料耦合式电池冷却　　253

三、强制液冷 – 相变材料耦合式电池冷却　　257

四、相变乳液电池液体冷却　　261

第二节　相变储热式电池保温加热系统　　264

一、电池保温系统　　264

二、被动式加热系统　　267

三、主动式加热系统　　271

第三节　相变传热模型及在电池热管理系统中的应用　　274

一、有限元分析法　　275

二、等效电路模型　　284

参考文献　　292

第十章
储热材料在电子散热及热防护系统的应用　　295

第一节　有机相变材料散热系统　　296

一、间歇式发热器件的相变散热结构　　297

二、散热系统性能分析　　301

第二节　金属相变材料散热系统　　305

一、脉冲式发热器件的相变散热系统结构　306

二、散热系统性能分析　309

第三节　无机相变-热化学双功能储热材料的热防护系统　312

一、无机水合盐的阻燃性及其潜热 – 化学协同储热特性　313

二、水合盐相变材料在电池外短路条件下的防护作用　316

三、水合盐相变材料在电池热失控发生时的防护作用　318

第四节　黑匣子热化学储热式防护系统　322

一、硼酸的热分解特性及其热防护结构设计　323

二、不同热防护结构性能对比　325

三、热反射 – 储热 – 隔热协同的热防护系统原理分析　328

参考文献　329

第十一章
储热材料在生物医疗领域的应用　331

第一节　药物控制释放　333

一、相变药物释放体系原理　333

二、药物释放特性　336

第二节　热疗医用器材　339

一、热疗口罩　339

二、热疗鼻贴　345

三、降温头套　347

第三节　冷链运输　351

参考文献　355

第十二章
储热器在热泵、太阳能领域的应用　357

第一节　热泵热水储热器　358

一、管壳式储热器　360

二、枕形板储热器　376

三、套管式储热器   380

第二节　热泵化霜储热器   385

第三节　太阳能热水系统储热器   387

一、平板式太阳能相变集热器   388

二、螺旋盘管式太阳能储热器及热水系统   390

参考文献   398

索引   400

第一章

绪 论

第一节　储热材料的性能要求 / 003

第二节　显热储热技术与材料 / 004

第三节　相变储热技术与材料 / 008

第四节　化学反应储热技术与材料 / 022

第五节　储热技术对比及相变储热材料发展趋势 / 025

能源是人类生存和发展的基础，能源技术的革新推动着人类文明的进步。但随着全球范围内能源消耗量不断增长，能源供需矛盾日益突出。中国作为世界上能源消耗量最大的国家，2018 年，一次能源的消耗量达到了 32 亿吨油当量，比排名第二的美国高出近 42%。中国承诺到 2030 年左右实现二氧化碳排放峰值，在 2016 年年底发布的《能源生产和消费革命战略（2016—2030）》中我国提出在2021—2030 年要将能源消费总量控制在 60 亿吨标准煤以内，加快形成人与自然和谐发展的能源消费新格局[1]。为了达到这一目标，中国正在通过政策鼓励、技术革新等手段，全面提高工业效率、大力开发可再生能源。

目前中国同样是世界上可再生能源使用规模最大的国家，能源结构中可再生能源占比已经达到近 15%。可再生能源包括太阳能、风能、生物质能、海洋能、地热能等，在自然界可以循环再生，是取之不尽、用之不竭的资源。然而，可再生能源普遍存在分散性大、输出不稳定的特点，在时间和空间上分布不均匀，从而导致能源输出量波动较大，利用效率低下。

储能系统是一种能够将能量存储，并在适当时候予以释放的能量系统。储能技术是提高可再生能源利用效率的重要途径。鉴于可再生能源分布的波动性和分散性，通过储能系统将能量进行集中存储与利用，对解决可再生能源的分散性与波动性问题具有关键意义，能够有效提升能量的利用效率。以太阳能利用为例，白天可以通过储电或储热等储能系统将丰富的太阳能储存为电能或热能，夜间在没有太阳的情况下，通过电池给建筑供电，或通过热水箱供给生活热水。利用储能系统，可以将具有分散性和波动性的能源收集并集中存放，并在用能需求出现的时候将能量稳定输出，从而在能源生产端与能源消耗端形成一道缓冲，平衡能源供给与需求之间在时间上和空间上的矛盾。

储能系统根据其储存的能量形式，可以划分为机械储能系统、电化学储能系统和储热系统等。其中，储热系统是一种将能量以热的形式进行存储，并在用能阶段直接释放热能或者通过热发电的形式输出电能的储能系统。热能是生活中最为常见的能量形式之一，储热系统既可以直接为家庭用户端提供生活热水，又可以为工业输出高温高压蒸汽，相比机械储能系统更具有灵活性。相比电化学储能系统，储热系统技术的能量来源更为丰富，既可以将电能高效转化为热能后存储，又能收集机械能转化过程中的热能，也可以直接存储热能。而且储热系统成熟度高，成本具有显著竞争力。储热系统是除抽水储能系统以外在储能系统中所占份额最高的。储热技术在太阳能热利用、工业余热回收、建筑节能等能源领域具有广泛的应用前景。此外，储热技术还可作为高效散热器件用于电子领域，作为热疗手段应用于医疗领域，以及结合热泵技术应用于空调等民用领域。

第一节
储热材料的性能要求

储热材料是储热系统中存储与释放热能的介质，是储热系统的核心。储热材料的性能直接决定储热系统性能。储热材料有很多种，通常根据储热机理的不同可以将储热材料分为三类：①显热储热材料；②相变储热材料；③化学储热材料。尽管不同的储热材料的材料性质、工作原理以及应用范围都不同，但优异的储热材料通常需要具备以下特点。

（1）低成本　储热系统中的储热量伴随着储热材料使用量的增大而增大，大规模的储热系统中储热材料占据了大部分成本，其价格是决定材料能否大规模使用的关键因素。

（2）高储热密度　储热密度指单位质量或单位体积储热材料能够储存的热量，储热密度越高，系统需要的储热材料就越少，系统重量越轻或体积越小。

（3）高导热系数　导热系数（又称热导率）是衡量物质热传导能力的一个重要参数，其定义为单位截面、长度的材料在单位温差下和单位时间内直接传导的热量。导热系数决定了储热材料的储热-放热速率，只有具有高导热系数的储热材料才能快速吸收-释放热量，具备高响应速率。

（4）恒定储热温度　热量输入或输出往往伴随着温度变化，如果储热系统储热或放热过程中温度变化幅度较大，对系统稳定运行具有不利的影响，因此储热材料的储热-放热过程最好在恒温状态下实现。

（5）高稳定性　稳定性包括热稳定性和化学稳定性，热稳定性是指储热材料在受热过程中物质组成保持相对稳定，从而避免材料因局部过热造成分解。化学稳定性是指储热材料在使用过程中不易与光、空气、水汽、金属容器等环境因素发生化学反应，造成物质组成发生变化，从而改变其储热特性。

（6）高可靠性　储热材料在使用过程中必须长期经历储热-放热过程的循环，为了满足储热材料能够长时间运行的要求，储热材料必须具备在多次冷热循环过程中物性变化小的特性，否则储热系统长期使用后会出现显著的性能下降。

本章接下来将对显热、潜热以及化学热等三种储热技术的工作原理、各自储热材料及其优缺点进行详细介绍，并将它们进行对比，最后对储热材料的要求及其未来发展趋势进行讨论。

显热储热技术与材料

一、显热储热原理

显热储热的原理是利用材料自身的热容来存储热量，随着储热材料温度的升高，热量存储在材料内，而温度的降低则让热量从材料中释放。单位质量显热材料在温度 T_0 和 T 之间的储热 - 放热过程的热量变化可由下式表示：

$$Q = \int_{T_0}^{T} c_p \mathrm{d}T \qquad (1\text{-}1)$$

式中　Q——热量，J/kg；

　　　T——温度，K；

　　　c_p——比热容，J/(kg·K)。

显热储热过程中，材料焓值随着温度的升高不断升高，由于材料的比热容受温度影响较小，显热储热材料的温度与焓值变化可看作是线性关系，如图1-1 所示。

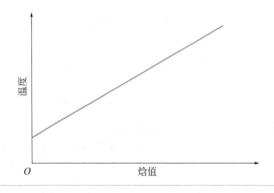

图1-1
显热储热过程的温度与焓值对应关系

二、显热储热材料及其应用

表 1-1 列举了一些常见的显热储热材料及其热物性。显热储热材料可以根据材料的相态分为固态显热储热材料和液态显热储热材料。

表1-1 部分常见的显热储热材料及其热物性[1-5]

	材料	密度/（kg/m³）	比热容/[J/（kg·K）]	导热系数/[W/（m·K）]
固态	岩石	2600	850	1.0
	混凝土	2300	920	1.5
	砖	1800	840	0.7
液态	水	988	4182	0.6
	硝酸盐	1870	1550	0.5
	硅油	970	1465	0.1
	铋	9940	150	16.3

1. 固态显热储热材料

固态显热储热材料有岩石、混凝土、砖等材料，此类材料的密度往往较水大，一般在 1500 ～ 3000kg/m³。由于固体的导热系数通常较液体高，固态显热储热材料的导热系数一般接近甚至高于 1W/（m·K）。砂石类固态显热储热材料的适用温度范围较宽，由于岩石或砂石的成分多为 Al_2O_3、SiO_2 等金属或非金属氧化物，其热稳定性优异，部分材料可以从室温一直到 600℃不发生分解，热物性保持稳定，而且具有一定的机械强度，在 400℃以上的高温下形变也较小。不过有些砂石中含有 $CaCO_3$，在 600℃以上高温下会发生 $CaCO_3$ 分解，从而外形上会出现崩裂等现象。固态显热储热材料价格普遍较低，应用十分广泛，适合工业上大规模中高温储热，例如石英石等可用于太阳能聚光电站中收集中温太阳能。家用系统中固态储热材料也有不少应用，例如在建筑的向阳面建造如图 1-2 所示的集热墙（Trombe Wall），墙体采用集热砖作为固态储热材料，表面涂覆吸光涂层使其同时具有吸光和储热特性。白天太阳光透过外层玻璃被集热墙以热量的形式吸收，同时集热墙与室外之间有一层空气层起到阻隔热量向室外释放的作用。夜间，集热墙可以将白天吸收的热量排向室内，用于加热室内空气，减少室内供暖所需的能耗。因此集热墙结构可用于昼夜温差大的地区，利用储热过程降低室内温度的波动，从而减少制冷、制暖系统的能耗。

虽然固态显热储热材料应用较为成熟，但是固态显热储热材料的缺点在于其比热容小，仅有水的四分之一左右，因此其储热密度低，尽管密度较水大，但整体储热系统体积仍较为庞大。

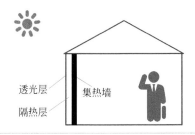

透光层　集热墙
隔热层

图1-2
带有集热墙建筑结构

2. 液态显热储热材料

液态显热储热材料中应用最为广泛的是水。水是生活中最为常见的物质之一，也是自然界中除了氢和氦之外比热容最大的物质。由于水具有较大的比热容，因此单位质量的水储热量相对较高。可是水作为储热材料，密度和导热系数都不高，而且使用温度限制在 0 ～ 100℃之间，温度范围较窄，因而多用于家用小规模储热装置。太阳能热水器、电热水器都是采用水箱作为储热装置，水作为储热材料，将太阳能或电能以热能的形式存储，并在淋浴、厨房用水的阶段将热能释放，提供生活热水。

液态显热储热材料还包括熔盐，如二元硝酸盐（KNO_3-$NaNO_3$ 共晶盐）、三元硝酸盐（KNO_3-$NaNO_3$-$NaNO_2$）等。此类储热材料利用熔化的盐作为传热流体吸收并储存热量，因此熔盐工作前必须首先加热激活，将其温度提升至熔点以上，通常的工作温度在 100 ～ 600℃[6]。此类材料的密度在 1500 ～ 2000kg/m³，比热容约 1500J/（kg·K），导热系数约 0.5W/（m·K）。由于盐类价格非常便宜，因此熔盐在太阳能聚光发电站中已有商业应用。例如图 1-3 所示，通用电气公司设计开发的塔式太阳能聚光发电站，配备了熔盐储热系统，利用高温熔盐存储太阳能后，可以在夜间、阴天等无太阳的情况下产生高温蒸汽用于发电，熔盐输出功率 200 ～ 1200MW，熔盐温度可高达 565℃。我国在建太阳能聚光发电项目 350MW，还有 749MW 项目正在筹备。其中位于敦煌的首航节能光热发电项目，是我国首座 100MW 级塔式太阳光热电站。该电站配置 11h 熔盐储热系统，12000 多面定日镜，占地总面积近 800hm²。该项目拥有 260m 高的吸热塔，是目前全球吸热塔最高的塔式光热电站；聚光面积达 140×10⁴m²，为全球聚光面积最大的塔式光热电站。该项目被形象地称为"超级镜子发电站"，年发电量可达 $3.9×10^8$kW·h。

图1-3　通用电气公司配备熔盐储热系统的太阳能聚光发电站

太阳能聚光发电中的熔盐储热结构可如图 1-4 所示，太阳光通过聚光镜反射至收集塔内，将低温熔盐泵入收集塔内换热，吸收太阳光热量后高温熔盐传输至高温储罐内。高温熔盐作为蒸汽发生器的热源生产高温高压蒸汽，蒸汽推动涡轮机做功即可生产电能，而高温熔盐经过蒸汽发生器的换热器后被冷却，转移到低温储罐，低温熔盐通过泵回到收集塔内完成循环。

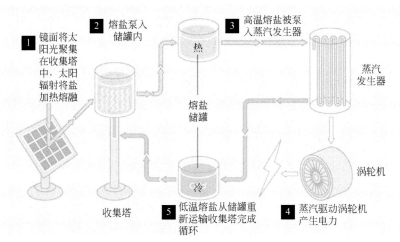

图1-4 太阳能聚光发电中熔盐储热系统示意图[7]

熔盐技术已经得到了大规模应用，然而在其使用过程中仍存在较多问题需要进行技术攻关。一方面熔盐黏度较大，流体输送所需的功耗较高；此外熔盐对金属容器、管道的腐蚀性强，防腐要求较高。尤其在太阳能热发电领域，要掌握熔盐在高温环境下流动过程对金属的腐蚀机理及腐蚀抑制技术，依然需要开展大量工作。

除熔盐之外，硅油、植物油、矿物油、合成油等导热油也是中温段（100～400℃）热利用常用的传热流体，因此也可用作中温段的显热储热介质。这一类物质多为烷烃、芳香烃和酯类等有机物，以及聚硅氧烷为主的无机物[8]。导热油黏度小、液程较宽，对管道无腐蚀，运行温度范围可从常温最高到 400℃，商用程度较高，有成熟的商业化产品。但导热油普遍存在导热系数低、密度和比热容小的问题，从而传热性能与储热性能较差。

液态金属是利用一些中低熔点的金属进行储热的显热储热材料[5]。液态金属黏度较熔盐低，重金属的密度较高，液程极宽，最高运行温度可达上千摄氏度，例如锡可在 232～2687℃ 范围内作为良好的传热介质。液态金属的最大优势在于其具有较高的导热系数，比熔盐高了 1～2 个数量级，可达 10～10^2W/（m·K）。

高导热系数使得液态金属具有极佳传热特性。然而，液态金属除金属 Li 外，比热容普遍小于 1kJ/（kg·K），因而储热密度低。而且金属的价格较高，对金属容器、管道也存在腐蚀性，大规模应用的投资成本与维护成本都较高。

三、显热储热技术的优缺点

显热储热介质工作原理简单，利用材料自身比热容实现热量储存，储热过程为物理过程，因此具有较好的稳定性，可保证材料在长期使用的过程中储热特性基本保持不变。而且，不少显热储热材料价格低廉，已经在不少工业、民用领域得到了应用。

然而，显热储热材料最大的问题在于储热密度低，按材料储热过程温度升高 50℃计算，显热储热材料的储热密度普遍小于 100kJ/kg。而且在显热储热过程中温度是一直变化的——储热过程中，随着热量的输入，材料温度基本呈线性升高；放热过程中，随着热量的输出，材料温度呈线性下降，热量的输入和输出使温度一直处于波动状态。这会导致储能过程中所需的能量品位不断提升，功耗增加。而用能过程中获得的热量品位持续下降，无法稳定地获得高质量的热能。

因此，显热储热技术受限于显热储热材料的储热密度与其储热-放热的特性，在应用过程中易存在储热容量不足的问题，无法满足一些对体积、重量等紧凑性要求较高的储热系统的储热要求。而且显热储热材料在热量输出过程中，热量品位下降会对储热系统的稳定运行带来问题。

第三节
相变储热技术与材料

一、相变储热原理

相变储热又称潜热储热，是利用相变材料（Phase Change Material, PCM）在相态变化过程中热量的吸收和释放来储存热量。根据相态变化的种类不同，相变储热可分为固固、固液、固气和液气相变储热。但是除了固液相变材料，其余几种相变过程在实际应用中存在较大的问题：①固固相变过程相态变化小，储热密度较低；②固气和液气相变过程中体积变化巨大，产生的气体难以存储。因此，一般情况下相变材料特指固液相变材料。

单位质量固液相变材料从温度 T_0 到 T 的储热过程存储的热量，即相变材料的焓值 H，可由下面公式计算：

$$H = h + \Delta H \tag{1-2}$$

$$h = \int_{T_0}^{T} c_p \mathrm{d}T \tag{1-3}$$

$$\Delta H = \beta \gamma \tag{1-4}$$

式中 h——相变材料的显热值，J/kg；

     ΔH——已熔化相变材料的潜热，J/kg；

     c_p——相变材料比热容，J/（kg·K）；

     T——温度，K；

     β——已熔化相变材料的质量分数；

     γ——相变材料相变焓，J/kg。

储热过程中相变材料的焓值随温度的变化可由图1-5所示，在温度上升至相变温度 T_p 之前，材料以显热的形式储存热量，其温度快速升高，总焓值为材料的显热储热量 h，即比热容对温度的积分。当温度上升至相变温度 T_p 时，此时相变材料开始熔化，材料开始以潜热的形式存储热量。其总焓值等于 T_0 到 T_p 之间的显热值 h 与已熔化相变材料的潜热值 ΔH 之和。ΔH 数值上等于已熔化的相变材料质量分数 β 与相变焓 γ 的乘积，随着已熔化相变材料的质量分数增大，材料的焓值随着熔化过程的进行持续增大。但是在完全相变之前，即 $\beta \leqslant 1$ 时，材料的温度几乎维持不变。当相变材料完全熔化后，相变储热过程完毕，材料又以显热的形式继续储热，温度再次快速升高，总焓值为显热值与相变焓之和。相变储热材料的放热过程为储热过程的逆过程，其焓值随温度的变化过程仍可由上述公式描述，此处不再赘述。

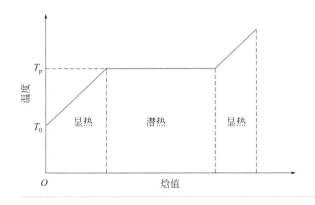

图1-5
相变储热过程的温度与焓值对应关系

二、相变材料的关键物性参数

相变温度 T_p、相变焓 γ、比热容 c_p 与导热系数 k 是固液相变材料最为重要的特性参数。相变温度是指固 - 液相变过程发生的温度，每一种相变材料都有自己特定的相变温度，例如冰在 0℃ 融化成水，0℃ 就是水的相变温度。相变材料的相变温度范围非常广，从零下几十摄氏度到上千摄氏度都有对应的相变材料。相变温度决定了相变材料的工作温度区间，不同相变温度的材料适用的范围不同。例如，后续章节将会提到相变材料在电子散热中的应用，其目标是控制电子器件的温度在 50 ～ 100℃ 内，因此应选择相变温度在此温度区间内的相变材料。如果选择相变温度为 0℃ 的冰作为相变材料，则该相变材料无法有效工作。选择合适的相变温度，是应用相变材料的第一步。

相变焓是指单位质量的相变材料完全发生相变需要吸收或释放的热量，相变焓越大，相变材料的储热密度越高。相变焓对相变材料而言非常重要，如果焓值过低，则在满足一定储热总量要求的情况下，需要使用大量的相变材料，储热系统将变得庞大且笨重。如果相变材料具有较高的焓值，可以使用较少的相变材料满足较大的储热量要求，从而使储热系统重量减轻、结构更为紧凑。相变材料的相变焓通常在 100 ～ 250kJ/kg 范围，部分相变材料相变焓较高，能达到 300kJ/kg 以上。

比热容则是衡量相变材料显热储热密度的一个指标。相变材料的储热过程以固 - 液相变过程中的潜热为主，但是如果温度跨度较大，显热储热量也能在总储热量中占据一定的比例。不同相变材料的比热容各不相同，但一般都低于水，通常在 1.5 ～ 3.8kJ/（kg·K）的范围内。

导热系数是物质导热能力的量度，决定了相变材料热量传递的速率。导热系数对于相变材料而言极为重要，导热系数是直接关系热量存储与释放过程速率的参数。导热系数高的相变材料，在储热过程中能够快速从热源中收集热量，缩短储热时间，在放热过程中快速将存储的热量传递出去，加快放热过程。而如果相变材料的导热系数较低，则在相同条件下，相变材料需要花费更多的时间吸收热量，导致储热过程速率慢、效率低。在大部分情况下，我们需要相变材料具有较高的导热系数，以提高相变材料储热与放热过程的相应速率；在少部分情况下，相变材料具有低导热系数也是有利的，比如当相变材料用于隔热防护系统时，需要利用低导热系数阻隔热量从外部高温环境往系统内传输，从而降低外部高温对系统内部的热伤害。通常而言，相变材料的导热系数范围在 0.2 ～ 1.5W/（m·K）之间，属于不高不低的水平。因而需要通过导热系数调节技术，增大或降低相变材料的导热系数，以满足不同背景的换热要求。

三、相变材料的种类及其优缺点

相变材料可根据其化学组成分为有机相变材料、无机相变材料和共晶相变材料。本章将逐一对不同类型的相变材料进行介绍。

1. 有机相变材料

有机相变材料主要包括高级脂肪烃类、脂肪酸类、醇类、酯类等，其中对于石蜡类及高级脂肪酸类相变材料的相关研究最为深入。石蜡是具有直链结构的正构烷烃混合物，其分子通式为 C_nH_{2n+2}，其性质与饱和碳氢化合物非常接近。石蜡在结晶时会释放大量的热，相变温度随着碳链的增长而变大。石蜡族相变材料化学性质不活泼、相变温度范围大、无腐蚀性、熔融蒸气压低，因此可作为储热材料在储热系统中长期反复利用。考虑到成本，实际应用中通常选用工业级石蜡作为储热系统中的相变材料。工业级石蜡多是烷烃的混合物，因此工业级石蜡往往具有一个熔融温度范围而不是一个尖锐的熔点。石蜡虽然具有熔融一致、高熔化热、化学惰性、自成核、无相分离等优点，但是它也存在导热系数低、熔融体积变化大、与塑料容器不相容、易燃等缺陷。部分链烷烃的熔点与相变焓见表 1-2。

表1-2　部分链烷烃的熔点与相变焓[9]

碳原子个数	熔点/℃	相变焓/（J/g）
12	-9.7	210
13	-5.4	196
14	5	230
15	10	205
16	16.7	237
17	21.7	213
18	28.0	244
19	32.0	222
20	36.7	246
21	40.2	200
22	44.0	249
23	47.5	232
24	50.6	255
25	53.3	238
26	56.3	256
27	58.8	236
28	61.6	253
29	63.4	240
30	65.4	251

脂肪酸的通式为 $CH_3(CH_2)_{n-2}COOH$，脂肪酸是性能优良的相变储热材料，它的缺点主要是成本较高，其价格通常是分析纯石蜡的 2～2.5 倍，同时脂肪酸也具有一定的腐蚀性。部分应用于相变储热系统的脂肪酸的熔点、相变焓见表 1-3。

表1-3　部分脂肪酸的熔点与相变焓

脂肪酸	分子式	熔点/℃	相变焓/（J/g）
乙酸	CH_3COOH	16.7	194
癸酸	$CH_3(CH_2)_8COOH$	36	152
月桂酸	$CH_3(CH_2)_{10}COOH$	49	178
正十五烷酸	$CH_3(CH_2)_{13}COOH$	52.5	178
肉豆蔻酸	$CH_3(CH_2)_{12}COOH$	58	199
棕榈酸	$CH_3(CH_2)_{14}COOH$	65.1	186
硬脂酸	$CH_3(CH_2)_{16}COOH$	69.4	199

有机糖醇是具有多羟基结构的醇类物质，相变温度一般在 100～300℃ 之间，部分有机糖醇的热物性参数见表 1-4。由于多羟基之间能产生较强的氢键，因而有机糖醇具有较高的相变潜热。而且具有无毒且易于获取等特性，在储热系统方面具有很大的应用潜力。然而，有机糖醇作为相变材料最大的缺点是其在相变过程中可观察到严重的过冷现象。例如赤藓糖醇的过冷温度为 14℃，而 D-甘露醇的过冷温度达到了 43℃。过冷是物质在温度降至凝固温度时因结晶困难导致无法凝固，而需要在更低温度下才能发生相变的一种现象。如图 1-6 所示，相变材料在储热过程中当温度为 T_p 时熔化，而在放热过程中由于存在过冷，材料只能当温度降至 T_s 时才有足够的动力激发凝固，T_s 与 T_p 之间的温度差称之为过冷度。过冷现象的出现说明材料需要在低于其相变温度的环境下放热凝固，即储热过程存储的高品位热能只能以低品位热源输出，造成有效能的损失。因此，具有过冷特性的相变材料严重影响其传热性能。

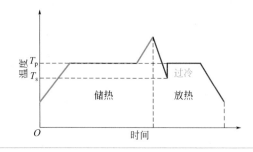

图1-6
具有过冷特性的相变材料储热-放热过程中的温度随时间变化曲线

表1-4 部分有机糖醇的热物性参数

糖醇	相变温度/℃	相变焓/（J/g）
木糖醇	94.3	239.3
赤藓糖醇	120	339.8
D-甘露醇	166~168	316.4
半乳糖醇	188~189	351.8
肌醇	224~227	226

脂肪酸还可以与醇类通过酯化反应合成酯类化合物，也可作为相变材料。此类相变材料的相变温度较相应的脂肪酸和有机糖醇低，相变焓也多低于对应的酸和醇，部分酯类的熔点与相变焓见表1-5。此外，有机类相变材料还包括芳香烃类、芳香酮类、酰胺类等化合物，本书不再一一列举。

表1-5 部分酯类的熔点与相变焓[10]

脂肪酸	熔点/℃	相变焓/（J/g）
三肉豆蔻酸甘油酯	31.96	154.3
三棕榈酸甘油酯	58.50	185.9
三硬脂酸甘油酯	63.45	149.4
赤藓糖醇四棕榈酸酯	21.93	201.10
赤藓糖醇四硬脂酸酯	30.35	208.84
木糖醇五棕榈酸酯	18.75	170.05
木糖醇五硬脂酸酯	32.35	205.65
半乳糖醇六棕榈酸酯	31.78	201.66
半乳糖醇六硬脂酸酯	47.79	251.05

总体而言，有机类相变材料的相变焓较高，基本可以达到 150～250J/g 的水平，储热密度大。相变温度可选的范围较广，基本覆盖到了 300℃特别是 150℃以下的各个温度段，可以满足太阳能中低温热利用、工业余热回收等应用需求。有机相变材料尤其是石蜡类的饱和碳氢化合物具有稳定性好的优势，一方面自身不易分解，在上千次加热-冷却的储放热的循环过程中相变温度、相变焓等特性变化较小；另一方面不易对金属管道等产生腐蚀。而且，除有机糖醇外，有机类相变材料几乎都不存在过冷现象，有利于储热系统中热量的高效释放。

但是有机类相变材料普遍存在的缺点在于：①价格高，大规模商用成本难以负担；②密度小，体积储热密度较低，除了有机糖醇的密度大于水，其余有机类相变材料的密度都接近或小于水的密度，如石蜡类的密度基本上在 600～800kg/m³；③导热系数低，普遍小于 0.5W/（m·K），严重影响储热系统的储热、放热速率；④具有可燃性，遇明火或高温时存在安全隐患。

为了解决有机类相变材料存在的问题，当前的研究主要集中在以下几个方面。

（1）开发高纯度的石蜡相变材料提纯工艺　石蜡的相变温度范围、相变焓受其组分纯度影响大，传统的提纯工艺主要通过原油的分馏实现，不仅能耗高，而且效率低。如果能开发简单的石蜡提纯工艺，让材料在非常窄的温度段完成相变，同时也使得相变焓得到大大提升。例如 $C_{26} \sim C_{28}$ 的切片石蜡，其相变温度为 $58 \sim 62\,℃$，相变焓约 180J/g，将其提纯后相变温度范围缩小为 $60 \sim 61\,℃$，相变焓可提升至 240J/g。窄相变区间能够保证热量输出温度更为恒定，相变焓的增大可提升其储热密度，因此，开发简单的提纯工艺对降低石蜡成本、增加其附加价值、提升有机类相变材料的储热密度具有重要意义。

（2）开发相变材料导热系数高效提升技术　现有的相变材料导热系数较低，难以满足快速储热-放热的传热需求，因此如何改善其导热系数是一大研究重点。提升相变材料导热系数的难点在于如何能够既实现导热系数的大幅提升，又避免相变材料的相变焓降低。当前研究主要通过添加高导热材料如膨胀石墨、泡沫金属、金属氧化物纳米粒子等手段来提升相变材料导热系数。由表1-6对比可以发现，添加膨胀石墨吸附相变材料是最为有效的一种方法，一方面石墨的高导热特性可以将相变材料的导热系数提升 $1 \sim 2$ 个数量级；另一方面膨胀石墨的质量分数只需要 $5\% \sim 20\%$ 左右，对相变材料的储热密度影响较小。最为重要的是膨胀石墨可以将熔化后的相变材料保持在微孔内，实现相变材料熔化后在宏观上无明显液体泄漏。相比而言，添加泡沫金属虽然可以将导热系数提升1个数量级，但液态相变材料仍会从泡沫金属的孔隙中泄漏。纳米颗粒则存在分散性较差、添加比例较低的问题，导热系数一般提升 0.5W/（m·K）以内，提升作用有限。膨胀石墨复合相变材料具有优良的热物性，相关信息将在第二章复合相变材料中进行具体介绍。

表1-6　部分导热填料对相变材料导热系数提升效果

相变材料	相变材料导热系数/[W/（m·K）]	添加材料	复合材料导热系数/[W/（m·K）]	添加材料的比例（质量分数）/%	相变材料潜热/复合材料潜热/（J/g）
RT-42石蜡	0.2	膨胀石墨	16.6	26.6	250/185
二十二烷	0.205	石墨	0.747	16	124.5/71.2
石蜡	0.31	石墨粉	0.46	12	133.1/90
十六烷	0.15	铝颗粒	1.25	25	236/167
硬脂酸	0.3	碳纤维	0.62	10	198.8/184.6
正二十二烷	0.22	石墨粉	0.82	10	194.6/178.3
十四烷醇	0.32	银纳米线	1.46	62.73	210/76.5
癸二酸	0.372	膨胀石墨	5.35	15	212/188
RT44HC	0.22	膨胀石墨	$4.3 \sim 15.7$	$25 \sim 35$	226/153~168

2. 无机相变材料

无机相变材料主要包括中低温应用领域的水合盐类相变材料、高温应用领域的熔盐类相变材料以及高温应用领域的金属相变材料等。

结晶水合盐类相变材料是应用最广泛的无机相变材料，水合盐的化学式可以表示为 $A_xB_y \cdot n(H_2O)$，其中 n 代表结晶水的数量，A_xB_y 代表金属盐例如碳酸盐、亚硫酸盐、磷酸盐、亚硝酸盐、醋酸盐或氯化物等。水合盐中存在的化学键包括离子键、极性分子键和氢键。在熔化过程中，无机水合盐失去部分或者全部水分子，金属盐溶解在水分子中，反之在凝固过程中，这种水分子与金属盐结合，达到固液或者液固的转换。无机水合盐的相变机理可以表示为：

$$AB \cdot mH_2O \Longrightarrow AB \cdot mH_2O + \Delta H_m$$
$$AB \cdot nH_2O \Longrightarrow AB \cdot mH_2O + (n-m)H_2O + \Delta H_m$$

表1-7列举了一些常见的无机水合盐相变材料的热物性。与有机相变材料相比，无机水合盐作为相变材料显著的优点为廉价易得，其价格往往为有机物的几十甚至几百分之一。无机水合盐相变材料的相变焓和密度更高，由于水合盐的密度大于水，其体积储热密度较高。而且水合盐相变材料的导热系数略高于有机物，普遍大于 0.6W/（m·K），传热速率可以得到一定程度加快。无机水合盐是 100℃ 以下最具有应用前景的无机相变材料之一。

不过，水合盐存在较严重的过冷现象，由于在无机盐与水分子重新形成晶核过程中，需要克服形成微小晶体产生的较高表面能，几乎所有水合盐都存在过冷，过冷度可高达 30～50℃。为了消除过冷，常见的方法是在水合盐中添加成核剂。添加成核剂是选择一些与无机水合盐组成和比例都比较接近的化合物加入到无机水合盐中，在结晶的时候提供晶核，促进成核过程。例如 $MgCl_2 \cdot 6H_2O$ 中加入 1%～3% 的 $SrCl_2 \cdot 6H_2O$ 即可将其过冷度从 15℃ 降低至 2℃。但是如何选择成核剂目前没有较好的指导方法，只能通过大量的实验进行摸索。

另外，水合盐在循环过程中容易出现相分离的问题。相分离是指无机水合盐相变材料在多次使用过程中出现固液分离无法恢复原状的现象。发生相分离的原因可以简单解释为：无机水合盐受热一般会转变为自由水和无机盐或水含量较少的另一类型水合物，若这些盐的溶解度不高，加热到熔点以上时没有完全溶解在自由水中，密度较大而沉淀在容器底部，造成分层现象，从而影响无机水合盐相变材料的储能密度和使用寿命。目前对于相分离问题的解决办法主要通过：①添加增稠剂抑制水分子的自由移动；②将容器底部做成薄盘状或增加搅拌振动装置降低相变材料在空间上的浓度分布差异，保证材料均一稳定。

此外，水合盐的结晶水在材料熔化成液态后极易因蒸发导致失水，而失水对于水合盐的影响是致命的，会使水合盐物质组成发生变化，热物性发生改变，甚至导致水合盐丧失储热能力。解决水合盐失水问题的核心在于阻止水分逃离，将材料密封可以有效抑制水合盐脱水问题。例如图 1-7 所示，水合盐吸附至多孔的膨胀石墨基体后采用灌封胶密封，多孔载体起到支撑相变材料作用，密封胶将多孔载体孔道进行封闭，完全切断水分逃离的路线。冷热循环后，经过多孔材料与灌封胶多级封装的相变材料相变焓没有任何损失，而完全没有经过处理的水合盐的相变焓与相变温度在循环 100 次后均会发生较大变化。

表1-7　部分无机水合盐的热物性[11]

分子式	熔点/℃	相变焓（J/g）	密度/（kg/m³）
$CaCl_2 \cdot 6H_2O$	30	125	1710
$Na_2SO_4 \cdot 10H_2O$	32.4	254	1485
$Na_2HPO_4 \cdot 12H_2O$	35.5	265	1522
$C_2H_3NaO_2 \cdot 3H_2O$	58	266	1450
$Ba(OH)_2 \cdot 8H_2O$	78	280	2180
$Mg(NO_3)_2 \cdot 6H_2O$	89	162.8	1550
$MgCl_2 \cdot 6H_2O$	116.7	168.6	1570

无机水合盐　　　　　　多孔载体吸附支撑　　　　　　　密封

图1-7　水合盐多级封装示意图

　　无机熔盐与无机水合盐基本组分相近，只是结构中去掉了结晶水，是成本较低的储热材料之一。熔盐作为中高温热利用常见的储热材料，主要包括硝酸盐、氯盐、氟盐、碳酸盐和部分碱。无机熔盐的相变温度通常在 250～1600℃之间，相变焓范围为 60～1000J/g。由于无机熔盐温度较高，为了获得更大的温度范围的材料，一般将两种或者多种无机熔盐进行混合以降低其相变温度。熔盐中，硝酸盐及其共晶盐的相变温度相对较低，在 120～350℃之间，适用于中温段储热系统。氯盐、氟盐和碳酸盐的相变温度较高，在 700～900℃之间，其共晶盐的相变温度范围也在 350℃以上，因而适用于高温储热系统。其中氟盐的储热密度较高，但价格太高，难以大规模应用。对比可以发现，无机熔盐密度较无机水合盐大，通常在 2000kg/m³ 以上，导热系数也基本在 0.5～5.0W/（m·K）之间，但多数材料的导热系数小于 2W/（m·K）。部分无机熔盐的物性见表 1-8。此外，熔盐也存在过冷的问题，对金属存在严重的腐蚀，在使用过程中面临着巨大的挑战。

表1-8　部分无机熔盐的物性[12, 13]

物质（质量比）	熔点/℃	相变焓/（kJ/kg）	密度/（kg/m³）	导热系数/[W/(m·K)]
ZnCl₂	280	75	2907	0.5
NaNO₃	308	199	2257	0.5
NaOH	318	165	2100	0.92
KNO₃	336	116	2110	0.5
NaCl-KCl（58:42）	360	119	2084.4	0.48
KOH	380	149.7	2044	0.5
Na₂CO₃-Li₂CO₃（56:44）	496	370	2320	2.09
NaF-MgF₂（75:25）	650	860	2820	1.15
MgCl₂	714	452	2140	0.55
LiF-CaF₂（80.5:19.5）	767	816	2390	1.70（液态）
				3.8（固态）
NaCl	800	492	2160	5.0
Na₂CO₃	854	275.7	2533	2.0
K₂CO₃	897	235.8	2290	2.0

　　对于无机水合盐与无机熔盐，导热系数尽管高于有机相变材料，但仍然不够高，所以导热系数仍是限制它们传热性能的重要因素。提升热物性也是对水合盐与熔盐进行研究的重点之一。为了提高无机相变材料的导热系数，可参考有机相变材料的导热系数提升方法。例如，通过添加15%膨胀石墨，可以将$MgCl_2$-KCl（37.4∶62.6）的导热系数从0.41W/(m·K)提升至4.92W/(m·K)，导热系数增大了11倍，而且过冷度也从原来的17.4℃降低至5.8℃[14]。但是由于无机材料与有机材料的极性等特性不同，导热填料在两种材料中的分散性也有差别。特别是碳材料，根据相似相容原理，它在有机相变材料中具有良好的分散性与稳定性。但是，许多液态无机盐及水合盐在碳材料表面的接触角大于90°，碳材料在无机相变材料中的分散性相对较差。因此，通过用表面活性剂、氧化剂等对碳材料进行表面改性，赋予其亲水基团，有利于提高其在无机材料中的分散性[15]。

　　金属类相变材料是利用金属材料的熔化、凝固过程实现热量存储与释放的储热材料。除部分液态金属外，金属及其合金普遍具有较高熔点，适用于高温储热系统。金属类相变材料的优势包括：①极高的导热系数，导热系数基本高于50W/(m·K)，例如Al-Si合金的导热系数约为160W/(m·K)，因此金属类相变材料具有良好的传热性能；②较高的储热密度，金属的密度大，通常在2500～9000kg/m³之间，因此其单位质量和单位体积的储热密度都比较大；③良好的热稳定性和较小的过冷度等；④金属相变材料在相变过程中体积变化较小。但是限制金属类相变材料应用的最重要因素在于其价格昂贵、适用温度较窄，同时金属相变材料的盛装容器需要耐高温腐蚀，金属材料自身也存在腐蚀的风险。部分金属及合金热物性见表1-9。

表1-9　部分金属及合金热物性[16]

组成	熔点/℃	相变焓/（J/g）	密度/（kg/m³）
Pb	328	23	
Al	660	397	
Cu	1083	193.4	8930
Mg-Zn [46.3%/53.7%（质量分数）]	340	185	4600
Mg-Zn [48%/52%（质量分数）]	340	180	
Zn-Al [96%/4 %（质量分数）]	381	138	6630
Al-Mg-Zn [59.36%/34.02%/6.62%（质量分数）]	443	310	2380
Al-Mg-Zn [60%/34%/6 %（质量分数）]	450.3	329.1	
Mg-Cu-Zn [60%/25%/15 %（质量分数）]	452	254	2800
Mg-Cu-Ca [52%/25%/23 %（质量分数）]	453	184	2000
Mg-Al [34.65%/65.35 %（质量分数）]	497	285	2155
Al-Cu-Mg [60.8%/33.2%/6 %（质量分数）]	506	365	3050
Al-Si-Cu-Mg [64.6%/5.2%/28%/2.2 %（质量分数）]	507	374	4400
Al-Cu-Mg-Zn [54%/22%/18%/6 %（质量分数）]	520	305	3140
Al-Si-Cu [68.5%/5%/26.5 %（质量分数）]	525	364	2938
Al-Cu-Sb [64.3%/34%/1.7 %（质量分数）]	545	331	4000
Al-Cu [66.92%/33.08 %（质量分数）]	548	372	3600
Al-Si-Mg [83.14%/11.7%/5.16 %（质量分数）]	555	485	2500
Al-Si [87.76%/12.24 %（质量分数）]	557	498	2540
Al-Si-Cu [46.3%/4.6%/49.1 %（质量分数）]	571	406	5560
Al-Si-Cu [65%/5%/30 %（质量分数）]	571	422	2730
Al-Si [12%/88 %（质量分数）]	576	560	2700
Al-Si [20%/80 %（质量分数）]	585	460	
Zn-Cu-Mg [49%/45%/6 %（质量分数）]	703	176	8670
Cu-P [91%/9 %（质量分数）]	715	134	5600
Cu-Zn-P [69%/17%/14 %（质量分数）]	720	368	7000
Cu-Zn-Si [74%/19%/7 %（质量分数）]	765	125	7170
Cu-Si-Mg [56%/27%/17 %（质量分数）]	770	420	4150
Mg-Ca [84%/16 %（质量分数）]	790	272	1380
Mg-Si-Zn [47%/38%/15 %（质量分数）]	800	314	
Cu-Si [80%/20 %（质量分数）]	803	197	6600
Cu-P-Si [83%/10%/7 %（质量分数）]	840	92	6880
Si-Mg-Ca [49%/30%/21 %（质量分数）]	865	305	2250
Si-Mg [56%/44 %（质量分数）]	946	757	1900

3. 共晶相变材料

共晶相变材料是通过将两种或多种不同的相变材料以某一特定比例混合，使其能够在比各自熔点还要低的温度下熔化，形成均匀的混合物时构成的相变材料。根据形成共晶的物质组成，可以将共晶相变材料分为有机-有机共晶、无机-无机共晶以及有机-无机共晶相变材料。其中有机-有机共晶相变材料多通过不同碳链长度的石蜡、脂肪酸进行共熔得到；无机-无机共晶相变材料主要通过不同的水合盐、无机盐之间共熔得到；而有机-无机共晶相变材料主要是将无机水合盐与一些含羧基、氨基等容易与结晶水形成氢键基团的有机物进行共熔得到。表 1-10 列出了几种共晶相变材料的组成及热物性。

表1-10 部分共晶相变材料的组成及其热物性[10, 17-19]

共晶类型	组分	配比（质量分数）/%	相变温度/℃	相变焓/（kJ/kg）
有机-有机共晶	癸酸-月桂酸	67:33	23	154.2
		64:36	10	126.6
	月桂酸-肉豆蔻酸	61.3:38.7	33	173.6
无机-无机共晶	$Mg(NO_3)_2 \cdot 6H_2O\text{-}MgCl_2 \cdot 6H_2O$	58.7:41.3	59	132.2
	$MgCl_2 \cdot 6H_2O\text{-}NH_4Al(SO_4)_2 \cdot 12H_2O$	30:70	64	192.1
	$MgCl_2 \cdot 6H_2O\text{-}KAl(SO_4)_2 \cdot 12H_2O$	30:70	60	198.1
	$NaNO_2\text{-}NaNO_3\text{-}KNO_3$	40:7:53	142	80
有机-无机共晶	$CH_3COONa \cdot 3H_2O\text{-}尿素$	91:9	46.5	252.2
	$Mg(NO_3)_2 \cdot 6H_2O\text{-}戊二酸$	60:40	66.7	189.0

由于共晶过程可以将材料的相变温度降低，因此制备共晶相变材料的目的主要是通过调节不同材料的组分使之形成共晶，获得具有新的相变温度的相变材料。如图 1-8 所示，对于 $Mg(NO_3)_2 \cdot 6H_2O\text{-}CaCl_2 \cdot 6H_2O$ 共晶相变材料，采用差示扫描量热仪（Differential Scanning Calorimeter, DSC）测试其吸热过程中的热流随温度的变化曲线，可以发现随着 $Mg(NO_3)_2 \cdot 6H_2O$ 质量分数的增加，其吸热峰出现时的温度不断提前，这意味着 $Mg(NO_3)_2 \cdot 6H_2O$ 含量增加可以起到降低 $CaCl_2 \cdot 6H_2O$ 相变温度的作用。当 $Mg(NO_3)_2 \cdot 6H_2O$ 的质量分数从 0% 提高至 15%，共晶相变材料的相变温度由 28.9℃降至 14.2℃。但相变焓也从 160.8J/g 持续下降至 98.2J/g。

对于二元组分的共晶相变材料，其相变温度 T_p 可通过下式估算：

$$T_p = \left(\frac{1}{T_{p,A}} - \frac{R\ln x_A}{\Delta H_A} \right)^{-1} \qquad (1\text{-}5)$$

式中　$T_{p,A}$——组分A的相变温度，K；

　　　R——气体常数，8.314 J/(mol·K)；

　　　x_A——组分 A 的摩尔分数；

　　　ΔH_A——组分 A 的相变焓，J/kg。

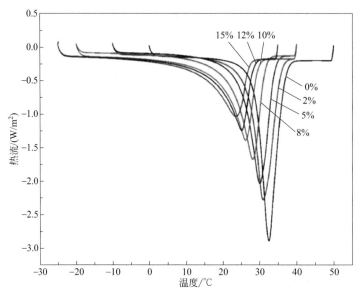

图1-8　$Mg(NO_3)_2·6H_2O$的质量分数不同时$Mg(NO_3)_2·6H_2O$-$CaCl_2·6H_2O$加热过程中DSC曲线[20]

一般来说共晶相变材料的相变焓较原材料有所下降。但是如果共晶相变材料的晶体结构发生相应变化，它可能展现出不同的相变特性。因此也可以通过制备共晶相变材料提升相变材料的相变焓。例如图 1-9 所示，在通过 $Mg(NO_3)_2·6H_2O$ 与戊二酸（GA）制备共晶相变材料过程中，由于戊二酸双羧基与 $Mg(NO_3)_2·6H_2O$ 之间的氢键作用，原本针状和松树状的晶体在共晶后形成了块状晶体，这一额外的相转变过程使共晶产物的相变焓较原材料提升了 14.4%，从而增大了相变材料的储热密度。

此外，共晶材料混合物同时熔化或者结晶，很少发生组分分离，具有较为稳定的优点。由此可见，制备共晶相变材料是调节材料相变特性，提升其稳定性一大手段。

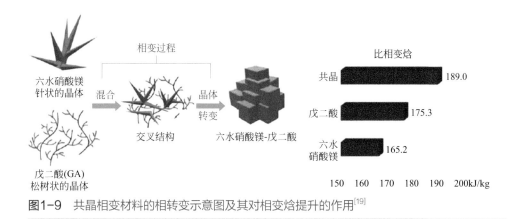

图1-9 共晶相变材料的相转变示意图及其对相变焓提升的作用[19]

四、相变储热技术的优势及其应用领域

相变储热技术与显热储热技术相比，最大的优势在于其储热密度大。上文已提到，显热储热材料在50℃的温升情况下的储热密度普遍小于100J/g。而相变储热材料在相变温度这一个温度段，储热密度就可以达到100～350J/g。如果同样考虑50℃的温升的话，相变材料也有接近50～100J/g的显热储热量。因此，相变储热材料的储热密度显著大于大部分显热储热材料。不同类型相变储热材料的相变温度及体积储热密度分布见图1-10。

其次，相变储热-放热过程温度恒定在相变温度附近，因而储热过程中，可以将相变材料与恒温热源进行换热，以恒定功率储热；而放热过程中，将相变材料与恒定温度的传热流体换热，则传热流体的出口温度可以保持恒定。这避免了显热储热过程中由于材料温度持续升高，为了维持恒定的加热速率需要不断增大加热功率，及放热过程中由于材料温度持续降低，热量输出功率不断减小的问题。恒定的储热和放热功率可以提升储热系统运行的稳定性，也可以降低系统控制的难度。

相变储热技术覆盖的温度范围广，在储热系统中具有广泛的应用前景。例如，在太阳能热利用系统中可选择不同的相变材料储存不同温度段的太阳能，为太阳能热发电、太阳能热水系统提供热能；在工业余热回收系统中用来收集高温烟气、蒸汽等废热，产生生活或工业用低温热水，减少热能浪费。由于相变材料具有较高的储热密度，储热系统的重量和体积大大降低。此外，相变材料在储热过程中的恒温特性使其具有热量管理的能力，可以用于被动式建筑节能系统、电子器件及动力电池散热系统甚至医疗领域的热疗系统，相变材料可以通过调节潜热的储存和释放为对应的系统提供恒定的温度环境，从而达到节能或者热防护的目的。

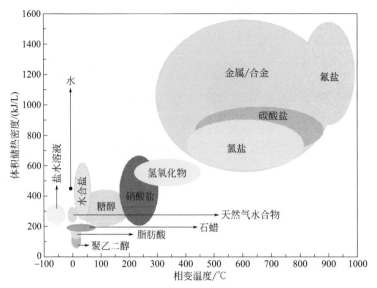

图1-10　不同类型相变储热材料的相变温度及体积储热密度大致分布

第四节
化学反应储热技术与材料

一、化学反应储热原理

　　化学反应储热是利用物质之间在化学反应中的热量变化实现热量的存储与释放。例如在物质 A 与 B 形成 AB 的反应中，有 ΔH_r 的热量释放，而 AB 则可以通过吸收 ΔH_r 的热量，经由逆反应分解成为物质 A 和 B，实现储热过程。

$$AB + \Delta H_r \rightleftharpoons A + B$$

　　在化学反应储热过程中，物质反应在特定温度段被激活，吸收系统将输入的热量以化学能的形式储存在产物中。然而，由于吸热过程中的反应可能不止一个，吸热反应可能会在多个温度段发生，化学反应储热过程较为复杂。如图 1-11 所示，系统内储热材料在温度上升至某一点后，其中一个反应被激活就开始出现明显吸热现象，此时材料焓值增大但温度变化速率减缓。当第一个反应结束后，材料吸热后温度快速升高，直至升至第二个反应发生的温度。此时，第二个反应开始，温度上升速率减缓，材料的焓值逐渐增大。如果温度继续升高，物质还能继续发生反应，则会继续出现温度平台。化学反应储热材料的放热过程接近储热过程的逆过程，但是放热曲线与储热曲线无法重叠，因为伴随着有效能的损失，放热温度会低于储热温度。

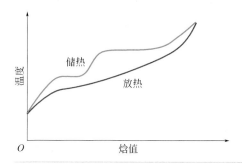

图1-11
化学反应储热过程中系统内物质的焓值与温度关系

二、化学反应储热材料

固气反应储热材料是最为常见的化学反应储热材料，其反应物和产物主要以固体和气体的形式存在。根据固体材料的类型分为碳酸盐、金属氢氧化物、金属氧化物、金属氢化物、水合盐系列。部分固-气反应储热材料的反应特性参数见表 1-11。

表1-11 部分固气反应储热材料的反应特性参数[21-23]

反应方程式	反应温度/℃	反应焓/（J/g）
$CaCO_3 + \Delta H \rightleftharpoons CaO + CO_2$	973~1273	1780
$MgCO_3 + \Delta H \rightleftharpoons MgO + CO_2$	320~431	1386
$Ca(OH)_2 + \Delta H \rightleftharpoons CaO + H_2O$	400~600	1411
$MgH_2 + \Delta H \rightleftharpoons Mg + H_2$	300~480	2884
$Mg_2NiH_4 + \Delta H \rightleftharpoons Mg_2Ni + 2H_2$	253~523	1174
$2Co_3O_4 + \Delta H \rightleftharpoons 6CoO + O_2$	约900	833
$4CuO + \Delta H \rightleftharpoons 2Cu_2O + O_2$	约1030	202
$MgCl_2 \cdot 6H_2O + \Delta H \rightleftharpoons MgCl_2 \cdot 4.33H_2O + 1.67H_2O$	70	440.42

碳酸盐系列化学反应储热材料是通过碳酸盐吸热分解得到金属氧化物与 CO_2 来进行储热的材料。常见的用于化学反应储热的碳酸盐包括 $CaCO_3$、$BaCO_3$、$MgCO_3$ 等。碳酸盐的分解温度随着金属元素的不同有所区别，不过普遍高于

600℃，接近 1000℃。碳酸盐系列反应物与反应产物都是无毒无害的产品，价格低廉，成本方面具有竞争力。但是碳酸盐分解反应的可逆性较差，而且由于分解温度较高，多次使用金属氧化物容易烧结，反应活性会下降，循环稳定性较差。

金属氢氧化物化学反应储热材料是将金属氢氧化物分解成氧化物与水蒸气来实现热量存储的材料，常见的用于化学反应储热的金属氢氧化物包括 $Ca(OH)_2$ 和 $Mg(OH)_2$。分解温度在 250～800℃之间，在中温段储热中具有应用前景。氢氧化物的优势在于其价格便宜，反应产物是水，不需要储气罐，体积储热密度较高。但是反应过程中固体颗粒容易团聚，循环稳定性较差，而且易与 CO_2 发生副反应。

金属氧化物化学反应储热材料的储热过程则是利用氧化还原反应，生成低价金属氧化物与氧气进行储热的过程。其反应温度在 600～1000℃之间，适用于高温热利用系统，不需要催化剂，空气即可作为传热流体和反应介质，可以不需要气体的储罐，结构较为简单。Co_3O_4/CoO 是一种极具前景的化学反应储热材料，其反应焓可达 833J/g，而且反应的可逆性以及循环稳定性较好。对 BaO_2/BaO、Mn_2O_3/Mn_3O_4 也有一定的研究，但其储热密度相对较低。

金属氢化物化学反应储热材料是通过加热将吸附在金属中的氢气脱附来实现热量的储存，常见的金属氢化物包括 MgH_2、TiH_2、CaH_2。金属氢化物的脱氢反应温度范围分布较宽，反应焓高，可达 2800J/g。由于其储热密度高，温度覆盖范围广，材料无毒无害，金属氢化物是一种具有非常好应用前景的化学反应储热材料。但是金属价格较高，吸附和脱附反应速率较慢，而且脱附产生的氢气易燃易爆，氢气存储带来的安全隐患，是金属氢化物储热系统需要解决的问题。

无机水合盐储热材料在上一节中作为相变材料进行了介绍，其熔化过程中，无机盐溶解在水中，从固态转化为液态。如果进一步对水合盐加热，则水合盐会发生脱水反应，而且这一脱水过程是可逆的。因此，无机水合盐也可以作为化学反应储热材料。常见的应用于化学反应储热的水合盐包括 $MgCl_2 \cdot 6H_2O$、$CaCl_2 \cdot 6H_2O$、$SrCl_2 \cdot 6H_2O$、$MgSO_4 \cdot 7H_2O$ 等。相比其他类型的化学储热材料，水合盐储热过程温度相对较低，一般在 100℃以内。

化学反应储热材料的优势在于其储热密度高，反应焓可以比相变储热材料的相变焓高 1 个数量级。而且化学反应储热材料具备将热量长期储存的能力，只要反应物之间不接触，不触发放热反应，储存的热量就可以一直保存在储热材料内。而相变储热和显热储热材料与环境之间始终存在温差，不可避免出现热损失，时间一长储存的热量会大幅减少甚至消耗殆尽。因此，相比于显热和潜热两种物理储热技术，化学反应储热具备跨季节长时储存能力。

然而化学反应储热过程复杂，关于化学反应机理、反应器传热及传质强化以及材料长期使用稳定性能提升等方面的研究仍处于实验室阶段，还需要开展大量的基础和应用基础研究，化学反应储热短时间内还无法达到商用水平。

第五节
储热技术对比及相变储热材料发展趋势

一、三种储热技术对比

根据上文提到的对储热材料（图1-12）的要求，本节对三种储热技术特点与应用前景进行了总结对比和分析。三种储热技术的特点比较见表1-12。

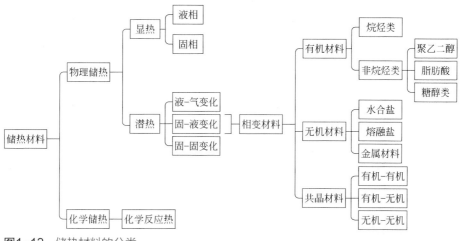

图1-12 储热材料的分类

表1-12 三种储热技术的特点比较

技术特点	显热储热	相变储热	化学反应储热
成本	低	中等	高
储热密度	低	高	极高
材料导热系数	低	中低	低
储热（放热）温度	不恒定	恒定	不恒定
可靠性	高	中高	中等
稳定性	高	中高	低

单纯从成本上考虑，显热储热技术无疑具有非常大的优势，其原材料包括水、砂石、无机盐等极为廉价的物质。而且储热系统的工作温度覆盖了常温到1000℃及以上高温，材料只发生物理变化，具有良好的可靠性与稳定性。显热储

热技术成熟度高，目前应用较广。然而，显热储热温度不恒定，放热过程温度持续下降，不利于维持热量稳定的输出。显热储热材料储热密度低，无法适应要求储热密度不断增大的发展趋势。

化学反应储热材料成本低，但是系统结构复杂，运行维护成本高。化学反应储热的储热密度是三种储热技术中最高的，普遍能达到 800J/g 以上。但是化学储热过程复杂，仍需要开展大量关于反应机理、反应动力学、反应过程与传热过程耦合机理等方面的研究。此外，如何提升化学反应储热材料的循环稳定性以及传热性能也是非常值得研究的。化学反应储热是未来能够提供高密度、长时储热的一项重要的技术，但目前基本还处于实验室研究阶段，不具备商业应用的能力。

相变储热技术的成本略高于显热储热，主要在于部分有机相变材料价格较高，但无机相变材料价格非常低廉，具有竞争优势。相变储热材料的储热密度明显高于显热储热材料，仅通过固 - 液相变，材料的储热密度即可达到 100 ~ 350J/g。运用相变储热技术可以实现恒温储热 - 放热，有利于储热系统稳定运行，获得稳定热量输出。此外，相变储热材料也是利用材料的物理特性进行储热，可靠性与稳定性较好，特别是有机相变材料，不易分解，无过冷现象，可靠性与循环稳定性能较好。无机相变材料易出现过冷、相分离等问题，无机水合盐易发生脱水现象，可靠性与循环稳定性一般，但可以通过材料改性等手段得到提升。相变储热技术从成本、储热密度、储热 - 放热特性、可靠性及循环稳定性等方面都展现出一定优势，技术成熟度较高。因此，相比于其他两种储热技术，未来一段时间内相变储热技术更具应用前景。

二、相变储热材料发展趋势

对于相变储热技术来说，要进一步开发廉价且高性能的相变储热材料，尤其要开发高熔值、高导热系数的复合相变材料，以解决相变材料传热速率慢的问题。由表 1-12 可见，几乎所有储热材料都面临着导热系数低的问题，这将极大地限制其传热速率，影响储热系统的响应速率。因此，提升材料的导热系数是相变材料研究的一大重点。有机相变材料稳定性好，但价格较高，大规模民用不具备可行性。但是可以通过研究提纯等技术，制备高熔值的有机相变材料，将其应用于航空航天、电子精密控温等领域。无机相变材料具有价格低的优势，是最具大规模商用的材料。但无机储热材料仍存在诸多问题，例如无机水合盐的过冷、相分离、稳定性差，无机盐的腐蚀性等。因此，提升无机相变材料的稳定性、可靠性，解决无机相变材料与管道、储罐等的相容性，是目前亟须研究的问题。共晶技术是调控相变材料相变温度的一大手段，对于丰富相变材料覆盖的温度范围具有重要意义。但是共晶组分的确定往往只能通过大量的实验尝试，缺乏有效的理论指导。未来需要构建更为可靠的共晶理论，用来指导共晶盐的制备，调控相变材料的相变温度以及相变焓，从而能够快速制备得到物性符合要求的相变材料。

参考文献

[1] Mohan G, Venkataraman M B, Coventry J. Sensible energy storage options for concentrating solar power plants operating above 600℃ [J]. Renewable and Sustainable Energy Reviews, 2019, 107: 319-337.

[2] Feng P H, Zhao B C, Wang R Z. Thermophysical heat storage for cooling, heating, and power generation: A review [J]. Applied Thermal Engineering, 2020, 166: 114728.

[3] Khadiran T, Hussein M Z, Zainal Z, et al. Advanced energy storage materials for building applications and their thermal performance characterization: A review [J]. Renewable and Sustainable Energy Reviews, 2016, 57: 916-928.

[4] Tiskatine R, Oaddi R, Ait El Cadi R,et al. Suitability and characteristics of rocks for sensible heat storage in CSP plants [J]. Solar Energy Materials and Solar Cells, 2017, 169: 245-257.

[5] Pacio J, Wetzel T. Assessment of liquid metal technology status and research paths for their use as efficient heat transfer fluids in solar central receiver systems [J]. Solar Energy, 2013, 93: 11-22.

[6] 吴玉庭，任楠，马重芳. 熔融盐显热蓄热技术的研究与应用进展 [J]. 储能科学与技术，2013, 2(6): 586-592.

[7] Lydersen K. 9 ways to store energy on the grid [M]. 2015[2020-12-09]. https://www.discover magazine.com/technology/9-ways-to-store-energy-on-the-grid.

[8] Gomna A, N'Tsoukpoe K E, Le Pierrès N, et al. Review of vegetable oils behaviour at high temperature for solar plants: Stability, properties and current applications [J]. Solar Energy Materials and Solar Cells, 2019, 200: 109956.

[9] 王淑萍. 膨胀石墨基复合中温相变储热材料的制备及性能研究 [D]. 广州：华南理工大学，2014.

[10] Yuan Y P, Zhang N, Tao W Q, et al. Fatty acids as phase change materials: A review [J]. Renewable and Sustainable Energy Reviews, 2014, 29: 482-498.

[11] Pereira da Cunha J, Eames P. Thermal energy storage for low and medium temperature applications using phase change materials-A review [J]. Applied Energy, 2016, 177: 227-238.

[12] Xu B, Li P W, Chan C. Application of phase change materials for thermal energy storage in concentrated solar thermal power plants: A review to recent developments [J]. Applied Energy, 2015, 160: 286-307.

[13] Fopah Lele A, N'Tsoukpoe K E, Osterland T, et al. Thermal conductivity measurement of thermochemical storage materials [J]. Applied Thermal Engineering, 2015, 89: 916-926.

[14] Liu J W, Wang Q H, Ling Z Y, et al. A novel process for preparing molten salt/expanded graphite composite phase change blocks with good uniformity and small volume expansion [J]. Solar Energy Materials and Solar Cells, 2017, 169: 280-286.

[15] Zhou S Y, Zhou Y, Ling Z Y,et al. Modification of expanded graphite and its adsorption for hydrated salt to prepare composite PCMs [J]. Applied Thermal Engineering, 2018, 133: 446-451.

[16] Liu M, Saman W, Bruno F. Review on storage materials and thermal performance enhancement techniques for high temperature phase change thermal storage systems [J]. Renewable and Sustainable Energy Reviews, 2012, 16 (4): 2118-2132.

[17] Zhou Y, Sun W C, Ling Z Y, et al. Hydrophilic modification of expanded graphite to prepare a high-performance composite phase change block containing a hydrate salt [J]. Industrial & Engineering Chemistry Research, 2017, 56 (50): 14799-14806.

[18] Sun W C, Zhou Y, Feng J, et al. Compounding $MgCl_2 \cdot 6H_2O$ with $NH_4Al(SO_4)_2 \cdot 12H_2O$ or $KAl(SO_4)_2 \cdot 12H_2O$ to obtain binary hydrated salts as high-performance phase change materials [J]. Molecules (Basel, Switzerland), 2019, 24 (2): 363.

[19] Li S M, Lin S, Ling Z Y, et al. Growth of the phase change enthalpy induced by the crystal transformation of an inorganic-organic eutectic mixture of magnesium nitrate hexahydrate-glutaric acid [J]. Industrial & Engineering Chemistry Research, 2020, 59 (14): 6751-6760.

[20] Ye R D, Zhang C, Sun W C, et al. Novel wall panels containing $CaCl_2 \cdot 6H_2O$-$Mg(NO_3)_2 \cdot 6H_2O$/expanded graphite composites with different phase change temperatures for building energy savings [J]. Energy and Buildings, 2018, 176: 407-417.

[21] Chen W, Li W, Zhang Y S. Analysis of thermal deposition of $MgCl_2 \cdot 6H_2O$ hydrated salt in the sieve-plate reactor for heat storage [J]. Applied Thermal Engineering, 2018, 135: 95-108.

[22] Sunku Prasad J, Muthukumar P, Desai F, et al. A critical review of high-temperature reversible thermochemical energy storage systems [J]. Applied Energy, 2019, 254: 113733.

[23] Mamani V, Gutiérrez A, Ushak S. Development of low-cost inorganic salt hydrate as a thermochemical energy storage material [J]. Solar Energy Materials and Solar Cells, 2018, 176: 346-356.

上篇
储热材料制备

因为相变材料在发生固液相变时伴随着液体的产生，所以克服它们发生相变后出现的液相泄漏问题是提高其应用性的首要问题。此外，有些相变材料存在腐蚀性和不稳定性等问题。因此，将相变材料与其他材料进行复合，制备复合相变材料是提升其应用性能和稳定性的有效途径。目前，制备复合相变材料的途径可划分为两大类：微胶囊型相变材料和定形（Form-Stable）复合相变材料。微胶囊型相变材料是采用微胶囊技术将相变材料封装在球形的微米级或纳米级胶囊内，达到避免液相流动、隔绝腐蚀以及提高稳定性等目的，从而具备灵活的应用性。定形复合相变材料则是指将相变材料吸附在多孔基质内而获得的一类复合相变材料，其原理为借助多孔材料的表面吸附力或孔隙毛细管作用力，克服液态相变材料的流动以避免产生泄漏，从而使复合相变材料在相变前后宏观上都呈现为固态，即为"定形"。

第二章

有机/无机定形复合相变材料

第一节　定形复合相变材料的制备方法概述 / 032

第二节　二氧化硅基定形复合相变材料 / 033

第三节　膨润土基定形复合相变材料 / 037

第四节　膨胀石墨基定形复合相变材料 / 039

第一节
定形复合相变材料的制备方法概述

固液相变材料在相变过程中存在物质形态的变化，液态的相变材料存在流动性，由此导致的液漏问题给相变材料的实际应用带来了阻碍。通过在相变材料体系中添加支撑材料，将相变材料吸附在多孔介质的孔隙内或固定于聚合物交联互穿网络中，制备得到的定形复合相变材料，则可以很好地解决这个问题。由支撑物质和相变材料组合而成的复合相变材料能够避免液态相变材料的泄漏，同时避免了相变材料对储能系统中其他部件的腐蚀；此外，支撑材料也可凭借自身独特的性质，对相变材料的物理性质起到调控作用。

根据定形复合材料制备过程的差异，其制备方法主要包括溶胶-凝胶法、多孔载体吸附法和熔融-浸渍法等。

溶胶-凝胶法制备复合相变材料首先选用化学活性高的物质作为前驱体溶于溶剂中，形成均相溶液，并根据需要使用相应的酸或碱溶液对均相溶液的pH值进行调节；然后将相变材料与均相溶液充分混合均匀，混合物中的物质经过水解、缩合反应形成溶胶体系；接着使用蒸馏水或者乙醇对溶胶体系进行洗涤；最后将溶胶体系蒸发干燥，胶粒间聚合形成了填充有相变材料的定形胶体网络[1]。

多孔载体吸附法是将液态的相变材料吸附到具有高比表面积和丰富孔结构的多孔载体中。多孔载体不仅为复合相变材料提供了良好的机械强度，而且还防止了在相变过程中固液相变材料的泄漏。多孔载体的定形复合相变材料具有良好的化学稳定性和热可靠性。与其他制备方法相比，多孔载体吸附法可以实现更高的吸附率，这有助于提高复合相变材料的总储热量。而不同的载体对相变材料的吸附容量存在明显的差异，在实际应用中还可根据不同的需求对载体表面进行改性处理以提高其与相变材料的相容性和吸附容量，如涂覆疏水涂层或亲水涂层。常见的多孔载体主要有无机非金属矿物和多孔碳材料等。

熔融-浸渍法选用高熔点的材料作为复合相变材料体系的支撑物质，常见的有高密度聚乙烯（HDPE）、低密度聚乙烯（LDPE）、聚丙烯（PP）和聚氨酯（PU）等。具体制备过程包括：首先在高温条件下将低熔点的相变材料和高熔点的支撑材料加热至熔融状态，然后将两种材料在高温条件下混合均匀形成浓稠液体，最后将混合物冷却得到形状稳定的复合相变材料。

对于定形相变材料来说，在确定相变材料与多孔载体之间适宜质量比时，必须对其进行液漏测试，以确保定形性。吸附基体的热物性会对定形复合相变材料的热物性产生影响。通过选择导热系数不同的无机或有机聚合物载体材料，可实现对定形复合相变材料导热系数的调控，使其适用于对相变材料导热系数要求不同的应用领域。

本章将集中介绍有机相变材料的定形复合相变材料，常用载体物质包括二氧化硅、膨润土等天然矿物以及膨胀石墨等多孔碳材料。

第二节
二氧化硅基定形复合相变材料

二氧化硅基定形复合相变材料最初是采用溶胶-凝胶法制备的[2,3]。具体地，以正硅酸乙酯为原料制备硅溶胶；再将相变材料（如硬脂酸）加入其中，得到复合溶胶；经加热干燥依次得到凝胶和干凝胶；粉碎后即得硬脂酸/二氧化硅复合相变材料。然而，采用溶胶-凝胶法制备作为载体材料的二氧化硅时，其原料正硅酸乙酯成本较高。

气相二氧化硅是一种无毒、无味且多孔的无机精细化工产品，是已工业化的纳米二氧化硅粉末。其比表面积可以根据生产工艺的改变在 $70 \sim 400m^2/g$ 范围进行调整。根据表面特性，气相二氧化硅可分为亲水型和疏水型两大类，其中疏水型气相二氧化硅是由亲水型气相二氧化硅通过六甲基二氯硅烷处理后得到。疏水型气相二氧化硅分子表面具有更多的烷基等非极性基团，适宜于吸附烷烃等非极性物质。下面具体介绍几种二氧化硅基定形复合相变材料的制备及其热物性。

一、RT28/气相二氧化硅复合相变材料

选择相变温度在 28℃ 附近的石蜡类相变材料 RT28，将其与德固赛公司的气相二氧化硅复合，分别制得 60%（质量分数）、70%（质量分数）、80%（质量分数）RT28 含量的复合相变材料[4]。如图 2-1 示，RT28 含量为 80%（质量分数）的复合相变材料具有较多的结块，70%(质量分数)含量时次之，60%(质量分数)含量时则呈现较好的粉末状。液漏测试结果显示，RT28 含量为 60%（质量分数）和 70%（质量分数）的复合相变材料经过 24h 后均没有发生液漏，而 80%（质量分数）含量的复合相变材料静置 24h 后发生了液漏。因此，60%（质量分数）和 70%（质量分数）含量的复合相变材料具有良好的定形特性。

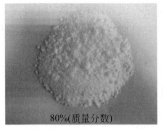  

80%(质量分数)　　　　　70%(质量分数)　　　　　60%(质量分数)

图2-1　不同RT28质量分数的复合相变材料照片

图 2-2（a）和（b）分别为气相二氧化硅和70%（质量分数）RT28含量的复合相变材料的扫描电镜图。可以看出，复合相变材料的粒径约为 50 ～ 100nm，远大于气相二氧化硅的粒径。由于气相二氧化硅颗粒间的咬合作用，形成了粒径约为 50 ～ 100nm 的团聚体。其咬合作用体现为：①气相二氧化硅分子的疏水端与 RT28 分子末端的甲基基团间产生较强的范德华力；②由于气相二氧化硅的咬合作用，产生了许多纳米孔，纳米孔将引起强烈的毛细管作用。同时，由于两者的作用，气相二氧化硅的表面力逐渐减弱，最终形成一个稳定的三维网状结构的颗粒团聚体。因此，RT28 可以较好地被气相二氧化硅吸附，形成定形复合相变材料，如图 2-2（c）所示。

  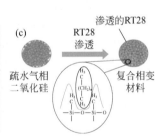

图2-2　气相二氧化硅扫描电镜照片（a）和70%（质量分数）RT28的复合相变材料扫描电镜照片（b）以及气相二氧化硅吸附相变材料的机理示意图（c）

图 2-3 为 RT28 及其复合相变材料的 DSC 曲线。从 DSC 图可以看出随着 RT28 含量的降低，相变（凝固和熔化）起始温度也逐渐降低，同时峰宽也逐渐变大。这是因为随着 RT28 含量的降低，材料的导热系数减小，热量传递速率变慢，材料的相变峰变宽。表 2-1 为 RT28 及其复合相变材料的 DSC 测试结果。可以看出，随着 RT28 含量的降低，复合相变材料的相变焓也逐渐减小，且 RT28 含量为 60%（质量分数）和 70%（质量分数）时复合相变材料的相变焓均为其对应 RT28 质量分数下相变焓的计算值，表明了气相二氧化硅吸附液态 RT28 仅为物理过程，没有发生任何化学反应。此外，通过 Hot Disk 导热系数分析仪测定

了 60 %（质量分数）、70%（质量分数）含量的复合相变材料及 RT28 的导热系数，分别为 0.14W/（m·K），0.17W/（m·K）以及 0.24W/（m·K）。可见，随着二氧化硅含量的增加，导热系数逐渐降低。因此，气相二氧化硅基复合相变材料适合应用于隔热保温等领域。

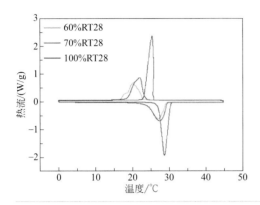

图2-3
RT28及其复合相变材料的DSC曲线

表2-1 RT28及不同RT28含量的复合相变材料的相变特性

RT28的质量分数 /%	初始凝固温度 /℃	凝固焓/(J/g)	初始熔化温度/℃	熔化焓/ (J/g)
100	25.8	221.4	26.1	219.5
70	23.5	155.4	24.2	151.1
60	23.1	133.4	24.3	130.4

二、蓄冷用十二烷/疏水型气相二氧化硅复合相变材料

十二烷是低温相变材料，适宜应用于蓄冷领域。笔者选择疏水型气相二氧化硅为载体，制备了十二烷 / 气相二氧化硅复合相变材料[5]。十二烷及其含量不同的十二烷 / 气相白炭黑复合相变材料的 DSC 曲线如图 2-4 所示。该复合相变材料的相变温度与十二烷完全一致，潜热与复合相变材料中十二烷的质量分数相当。这一现象与前述的 RT28/ 气相二氧化硅复合相变材料出现相变峰变宽的情况不一致，究其原因可能与十二烷和 RT28 的碳原子数目不同相关，十二烷是低温相变材料，碳原子数目少，分子尺寸小；而相变温度较高的 RT28 中因碳原子数目更多而分子尺寸更大，气相二氧化硅的孔径分析表明其为微孔材料，因此更适合与分子尺寸小的十二烷复合。

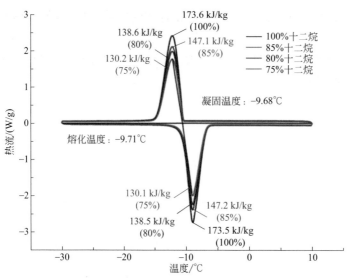

图2-4 十二烷及其含量不同的复合相变材料的DSC曲线

此外，为了评价十二烷/气相白炭黑复合相变材料的定形性，分别将十二烷质量分数不同的复合相变材料进行压片，并控制不同的压实密度［图2-5（a）］；将所得压块分别放置在滤纸上，经历500次冷热循环实验，通过测定压块在实验前后的质量变化来评价其液漏情况。结果表明，不仅十二烷质量分数为75%的复合相变材料的质量几乎不变，而且十二烷质量分数为85%的复合相变材料的质量变化也很小，这说明它们都具有良好的定形性［图2-5（b）］。

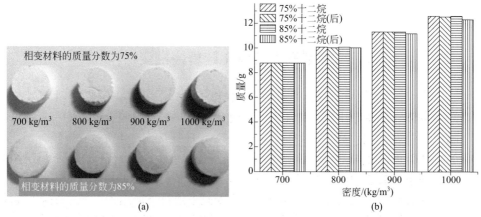

图2-5 十二烷质量分数不同的二氧化硅基复合相变材料经压实后所得块体的照片（a）和不同十二烷质量分数和压实密度不同的块体经历500次冷热循环实验前后的质量(b)[5]

三、癸酸-棕榈酸-硬脂酸三元共晶混合物/纳米二氧化硅复合相变材料

除了石蜡与纳米二氧化硅复合[6]外，脂肪酸类相变材料也可以与纳米二氧化硅复合。癸酸-棕榈酸-硬脂酸三元共晶混合物/纳米二氧化硅复合相变材料不仅可达 99.43kJ/kg 的潜热［图 2-6（a）］，而且 500 次冷热循环实验评价表明其热可靠性良好［图 2-6（b）］。

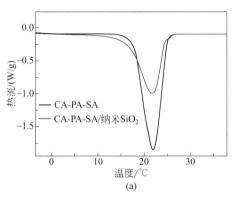
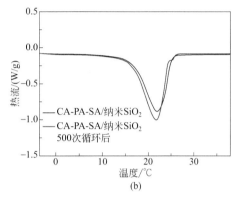

图2-6 癸酸-棕榈酸-硬脂酸（CA-PA-SA）的三元共晶混合物及其纳米二氧化硅复合相变材料的DSC曲线(a)和该复合相变材料经历500次冷热循环前后的DSC曲线(b)[7]

综上所述，纳米二氧化硅是已经商业化的常见纳米材料，根据生产工艺和表面处理方法的不同，呈现不同的比表面积和表面特性，具有产品多样性的特点。因此，纳米二氧化硅是制备复合相变材料的常用载体，可以根据相变材料的特性来相应地选择亲水或疏水型产品型号，制备潜热值较大的二氧化硅基定形复合相变材料。另外，气相二氧化硅基复合相变材料具有导热系数较相变材料更小的特点，因而适合用于建筑节能等需要隔热保温的领域。

第三节
膨润土基定形复合相变材料

自然界中蕴藏膨润土、膨胀珍珠岩、硅藻土以及蛭石等多种非金属矿物，它们不仅都具有多孔吸附特性，而且廉价易得。

笔者以具有天然层间纳米结构的膨润土为载体，先用表面活性剂对膨润土进行改性，得到纳米层间距增大的有机膨润土；再与硬脂酸复合，得到硬脂酸/膨润土复合相变材料[8]。DSC 测试表明，该复合材料呈现两个熔融峰[9]，其原因可

能是，复合材料中所含的硬脂酸有的插入到膨润土的纳米层间，有的则是吸附在膨润土的表面，从而致使这两者出现不同的熔化温度。

除硬脂酸外，RT20 这类烷烃相变材料也能与膨润土复合，而且比硬脂酸、硬脂酸丁酯以及十二醇等有机物更合适[10]，这可能是因为脂肪酸、醇和酯的分子结构中含有羧基、羟基等活性基团，可能会与经表面活性剂改性所得的有机膨润土发生化学作用，从而对这些有机相变材料相变特性产生影响，如相变温度发生变化、潜热值不与复合材料中相变物质的含量相一致。

图 2-7 为 58%（质量分数）RT20/膨润土复合相变材料经 1500 次冷热循环实验前后的 DSC 曲线。可以看出，该复合相变材料的相变温度与 RT20 相近，潜热达 79.25J/g，与该复合相变材料中 RT20 的含量相当。冷热循环实验表明，该复合材料具有良好的热可靠性。

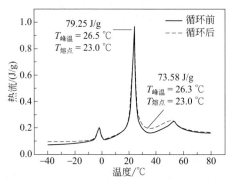

图2-7　58%（质量分数）RT20/膨润土复合相变材料经1500次冷热循环实验前后的DSC曲线

此外，通过 RT20 和 RT20/膨润土复合相变材料的储、放热测试曲线（图 2-8）发现，与纯相变材料 RT20 相比，RT20/膨润土复合相变材料表现出较快的储、放热速率，这是因为膨润土的导热系数高于 RT20[11]。

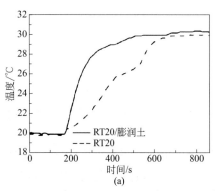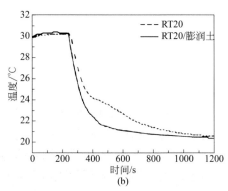

图2-8　RT20和RT20/膨润土复合相变材料的加热（a）和冷却（b）曲线

综上所述，尽管膨润土等非金属矿物廉价易得，但有机相变材料在膨润土中的复合容量不高［不大于 60%（质量分数）］，导致所得复合相变材料的潜热不大。因此，以非金属矿物为载体的定形复合相变材料可以适用于对潜热要求不高但对价格敏感的应用领域，如建筑节能等。

第四节
膨胀石墨基定形复合相变材料

由于导热系数低是有机类相变材料的固有缺陷，因而选用导热系数高的碳材料作为载体制备复合相变材料，既可以克服液相泄漏的问题，又能达到提升导热系数的目的[12]。在众多的碳材料中，膨胀石墨（Expanded Graphite, EG，规范用词为柔性石墨）常用于吸附泄漏的原油等污染物，具有孔体积大、吸附容量高等优点。因而，膨胀石墨是用于吸附有机相变材料的优秀多孔载体。下面具体介绍几种膨胀石墨基复合相变材料的制备及其热物性。

一、石蜡/膨胀石墨复合相变材料

笔者率先选用膨胀石墨来吸附石蜡，制备了石蜡 / 膨胀石墨复合相变材料[13]；由可膨胀石墨经高温膨化所得的膨胀石墨孔径分布较宽，由介孔和大孔构成，并以大孔为主［图 2-9（a）］。从吸附曲线可见，膨胀石墨吸附石蜡的速率较快，在开始的 300s 内，吸附量就已超 83%（质量分数）；随着吸附时间的延长，吸附量逐渐增大，最终可接近 86.5%（质量分数）的吸附量［图 2-9（b）］。

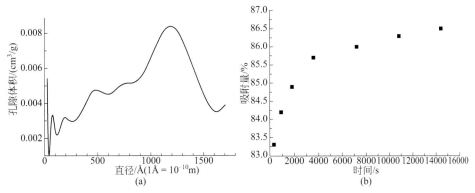

图2-9　膨胀石墨的孔径分布图（a）及其对石蜡的吸附曲线（b）

扫描电镜（SEM）照片（图 2-10）显示，石蜡均匀吸附在膨胀石墨内部的石墨烯纳米片上。此外，该复合材料的潜热高达 161.45J/g，该值与复合相变材料中石蜡的含量相当。膨胀石墨基复合相变材料表现出明显增加的储、放热速率 [14]，这缘于膨胀石墨高的导热系数。

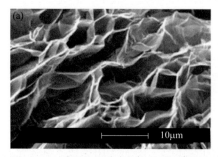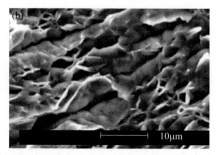

图2-10 膨胀石墨(a)以及石蜡/膨胀石墨复合相变材料(b)的SEM照片[13]

再者，为了进一步降低制备膨胀石墨的能耗并缩短时间，笔者开发了简便且节能的微波膨化工艺 [15]，且该工艺已实现工业化放大，可实现膨胀石墨的批量生产。研究表明，由可膨胀石墨经微波膨化所得的膨胀石墨具有大孔结构（图 2-11），BET 表面积为 60.72m²/g；该膨胀石墨能吸附 92%（质量分数）的石蜡，从而获得了潜热高达 170.3J/g 的石蜡 / 膨胀石墨复合相变材料。更重要的是，因膨胀石墨对相变材料的吸附容量大，当相变材料的质量分数高达 90% 时，仍能克服液态相变材料的泄漏，获得膨胀石墨基定形复合相变材料 [16]。

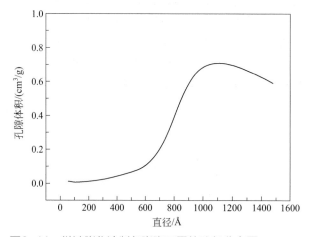

图2-11 微波膨化法制备膨胀石墨的孔径分布图

将石蜡 / 膨胀石墨复合相变材料和石蜡分别填充到管壳式换热器的垂直管内［图 2-12（a）］构成储热器并进行储热性能评价，结果表明，膨胀石墨的引入使复合相变材料较石蜡具有明显提升的储热特性［图2-12（b）］。

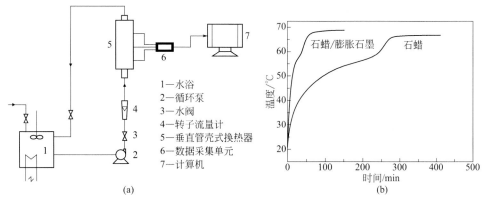

图2-12 评价相变材料储热性能的实验装置（a）以及含石蜡或石蜡/膨胀石墨复合相变材料的储热器内温度随时间的变化（b）[15]

二、癸二酸/膨胀石墨复合相变材料

癸二酸（SA）是一种中温相变材料，适用于太阳能热利用领域。笔者将癸二酸与膨胀石墨复合制得了癸二酸/膨胀石墨复合相变材料[17]。图2-13是癸二酸及SA/膨胀石墨复合相变材料在3000次冷热循环前后的DSC曲线图。可以看出，癸二酸在熔融过程中的起始相变温度为133.29℃，熔融焓值为222.4J/g；癸二酸在冷却时，起始凝固温度为128.89℃，可见该相变材料存在大约4℃的过冷度，其凝固焓值为217.6J/g，略低于熔融焓值。SA/膨胀石墨复合相变材料的DSC曲线与纯癸二酸的DSC曲线类似，起始熔融和凝固相变温度分别为128.35℃和129.02℃，熔点较纯癸二酸有所降低，凝固点较纯癸二酸略有提高，可见该复合相变材料不存在过冷。复合材料过冷度消除的原因可能是：膨胀石墨具有良好的导热性，当环境温度上升时，膨胀石墨将环境中的热量传导至分散在其孔隙中的癸二酸，促使癸二酸充分吸收热量，并在环境温度低于熔点时就已积累了足够的热量发生固液相变；当环境温度降低时，膨胀石墨帮助分散的癸二酸释放热量到环境中，从而在环境温度尚未达到癸二酸凝固温度时，复合相变材料中癸二酸就已经达到了凝固的条件，发生了液态到固态的相转变。癸二酸/膨胀石墨复合相变材料的熔融焓值为187.8J/g，凝固焓值为186.2J/g，与其熔融、凝固焓当量计算值189.04J/g、184.96J/g非常接近。

3000次冷热循环实验后，复合相变材料的起始熔融温度为128.35℃，与冷热循环实验前127.09℃相比，并无明显改变，起始凝固温度从129.02℃降至126.14℃。此时，复合相变材料的熔融相变潜热为167.3J/g，凝固相变潜热为

160.8J/g，较循环实验前分别约有 10.9% 和 13.6% 的降低。

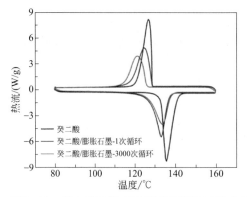

图2-13　癸二酸及癸二酸/膨胀石墨复合相变材料3000次冷热循环实验前后的DSC曲线

此外，膨胀石墨基复合相变材料还可干压成型，借助不同形状的模具获得形状不同的相变块体［图 2-14（a）］，而且相变块体的导热系数随其压实密度的增加而提升［图 2-14（b）］[17]。

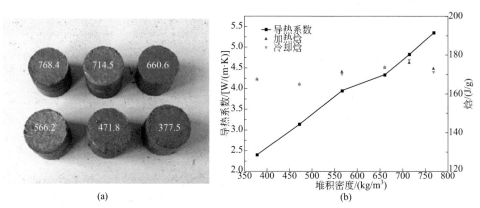

(a)　　　　　　　(b)

图2-14　由膨胀石墨基复合相变材料成型的具有不同压实密度的块体（a）及其导热系数和潜热值（b）[17]

三、甘露醇/膨胀石墨复合相变材料

糖醇类相变材料甘露醇可以与膨胀石墨复合来制备复合相变材料[18]。如图 2-15 所示，甘露醇的熔点为 164.87℃，熔化焓为 319.0J/g，表明其是一个具有高潜热值的有机相变材料。对复合相变材料来说，其熔点为 151.82℃，熔化焓为 267.7J/g。与甘露醇相比，复合材料的熔点有所下降，这是因为高导热膨胀石墨的存在，促进了甘露醇吸收热量，使其在环境温度低于熔点时就已积累了足够的热量发生固液相变。从熔化焓来看，由于复合相变材料中甘露醇的含量为85%，因而根据该含量计算得到的熔值为271.2J/g，可见实测的熔化焓小于该计算值。而前面提及的石蜡/膨胀石墨以及癸二酸/膨胀石墨复合相变材料的相变焓都与相变材料在复合材料中的质量分数相当，没有出现像甘露醇/膨胀石墨复合材料这样熔值明显下降的问题，究其原因可能与甘露醇的分子结构有关。甘露醇分子中含有活性较高的羟基，其可能会与膨胀石墨发生某种化学结合，从而导致熔化焓的下降。总的来说，甘露醇高的相变焓致使甘露醇/膨胀石墨复合相变材料的熔值高达267.7J/g，明显高于石蜡/膨胀石墨以及癸二酸/膨胀石墨复合相变材料，使其成为一种具有应用价值的中温相变材料。

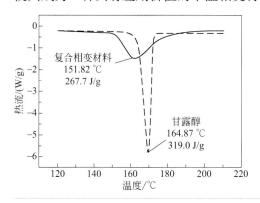

图2-15
甘露醇和甘露醇/膨胀石墨复合相变材料的DSC曲线

　　总之，膨胀石墨不仅可以通过负载石蜡类有机相变材料[19,20]来获得潜热大的复合相变材料，而且也是其他有机相变材料如脂肪酸[21]等的优秀载体。因为这些有机物与膨胀石墨之间都只存在物理吸附，没有化学作用产生，从而不会明显改变它们的相变温度。

四、导热系数增强型有机/膨胀石墨复合相变材料

　　相变材料的大部分应用领域都需要其具有较高的导热系数，以促进储、放热过程的进行。因此，研究复合相变材料的导热系数并探索进一步提升策略是必要的。为了进一步提升有机/膨胀石墨复合相变材料的导热系数，笔者提出了在该类复合相变材料中再添加石墨纸来制备三元相变块的策略[22]。

　　以一种含有机相变物质（PA）的膨胀石墨基复合相变材料为例，介绍三元相变块制备流程。先将有机相变材料与膨胀石墨复合，制备复合相变材料；然后，将该膨胀石墨基复合相变材料与石墨纸（GS）或碳纤维（CF）进行充分混合后压块，再将所得块体加热到相变材料的熔点之上，保持3h；最后，经冷却，

制得三元复合相变块（图2-16）。

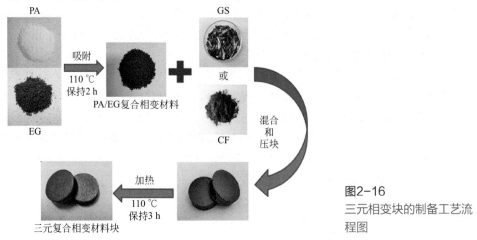

图2-16
三元相变块的制备工艺流程图

研究表明，导热系数随着压实密度的增大而直线上升，但当压实密度大于320kg/m³后，相变块的潜热值从缓慢减少变为急剧下降 [图2-17(a)]。考虑到潜热是相变材料的重要性能参数，因而选择膨胀石墨的压实密度为320kg/m³。随后，在固定的膨胀石墨压实密度下，控制碳添加剂与膨胀石墨的质量比（$m_{添加剂}/m_{膨胀石墨}$）分别为0.2、0.4、0.5、0.6和0.8，制备相应的相变块。研究表明 [图2-17(b)]，当 $m_{添加剂}/m_{膨胀石墨}$ 小于0.5时，相变块的潜热减少不明显，但大于该值后，呈急剧下降趋势。这是因为在相变块中，相变材料和添加剂都存在于作为骨架的膨胀石墨的孔隙内，当添加剂的含量过高时，就会将相变材料从膨胀石墨的孔隙内挤出，从而造成复合相变块潜热的显著下降。值得关注的是，在相同质量比下，添加GS的相变块具有更高的导热系数，这表明GS是较CF更好的添加剂。

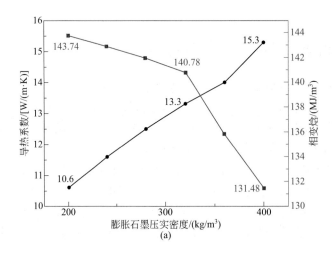

(a)

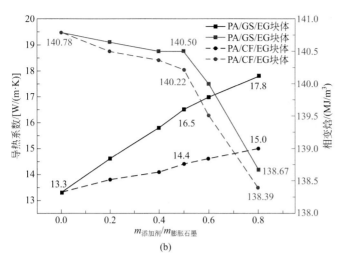

图2-17　膨胀石墨基复合相变材料在不同膨胀石墨压实密度下的潜热值和导热系数（a）和添加剂与膨胀石墨的质量比对所得三元相变块的潜热和导热系数的影响（b）

分别将纯相变材料块、二元相变块以及 GS 与膨胀石墨质量比为 0.5 的三元相变块加热到 110℃，然后自然冷却到室温，测试其升温和降温速率。如图 2-18（a）和图 2-18（b）所示，添加了 GS 的三元相变块呈现出更短的升温和降温时间，这表明其储、放热速率更快。

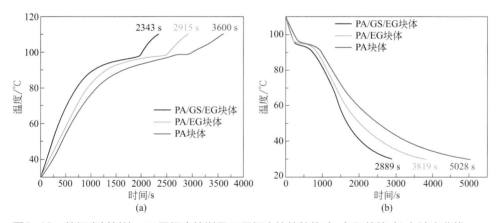

图2-18　纯相变材料块、二元相变块以及三元相变块的储热（a）和放热（b）速率曲线

综上所述，膨胀石墨是负载有机相变材料的优秀载体，这是因为其不仅具有很高的吸附容量（90% 左右）、不与有机相变材料发生化学作用，而且导热系数高、成型性好[23]。采用微波膨化法由可膨胀石墨制备膨胀石墨具有耗时短且能

耗低的优势，并可通过选用不同膨化率的可膨胀石墨来实现对膨胀石墨的微观结构调控。通过添加石墨纸等更高导热系数的碳材料，还能进一步提高膨胀石墨基复合相变材料的导热系数，获得更高的储、放热速率。

有机相变材料如石蜡和硬脂酸等不存在过冷和相分离等问题，因而具有重要的实际应用价值。针对有机相变材料存在的液相泄漏以及导热系数低等不足，选择适宜的载体与之复合制备复合相变材料，是提升其热物性的有效途径。与二氧化硅、无机非金属矿物相比，导热系数高的碳材料如膨胀石墨是制备复合相变材料的优秀载体，所得复合相变材料不仅导热系数高，而且潜热大。探索进一步提升有机/无机定形复合相变材料导热系数的策略，开发出高导热系数的新型有机/无机定形复合相变材料，这有利于提升相应储热系统的储、放热速率，从而获得高效的储热性能。需要提及的是，尽管近年来各种新奇的碳纳米材料（如碳纳米管、石墨烯等）被用作载体来制备复合相变材料，但如果吸附容量较小且成本高，那么将限制所得复合相变材料的实际应用价值。

参考文献

[1] Li B X, Liu T X, Hu L Y, et al. Fabrication and properties of microencapsulated paraffin@SiO$_2$ phase change composite for thermal energy storage [J]. ACS Sustainable Chemistry & Engineering, 2013, 1 (3): 374-380.

[2] 林怡辉，张正国，王世平 . 溶胶 - 凝胶法制备新型蓄能复合材料 [J]. 太阳能学报，2001, (3): 334-337.

[3] 张正国，黄弋峰，方晓明，等 . 硬脂酸 / 二氧化硅复合相变储热材料制备及性能研究 [J]. 化学工程，2005, 33(4): 34-37,43.

[4] 温小燕，凌子夜，方晓明，等 . RT28/气相二氧化硅复合相变材料的制备及对锂离子电池的保温性能研究 [J]. 高校化学工程学报，2016, 30 (5): 1178-1183.

[5] Chen J J, Ling Z Y, Fang X M, et al. Experimental and numerical investigation of form-stable dodecane/hydrophobic fumed silica composite phase change materials for cold energy storage [J]. Energy Conversion and Management, 2015, 105: 817-825.

[6] Wang Y Q, Gao X N, Chen P, et al. Preparation and thermal performance of paraffin/nano-SiO$_2$ nanocomposite for passive thermal protection of electronic devices [J]. Applied Thermal Engineering, 2016, 96: 699-707.

[7] Luo Z G, Zhang H, Gao X N, et al. Fabrication and characterization of form-stable capric-palmitic-stearic acid ternary eutectic mixture/nano-SiO$_2$ composite phase change material [J]. Energy and Buildings, 2017, 147: 41-46.

[8] 方晓明，张正国，文磊，等 . 硬脂酸 / 膨润土纳米复合相变储热材料的制备、结构与性能 [J]. 化工学报，2004,55 (4): 678-681.

[9] 方晓明，张正国 . 硬脂酸 / 膨润土复合相变储热材料研究 [J]. 非金属矿，2005,28 (4): 23-24,27.

[10] Fang X M, Zhang Z G, Chen Z H. Study on preparation of montmorillonite-based composite phase change materials and their applications in thermal storage building materials [J]. Energy Conversion and Management, 2008, 49 (4): 718-723.

[11] Fang X M, Zhang Z G. A novel montmorillonite-based composite phase change material and its applications in thermal storage building materials [J]. Energy and Buildings, 2006, 38 (4): 377-380.

[12] 湛立智, 李素平, 张正国, 等. 添加碳素复 (混) 合相变储热材料的研究及应用进展 [J]. 化工进展, 2007,26 (12): 1733-1737,1757.

[13] Zhang Z G, Fang X M. Study on paraffin/expanded graphite composite phase change thermal energy storage material [J]. Energy Conversion and Management, 2006, 47 (3): 303-310.

[14] 张正国, 王学泽, 方晓明. 石蜡 / 膨胀石墨复合相变材料的结构与热性能 [J]. 华南理工大学学报 (自然科学版), 2006,34 (3): 1-5.

[15] Zhang Z G, Zhang N, Peng J, et al. Preparation and thermal energy storage properties of paraffin/expanded graphite composite phase change material [J]. Applied Energy, 2012, 91 (1): 426-431.

[16] 张正国, 龙娜, 方晓明. 石蜡 / 膨胀石墨复合相变储热材料的性能研究 [J]. 功能材料, 2009, 40 (8): 1313-1315.

[17] Wang S P, Qin P, Fang X M, et al. A novel sebacic acid/expanded graphite composite phase change material for solar thermal medium-temperature applications [J]. Solar Energy, 2014, 99: 283-290.

[18] Xu T, Chen Q L, Huang G S, et al. Preparation and thermal energy storage properties of *d*-mannitol/expanded graphite composite phase change material [J]. Solar Energy Materials and Solar Cells, 2016, 155: 141-146.

[19] Zhang Q, Wang H C, Ling Z Y, et al. RT100/expand graphite composite phase change material with excellent structure stability, photo-thermal performance and good thermal reliability [J]. Solar Energy Materials and Solar Cells, 2015, 140: 158-166.

[20] Zhang Z G, Shi G Q, Wang S P, et al. Thermal energy storage cement mortar containing *n*-octadecane/expanded graphite composite phase change material [J]. Renewable Energy, 2013, 50: 670-675.

[21] Zhang H, Gao X N, Chen C X, et al. A capric-palmitic-stearic acid ternary eutectic mixture/expanded graphite composite phase change material for thermal energy storage [J]. Composites Part A: Applied Science and Manufacturing, 2016, 87: 138-145.

[22] Xie M, Huang J C, Ling Z Y ,et al. Improving the heat storage/release rate and photo-thermal conversion performance of an organic PCM/expanded graphite composite block [J]. Solar Energy Materials and Solar Cells, 2019, 201: 110081.

[23] 王淑萍, 徐涛, 高学农, 等. 膨胀石墨基复合相变储能材料的研究进展 [J]. 储能科学与技术, 2014, 3 (3): 210-215.

第三章

无机／无机定形复合相变材料

第一节　水合无机盐的定形复合相变材料 / 050

第二节　熔盐的定形复合相变材料 / 067

第三节　金属合金的定形复合相变材料 / 078

无机相变材料包括水合无机盐、熔盐和金属合金等。它们的优点是具有较大的潜热值以及较高的导热系数；水合无机盐和熔盐的价格低廉，特别是水合无机盐在盐湖地区蕴藏量丰富，且亟待开发利用。然而，无机相变材料都具有腐蚀性。此外，水合无机盐和熔盐具有过冷和相分离的固有缺陷，是相变材料领域的难点问题。将无机相变材料与多孔载体复合制备成定形复合相变材料，不仅有望解决过冷、相分离问题，而且还能降低它们的腐蚀性，从而可推动无机相变材料的实际应用。

本章将重点介绍笔者所在课题组研制的几类无机/无机定形复合相变材料，具体包括水合无机盐的定形复合相变材料、熔盐的定形复合相变材料以及金属合金的定形复合相变材料。

第一节
水合无机盐的定形复合相变材料

水合无机盐是指含有结晶水的无机盐，常见的有 $MgCl_2 \cdot 6H_2O$、$CaCl_2 \cdot 6H_2O$、$CH_3COONa \cdot 3H_2O$、$Na_2SO_4 \cdot 10H_2O$ 以及 $Na_2HPO_4 \cdot 12H_2O$ 等。水合无机盐作为相变材料具有潜热较大、导热系数较有机相变材料高、来源广泛且成本低廉等优势，是值得大力发展的一类相变材料。然而，水合无机盐相变材料存在过冷，相分离以及含有氯离子、硫酸根、硝酸根等阴离子的盐而存在明显腐蚀性等固有缺陷，因而使得水合无机盐的实际应用受阻。因此，水合无机盐相变材料的开发与应用成为了相变材料领域的难点问题。要想获得具备实际应用价值的水合无机盐相变材料，不仅需要先克服其过冷、相分离和腐蚀性等问题，而且还应避免因结晶水丧失而导致的潜热下降，从而达到良好的热可靠性。将水合无机盐与多孔载体复合得到的复合相变材料不仅可以克服水合无机盐存在的液相泄漏、腐蚀、过冷和相分离等问题，还可以调整其导热系数来适应不同的应用领域。下面具体介绍几种研制出的水合无机盐高性能定形复合相变材料。

一、水合无机盐/改性膨胀石墨定形复合相变材料

正如前一章所述，膨胀石墨是吸附有机相变材料特别是烷烃和石蜡类来制备定形复合相变材料的优秀载体；但与烷烃和石蜡类不同，水合无机盐是亲水性的，因而为了改善膨胀石墨与水合无机盐的相容性，我们率先提出了先对膨胀石

墨进行亲水改性再与水合无机盐进行复合的研发思路[1]。

第一种与改性膨胀石墨复合的水合无机盐相变材料是我们自行研制的 $MgCl_2 \cdot 6H_2O$-$NH_4Al(SO_4)_2 \cdot 12H_2O$ 混合盐。我们知道，$MgCl_2 \cdot 6H_2O$ 广泛存在于盐湖等地，是提取了锂和钾等资源之后的废弃物，如今堆积如山，被称为"镁害"，亟待开发利用。$MgCl_2 \cdot 6H_2O$ 作为相变材料具有较大的相变潜热，无毒无污染且极其廉价易得。然而，由于 $MgCl_2 \cdot 6H_2O$ 的相变温度较高（约 117℃），所以其在相变过程易失去结晶水；同时，$MgCl_2 \cdot 6H_2O$ 还存在过冷度较大、固液相变时易发生相分离等固有缺陷。如果将 $MgCl_2 \cdot 6H_2O$ 与其他的水合无机盐进行复配，有望获得熔点较低的新型水合无机盐相变材料。

十二水硫酸铝铵［$NH_4Al(SO_4)_2 \cdot 12H_2O$］的相变温度为 94℃，相变焓值为 270kJ/kg，是一种稳定的无机水合物，在相变过程中水合物组成不会发生变化。可见，十二水硫酸铝铵具有焓值较大、不易发生相分离的优点。笔者将 $MgCl_2 \cdot 6H_2O$ 与十二水硫酸铝铵进行复配，获得了一种新的混合盐相变材料[2]。

图 3-1 为 $MgCl_2 \cdot 6H_2O$、$NH_4Al(SO_4)_2 \cdot 12H_2O$ 以及 30%（质量分数）六水氯化镁 - 十二水硫酸铝铵混合盐的 DSC 曲线。可以看出，$MgCl_2 \cdot 6H_2O$、$NH_4Al(SO_4)_2 \cdot 12H_2O$ 及其混合盐对应的相变温度分别为 116.74℃、93.86℃ 和 64.15℃，熔化焓分别为 149.2kJ/kg、264.0kJ/kg 和 192.1kJ/kg。可见，该混合盐的相变温度相比较于纯的 $MgCl_2 \cdot 6H_2O$ 和 $NH_4Al(SO_4)_2 \cdot 12H_2O$ 有了较大降低；其熔点在 64.15℃，远低于水的沸腾温度，可有效避免相变过程中结晶水的蒸发，使其适合于热泵、热水器等领域的应用。从焓值来看，该 30%（质量分数）$MgCl_2 \cdot 6H_2O$-$NH_4Al(SO_4)_2 \cdot 12H_2O$ 混合盐的焓值高达 192.1kJ/kg，高于其他含六水氯化镁的共晶盐焓值，如六水氯化镁 - 六水硝酸镁、六水氯化镁 - 六水氯化钙等。因此，该 30%（质量分数）六水氯化镁 - 十二水硫酸铝铵混合盐极具应用前景。

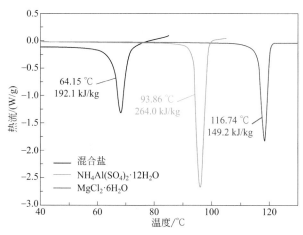

图3-1 六水氯化镁、十二水硫酸铝铵及其混合盐的DSC曲线

为了克服该 30%（质量分数）$MgCl_2 \cdot 6H_2O\text{-}NH_4Al(SO_4)_2 \cdot 12H_2O$ 混合盐的液相泄漏并同时提高导热系数以提升其应用性能，将该混合盐与改性膨胀石墨进行复合，制备了高性能的复合相变块[2]。

首先，采用表面活性剂聚乙二醇辛基苯基醚（TX-100）对膨胀石墨进行亲水改性，以提升其与水合无机盐的相容性。具体工艺为：将一定量的 TX-100 溶于过量无水乙醇中得到表面活性剂溶液，然后将其与干燥的膨胀石墨［图 3-2（a）］进行混合，超声 10min 后，将所得样品在 95℃烘箱中干燥 15h，待乙醇完全挥发后得到亲水改性膨胀石墨［图 3-2（b）］，其中，TX-100 与膨胀石墨的适宜质量比经研究确定为 0.1。

图3-2 膨胀石墨（a）及改性膨胀石墨（b）的照片

随后，先将改性膨胀石墨压制成一定密度的膨胀石墨块，以膨胀石墨计，压实密度具体控制为 300kg/m³；将混合盐在 85℃下熔融；然后，将改性膨胀石墨块放在熔融混合盐中，85℃下，吸附 200min 直到样品块的质量不再变化；将样品取出，擦干，称重，即得 $MgCl_2 \cdot 6H_2O\text{-}NH_4Al(SO_4)_2 \cdot 12H_2O/$ 改性膨胀石墨复合相变块。图 3-3 为相同压实密度的未改性和改性膨胀石墨块对混合盐的吸附曲线。可以看出，未经表面活性剂改性的膨胀石墨块对混合盐的吸附速率较慢，而经过改性的膨胀石墨块在较短的时间内就表现出对混合盐的高吸附容量；经过 100min 的吸附，该混合盐的质量分数达到 81%（质量分数）；吸附 200min 后，复合相变材料达到最大吸附量，为 81.9%（质量分数）。可见，对膨胀石墨进行亲水改性能显著提升其对水合盐的吸附速率和吸附容量。对上述制得的混合盐含量为 81.9%（质量分数）的复合相变块进行液漏测试，复合相变块在固液相变过程中没有发生液漏，表明其具有良好的定形性。

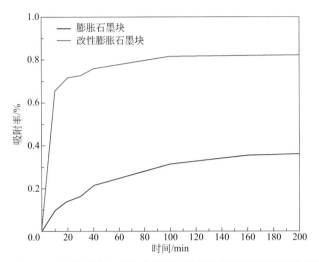

图3-3 相同压实密度的未改性和改性膨胀石墨块对混合盐的吸附曲线

运用 DSC 分析了 30%（质量分数）$MgCl_2 \cdot 6H_2O$-$NH_4Al(SO_4)_2 \cdot 12H_2O$ 混合盐及制得的混合盐/改性膨胀石墨复合相变块的储热特性。从图 3-4（a）可以看出，复合相变块的相变温度为 63.40℃，与混合盐的相变温度 64.15℃ 很接近，这说明与改性膨胀石墨的复合对混合盐的相变温度没有影响；复合相变材料的相变焓为 157.8kJ/kg，与混合盐的焓值 192.1kJ/kg 相比降低了 17.9%，这与复合相变块中混合盐的质量分数 81.9% 相当。再者，复合相变块没有像混合盐那样出现 DSC 曲线向放热方向漂移的趋势，这表明其热稳定性较混合盐有所提升。

通过测试混合盐和混合盐/改性膨胀石墨复合相变块在升温和降温过程中的温度变化［图 3-4（b）］发现，两者在升温和降温过程中都存在温度平台，且过冷度都很小。这表明与 $NH_4Al(SO_4)_2 \cdot 12H_2O$ 的复合克服了 $MgCl_2 \cdot 6H_2O$ 的过冷，获得了低过冷的新型水合无机盐混合盐；混合盐与复合相变块的不同之处在于，在升温过程中，复合相变块的温度平台明显比混合盐短，这是因为复合相变块中含有高导热系数的膨胀石墨，从而加快了材料与外界的传热速率。

经测定，混合盐在常温下的导热系数为 0.498W/（m·K），而混合盐/改性膨胀石墨复合相变块的导热系数为 4.789W/（m·K），约为混合盐的 10 倍。

为了评估混合盐/改性膨胀石墨复合相变块的热可靠性，使其经历 100 次加热冷却循环实验，然后测定其 DSC 曲线。结果表明，实验后复合相变块的相变温度为 64.70℃，熔化焓 157.4kJ/kg，与冷热循环前的数值基本保持一致。可见，该混合盐/改性膨胀石墨复合相变块具有良好的热可靠性，因而具备实际应用价值。

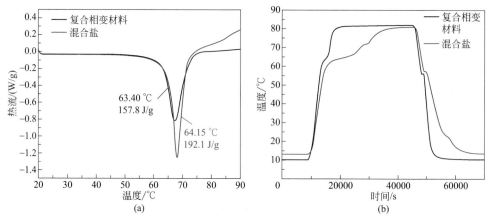

图3-4　混合盐和混合盐/改性膨胀石墨复合相变块的DSC曲线（a）和T–history曲线（b）

再者，采用相同的亲水改性和复合工艺，我们还制备了 $MgCl_2 \cdot 6H_2O$/改性膨胀石墨复合相变块[3]。通过对比改性膨胀石墨块和 $MgCl_2 \cdot 6H_2O$/改性膨胀石墨复合相变块的 SEM 照片（图 3-5）可以看出，$MgCl_2 \cdot 6H_2O$ 均匀分散在改性膨胀石墨的孔隙内，这表明经过亲水改性后的膨胀石墨与该水合无机盐具有良好的相容性，从而可以有效克服该水合无机盐发生固液相变后的液相泄漏问题，并且因其被吸附到膨胀石墨的孔隙内可起到降低水合无机盐腐蚀性的作用。

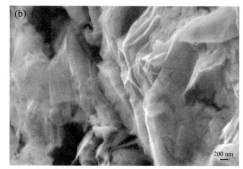

图3-5　改性膨胀石墨块（a）和 $MgCl_2 \cdot 6H_2O$/改性膨胀石墨复合相变块（b）的SEM照片

将 $MgCl_2 \cdot 6H_2O$ 和 $MgCl_2 \cdot 6H_2O$/改性膨胀石墨复合相变块进行500次冷热循环实验后，再测试 DSC 曲线来评估其热可靠性。如图 3-6 所示，经历 500 次冷热循环后，$MgCl_2 \cdot 6H_2O$ 的熔点从 116.69℃变化到 117.14℃，且熔化焓降低了

41.7%，显示出其较差的热可靠性。相比之下，$MgCl_2 \cdot 6H_2O$/改性膨胀石墨复合相变块在经历 500 次冷热循环前后的熔点维持不变，且熔化焓只下降了 2.7%，这表明 $MgCl_2 \cdot 6H_2O$/改性膨胀石墨复合相变块具有良好的热可靠性。复合相变块性能提升的原因在于：首先，亲水改性使得改性膨胀石墨与水合无机盐具有良好的相容性，进而改性膨胀石墨对水合无机盐的吸附作用有助于避免其结晶水的丧失；再者，改性膨胀石墨内部的纳米片为液态水合无机盐的异相成核提供了位点，可促进水合无机盐的成核与结晶，从而有效缓解过冷问题；此外，改性膨胀石墨高的导热系数增强了复合相变块内的热传递。总之，良好的热可靠性使得水合盐/改性膨胀石墨复合相变块具有实际应用价值。

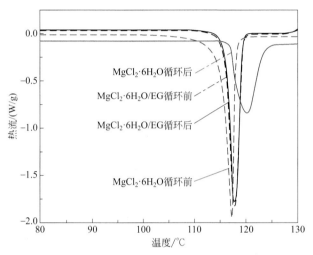

图3-6 $MgCl_2 \cdot 6H_2O$ 和 $MgCl_2 \cdot 6H_2O$/改性膨胀石墨复合相变块经历500次冷热循环前后的DSC曲线

此外，对膨胀石墨的亲水改性除了采用表面活性剂如 TX-100 外，还可采用其他改性方式，如金属氧化物。高学农等[4] 先将硝酸铝添加到膨胀石墨的乙醇分散液中并加入氨水调节 pH 值，得到表面被 $Al(OH)_3$ 包覆的膨胀石墨，然后过滤、洗涤去除氨水并干燥后，在 500℃下焙烧，获得 Al_2O_3 改性膨胀石墨。随后，他们将 Al_2O_3 改性膨胀石墨压成块，浸入 $K_2HPO_4 \cdot 3H_2O$-$NaH_2PO_4 \cdot 2H_2O$-$Na_2S_2O_3 \cdot 5H_2O$-H_2O 共晶盐溶液中 120 分钟，获得吸附了共晶盐的复合相变块[5]。方玉堂等[6] 则采用 TiO_2 改性膨胀石墨。具体地，将以正钛酸乙酯为原料制得的 TiO_2 溶胶添加到膨胀石墨的乙醇-水分散液中，搅拌分散；去除溶剂将得到的改性膨胀石墨在 500℃下焙烧，即得 TiO_2 改性膨胀石墨；将此改性膨胀石墨压成块，浸入熔融的含尿素和成核剂的 $CaCl_2 \cdot 6H_2O$ 中，获得了改性 $CaCl_2 \cdot 6H_2O$/TiO_2 改性膨胀石墨复合相变块。与未经改性膨胀石墨［图 3-7（a）］相比，改性膨胀石墨的纳米片表面可以清楚观测到 TiO₂ 层［图 3-7（b）］；对于复合相变块而言［图 3-7（c）］，由于 TiO₂ 对纳米片的表面包覆，$CaCl_2 \cdot 6H_2O$ 可以均匀地吸附到膨胀石墨内部的纳米片表面。

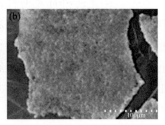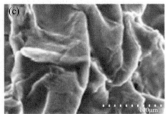

图3-7　膨胀石墨（a）、TiO₂改性膨胀石墨（b）以及改性$CaCl_2 \cdot 6H_2O$/TiO₂改性膨胀石墨复合相变块（c）的SEM照片

二、水合无机盐/膨胀珍珠岩定形复合相变材料

膨胀珍珠岩（EP）是一种质轻、无气味、隔音和阻燃性好的材料，同时具有较低的导热系数［0.03～0.05W/（m·K）］，广泛应用在建筑保温隔热场合。更重要的是，膨胀珍珠岩不仅具备多孔结构，而且具有亲水性，因而不需经过改性就对水合无机盐具有强吸附能力。因此，将 EP 用作水合无机盐的载体，可以制备出导热系数低的定形复合相变材料，适用于建筑保温隔热等领域。

为此，我们以六水氯化钙（$CaCl_2 \cdot 6H_2O$）为例，制备了 $CaCl_2 \cdot 6H_2O$/EP 复合相变材料[7]。$CaCl_2 \cdot 6H_2O$ 是一种价格低廉且阻燃性好的水合无机盐，同时还具有 28℃左右的相变温度和较大的相变潜热值，适宜应用于建筑领域以达到节能的目的。

采用真空浸渍吸附法制备 $CaCl_2 \cdot 6H_2O$/EP 复合相变材料。先将 $CaCl_2 \cdot 6H_2O$ 与 2%（质量分数）的成核剂 $SrCl_2 \cdot 6H_2O$ 进行混合，得到降低了过冷度的 $CaCl_2 \cdot 6H_2O$ 相变材料；然后，将所得相变材料置于 50℃恒温箱中，加热至完全熔化；随后，将熔融的相变材料在 88.1kPa 负压条件下缓慢注入 EP 中，不断搅拌，使二者混合均匀；接着，将混合后的材料放在温度 50℃、88.1kPa 负压下真空加热 5min，使膨胀珍珠岩充分吸附 $CaCl_2 \cdot 6H_2O$；最后，冷却至室温，得到 $CaCl_2 \cdot 6H_2O$/EP 复合相变材料。液漏测试表明，$CaCl_2 \cdot 6H_2O$/EP 复合相变材料中 $CaCl_2 \cdot 6H_2O$ 的适宜质量分数为 55%，该含量的复合相变材料具备定形性（图 3-8）。

采用扫描电镜（SEM）观测了 EP 和 55% $CaCl_2 \cdot 6H_2O$/EP 复合相变材料的微观形貌。从图 3-9（a）、（b）可以看出，EP 含有丰富的蜂窝孔状结构，孔的边缘清晰可见，EP 的多孔结构主要是由生产过程中采用的瞬时高温工艺导致内部水分爆出所致。图 3-9（c）、（d）显示，在吸附 $CaCl_2 \cdot 6H_2O$ 后，EP 的骨架结构没有变化，$CaCl_2 \cdot 6H_2O$ 均匀地附着在 EP 的孔内和孔的边缘。

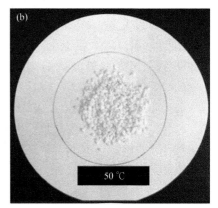

图3-8 EP（a）与50℃下55% $CaCl_2 \cdot 6H_2O$/EP复合相变材料（b）的外观

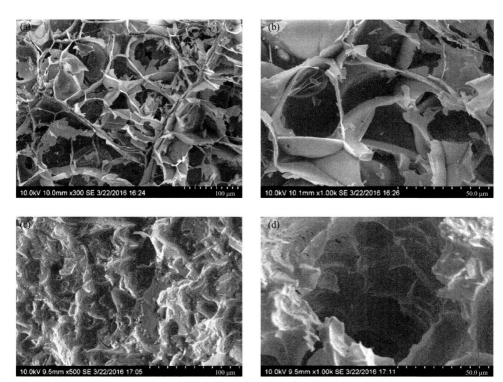

图3-9 EP 和55% $CaCl_2 \cdot 6H_2O$/EP复合相变材料SEM图
（a）EP（×500）；（b）EP（×1000）；（c）复合相变材料（×500）；（d）复合相变材料（×1000）

CaCl₂·6H₂O 和 CaCl₂·6H₂O/EP 复合相变材料的相变特性采用 DSC 进行分析。从图 3-10（a）可以看出，CaCl₂·6H₂O/EP 复合相变材料的固液相变温度为 27.38℃，与 CaCl₂·6H₂O 的相变温度 28.11℃非常接近，这说明 CaCl₂·6H₂O 与 EP 的复合对 CaCl₂·6H₂O 的相变温度没有产生影响。CaCl₂·6H₂O 和 CaCl₂·6H₂O/EP 复合相变材料的相变熔值分别为 159.85J/g 和 87.44J/g，这表明复合相变材料的熔值与 CaCl₂·6H₂O 的质量分数相当。图 3-10（b）为 EP、CaCl₂·6H₂O 和 CaCl₂·6H₂O/EP 复合相变材料导热系数的对比。可见，EP 具有较低的导热系数，为 0.11W/（m·K）；CaCl₂·6H₂O 的导热系数明显大于 EP；将两者复合制得的 CaCl₂·6H₂O/EP 复合相变材料的导热系数维持在较低的水平，远小于 CaCl₂·6H₂O，只是略大于 EP，这使得 CaCl₂·6H₂O/EP 复合相变材料兼具储热和隔热双重功能，非常适宜用于建筑围护结构中以达到建筑节能的目的。

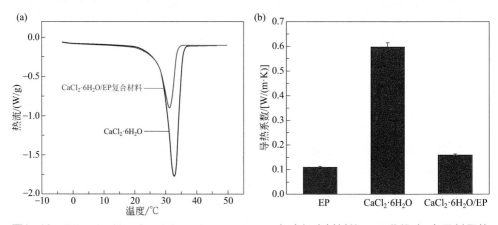

图3-10　EP、CaCl₂·6H₂O和CaCl₂·6H₂O/EP复合相变材料的DSC曲线（a）及其导热系数对比（b）

通过测定 CaCl₂·6H₂O 和 CaCl₂·6H₂O/EP 复合相变材料的步冷曲线来进一步揭示它们的储热特性差异。如图 3-11 所示，在加热初期由于测试样品与油浴温度相差大，CaCl₂·6H₂O 和 CaCl₂·6H₂O/EP 复合相变材料均迅速升温；CaCl₂·6H₂O 升至最高温为 49.3℃，而 CaCl₂·6H₂O/EP 复合相变材料的最高温仅为 43.9℃，比 CaCl₂·6H₂O 低 5.4℃，这说明该复合相变材料因其更低的导热系数而具有更好的隔热性能。在降温阶段，CaCl₂·6H₂O 和 CaCl₂·6H₂O/EP 复合相变材料都出现明显的凝固温度平台。CaCl₂·6H₂O 经历 8287s 后降至最低温 -2.0℃，而复合相变材料在 8663s 后降至最低温 3.8℃，降温时间延长了 376s，最低温提高了 5.8℃，这进一步表明了该复合相变材料有着优异的保温隔热性能。在接下来的加热过程中，CaCl₂·6H₂O 和 CaCl₂·6H₂O/EP 复合相变材料都分别出现了明显的熔融平台，且熔融平台所在的温度与各自凝固平台温度相近，这表明 $CaCl_2 \cdot 6H_2O$ 和 $CaCl_2 \cdot 6H_2O/EP$ 复合相变材料几乎没有过冷，这是因为成核剂 $SrCl_2 \cdot 6H_2O$ 的加入解决了 $CaCl_2 \cdot 6H_2O$ 所存在的过冷问题，从而使得该复合相变材料具有很高的实际应用价值。

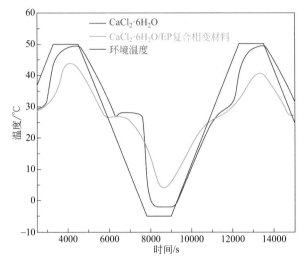

图3-11 $CaCl_2 \cdot 6H_2O$ 和 $CaCl_2 \cdot 6H_2O/EP$ 复合相变材料的T-history曲线

采用 1000 次冷热循环实验评价 $CaCl_2 \cdot 6H_2O/EP$ 复合相变材料的热可靠性，结果表明，复合相变材料的形貌并没有发生明显变化，$CaCl_2 \cdot 6H_2O$ 仍然均匀地吸附在 EP 的孔道结构内和孔道边缘，这说明 $CaCl_2 \cdot 6H_2O/EP$ 复合相变材料具有可靠的结构稳定性；循环后的复合相变材料相变温度相比于循环前基本不变，相变焓值为 76.46J/g，仅下降了 12.56%，这表明 $CaCl_2 \cdot 6H_2O/EP$ 复合相变材料具备良好的热可靠性。

除了 $CaCl_2 \cdot 6H_2O$ 外，其他水合无机盐也可以与膨胀珍珠岩复合制备定形复合相变材料。如将 15%（质量分数）$MgCl_2 \cdot 6H_2O\text{-}CaCl_2 \cdot 6H_2O$ 共晶盐与膨胀珍珠岩复合，制得了相变温度在 23℃附近的低导热型定形复合相变材料，适宜用于建筑节能领域 [8]。

总之，膨胀珍珠岩不仅便宜易得，而且具亲水性，因而是制备水合无机盐定形复合相变材料的优秀载体。然而，膨胀珍珠岩对水合无机盐的吸附容量不及膨胀石墨大，因而膨胀珍珠岩基定形复合相变材料的潜热值不高。特别值得一提的是，膨胀珍珠岩低的导热系数使得水合无机盐/膨胀珍珠岩定形复合相变材料同时具备储热和隔热功能，再加上复合材料中的组分都为无机物而不具可燃性，所以特别适宜应用于建筑节能领域中。

除膨胀珍珠岩外，其他的非金属矿物也可与水合无机盐复合来制备复合相变材料[9]。高学农等以 $Na_2SO_4 \cdot 10H_2O$-$Na_2CO_3 \cdot 10H_2O$ 共晶盐为相变材料，膨胀蛭石［图3-12（a）］为载体，采用真空浸渍法，制备得到复合相变材料。液漏测试表明，该蛭石基复合相变材料中水合无机盐的适宜质量分数为60%，相应得到定形复合相变材料［图3-12（b）］。运用扫描电镜观测其内部结构发现，膨胀蛭石为层状结构［图3-12（c）］；对于复合相变材料来说，吸附的水合无机盐均匀负载在蛭石的片层上［图3-12（d）］。100次冷热循环实验表明，该水合无机盐膨胀蛭石复合相变材料具有良好的热可靠性。

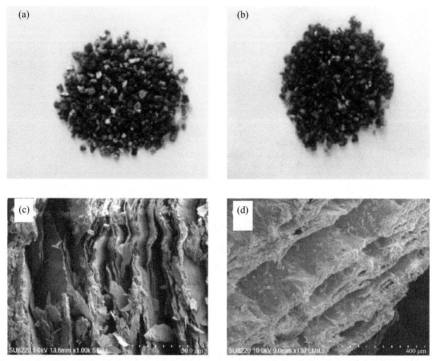

图3-12　蛭石和水合无机盐/蛭石复合相变材料的光学和扫描电镜照片
（a）、（c）蛭石；（b）、（d）水合无机盐/蛭石复合相变材料

三、光固化聚合物包覆的水合无机盐定形复合相变材料

因为膨胀石墨和膨胀珍珠岩等多孔载体都为开放型孔结构，尽管以它们为载体的定形复合相变材料避免了水合无机盐的液相泄漏问题，但水合无机盐中结晶水仍存在挥发损失的可能性。为了进一步提升含水合无机盐的定形复合相变材料

的稳定性，笔者以六水氯化钙/膨胀石墨定形复合相变材料为例，采用光固化聚合物对该定形复合相变材料进行了表面包覆[10]。

首先，选用100目数的可膨胀石墨，在微波功率700W下膨化处理30s，制得膨胀石墨；然后，将含2%（质量分数）成核剂六水氯化锶的六水氯化钙与所得膨胀石墨进行混合，其中膨胀石墨的质量分数为10%；最后，将所得复合材料放入冰箱中降温，使水合无机盐结晶凝固，从而得到六水氯化钙/膨胀石定形复合相变材料。在随后的包覆过程中，将3.0g单体（三甲基丙烷三丙烯酸酯）和1g预聚体（改性聚氨酯丙烯酸）与0.2g的光敏化剂（2-羟基-2-甲基-1-苯基-1-丙烯酮）混合均匀，配成光固化树脂溶液，装于喷雾器中，然后均匀喷洒在上述制得的定形复合相变材料颗粒表面；随后，迅速将其放于紫外灯下进行光照，完全交联固化后，便得到聚合物包覆的六水氯化钙/膨胀石墨定形复合储热材料。

图3-13的扫描电子显微镜照片表明，膨胀石墨由重叠的石墨薄片组成，形成丰富的裂隙状和网状的孔隙；在吸附了六水氯化钙之后，裂隙状和网状的孔隙消失了，但石墨薄片的轮廓依旧在表面上可以清晰看到；而在聚合物包覆之后，石墨鳞片的轮廓变得模糊，这证实了聚合物的涂层包覆。

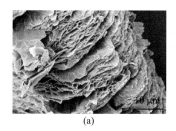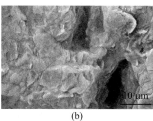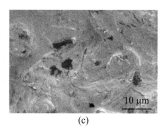

(a) (b) (c)

图3-13 膨胀石墨（a）、未包覆的水合盐/膨胀石墨复合材料（b）和聚合物封装包覆的水合盐/膨胀石墨复合材料（c）的扫描电镜照片

水合盐、未包覆的水合盐/膨胀石墨复合材料和聚合物包覆的水合盐/膨胀石墨复合材料的相变温度和相变焓通过DSC测得。如图3-14（a）所示，水合盐仅在熔融过程中呈现出一个吸热峰，凝固过程中并没有出现放热峰；未包覆的水合盐/膨胀石墨复合材料和聚合物包覆的水合盐/膨胀石墨复合材料则既在熔融过程中呈现出一个吸热峰，也在凝固过程中有一个放热峰。与水合盐相变材料不同，膨胀石墨基复合材料在降温过程中出现放热峰的原因可以解释如下：一方面，石墨薄片（膨胀石墨）作为水合盐结晶的固体界面[11]，为晶核提供了大量的基底从而利于晶核长大，促进晶体的生长；另一方面，与具有高导热系数的膨胀石墨相结合，加速了热或冷的传递，进一步促进水合盐的结晶。可见，膨胀

石墨的引入使得未包覆的水合盐/膨胀石墨复合材料和聚合物封装包覆的水合盐/膨胀石墨复合材料中水合盐的结晶行为得到了改善，导致其放热峰的出现。从相变温度来看，水合盐的熔化温度是28.48℃，未包覆的水合盐/膨胀石墨复合材料的熔化和凝固温度分别是26.74℃和22.16℃，而聚合物包覆的水合盐/膨胀石墨复合材料的熔化和凝固温度分别是28.53℃和21.12℃。可见，未包覆的水合盐/膨胀石墨复合材料和聚合物包覆的水合盐/膨胀石墨复合材料的熔融温度与水合盐接近，这说明与膨胀石墨复合以及后续的聚合物涂层包覆并没有明显改变水合盐的相变温度；此外，包覆前后复合材料的过冷度均在4.6℃左右，较水合盐有明显降低。对于相变潜热，水合盐熔化焓值为191.6J/g，未包覆的水合盐/膨胀石墨复合材料的熔化焓和凝固焓值分别为167.8J/g和168.1J/g，聚合物包覆的水合盐/膨胀石墨复合材料的熔化焓和凝固焓值分别为163.2J/g和164.1J/g。聚合物包覆的水合盐/膨胀石墨复合材料潜热相比于未包覆复合材料出现了微小降低，这是由光固化聚合物的存在导致复合材料中水合盐的质量分数下降所致。

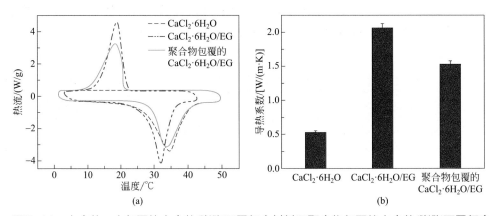

图3-14　水合盐、未包覆的水合盐/膨胀石墨复合材料和聚合物包覆的水合盐/膨胀石墨复合材料的DSC曲线（a）及其导热系数对比（b）

　　水合盐、未包覆的水合盐/膨胀石墨复合材料和聚合物包覆的水合盐/膨胀石墨复合材料的导热系数在低于相变温度时进行测量，控制压块密度均为650 kg/m³，结果显示［图3-14（b）］，未包覆的水合盐/膨胀石墨复合材料和聚合物包覆的水合盐/膨胀石墨复合材料的导热系数分别为2.065W/（m·K）和1.536W/（m·K），相比水合盐的导热系数0.529W/（m·K）分别提高了约300%和200%。

　　水合盐、未包覆的水合盐/膨胀石墨复合材料和聚合物包覆的水合盐/膨胀石墨复合材料的热可靠性采用500次冷热循环实验进行评价，所得结果见表

3-1。可以看出，水合盐在经过 500 次冷热循环后熔化温度为 28.10℃，熔化焓为 109.04J/g，焓值下降了 43.09%；未包覆的水合盐/膨胀石墨复合材料在经过 500 次冷热循环后熔化温度和凝固温度分别是 27.06℃ 和 21.64℃，熔化焓和凝固焓分别为 120.68J/g 和 120.96J/g，焓值分别降低了 28.08% 和 28.04%；聚合物包覆的水合盐/膨胀石墨复合材料在经过 500 次冷热循环后熔化温度和凝固温度分别是 28.70℃ 和 21.05℃，熔化焓和凝固焓分别为 162.30J/g 和 163.50J/g，焓值仅分别降低了 0.55% 和 0.36%。可见，与未包覆的复合材料相比，聚合物包覆的水合盐/膨胀石墨复合相变材料具有明显提升的热可靠性。这些研究结果充分表明，对水合无机盐的定形复合相变材料进行表面包覆以避免结晶水的损失是十分必要的。

表 3-1 水合盐、未包覆的水合盐/膨胀石墨和聚合物包覆的水合盐/膨胀石墨复合材料经 500 次热循环前后的相变温度和相变焓

样品		熔化温度 T_m/℃	凝固温度 T_t/℃	熔化焓 ΔH_m/(J/g)	凝固焓 ΔH_t/(J/g)
$CaCl_2 \cdot 6H_2O$	循环前	28.96	—	191.60	—
	循环后	28.10	—	109.04	—
$CaCl_2 \cdot 6H_2O$ /膨胀石墨	循环前	26.74	22.16	167.80	168.10
	循环后	27.06	21.64	120.68	120.96
聚合物包覆 $CaCl_2 \cdot 6H_2O$/膨胀石墨	循环前	28.53	21.12	163.20	164.10
	循环后	28.70	21.05	162.30	163.50

此外，高学农等[12]先将 $Na_2HPO_4 \cdot 12H_2O$-$Na_2CO_3 \cdot 10H_2O$ 共晶盐与硅藻土复合，然后在所得复合相变材料的表面涂覆一层紫外线固化聚氨酯丙烯酸酯聚合物涂层，获得了热可靠性良好的包覆型水合无机盐定形复合相变材料。

四、胶黏剂封装的水合无机盐/氮化碳定形复合相变材料

石墨相氮化碳（g-C_3N_4）是一种多功能的聚合物半导体材料，它可由廉价的含氮化合物通过热聚合来合成，具有制备工艺简单、成本低廉以及物理化学稳定性好的特点。笔者率先采用以尿素为原料制备的石墨相氮化碳作为多孔载体，将其与熔点为 89.3℃、潜热为 150kJ/kg 的六水硝酸镁［$Mg(NO_3)_2 \cdot 6H_2O$］进行复合，制备了新型的复合相变材料；将所得复合相变材料压成圆柱体后，用铝箔包裹，再用密封胶密封，制备了热可靠性好的复合相变块[13]。制备过程如图 3-15 所示。

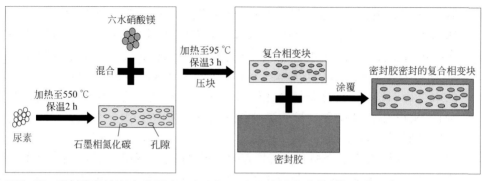

图3-15 密封胶密封的Mg(NO₃)₂·6H₂O/g-C₃N₄复合相变块制备工艺示意图

从图 3-16 SEM 照片可以看出，由尿素热聚合制备的 g-C₃N₄ 为多孔材料 [图 3-16（a）]，经测定，其比表面积为 50.35m²/g，平均孔径为 18.51nm。从复合材料的 SEM 照片 [图 3-16（b）] 来看，Mg(NO₃)₂·6H₂O 不仅已被吸附到 g-C₃N₄ 的孔隙中，而且还覆盖在 g-C₃N₄ 的片上。

图3-16 g-C₃N₄（a）和Mg(NO₃)₂·6H₂O/g-C₃N₄复合相变材料（b）的SEM照片

Mg(NO₃)₂·6H₂O 和75%（质量分数）、80%（质量分数）和85%（质量分数）Mg(NO₃)₂·6H₂O/g-C₃N₄ 复合相变材料的 DSC 曲线见图 3-17。可以看出，Mg(NO₃)₂·6H₂O 呈现出很大的过冷度，约为 29.0℃；而 75%、80% 和 85% Mg(NO₃)₂·6H₂O/g-C₃N₄ 复合相变材料的过冷度都明显下降，分别仅为 3.1℃、1.8℃ 和 1.4℃，这表明与 g-C₃N₄ 复合有效克服了 Mg(NO₃)₂·6H₂O 的过冷问题。究其原因可以分析如下：①多孔的 g-C₃N₄ 为该水合盐提供了异相成核位点，促进了其成核；②g-C₃N₄ 分子结构中含有氨基，可与水合盐形成氢键，因而两者之间具有良好的相容性，这使水合盐在孔内分布均匀而避免了团聚，有助于水合盐的成核与结晶。再者，从相变温度来看，复合相变材料的熔点比

Mg(NO$_3$)$_2$·6H$_2$O 的低 2.5～2.7℃，这可归结于 Mg(NO$_3$)$_2$·6H$_2$O 在 g-C$_3$N$_4$ 内的均匀分布促进了传热，从而加快了熔融过程的发生。此外，复合相变材料与 Mg(NO$_3$)$_2$·6H$_2$O 的导热系数相近，都在 0.4W/（m·K）。

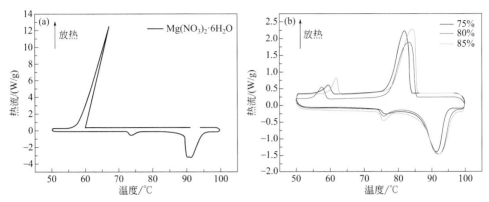

图3-17 Mg(NO$_3$)$_2$·6H$_2$O DSC曲线（a）和不同含量Mg(NO$_3$)$_2$·6H$_2$O/g-C$_3$N$_4$复合相变材料DSC曲线（b）

根据液漏测试，确定了 Mg(NO$_3$)$_2$·6H$_2$O/g-C$_3$N$_4$ 复合相变材料中 Mg(NO$_3$)$_2$·6H$_2$O 的适宜含量为 80%。为了防止在相变过程中 Mg(NO$_3$)$_2$·6H$_2$O 所含结晶水的散失，将所得复合相变材料先压成圆柱状块体，然后用铝箔包裹，最后用环氧树脂 AB 结构胶以及硅密封胶进行封装。随后，将密封后的块体经历 100 次冷热循环实验，再测试其 DSC 曲线。图 3-18 为不同封装的 80% Mg(NO$_3$)$_2$·6H$_2$O/g-C$_3$N$_4$ 复合相变块和 Mg(NO$_3$)$_2$·6H$_2$O 经历 100 次冷热循环实验前后的照片。此外，还测试了这些样品的 DSC 曲线，所得结果列于表 3-2 中。其中，M_0、M_{100} 和 M_d 分别表示样品的起始质量、100 次冷热循环实验后的质量以及不同封装前后质量下降的百分率。从表 3-2 可以看出，未经任何封装的 Mg(NO$_3$)$_2$·6H$_2$O 和 80% Mg(NO$_3$)$_2$·6H$_2$O/g-C$_3$N$_4$ 复合相变块在经历 100 次冷热循环后质量下降超过 20%。具体地对 80%Mg(NO$_3$)$_2$·6H$_2$O/g-C$_3$N$_4$ 复合相变块来说，未经封装的样品 100 次冷热循环后质量下降了 22.92%，且其潜热值下降到 87.07kJ/kg，下降幅度为 22.47%。然而，分别采用硅密封胶和环氧树脂 AB 结构胶进行封装后，样品不仅保持了良好的形状 [图 3-18（b）、（c）]，而且经历 100 次冷热循环后质量仅分别下降了 6.25% 和 0.84%。这是因为这些密封胶的涂覆为样品提供了封闭的空间，从而有效阻止了结晶水的损失。与硅密封胶相比，环氧树脂 AB 结构胶的封装效果更好。值得注意的是，与 g-C$_3$N$_4$ 的复合也起了重要作用。用这些密封胶直接封装 Mg(NO$_3$)$_2$·6H$_2$O 并没有达到好的效果，如图 3-18（d）、（e）所示。这是因为如果没有 g-C$_3$N$_4$ 的负载，硅密封胶和环氧树脂 AB 结构胶形成的包覆膜在冷热循环过程中由于热膨胀的存在以及液体相变材料的流动而发生破裂，从而起不到防止结晶水散失的作用。因此，多孔载体的负载以及密封胶的封装在提高水合无机盐相变材料的热可靠性方面都发挥了作用。

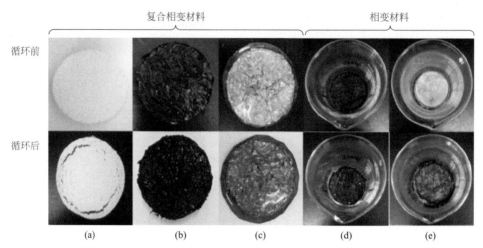

图3-18 不同封装的复合相变块和Mg(NO$_3$)$_2$·6H$_2$O经100次冷热循环实验前后的照片（a）80%Mg(NO$_3$)$_2$·6H$_2$O/g-C$_3$N$_4$复合相变块；（b）环氧树脂AB结构胶封装的复合相变块；（c）硅密封胶封装的复合相变块；（d）环氧树脂AB结构胶封装的Mg(NO$_3$)$_2$·6H$_2$O；（e）硅密封胶封装的Mg(NO$_3$)$_2$·6H$_2$O

表3-2 未封装和封装的Mg(NO$_3$)$_2$·6H$_2$O和80% Mg(NO$_3$)$_2$·6H$_2$O/g-C$_3$N$_4$复合相变材料经历100次冷热循环实验前后的特性参数

	材料	T_m/℃	ΔH_m/ (kJ/kg)	T_c/℃	ΔH_c/ (kJ/kg)	M_0/g	M_{100}/g	M_d/%
循环前	PCM	89.5	141.20	60.4	148.60	—	—	—
	CPCM	87.0	112.30	85.2	104.90	—	—	—
循环后	CPCM	85.1	87.07	85.1	78.18	15.7	12.1	22.92
	CPCM/硅密封胶	88.5	120.90	85.1	114.40	20.8	19.5	6.25
	CPCM/环氧树脂AB结构胶	88.2	117.60	85.6	107.70	23.6	23.4	0.84
	PCM	52.7	74.91	—	—	16.0	12.4	22.50
	PCM/硅密封胶	52.0	90.79	—	—	20.0	16.1	19.50
	PCM/环氧树脂AB结构胶	50.9	40.19	—	—	20.8	17.9	13.94

注：PCM 指 Mg(NO$_3$)$_2$·6H$_2$O，CPCM 指 80% Mg(NO$_3$)$_2$·6H$_2$O/g-C$_3$N$_4$复合相变材料。

综上所述，与多孔载体复合可以解决水合无机盐的过冷和相分离问题，并有助于缓解它们的腐蚀性。但与有机相变材料不同的是，水合无机盐存在结晶水的散失隐患。因此，水合无机盐的定形复合相变材料需要进行表面封装以防止结晶水的挥发损失。对水合无机盐复合材料颗粒进行表面封装或将复合材料压成块体后再进行封装等措施都可提升复合相变材料的热可靠性。同样，也可以根据具体的应用场合，对水合无机盐的定形复合相变材料进行有针对性的封装，以期获得良好的应用效果。

第二节
熔盐的定形复合相变材料

　　熔盐是高温相变材料，具有潜热大、成本低廉的特点，适宜用于太阳能热发电等高温热应用领域。然而，熔盐相变材料存在液相泄漏以及腐蚀性等问题；另外，熔盐的导热系数也有待提升，以加快储、放热速率。因此，熔盐适宜与导热系数高的碳材料类载体进行复合来制备定形复合相变材料[14]；此外，在定形复合相变材料的基础上进一步提高熔盐复合相变材料的导热系数来提升储、放热速率也十分必要。下面具体介绍熔盐/膨胀石墨复合相变材料的制备工艺改进以及导热系数提升策略。

一、LiNO$_3$-KCl/膨胀石墨复合相变材料及热物性和腐蚀性

　　膨胀石墨是导热系数高且孔体积大的碳材料类多孔载体，现以 LiNO$_3$-KCl 混合熔盐为相变材料，制备了 LiNO$_3$-KCl/膨胀石墨复合相变材料[14]。首先，将干燥后硝酸锂、氯化钾按照质量比为 1∶1 的比例置于研钵中，研磨至两者混合均匀，然后将研磨好的无机盐混合物放入高温恒温试验箱中，在 200℃的条件下恒温 2h 共熔，取出置于干燥器中冷却，即可得到 LiNO$_3$-KCl 混合熔盐。制备复合相变材料的具体流程：将 LiNO$_3$-KCl 混合熔盐置于高温恒温试验箱中，在 200℃的条件下加热至熔融状态；按照一定质量比例加入适量干燥的膨胀石墨，不断搅拌直至液态熔盐完全进入膨胀石墨的孔隙内；将混合物取出置于干燥器中冷却，即可得到 LiNO$_3$-KCl/膨胀石墨复合相变材料。

　　图 3-19 所示为膨胀石墨和 LiNO$_3$-KCl/膨胀石墨复合相变材料（膨胀石墨质量分数为 80%）的微观结构图。从图 3-19（a）可以看到，膨胀石墨由粘连或叠加的片层结构组成，内部存在丰富的孔隙。图 3-19（b）表示的是 LiNO$_3$-KCl 混合熔盐与膨胀石墨复合之后的微观结构，可以清晰地看到熔盐晶体，这表明在复合过程中液态熔盐依靠多孔毛细管作用力填充到膨胀石墨的孔隙中。

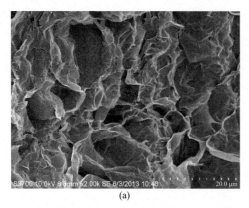
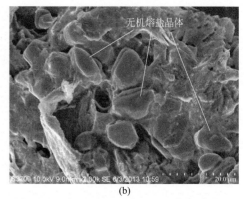

(a)　　　　　　　　　　　　　　　(b)

图3-19　膨胀石墨（a）和LiNO₃-KCl/膨胀石墨复合物（b）的SEM照片

　　不同膨胀石墨含量的 LiNO₃-KCl/ 膨胀石墨复合相变材料的 DSC 曲线见图 3-20，所得相变特性参数列于表 3-3 中。对于升温熔化过程［图 3-20（a）］，复合材料与 LiNO₃-KCl 混合熔盐相比，其熔化温度几乎没有受到膨胀石墨含量的影响，但吸热峰的峰值温度则随着膨胀石墨含量的增加从 170.72℃缓慢移动到 168℃左右。此外，从图中可以看出，复合材料中膨胀石墨质量分数越高，复合材料吸热峰的起始边外延切线与基线形成的角度越趋向于直角，形成的吸热峰也越尖锐。造成这些现象的原因是膨胀石墨的多孔骨架为熔盐提供了类似热量快速传递的通道，加快了复合材料的相变速率。关于降温凝固过程［图 3-20（b）］，LiNO₃-KCl 混合熔盐的凝固温度为 160.55℃，明显低于其熔化温度，这表明该混合熔盐存在一定的过冷。加入膨胀石墨后，凝固温度呈现出 1℃左右的向低温方向偏移，致使复合相变材料的过冷程度与熔盐相比有所加剧。这可能是因为，在凝固过程中，液态熔盐的凝固导致膨胀石墨孔隙内压力下降，熔盐含量越高，这种压力下降也越显著，依据克拉佩龙方程，复合相变材料的凝固温度从而降低，即向低温方向移动。由于这些复合相变材料的过冷度并不大，在相变储热系统中基本能够保证恒定的凝固温度，维持储热单元与传热介质之间的稳态传热，因此复合材料体系的过冷现象并不影响该种材料在相变储热系统中的应用。此外，复合材料的放热峰峰形并没有表现出与吸热峰相同的变化趋势；相反，在未添加膨胀石墨的情况下，LiNO₃-KCl 混合熔盐放热峰的起始边外延切线与基线形成的角度更接近直角，这有可能是过冷效应引起的急剧放热造成的。

　　对于潜热来说，LiNO₃-KCl 混合熔盐的凝固焓值约为其熔化焓值的 82%，这可能是由过冷现象引起的焓值降低。由于膨胀石墨的加入是为了增强导热性能，膨胀石墨在测试温度区间没有相变过程的出现，对复合材料体系的相变潜热的贡献为零。因此，随着复合相变材料中膨胀石墨含量的增加，可以观察到相变焓值呈逐渐减小的趋势。复合材料的相变焓理论值可按照公式（3-1）计算：

$$\Delta H_{复合材料} = (1-w)\Delta H_s \qquad\qquad (3\text{-}1)$$

式中　$\Delta H_{复合材料}$——LiNO$_3$-KCl/膨胀石墨复合相变材料的相变焓理论值，J/g；

　　　ΔH_s——LiNO$_3$-KCl混合熔盐的相变焓值，J/g；

　　　w——膨胀石墨的质量分数，%。

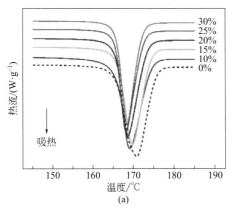 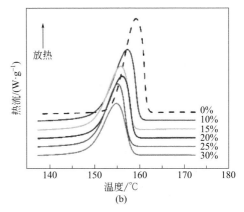

图3-20　LiNO$_3$-KCl/膨胀石墨复合相变材料DSC曲线
（a）升温熔化过程；（b）降温凝固过程

　　如表3-3所示，熔化焓值的相对误差小于3%，凝固焓值的相对误差小于3.5%，两者呈现出高度的一致性。此外，经过500次冷热循环实验评估LiNO$_3$-KCl/膨胀石墨复合相变材料的热可靠性[15]表明，LiNO$_3$-KCl/膨胀石墨复合相变材料用于相变储热系统具有长期应用的可靠性。

表3-3　LiNO$_3$-KCl/膨胀石墨复合相变材料的相变热物性参数

膨胀石墨含量/%	熔化温度/℃	吸热峰峰值温度/℃	熔化焓值/（kJ·kg）	凝固温度/℃	放热峰峰值温度/℃	凝固焓值/（kJ·kg）
0	165.60	170.72	203.7	160.55	158.99	167.1
10	165.55	169.09	178.1	159.94	157.42	150.3
15	165.87	169.70	170.7	158.51	155.95	138.3
20	165.57	168.57	164.5	158.84	156.26	129.1
25	165.55	168.15	151.0	157.77	155.32	124.0
30	165.58	168.38	142.4	158.35	155.00	115.3

　　导热系数是熔盐这类高温相变材料的重要特性参数。在相同表观密度下研究复合材料的有效导热系数随膨胀石墨质量分数的变化表明，增大膨胀石墨在复合相变材料中的质量比例可以显著地提高复合材料的导热能力。例如，在表观密度为1010kg/m^{3}的条件下，加入10%（质量分数）的膨胀石墨可使LiNO$_3$-KCl混合熔盐的导热系数提升1.85倍；当膨胀石墨的质量分数达到30%时，导热系数则比混合熔盐提升了6.65倍。很明显，加入了导热系数远远大于混合熔盐的高导

热介质膨胀石墨，使得复合材料的内部形成了一个完善的导热网络结构，大幅度减小了热传导的阻力。此外，LiNO₃-KCl/膨胀石墨复合材料的有效导热系数也随着其表观密度增大而增大。以膨胀石墨质量分数为 20% 的复合材料为例进行说明。研究表明，随着复合材料表观密度的增加，导热系数表现出显著上升的趋势。例如，当表观密度为 750kg/m³ 时，复合材料的有效导热系数为 5.12W/（m·K），是 LiNO₃-KCl 混合熔盐体系的 2.93 倍；当表观密度达到 1420kg/m³ 时，复合材料的有效导热系数的值上升到了 14.98W/（m·K），为混合熔盐的 8.56 倍。产生这个变化趋势的原因是，表观密度的上升降低了多孔材料的孔隙率，同时也增加了复合材料颗粒的接触面积，在复合材料内部形成更多有效导热路径。

鉴于腐蚀性是熔盐相变材料需要考虑的重要因素，采用静态失重法研究该复合材料与几种金属容器材料间的腐蚀情况，以期筛选出能与该复合材料保持较好兼容性的容器材料。将不同材质的金属腐蚀试片放在膨胀石墨质量分数为 20% 的 LiNO₃-KCl/膨胀石墨复合相变材料中进行 500 次热循环，观察试片在热循环前、后表面状况[15]。从图 3-21 可以看到，在复合相变材料中经过 500 次热循环后的不锈钢 304L 试片表面没有出现明显腐蚀产物沉积的现象，仍然可以观察到金属光泽，而且腐蚀实验前后的质量变化为 0。对于碳钢 20# 试片，其表面局部出现了腐蚀产物的沉积，可观察到点蚀现象。黄铜 H68 试片的外观在腐蚀实验后发生明显的改变，试片的表面被厚厚的腐蚀产物所覆盖。可见，不锈钢 304L 与 LiNO₃-KCl/膨胀石墨复合相变材料的相容性最好，两者之间可以保持一定的化学稳定性；碳钢在膨胀石墨质量分数为 20% 的复合材料中的腐蚀程度较小，其腐蚀深度 K_d < 0.05mm/a，说明该材料的耐腐蚀性能优良；黄铜 H68 在复合材料中的腐蚀状况较为严重，不适合作为承装该种复合相变材料的容器材料。

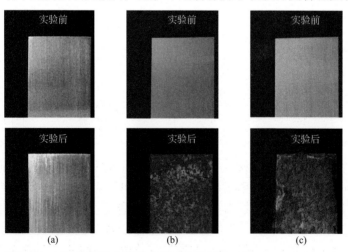

图3-21 不同材质的金属在腐蚀实验前后的对照
（a）不锈钢304L；（b）碳钢20#；（c）黄铜H68

再者，揭示了 LiNO$_3$-KCl/膨胀石墨复合相变材料中膨胀石墨含量对其腐蚀性的影响。选择膨胀石墨质量分数分别为 10%、20% 和 30% 的复合材料与同种金属试片碳钢 20# 试片进行测试，即将该种试片浸没在复合材料中热循环 500 次[15]。图 3-22 的结果表明，随着 LiNO$_3$-KCl/膨胀石墨复合相变材料中膨胀石墨含量的升高，试片的腐蚀速率和腐蚀深度逐渐降低，这说明与膨胀石墨的复合降低了熔盐对金属试片的腐蚀性。

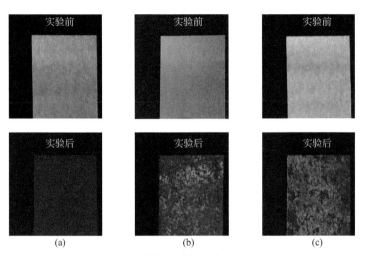

图3-22　碳钢20#试片在腐蚀实验前和实验后的对照
（a）膨胀石墨含量为10%；（b）膨胀石墨含量为20%；（c）膨胀石墨含量为30%

二、新工艺制备膨胀率低且均匀性好的熔盐/膨胀石墨复合相变块体材料

考虑到在应用膨胀石墨基复合相变材料时通常需要将其进行压实填充来提升储、放热速率。为此，笔者探索了一种制备熔盐/膨胀石墨复合相变块体的新工艺[16]。以 MgCl$_2$-KCl 熔融共晶盐为例，配制了 KCl 含量为 63.0%（质量分数）的 MgCl$_2$-KCl 共晶盐相变材料，其熔点为 424.48℃，熔化焓高达 190.91J/g。新工艺制备 MgCl$_2$-KCl/膨胀石墨复合相变块体的步骤（图 3-23）包括：先将该共晶盐与膨胀石墨进行破碎混合，再将所得混合物用压片机进行压块，然后将块体在纯氮气气氛保护下加热到共晶盐熔点之上的温度并保温一段时间，使盐发生熔融并在块体中扩散均匀，最后冷却并擦去块体表面泄漏出的共晶盐，即得 MgCl$_2$-KCl/膨胀石墨复合相变块体。对制备出的 MgCl$_2$-KCl 质量分数分别为 80%、85% 和 88% 的 3 个复合相变块体进行液体渗漏实验测试，结果表明，复合相变块体中 MgCl$_2$-KCl 共晶盐的适宜负载量为 85%（质量分数）。

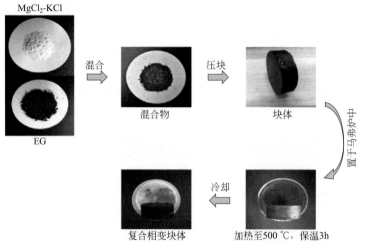

图3-23 MgCl$_2$-KCl/膨胀石墨复合相变块体的制备过程

从膨胀石墨和85%MgCl$_2$-KCl/膨胀石墨复合相变块体的SEM照片（图3-24）可以看出，膨胀石墨颗粒具有丰富的孔隙和大体积的蠕虫状结构［图3-24（a）］，并呈现不规则的蜂窝网络结构［图3-24（b）］。对于MgCl$_2$-KCl/膨胀石墨复合相变块体，可以清楚地观察到，MgCl$_2$-KCl共晶盐均匀分布在膨胀石墨的孔隙中［图3-24（c）、（d）］；由于压缩，复合相变块体中的膨胀石墨纳米片层接触紧密，致使膨胀石墨中纳米片之间的热通路构建得更为紧密，降低了传热热阻，从而MgCl$_2$-KCl/膨胀石墨复合相变块体具有高的导热能力。

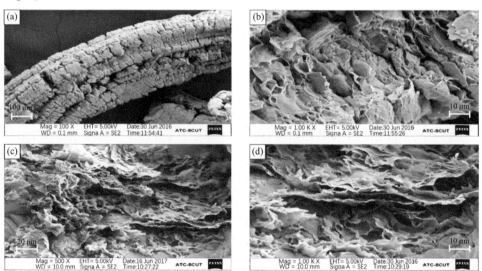

图3-24 膨胀石墨（a）、（b）和MgCl$_2$-KCl/膨胀石墨复合相变块体（c）、（d）的SEM照片

从 MgCl₂-KCl 共晶盐和 MgCl₂-KCl/ 膨胀石墨复合相变块体的 DSC 曲线（图 3-25）可以看出，MgCl₂-KCl/ 膨胀石墨复合相变块体的熔融温度约为 424.14℃，非常接近纯 MgCl₂-KCl 共晶盐的熔点（424.48℃）。MgCl₂-KCl 共晶盐和 MgCl₂-KCl/ 膨胀石墨复合相变块体的熔化焓分别是 190.91J/g 和 161.37J/g，MgCl₂-KCl/ 膨胀石墨复合相变块体的熔化焓与纯共晶盐的熔化焓的比值和 MgCl₂-KCl/ 膨胀石墨复合相变块体中 MgCl₂-KCl 共晶盐的质量分数非常接近。这表明 MgCl₂-KCl/ 膨胀石墨复合相变块体中共晶盐分布均匀。值得关注的是，共晶盐的凝固点为 407.11℃，相比于其熔点显示出 17.37℃的过冷度；而 MgCl₂-KCl/ 膨胀石墨复合相变块的凝固点为 418.39℃，过冷度仅为 5.75℃，远低于 MgCl₂-KCl 共晶盐的过冷度。这是因为膨胀石墨不仅具有高导热性，而且还可以为熔融共晶盐的异相成核提供位点，促进其成核结晶，从而有效降低了过冷度。更重要的是，这种过冷度降低的情形与前述的 LiNO₃-KCl/ 膨胀石墨复合相变材料过冷度高于其熔盐的情况不同，这表明新工艺克服了熔盐在膨胀石墨孔隙内因压力下降而出现的凝固点降低的问题，其原因可能在于，新工艺是先混合压块后再加热熔融吸附来制备熔盐 / 膨胀石墨复合相变块体。此外，MgCl₂-KCl/ 膨胀石墨复合相变块体的导热系数经测定为 4.922W/（m·K），是 MgCl₂-KCl 共晶盐导热系数［0.412 W/（m·K）］的 12 倍。正如图 3-24（c）、（d）所示，导热系数的显著增加是源于 MgCl₂-KCl/ 膨胀石墨复合相变块体中膨胀石墨的三维网络骨架以及压片过程中膨胀石墨之间形成的紧密网络结构。

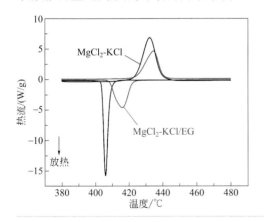

图3-25

MgCl₂-KCl共晶盐和MgCl₂-KCl/膨胀石墨复合相变块体的DSC曲线

为了评估 MgCl₂-KCl/ 膨胀石墨复合相变块体的热可靠性，将该复合相变块体进行 500 次加热 - 冷却循环。评估结果显示，MgCl₂-KCl/ 膨胀石墨复合相变块体的熔点和焓变在 500 次冷热循环前后几乎没有变化。有趣的是，MgCl₂-KCl/ 膨胀石墨复合相变块体的凝固点从实验前的 418.39℃升高到实验后的 422.37℃，其凝固焓也相应地从 160.28J/g 增加到 161.54J/g。这表明，在经历了 500 次加热 -

冷却循环后，$MgCl_2$-KCl/膨胀石墨复合相变块体不仅出现了相变焓略有增加，而且其过冷度下降了近4℃。这些相变特性的改善可归因于，在加热-冷却循环实验期间，熔盐在复合块体中不断重结晶，使其在块体内部分布更加均匀，盐与膨胀石墨的接触也更贴合紧密。此外，$MgCl_2$-KCl/膨胀石墨复合相变块体在经历500次加热-冷却循环之后保持了良好的形状稳定性。

为了进一步揭示新工艺与常规工艺的不同，将采用传统熔融吸附法制备的相同组成的 $MgCl_2$-KCl/膨胀石墨复合相变块体与新工艺制备的复合相变块体在膨胀率和均匀性上进行了对比，结果见表3-4。从膨胀率来看，由新方法获得的 $MgCl_2$-KCl/膨胀石墨复合相变块体能保持加热前的形状，体积膨胀率仅为2.52%；而通过传统熔融吸附法制备的复合相变块体出现了明显的体积膨胀以及裂纹，体积膨胀率高达28.29%，远远大于通过新方法制备的复合相变块体。究其原因在于，在传统熔融吸附法制备过程中，先通过熔融吸附制备复合相变材料，再通过压块制备复合相变块体，这样在压制过程中复合相变材料之间形成很多微小孔隙，致使其在二次热处理后气体受热膨胀而导致复合相变块发生体积膨胀并形成裂纹。在均匀性的对比上，两个复合相变块体在三个不同位置的熔化焓值如表3-4所示。可以看出，采用传统熔融吸附法制备的复合相变块体在A、B和C三个位置的熔化焓分别是136.5J/g、166.7J/g 和150.2J/g，熔化焓差异较大，这表明复合相变块体中的熔盐相变材料分布并不均匀。而对新方法制备的 $MgCl_2$-KCl/膨胀石墨复合相变块体，三个位置的熔化焓分别为160.1J/g、160.9J/g 和163.1J/g，表现出良好的均匀性。再者，通过新方法制备的 $MgCl_2$-KCl/膨胀石墨复合相变块体的平均熔化焓为161.37J/g，非常接近根据 $MgCl_2$-KCl/膨胀石墨复合相变块体中共晶盐的质量分数和 $MgCl_2$-KCl 熔盐的熔化焓计算的理论值；然而，通过传统熔融吸附法制备的 $MgCl_2$-KCl/膨胀石墨复合相变块体的平均熔化焓为151.1J/g，小于通过新方法制备的 $MgCl_2$-KCl/膨胀石墨复合相变块体的平均熔化焓。这些结果表明了由传统熔融吸附法制备的 $MgCl_2$-KCl/膨胀石墨复合相变块体中 $MgCl_2$-KCl 熔盐分布均匀性差。这可能是因为，熔融共晶盐是亲水性的，而膨胀石墨是亲油性的，仅采用传统熔融吸附法中的简单机械搅拌使得 $MgCl_2$-KCl 熔盐难以均匀地分布于膨胀石墨内。而在笔者提出的新工艺中，由于膨胀石墨在制备初期便和 $MgCl_2$-KCl 熔盐颗粒混合均匀，在压制过程结束后，膨胀石墨和 $MgCl_2$-KCl 熔盐颗粒间结合紧密；热处理时，熔融的 $MgCl_2$-KCl 共晶盐由固态颗粒变为液态小液滴，在表面张力的作用下，$MgCl_2$-KCl 共晶盐小液滴可以均匀地吸附在膨胀石墨的孔隙中。可见，该新工艺制备的复合相变块体具有均匀性好和体积膨胀小的优势，这表明了这种先混合再压块最后热处理的新工艺适宜制备熔盐/膨胀石墨复合相变块体材料。

表3-4 不同方法制备的复合相变块体的膨胀率和均匀性

制备方法	体积膨胀率 /%	不同位置焓值/(J/g)			平均焓值 / (J/g)
		A	B	C	
新方法	2.52	160.1	160.9	163.1	161.37
传统熔融吸附法	28.29	136.5	166.7	150.2	151.1

三、高导热系数$MgCl_2$-KCl/膨胀石墨/石墨纸复合相变块体材料

对于高温相变材料来说，进一步提高导热系数以加快储、放热速率是获得高效相变储热系统的重要途径。以上述研制的 $MgCl_2$-KCl/ 膨胀石墨复合相变块体为例，为了进一步提升其导热系数，笔者将石墨纸（GP）添加其中，制备了 $MgCl_2$-KCl/GP/ 膨胀石墨复合相变块[17]。首先，将购置的 GP 裁剪成长条状；然后，按预先设定的比例，分别称取一定量的 $MgCl_2$-KCl 熔盐、膨胀石墨以及 GP，并将三者混合均匀；再用压片机并结合模具将所得混合物压制成不同密度的块体（直径 60mm、厚度 15mm）；随后，将制得的块体置于坩埚中，放入纯氮气气氛保护的马弗炉中加热至 500℃，并保温 3h；冷却后，擦去块体表面泄漏出的共晶盐，即得 $MgCl_2$-KCl/GP/ 膨胀石墨复合块体，制备过程如图 3-26 所示。

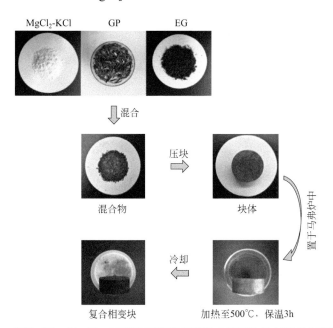

图3-26 $MgCl_2$-KCl/GP/膨胀石墨复合相变块体材料的制备过程

对制备出的一系列 $MgCl_2$-KCl/GP/ 膨胀石墨复合相变块体进行了 $m_{共晶盐}/m_{膨胀石墨}$ 值、相变焓、密度以及导热系数测定。由图 3-27（a）可以看出，当 $m_{GP}/m_{膨胀石墨}$ 为 0.56 和 0.88 时，制得的复合相变块体中 $m_{共晶盐}/m_{膨胀石墨}$ 与不含石墨纸的块体相比只是略有降低；而当 $m_{GP}/m_{膨胀石墨}$ 为 1.25 和 1.67 时，块体中 $m_{共晶盐}/m_{膨胀石墨}$ 呈现下降的趋势，这说明在以膨胀石墨作为骨架的复合相变块体中，共晶熔盐与 GP 存在竞争，添加过多的石墨纸会导致共晶盐在高温热处理过程中泄漏出来，从而降低了其在复合相变块体中的实际含量。从 $m_{GP}/m_{膨胀石墨}$ 对复合相变块体密度的影响中可以看出，随着 $m_{GP}/m_{膨胀石墨}$ 的增大，块体的密度不断上升。从图 3-27（b）可以看出，随着 $m_{GP}/m_{膨胀石墨}$ 的增加，所得复合相变块体的导热系数呈直线上升趋势，而其单位体积的相变焓却逐步下降，特别是在 $m_{GP}/m_{膨胀石墨}$=0.88 后，下降速率明显增大。这是因为当石墨纸含量增多时，会导致共晶盐在高温熔融中发生泄漏，致使其在所得块体中的实际含量下降。可见，石墨纸的含量应该控制在复合相变块体的相变焓明显下降之前，即 $m_{GP}/m_{膨胀石墨}$=0.88 附近，这样既能增加复合相变块体的导热系数，又能确保其相变焓不会明显降低。

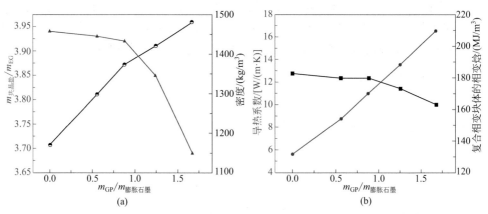

图3-27　GP用量对复合相变块体组成和密度（a）以及相变焓和导热系数（b）的影响

将含有 GP 的 $MgCl_2$-KCl/GP/ 膨胀石墨复合相变块体与不含 GP 但具有相同膨胀石墨压实密度的 $MgCl_2$-KCl/ 膨胀石墨复合相变块体进行了性能对比，结果表明，$MgCl_2$-KCl/GP/ 膨胀石墨复合相变块体中，$m_{共晶盐}/m_{膨胀石墨}$ 为 3.86，只是略低于 $MgCl_2$-KCl/ 膨胀石墨复合相变块体的 3.93；在密度方面，$MgCl_2$-KCl/GP/ 膨胀石墨复合相变块体的密度为 1572.45kg/m³，明显大于 $MgCl_2$-KCl/ 膨胀石墨复合相变块体的 1362.79kg/m³，这表明石墨纸的添加明显增大了所得复合相变块体的密度；从热物性方面的对比可以看出，在单位体积相变焓上，$MgCl_2$-KCl/GP/ 膨胀石墨复合相变块体为 205.35 MJ/m³，只是比 $MgCl_2$-KCl/ 膨胀石墨复合相变块体的 207.99MJ/m³ 下降了 1.27%，而其导热系数高达 12.76W/（m·K），是 MgCl₂-KCl/膨胀石墨复合相变块体的 2.08 倍。如图 3-28 中所示，与 MgCl₂-KCl/膨胀石墨复合相变块体相比，MgCl₂-KCl/GP/膨胀石墨复合相变块的微观结构更致密，这是因为添加的石墨纸会填充到空隙部分，从而致使 MgCl₂-KCl/GP/膨胀石墨复合相变块体具有更高的导热系数。

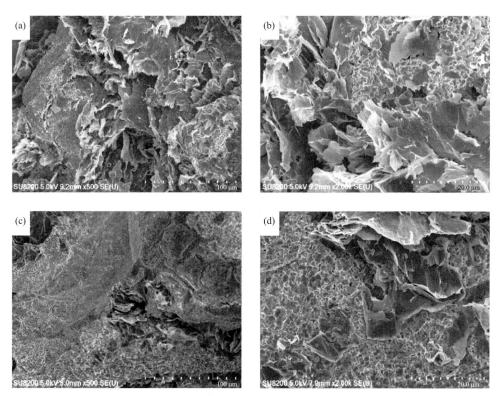

图3-28 MgCl₂-KCl/GP/膨胀石墨（a）、（b）与MgCl₂-KCl/膨胀石墨（c）、（d）两种复合相变块体的SEM照片

对 MgCl₂-KCl/GP/膨胀石墨复合相变块的热可靠性评价表明，如图 3-29 所示，1000 次加热-冷却循环实验对 MgCl₂-KCl/GP/膨胀石墨块体复合材料的熔点影响甚微，其熔化焓也仅下降了 0.34%。有趣的是，经过 1000 次加热-冷却循环实验后，MgCl₂-KCl/GP/膨胀石墨块体复合材料的凝固温度有所上升，即其过冷度有所下降，这可能是多次的熔化和凝固使得该熔融共晶盐在膨胀石墨孔隙以及膨胀石墨和石墨纸所形成的空隙中的分布更均匀；1000 次冷热循环使凝固焓也仅下降 2.48%。更重要的是，1000 次加热-冷却循环实验后，MgCl₂-KCl/GP/膨胀石墨复合相变块材料的导热系数为 13.59W/（m·K），略高于没有经历 1000 次

加热 - 冷却循环实验的块体复合材料 [12.76W/（m · K）]，这可归因于反复的熔融 - 结晶使复合相变块内部分布更加均匀，优化了导热通路。可见，MgCl₂-KCl/GP/ 膨胀石墨复合相变块体拥有优秀的热可靠性。

综上所述，熔盐是适宜于高温领域应用的一类重要的无机相变材料。通过将熔盐与导热系数大的碳材料类载体如膨胀石墨复合，可以有效克服其液相泄漏问题、提升导热系数并降低熔盐的腐蚀性。探索出的新工艺制备的熔盐 / 膨胀石墨复合相变块体具有较熔盐更低的过冷度，还能在使用过程中借助多次的冷热循环使其内部的熔盐分布更均匀，从而促使其热物性有所提升。

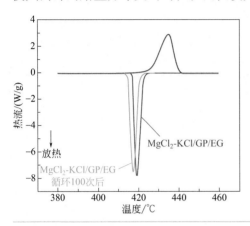

图3-29
MgCl₂-KCl/GP/膨胀石墨块体复合材料循环1000次前后的DSC曲线

第三节
金属合金的定形复合相变材料

金属及合金相变材料具有储热密度大、熔化时体积变化小、热稳定性好、导热系数高、相变时过冷度小、偏析小等优点，因而极具发展潜力，在太阳能发电等需要高温相变材料的领域有着广阔的应用前景[18]。常用作相变材料的金属合金包括低熔点合金、硅系合金、铜系合金以及 Al-Mg-Zn 系合金等。在低熔点合金中，Bi-In 合金的相变潜热与合金的成分有关，铋含量最高的 Bi-47.44In 合金有最高的熔化温度和潜热，而铋含量最少的 Bi-77.92In 合金有最低的熔化温度和潜热；引入 Sn 和 Ga 元素可以降低 Bi-In 合金的相变温度。在 Si 合金中，Si-B 合金是高温相变材料，成分为 0.92Si-0.08B 的 Si-B 二元合金的相变潜热高达 4650J/g，相变温度高达 1385℃。Al-Si 合金是广受关注的合金相变材料，其相变潜热大、成分储量丰富、价格合适；随着 Si 含量的增加，相变潜热增大，但导热系数降低。在 Cu 合金中，Al-Cu 合金在熔点为 600℃以下的铝合金中有着最高的体积潜热，而且 Cu 元素的存在还能减少液态 Al 对铁基容器的腐蚀作用，并增强抗氧化能力，因而其作为相变材料具有良好的发展前景。Al 和 Mg 通常和 Zn、Cu、Si 等元素组成合金；Al-Mg-Zn 系合金的热物性好，且能够与铁基容器相容。

一、金属合金的定形复合相变材料概述

因为金属和合金相变材料发生固液相变，所以克服它们发生相变后出现的液相泄漏问题并降低其腐蚀性是提高其应用性的首要问题。将相变材料与其他材料进行复合，制备定形复合相变材料是提升其应用性能和稳定性的有效途径。常见的用于金属定形复合相变材料的多孔基体有泡沫金属、泡沫石墨、陶瓷材料和高岭土等。

金属泡沫是一种充满气孔细泡（占体积的 75% ～ 95%）的金属材料，有着质量轻、导热系数高、耐高温等优点。Yang 等[19] 将具有高体积潜热的菲尔德合金（32.5% Bi-51% In-16.5% Sn）注入平均孔径为 300μm 和 500μm 的金属泡沫铜当中，制成复合相变材料用于散热系统。对其性能的测试表明，制得的复合相变材料具有高达 72kJ/（$m^2 \cdot K^{1/2} \cdot s^{1/2}$）的冷却容量。

泡沫石墨是一种新的多孔碳材料，具有导热系数极高、耐腐蚀和吸附能力强等优点。贾艾兰等[20] 以泡沫石墨为基体，将其与低熔点 Cerrolow-136 合金（49%Bi-21%In-18%Pb-12%Sn）进行复合，用于电子设备的温控装置。模拟仿真结果表明，与纯的 Cerrolow-136 合金相比，泡沫石墨 /Cerolow-136 复合相变材料的控制温度降低了 5℃，而且整个装置的发热现象得到减小。这是因为通过与高导热系数的泡沫石墨复合，合金相变材料的导热系数得到提升，相变过程发生得更快，吸热能力得以提升。

陶瓷材料具有耐高温和耐腐蚀的特点，作为合金相变材料的复合基体可以有效改善其与容器的相容性。华建社等[21] 以 Al-Si 合金为相变材料，以白刚玉粉（Al_2O_3）为陶瓷基体，经过研磨、压制和烧结工艺制成 Al-Si/Al_2O_3 复合相变材料。通过比较不同 Al-Si 含量的试样的热物性发现，复合相变材料的潜热随着 Al-Si 含量的增加而增大，Al-Si 含量为 40% 的复合相变材料有最大的储热密度。热循环测试表明该复合相变材料的储热性能稳定。

高岭土所含的 SiO_2 和 Al_2O_3 具有多孔结构和较大的比表面积，对相变材料能起到包裹和吸附的作用，从而防止发生液相泄漏的问题。谈威等[22] 以 Al88Si

合金为相变材料，以高岭土、石墨粉和水玻璃作为基体，通过压片机进行压制得到复合相变材料，并测试了样品的热物性。研究发现，复合相变材料的相变潜热随着 Al-Si 合金含量的降低而减小，且相变潜热随着热循环次数增加而减小，这是由 Al-Si 合金结构组织发生变化所致。另外，在温度超过 500℃时高岭土会发生脱羟反应，导致结构改变，这会降低复合相变材料的导热系数。

总之，与有机类和无机盐类相变材料的定形复合材料相比，对金属合金的定形复合相变材料研究还较少。碳基载体如膨胀石墨具有吸附容量大且导热系数高的特点，适宜与金属合金特别是低熔点合金复合，获得高性能的定形复合相变材料。下面着重介绍低熔点金属/膨胀石墨定形复合相变材料的制备、储热特性、定形性以及导热系数。

二、低熔点金属/膨胀石墨定形复合相变材料

低熔点金属类相变材料具有导热系数高、热膨胀率小、稳定性好等优越性能。此外，由于低熔点金属的熔程很窄，相变储热密度很大，可作为电子器件的相变控温材料。然而，低熔点金属是固液相变材料，在电子设备中，会一直伴随着液相材料泄漏的潜在风险，一旦液相金属进入电路中，将不可避免带来短路损毁等后果。再者，低熔点金属的相变过程除了有热传导作用之外还伴随着对流换热，这意味着一旦改变基于低熔点金属的热管理系统的朝向方位，系统的控温性能将会受到影响。此外，低熔点金属的导热系数普遍在 20W/(m·K) 左右，难以对运行功率密度较高或是受瞬时高热冲击的电子器件起到迅速控温的作用。因此，不仅需要提升低熔点金属的导热性能，而且还要解决其在电子器件热管理领域应用中存在的方位影响、液相泄漏等问题。将低熔点合金与碳材料类载体复合制备复合相变材料可以解决低熔点合金在发生固液相变时出现的液相泄漏问题，并提升其导热系数。

高学农等[23]以伍德合金（质量比例为 50Bi-25Pb-13Sn-12Cd，熔点约 73℃）为相变材料，选择具有多孔蠕虫结构的膨胀石墨作为载体，先制备颗粒状伍德合金/膨胀石墨复合定形相变材料，然后将其进行压片得到块状的复合相变材料。

1. 制备工艺

颗粒状复合相变材料的制备流程如图 3-30（a）所示。首先，将固态的伍德合金材料置于鼓风干燥箱或高温恒温试验箱中，设定电加热仪器的加热温度为100℃，使伍德合金在高于其相变温度的条件下加热，直至伍德合金完全熔化；再向液态伍德合金中分别添加一定质量比例的膨胀石墨，机械搅拌混合两种材

料，使金属材料分散在膨胀石墨的多孔结构中；随后，将混合后的复合材料置于常温条件下冷却，形成颗粒状的伍德合金质量含量不同的复合相变材料。为了研究复合相变材料当中金属合金的含量对复合材料的热物性能的影响，制备了伍德合金质量分数分别为90%、80%和70%的系列复合相变材料。考虑到颗粒状伍德合金/膨胀石墨复合相变材料的结构疏松、孔隙率大，需要将其制备成块状的复合相变材料以便于导热系数、宏观定形性的测试。块状材料的制备采用冷压压制法，即在常温下进行加压压制。采用压制法制备块状复合相变材料的流程如图3-30（b）所示。首先，采用专用模具，将颗粒状的伍德合金/膨胀石墨复合相变材料置于模具的样品腔中，利用压片机对材料施加0.2～10MPa的压力，最后获得块状伍德合金/膨胀石墨复合相变材料。由于冷压模具的尺寸一定，因此经过冷压法制备而成的块状复合相变材料具有相同的尺寸，通过改变装载在模具中的颗粒状低熔点金属/膨胀石墨复合相变材料的样品质量（即冷压样品装载量），即可获得具备不同表观密度的块状伍德合金/膨胀石墨复合相变材料。

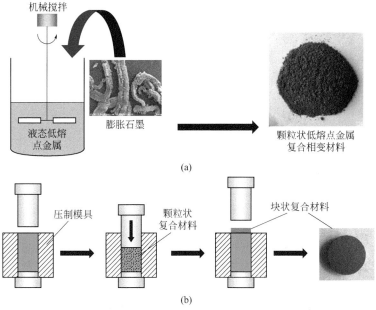

图3-30 伍德合金/膨胀石墨复合相变材料的制备流程
(a)制备颗粒状材料；(b)制备块状材料

2. 储热特性

从不同伍德合金质量分数的伍德合金/膨胀石墨复合相变材料的升温熔化过程DSC曲线（图3-31）可以看出，多孔载体膨胀石墨从50℃升温至100℃的过程中，其 DSC 曲线较为平整，这表明膨胀石墨没有出现熔化现象。伍德合金和伍德合金/膨胀石墨复合材料的 DSC 曲线都出现了明显的相变吸热峰，这说明复合材料的相变储热行为是由伍德合金引起的。伍德合金含量不同的复合相变材料的相变温度（T_m）均在 70.6℃左右，而伍德合金本身的相变温度为 73.71℃，这表明与膨胀石墨复合导致了其相变温度下降了约 3℃。这一相变温度出现下降的情况在其他膨胀石墨基复合相变材料（如癸二酸/膨胀石墨复合相变材料）中也出现过，究其原因是膨胀石墨具有良好的导热性，当环境温度上升时，膨胀石墨将环境中的热量传导至分散在其孔隙中的伍德合金，促使其吸收热量，并在环境温度低于熔点时就已积累了足够的热量来发生固液相变。关于相变潜热，伍德合金的相变潜热（ΔH_{WA}）实验测试值为 30kJ/kg，而复合相变材料的相变潜热实验测试结果与根据伍德合金自身的相变潜热与复合材料中伍德合金的质量分数计算的理论值相近。

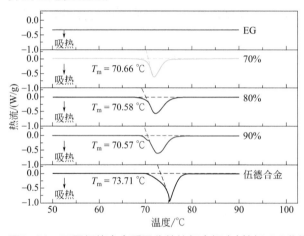

图3-31　不同伍德合金质量分数的复合相变材料DSC曲线

　　伍德合金/膨胀石墨复合相变材料的显热容量是影响该种复合相变材料在固液相变前后升降温速率的主要因素。关于伍德合金/膨胀石墨复合相变材料的显热储能特性，通过测定该种材料的固相比热容和液相比热容进行了分析。为了明确复合材料中不同成分材料对复合材料比热容的影响，也测定了伍德合金和膨胀石墨的比热容。实验所得测试样品的固相比热容和液相比热容分别与温度的关系如图 3-32 所示。从图 3-32（a）可以看出，伍德合金的固相比热容在 0.20 ～ 0.34 kJ/（kg•K）范围内，随着温度从 25℃升至 70℃，伍德合金的固相比热容呈现出上升的趋势。膨胀石墨的固相比热容也呈现随着温度升高缓慢增加的趋势，其值在 1.10 ～ 1.25kJ/（kg•K）范围内，远高于伍德合金的固相比热容。当将伍德合金与膨胀石墨两者进行复合时，由于膨胀石墨的固相比热容较高，因而形成的复合相变材料具有较伍德合金更高的固相比热容。对于伍德合金的质量分数为90%的复合相变材料，随着温度的增加，复合材料的固相比热容的变化范围为$0.22 \sim 0.89$kJ/(kg·K)，显示出复合材料的固相比热容的值在同一温度段内的变化幅度高于低熔点金属自身；对于伍德合金的质量分数为80%的复合相变材料，由于材料中伍德合金的含量减小而比热容较大的膨胀石墨的含量增加，其固相比热容值提升至$0.32 \sim 1.0$kJ/(kg·K)范围内；伍德合金的质量分数为70%的复合相变材料的固相比热容在$0.38 \sim 1.05$kJ/(kg·K)范围内变化。以上结果表明，降低复合相变材料中伍德合金与膨胀石墨质量比，有利于提升复合材料的固相比热容。

此外，伍德合金、膨胀石墨和复合相变材料的液相比热容-时间曲线如图3-32（b）所示。伍德合金的液相比热容仍保持在较低的范围内[$0.3 \sim 0.6$kJ/(kg·K)]，随着温度的上升，伍德合金的液相比热容随之逐渐减小。膨胀石墨在该测试温度范围内仍为固态，不存在液相比热容，其测试值在$1.2 \sim 1.3$kJ/(kg·K)范围内，随着温度从80℃升至150℃，膨胀石墨的比热容缓慢增加。而对于伍德合金/膨胀石墨复合相变材料来说，其液相比热容-温度曲线表现出先减小再缓慢上升的变化趋势；随着复合材料中伍德合金的质量分数的升高，复合材料的液相比热容的值逐渐减小，这个趋势与复合材料的固相比热容的变化趋势相一致。复合相变材料在测试温度范围内的平均液相比热容与平均固相比热容相比有0.1kJ/(kg·K)的提高，这表明伍德合金/膨胀石墨复合相变材料在经历固液相变过程之后，其显热储热密度可获得一定提升，液态复合材料的升温速率可能会因此得到减缓，这更有利于提高复合相变材料在瞬时高热冲击下对电子器件的热管理能力。

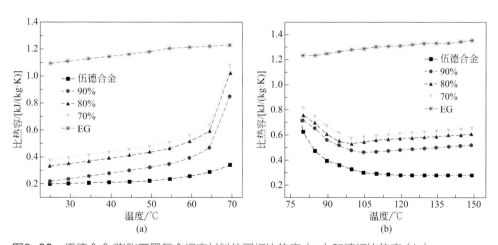

图3-32 伍德合金/膨胀石墨复合相变材料的固相比热容（a）和液相比热容（b）

3. 定形特性

通过对复合相变材料经历 10h 恒温测试前后宏观定形形态的对比，评价了伍德合金 / 膨胀石墨复合相变材料的宏观定形性能。为了揭示复合相变材料中伍德合金的质量分数以及复合材料的表观密度两个因素对复合材料的宏观定形性能的影响，分别制备了伍德合金质量分数分别为 70%、80% 和 90% 和相应不同表观密度（ρ）的块状复合材料样品。图 3-33 显示的是伍德合金质量分数为 90% 的块状复合相变材料在恒温测试前后的宏观定形形态。可以看到，表观密度分别为 1600kg/m³、1780kg/m³、2000kg/m³ 和 2250kg/m³ 的复合材料样品在恒温前后的表面平整，前后状态一致，并无液态金属泄漏的迹象。当减小复合相变材料中伍德合金的质量分数至 80% 时，块状样品的表面宏观形态开始产生变化，从图 3-34 可见，对于表观密度为 1620kg/m³、1810kg/m³ 和 2030kg/m³ 的样品，其恒温实验前后并未观察到明显的宏观形态改变；而对于表观密度为 2230kg/m³ 的样品，在经过 10h 的恒温实验后，在其一侧表面可见一球状金属液滴的黏附，表明液态相变材料的泄漏现象开始出现。图 3-35 表示的是伍德合金的质量分数为 70% 的块状复合相变材料的宏观形貌图。对于表观密度为 1610kg/m³ 的块状样品，在进行恒温实验后仅在右侧表面出现了轻微液态金属的泄漏；随着材料表观密度的增加，从复合相变材料的块状样品中泄漏出的液态金属量随之增加。显见，对于某一含量的复合相变材料来说，表观密度越大，越容易出现液相泄漏。对于表观密度相近但伍德合金含量不同的复合相变材料来说，伍德合金的含量越低，越容易出现泄漏。这是因为，当复合相变块的表观密度相近时，则加入模具中的复合相变材料的质量相近，而复合材料中伍德合金含量越低，则其膨胀石墨的含量越高；因为压片过程主要是压实蓬松的膨胀石墨，所以膨胀石墨的压实密度会随伍德合金含量的减小而逐渐增大，从而导致液态的伍德合金容易泄漏出来。

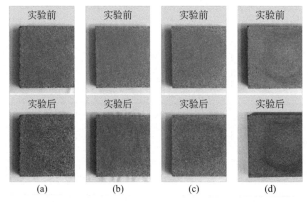

图3-33 伍德合金质量分数为90%的块状复合材料样品的宏观形貌图
(a) ρ=1600kg/m³；(b) ρ=1780kg/m³；(c) ρ=2000kg/m³；(d) ρ=2250kg/m³

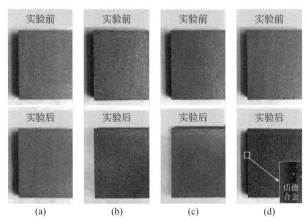

图3-34 伍德合金质量分数为80%的块状复合材料样品的宏观形貌图

(a) ρ=1620kg/m³；(b) ρ=1810kg/m³；(c) ρ=2030kg/m³；(d) ρ=2230kg/m³

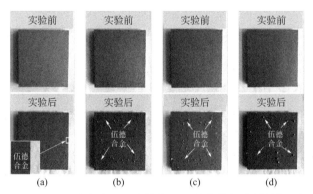

图3-35 伍德合金质量分数为70%的块状复合材料样品的宏观形貌图

(a) ρ=1610kg/m³；(b) ρ=1820kg/m³；(c) ρ=2050kg/m³；(d) ρ=2250kg/m³

4. 导热系数

当复合相变块的表观密度都为1600kg/m³时，不同伍德合金含量的复合相变块的导热系数见图3-36。随着伍德合金含量的下降，复合相变块的导热系数不断上升，从90%时的28.1W/（m·K）上升到70%时的48.7W/（m·K）。这是由于复合相变材料中石墨结构的导热系数远高于伍德合金，可对伍德合金的导热性能起到提升作用。从储热密度来看，由图3-36中的红色柱形图可以看出，虽然增加复合相变材料中膨胀石墨的含量（或是降低伍德合金的含量）可以提升复合材料的导热系数，但与此同时也降低了复合材料的相变储热密度。由此可见，为了使伍德合金/膨胀石墨复合相变材料在保证其较高储热密度的前提下提升其导热能力，必须合理调控复合材料中伍德合金和膨胀石墨的质量比例。

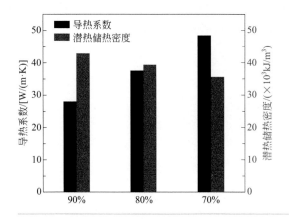

图3-36
伍德合金质量分数不同的复合相变材料导热系数和储热密度（表观密度为1600kg/m³）

此外，图3-37显示了伍德合金质量分数为90%的块状伍德合金/膨胀石墨复合相变材料的表观密度对其导热系数的影响情况。如图所见，当伍德合金/膨胀石墨复合材料的表观密度从1610kg/m³增加至4140kg/m³时，块状复合材料的导热系数可由28.1W/(m·K)升至65.0W/(m·K)。这是因为提升块状复合材料的表观密度可减小复合材料的孔隙率，而复合材料中空气体积的减小则有利于材料传热性能的提升。此外，由于复合材料表观密度的增加，复合材料的相变储热密度也呈现出线性上升的趋势。当复合材料的表观密度为4140kg/m³时，复合材料的相变储热密度可达到1.13×10^5kJ/m³。显见，尽管伍德合金本身的潜热不大，但是将伍德合金先与膨胀石墨复合，再压成块体相变材料后，能达到高的储热密度，再加上其在导热系数上的优势，使其成为一类具有竞争优势的复合相变材料，在电子器件热管理等领域具备应用前景。

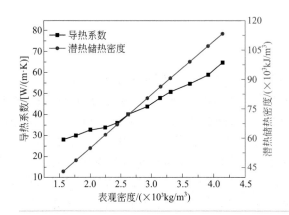

图3-37
伍德合金质量分数为90%的复合相变材料的导热系数及相变储热密度随密度的变化

综上所述，将金属和合金相变材料与膨胀石墨等高导热的碳基多孔载体复合，既可以提升其导热系数，又能克服其液相泄漏问题，再通过适当的压片，有望获得导热系数高且体积储热密度大的复合相变材料。值得一提的是，为了使复合相变材料同时获得较高导热系数、较大储热密度和较好的宏观定形性能，需确定复合材料中合金和膨胀石墨的适宜配比以及合理控制复合相变材料的表观密度。

在无机相变材料中，水合无机盐具有来源广泛、成本低廉的优势，但过冷和相分离现象严重制约了该类相变材料的实际应用。制备水合无机盐的复合相变材料有助于解决水合无机盐中存在的问题。亲水性的水合无机盐适宜与膨胀珍珠岩等亲水性载体复合；对膨胀石墨进行表面亲水改性可以提升其对水合无机盐的吸附速率。为了彻底避免水合无机盐中水的散失，对水合无机盐的定形复合相变材料进行表面封装是必要的，但需要探索与实际应用相契合的封装方法和工艺。对于熔盐这类高温相变材料来说，选用高导热系数的载体是合适的，并且有必要探索进一步提升熔盐复合相变材料导热系数的策略。加强对熔盐复合相变材料的腐蚀性及其与容器相容性的研究，有利于推进其实际应用。金属及合金相变材料具有导热系数高的特点，制备定形复合相变材料可以克服其液相泄漏问题，将其复合相变材料压制成型进一步提升了导热系数，因而适用于高功率电子器件散热等领域。

参考文献

[1] 张正国，方晓明，周妍，等 . 一种水合盐 - 改 性膨胀石墨复合相变材料及其制备方法 :CN106947434B [P]. 2020-07-14.

[2] Zhou Y, Sun W C, Ling Z Y, et al. Hydrophilic modification of expanded graphite to prepare a high-performance composite phase change block containing a hydrate salt [J]. Industrial & Engineering Chemistry Research, 2017, 56 (50): 14799-14806.

[3] Zhou S Y, Zhou Y, Ling Z Y, et al. Modification of expanded graphite and its adsorption for hydrated salt to prepare composite PCMs [J]. Applied Thermal Engineering, 2018, 133: 446-451.

[4] Li Z P, Huang Z W, Xie N, et al. Preparation of Al_2O_3-coated expanded graphite with enhanced hydrophilicity and oxidation resistance [J]. Ceramics International, 2018, 44 (14): 16256-16264.

[5] Xie N, Li Z P, Gao X N, et al. Preparation and performance of modified expanded graphite/eutectic salt composite phase change cold storage material [J]. International Journal of Refrigeration, 2020, 110: 178-186.

[6] Zou T, Fu W W, Liang X H, et al. Hydrophilic modification of expanded graphite to develop form-stable composite phase change material based on modified $CaCl_2 \cdot 6H_2O$ [J]. Energy, 2020, 190: 116473.

[7] Fu L L, Wang Q H, Ye R D, et al. A calcium chloride hexahydrate/expanded perlite composite with good heat

storage and insulation properties for building energy conservation [J]. Renewable Energy, 2017, 114: 733-743.

[8] Zhang C, Zhang Z Y, Ye R D, et al. Characterization of $MgCl_2 \cdot 6H_2O$-based eutectic/expanded perlite composite phase change material with low thermal conductivity [J]. Materials, 2018, 11 (12): 2369.

[9] Xie N, Luo J M, Li Z P, et al. Salt hydrate/expanded vermiculite composite as a form-stable phase change material for building energy storage [J]. Solar Energy Materials and Solar Cells, 2019, 189: 33-42.

[10] Yuan K J, Zhou Y, Sun W C, et al. A polymer-coated calcium chloride hexahydrate/expanded graphite composite phase change material with enhanced thermal reliability and good applicability [J]. Composites Science and Technology, 2018, 156: 78-86.

[11] Zhang Y, Anim-Danso E, Dhinojwala A. The effect of a solid surface on the segregation and melting of salt hydrates [J]. Journal of the American Chemical Society, 2014, 136 (42): 14811-14820.

[12] Xie N, Niu J, Zhong Y, et al. Development of polyurethane acrylate coated salt hydrate/diatomite form-stable phase change material with enhanced thermal stability for building energy storage [J]. Construction and Building Materials, 2020, 259: 119714.

[13] Zhang W B, Zhang Y X, Ling Z Y, et al. Microinfiltration of $Mg(NO_3)_2 \cdot 6H_2O$ into $g\text{-}C_3N_4$ and macroencapsulation with commercial sealants: A two-step method to enhance the thermal stability of inorganic composite phase change materials [J]. Applied energy, 2019, 253: 113540.

[14] Huang Z W, Gao X N, Xu T, et al. Thermal property measurement and heat storage analysis of $LiNO_3$/KCl -expanded graphite composite phase change material [J]. Applied Energy, 2014, 115: 265-271.

[15] Huang Z W, Luo Z G, Gao X N, et al. Investigations on the thermal stability, long-term reliability of $LiNO_3$/KCl - expanded graphite composite as industrial waste heat storage material and its corrosion properties with metals [J]. Applied Energy, 2017, 188: 521-528.

[16] Liu J W, Wang Q H, Ling Z Y, et al. A novel process for preparing molten salt/expanded graphite composite phase change blocks with good uniformity and small volume expansion [J]. Solar Energy Materials and Solar Cells, 2017, 169: 280-286.

[17] Liu J W, Xie M, Ling Z Y, et al. Novel $MgCl_2$-KCl/expanded graphite/graphite paper composite phase change blocks with high thermal conductivity and large latent heat [J]. Solar Energy, 2018, 159: 226-233.

[18] 张国才, 徐哲, 陈运法, 等. 金属基相变材料的研究进展及应用 [J]. 储能科学与技术, 2012, 1 (1): 74-81.

[19] Yang T, Kang J G, Weisensee P B, et al. A composite phase change material thermal buffer based on porous metal foam and low-melting-temperature metal alloy [J]. Applied Physics Letters, 2020, 116 (7): 071901.

[20] 贾艾兰, 邢玉明. 泡沫石墨基复合相变材料储热过程的数值研究 [J]. 电子器件, 2016, 39 (4): 759-763.

[21] 华建社, 焦勇, 王建宏. Al-Si/Al₂O₃ 高温复合相变蓄热材料的研究 [J]. 热加工工艺, 2012, 41 (8): 72-74,78.

[22] 谈威, 叶菁. 高岭土基 Al-Si 合金复合相变蓄热材料的性能 [J]. 材料科学与工程学报, 2017, 35 (3): 463-467.

[23] Huang Z W, Luo Z G, Gao X N, et al. Preparation and thermal property analysis of wood's alloy/expanded graphite composite as highly conductive form-stable phase change material for electronic thermal management [J]. Applied Thermal Engineering, 2017, 122: 322-329.

第四章
有机/聚合物定形复合相变材料

第一节　有机/聚合物定形复合相变材料概述 / 090

第二节　氢化苯乙烯 - 丁二烯嵌段共聚物基复合相变材料 / 092

第三节　中空纤维基复合相变材料 / 100

聚合物具有成型加工容易且兼具柔韧性的特点，因而用聚合物负载固液相变材料，不仅能解决相变材料的液相泄漏问题，而且能获得柔性的定形复合材料，以适用于功能型服装及热疗产品等诸多领域。目前与聚合物复合的相变材料主要是有机类相变材料，包括石蜡以及脂肪酸、醇、酯等。由于聚合物的导热系数低，所以聚合物基复合相变材料在导热系数上往往不会明显提升，但是通过添加碳材料等组分则可制得导热系数明显提升的聚合物基定形复合相变材料。

本章首先概述相变材料与聚合物基体的复合途径，然后重点介绍笔者所在课题组针对相变材料在生物医疗领域的应用而设计并研制的几种定形复合相变材料，主要包括氢化苯乙烯 - 丁二烯嵌段共聚物（SEBS）基定形复合相变材料以及可编织的中空纤维基定形复合相变材料。

第一节
有机/聚合物定形复合相变材料概述

用作定形复合相变材料中支撑材料的聚合物通常为聚乙烯（PE）、聚丙烯（PP）、聚甲基丙烯酸甲酯（PMMA）、三嵌段共聚物［例如苯乙烯 - 丁二烯 - 苯乙烯（SBS）］及其氢化形式［即苯乙烯 - 乙烯 - 丁烯 - 苯乙烯（SEBS）］、烯烃嵌段共聚物（OBC）、聚甲基丙烯酸甲酯、聚氯乙烯以及聚氨酯等。在聚合物基定形复合相变材料中，聚合物支撑材料的熔点高于相变材料，相变材料被吸附在高聚物的交联网络内，由于使用温度低于聚合物支撑材料的熔点，因而整个应用过程中聚合物支撑材料可保持固态不变，具有稳定的形态，从而解决相变材料发生熔融后的液相泄漏问题。

物理共混是制备聚合物基定形复合相变材料的常用途径[1]。一般是，先将相变材料熔化，并同时将聚合物基体加热到其软化点之上进行软化或熔点之上进行熔融，然后将熔融后的相变材料加入到聚合物基体中，在混合设备如混炼机、挤出机等上进行共混，使得这些有机相变材料进入聚合物内的互穿网络中，从而防止相变材料的液相泄漏，获得聚合物基定形复合相变材料。在此制备过程中，还可加入其他材料来调节复合材料的物性，如添加膨胀石墨等碳材料来提升复合材料的导热系数或者加入适量硅油等来增加复合材料的柔性等。

高密度聚乙烯是采用共混法制备聚合物基定形复合相变材料的常用基体，其线性缠绕结构使其可用作定形复合相变材料的支撑材料，且其容易实现规模化生产[2]。Ehid 和 Fleischer[3] 制备了不同配比的高密度聚乙烯和石蜡的复合材料。研究表明，当高密度聚乙烯含量高于 25%（质量分数）时，复合相变材料在温度高于石蜡相变点时可保持其固态形状不变，此时石蜡相变过程中不会泄漏，从而有效解决液态相变材料的泄漏问题。Tang 等[4] 将相变材料棕榈酸与高密度聚乙烯复合，并同时添加石墨烯纳米片来提升导热系数，采用双螺杆式搅拌器，制得了熔点在 62℃附近、潜热值大于 155J/g、导热系数为 0.8219W/（m·K）的复合相变材料。

除高密度聚乙烯外，其他聚合物也可用作定形复合相变材料的载体材料。Wu 等[5] 将石蜡用作相变材料、烯烃嵌段共聚物（OBC）用作支撑材料，并添加膨胀石墨作为提高导热系数的添加剂，制备了复合相变材料。可以观察到所得复合相变材料有两个明显不同的熔点且在工作温度范围内具有良好的热稳定性；石蜡/OBC/膨胀石墨复合相变材料中的各成分之间具有良好的相容性；通过触发石蜡的相变可以赋予材料良好的柔软性和柔韧性，从而可发生如弯曲和压缩等形变。Lian 等[6] 将相变温度 60 ~ 62℃的石蜡与带结晶态侧链的环氧树脂（D18）和聚氧化丙烯二胺（Jeffamine D230）共混，获得了在 36℃和 60℃两个温度段发生相变的定形复合相变材料，其前一个相变来自环氧树脂贡献的固固相变。

此外，在单体聚合形成聚合物的过程中引入相变材料，也是制备聚合物基定形复合相变材料的途径[7]。Zeng 等[8] 从苯胺出发，采用表面聚合法，制备了肉豆蔻酸/聚苯胺定形复合相变材料，其中肉豆蔻酸的负载量高达 82%（质量分数），对应复合相变材料的焓值为 150.63J/g，并显示出良好的热稳定性。Silakhori 等[9] 则从吡咯单体出发，采用原位聚合法，制备了棕榈酸/聚吡咯定形复合相变材料，其棕榈酸的含量高达 79.9%（质量分数），且具备热可靠性。Kou 等[10] 通过三聚氰胺和甲苯 -2,4- 二异氰酸酯的化学接枝聚合，合成了具有自支撑、超柔韧性和形状适形特性的大面积 PCM 膜。所得柔性 PCM 膜在改变聚乙二醇（PEG）分子量的情况下表现出约从 5℃至 60℃可调的相变温度以及相对较高的潜热（118.7J/g），在 1000 次加热 - 冷却循环中显示出良好的热可靠性，并表现出形状可裁剪性和折叠性，可用于一种新型的可穿戴式热管理设备。Aydın 等[11] 在聚氨酯硬质泡沫的制备过程中引入主要含十四（烷）酸十四烷基酯（又称肉豆蔻酸肉豆蔻酯）的 Cetiol MM 作为相变材料，获得了定形复合相变材料，但其中的相变材料含量不高。

总之，聚合物具有的品种繁多、结构可调、容易成型和柔性等特性为聚合物基定形复合相变材料的设计和制备提供了广阔的发展空间。笔者所在课题组为扩展相变材料在生物医疗领域的应用，设计并制备了几种聚合物基定形复合相变材料，下面将作详细介绍。

第二节
氢化苯乙烯－丁二烯嵌段共聚物基复合相变材料

苯乙烯-丁二烯-苯乙烯嵌段共聚物（SBS）是产量大、成本低、应用广的热塑性弹性体。在复合相变材料研究的初期，SBS便被用作制备石蜡复合相变材料的载体，并通过同时添加少量碳材料如膨胀石墨来提升所得复合相变材料的导热系数。SEBS是饱和型SBS，或称氢化SBS，由特种线型SBS加氢使双键饱和而制得，即SBS在催化剂存在下适度定向加氢，使聚丁二烯链段氢化成聚乙烯（E）和聚丁烯（B）链段，故称为SEBS。SEBS为无毒的白色颗粒状，与SBS相比，SEBS是无需硫化即可使用的弹性体，加工性能好且符合环保要求；聚丁二烯链段中的氢化双键使SEBS在化学上更具惰性。此外，SEBS还具有良好的溶解性、共混性和优异的充油性，可与橡胶工业生产中常用的油类进行充油，如白油或环烷油。因此，SEBS与石蜡类相变材料之间具有很好的相容性，可用作其载体来制备复合相变材料。从SEBS的结构来看，苯乙烯为硬嵌段，乙烯-丁烯为软嵌段；苯乙烯嵌段可稳定弹性体凝胶并起到物理交联的作用，而乙烯-丁烯嵌段则可包含石蜡。下面介绍将不同相变温度的石蜡相变材料与SEBS复合所得定形复合相变材料的热物性。

一、石蜡/SEBS复合相变块

笔者分别选用两种相变温度不同的石蜡作为相变材料，以SEBS（G-1654，美国Kraton）为聚合物载体，采用先熔融混合吸附再平板热压的方法制备了两种石蜡/SEBS复合相变块[12]。具体地，将熔点48～50℃的石蜡（记为Paraffin-L）和熔点在62～64℃的石蜡（记为Paraffin-H）分别放入85℃的烘箱中加热至完全熔化；随后，将熔化后的石蜡分别按照石蜡质量分数75%、80%、85%与SEBS在玻璃容器中搅拌混合，并将混合后的材料放回85℃烘箱中，每隔30min搅拌一次，得到混合均匀的石蜡/SEBS复合相变材料；最后，将混合均匀的复合相变材料放入定制的模具中，采用平板硫化设备，在135℃的温度下，硫化约10min，并经过多次排气，得到直径为80mm、厚度为15mm的圆柱形石蜡/SEBS复合相变块。所得复合相变块根据所使用的相变材料及其质量分数的不同，分别命名为L-75、L-80、L-85以及H-75、H-80、H-85。

为了确定Paraffin-L和Paraffin-H在SEBS中的适宜复合量，对所有复合相变块进行了泄漏测试，具体步骤如下：首先，分别取一定量的各复合相变块进行称量，并记录初始质量为 M_0；接着，分别将各复合相变块置于多层滤纸上，放入高于相变材料熔化温度的烘箱中加热，每加热 2h 后将其和滤纸共同取出，并称量冷却后复合相变块的质量，记录为 M_t。更换新的滤纸后，再将其放回烘箱中加热，多次重复，记录复合相变块质量随时间的变化；最后，采用（M_0-M_t）/ M_0 随时间的变化来评价每个复合相变块的形状稳定性，并确定形状稳定复合相变块中石蜡的适宜含量。如图 4-1 所示，L-75 和 H-75 复合相变块的质量损失非常低，并且随着加热时间的增加，质量损失也几乎没有变化，这说明这些相变块具有较好的形状稳定性。然而，L-80 和 H-80 复合相变块的质量损失随着时间的延长呈缓慢上升趋势，L-85 和 H-85 复合相变块的质量损失则随着加热时间的延长显著增加。因此，75% 的质量分数被认为是石蜡在该 SEBS 中的适宜负载量，所得 L-75 和 H-75 复合相变块克服了液相泄漏，为定形复合相变材料。

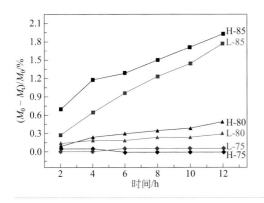

图4-1

含有不同质量分数石蜡的复合相变块的质量损失率

Paraffin-L、Paraffin-H、SEBS 以及复合相变块 L-75 和 H-75 的 FT-IR 和 XRD 数据如图 4-2（a）和（b）所示。在 Paraffin-L 和 Paraffin-H 的红外光谱中，2954cm^{-1} 和 2917cm^{-1} 处对应—CH$_3$ 的伸缩振动峰，2859cm^{-1} 处对应的是 —CH$_2$— 的伸缩振动峰，1645cm^{-1} 附近是—CH$_2$ 和—CH$_3$ 的变形振动峰，而 720cm^{-1} 处—CH$_2$ 的面内摇摆振动峰；在 SEBS 的红外光谱中，3700 ～ 3200cm^{-1} 处的吸收带归因于氢键，在 1654cm^{-1} 附近的峰是—C＝C—的伸缩振动峰，在 900 ～ 500cm^{-1} 处的峰是 C—H 的弯曲振动峰；而石蜡 /SEBS 复合相变材料 L-75 和 H-75 的红外光谱中分别包含了 Paraffin-L、Paraffin-H 和 SEBS 所有的特征峰，且没有新的特征峰出现，这表明石蜡与 SEBS 之间没有发生化学反应。此外，在 X 射线衍射图谱中，Paraffin-L 和 Paraffin-H 有两个明显的强衍射峰，分别位于 2θ =21.33° 和 2θ =23.70° 处；SEBS 只存在一个宽的衍射峰在 10° ～ 25° 之间；石蜡 /SEBS 复合相变块 L-75 和 H-75 分别包含了 Paraffin-L、Paraffin-H 和 SEBS 所有的衍射峰，且没有其他新的峰出现，这进一步证明石蜡和 SEBS 之间的复合属于物理作用。

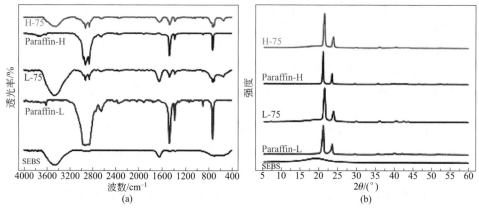

图4-2 SEBS、Paraffin-L、Paraffin-H、L-75和H-75的FT-IR（a）和XRD（b）图谱

图 4-3 是 Paraffin-L 和 L-75 以及 Paraffin-H 和 H-75 的 DSC 曲线，所得相变特性参数列于表 4-1 中。由图可知，纯的 Paraffin-L 和 Paraffin-H 在熔化和凝固过程中均有两个峰，即一个是石蜡的固固相转变峰，另一个则与石蜡的固液或液固相变相关。由表 4-1 可知，L-75 复合相变块的熔化和凝固温度分别为 46.3℃和 53.0℃，其熔化和凝固焓值分别为 143.1J/g 和 143.9J/g；同时，H-75 复合相变块的熔化和凝固温度分别为 51.6℃和 59.7℃，其熔化和凝固焓值分别为 140.9J/g 和 140.0J/g。可以看出，复合相变块的熔点和凝固点与其对应的石蜡的相变温度非常接近，这说明石蜡渗透到 SEBS 互穿网络中并没有明显改变石蜡的相变特性。根据石蜡在复合相变块中的含量以及纯石蜡的凝固焓值，计算出 L-75 和 H-75 复合相变块中石蜡的实际质量分数分别为 72.4% 和 72.5%，略低于其 75% 的理论值，究其原因，可能来自制备过程中石蜡残留在容器壁的损失。总之，两种复合相变块 L-75 和 H-75 的焓值均在 140J/g 以上，潜热较高，使其具备应用潜力。

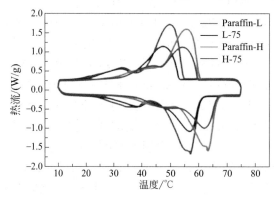

图4-3 Paraffin-L、Paraffin-H、复合相变材料L-75和H-75的DSC曲线

表4-1　Paraffin-L、Paraffin-H、L-75和H-75的相变特性参数

样品	T_m/℃	ΔH_m/（J/g）	T_f/℃	ΔH_f/（J/g）	η/%
Paraffin-L	47.2	201.8	54.5	198.7	100
L-75	46.3	143.1	53.0	143.9	72.4
Paraffin-H	52.6	195.5	60.2	193.2	100
H-75	51.6	140.9	59.7	140.0	72.5

此外，还对两种复合相变块的热可靠性进行了评价。L-75 和 H-75 经历 100 次冷热循环实验，然后进行 DSC 表征。如图 4-4 所示，两种复合相变块在经过 100 次冷热循环后的 DSC 曲线均与其循环前的曲线近乎重合，这表明这些复合相变块均具有优异的热可靠性，具备实用价值。

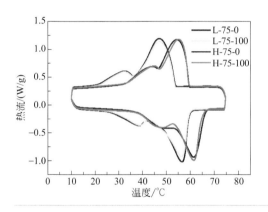

图4-4
L-75和H-75复合相变块循环前和循环100次后的DSC曲线图

二、温致变色OP10E/SEBS复合相变油凝胶

在前一小节中我们将 SEBS 与相变温度较高的石蜡进行了复合，而本小节是用 SEBS 负载了相变温度为 10℃的石蜡类相变材料 OP10E；此外，还添加可逆感温变色染料 Rose Red 238C（10℃以上逐渐变成无色，10℃以下逐渐变成玫瑰红色）来指示复合相变块的温度。因为 OP10E 的相变温度低，通常呈液态，所以制得的含感温变色染料的复合相变块被称为温致变色 OP10E/SEBS 复合相变油凝胶 [13]。具体地，首先，将质量分数为 0.1% 的可逆变色染料添加至液态相变材料 OP10E 中，然后搅拌均匀使其溶解；其次，将添加了感温变色染料的 OP10E 与 SEBS 进行混合，在室温条件下搅拌，使液态 OP10E 被均匀吸附在 SEBS 内；最后，将所得的 OP10E/SEBS 复合物置于加工模具内，放置在平板硫化机上，在 110℃下热压 10min，制得了温致变色 OP10E/SEBS 复合相变油凝胶。通过对

OP10E 含量不同的复合相变油凝胶进行液相泄漏测试，确定了 85%（质量分数）为 SEBS 对 OP10E 的最大吸附量，对应的复合相变油凝胶为定形复合相变材料。通过与第一节的石蜡/SEBS 复合相变块进行对比发现，相变温度较高的石蜡在 SEBS 中的复合量低于 OP10E 的复合量，这可能是因为，熔点越低的石蜡，分子中烷烃链越短，因而可以更多地被复合进入 SEBS 的互穿网络中。

　　SEBS 和 OP10E/SEBS 相变油凝胶的宏观形态和微观形貌如图 4-5 所示。可以看出，SEBS 为白色颗粒状物质［图 4-5（a）］，OP10E/SEBS 相变油凝胶在室温状态下呈无色透明凝胶状［图 4-5（b）］；因 OP10E/SEBS 相变油凝胶中添加了可逆变色染料，当其温度降低到 10℃以下时，该相变凝胶由无色透明状转变为粉红色［图 4-5（c）］，从而可以指示其温度的变化。从扫描电镜图观察到，SEBS 是由聚集的颗粒组成；当 SEBS 与 OP10E 混合均匀并热压成型后，OP10E 可以渗透进入 SEBS 分子链内的有序乙烯段，可以作为石蜡结晶的模板，使 SEBS 与 OP10E 发生交联，表面变得十分光滑，如图 4-5（e）、（f）所示。

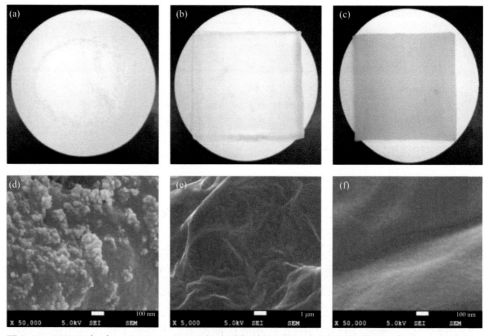

图4-5　SEBS（a）、OP10E/SEBS相变油凝胶分别处于熔化温度上和下（b）、（c）的数码照片和SEBS（d）、OP10E/SEBS相变油凝胶（e）、（f）的SEM图

　　OP10E、SEBS、OP10E/SEBS 相变油凝胶的 XRD 图谱如图 4-6 所示。在 SEBS 的图谱中只存在一个宽的衍射峰，这是因为聚合物是以无定形状态存在。

OP10E 的衍射图谱中出现了位于 $2\theta = 6.57°$、$21.58°$ 和 $23.85°$ 三处强衍射峰，晶格间距分别为 8.8230Å、4.4529Å 和 4.4108Å。而对于 OP10E/SEBS 相变油凝胶来说，其只出现了 OP10E 的第二和第三强衍射峰，而其最强衍射峰并没有出现，这可能是因为 OP10E 进入 SEBS 互穿网络后改变了 OP10E 晶体的取向和形貌。这一现象与第一节所述的含有相变温度较高石蜡的复合相变块有所不同，即含相变温度较高石蜡的复合相变块的 XRD 图谱显示该石蜡的所有衍射峰，这表明与 SEBS 的复合对烷烃链短的石蜡分子的影响比对烷烃链长的石蜡分子的影响大。总之，由于复合相变材料的图谱中没有其他新的衍射峰出现，这说明 OP10E 与 SEBS 之间是物理作用。

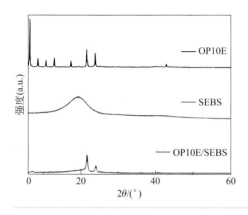

图4-6
OP10E、SEBS和OP10E/SEBS
相变油凝胶的XRD图

　　OP10E 及 OP10E/SEBS 相变油凝胶的 DSC 曲线见图 4-7（a），相应的相变特性参数列于表 4-2 中。对于纯 OP10E 来说，DSC 曲线有一个吸热峰和一个放热峰，熔化和凝固温度分别为 7.87℃ 和 6.12℃，熔化焓和凝固焓分别为 157.9J/g 和 155.5J/g。OP10E/SEBS 相变油凝胶的熔化和凝固温度分别为 6.00℃ 和 5.13℃，吸热焓和放热焓分别为 133.0J/g 和 133.2J/g。从 DSC 曲线可以分析，制备成相变凝胶后，相变材料 OP10E 的熔化点和凝固点温度并没有太大的变化，但是从曲线中可以看出，相变峰都相对变宽了，猜测原因为 SEBS 将石蜡分散，导致凝固过程中传热阻力增大。经计算，OP10E/SEBS 相变油凝胶的潜热值为 OP10E 的 84.9%，非常接近该油凝胶中 OP10E 的质量分数（85%）。

　　OP10E、SEBS 和 OP10E/SEBS 相变油凝胶的热失重曲线如图 4-7（b）所示。OP10E 在约 200℃ 时开始热分解，最终在 380℃ 时热失重率达到 100%。SEBS 颗粒在 400℃ 左右时开始热分解，最终在 480℃ 时热失重率达到 100%。而 OP10E/SEBS 相变油凝胶的热降解温度在 250℃ 左右，高于 OP10E 的热分解温度，这表明与 SEBS 的热炼共混提高了 OP10E 的热分解温度。

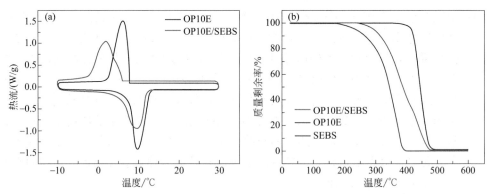

图4-7　OP10E和OP10E/SEBS相变油凝胶的DSC曲线（a）和TGA曲线（b）

表4-2　OP10E及OP10E/SEBS相变油凝胶的相变特性参数

样品	熔化过程		凝固过程		储热容量
	$T_m/℃$	$\Delta H_m/(J/g)$	$T_f/℃$	$\Delta H_f/(J/g)$	$\eta/\%$
OP10E	7.87	157.9	6.12	155.5	—
OP10E/SEBS相变油凝胶	6.00	133.0	5.13	133.2	84.9
OP10E/SEBS 相变油凝胶（50次循环之后）	6.09	131.5	5.20	132.6	84.3

　　对 OP10E/SEBS 相变油凝胶的热可靠性进行了评价。将其放在冰箱里，在 0～25～0℃的温度范围内进行了 50 次冷热循环，随后进行 DSC 测试，结果见图 4-8（a）。循环之前，OP10E/SEBS 相变油凝胶的熔点和凝固点分别为 6.00℃和 5.13℃，吸热焓和放热焓分别为 133.0J/g 和 133.2J/g；循环之后，熔点和凝固点分别为 6.09℃和 5.20℃，吸热焓和放热焓分别为 131.5J/g 和 132.6J/g，与循环前的数据非常相近，这表明该相变油凝胶具有优良的热可靠性。再者，由图 4-8（b）可以看出，该相变油凝胶循环后与循环前在微观形貌上并无差别，表面都极其光滑，这说明该复合相变材料具有较好的结构稳定性。

　　采用万能试验机在室温条件下测试 OP10E/SEBS 相变油凝胶样品的力学性能，包括断裂长度、拉伸强度和最大应力。结果表明，在最大实验拉力为 13.92 N 的情况下，当拉伸速率增加到 50mm/min 时，OP10E/SEBS 相变油凝胶的断裂伸长率高达 1918.07%，拉伸强度为 0.47MPa，这表明该 OP10E/SEBS 相变油凝胶具有很好的弹性。此外，经测试，密度为 975kg/m³，尺寸为 8cm×8cm×1cm 的 OP10E/SEBS 相变油凝胶的导热系数为 0.178W/(m·K)。

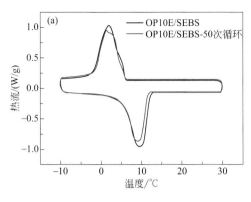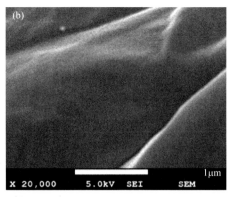

图4-8　50次冷热循环前后OP10E/SEBS相变油凝胶的DSC曲线和循环后SEM图

此外，为了评价OP10E/SEBS相变油凝胶在降温冷却领域中的应用性能，将块状OP10E/SEBS相变油凝胶置于-10℃的冰箱中进行蓄冷，当其温度达到-10℃后拿出，放置在温度设定为37℃的恒温加热台上进行冷量释放，并记录其温度随时间的变化曲线。如图4-9所示，该温度-时间曲线存在一个温度平台期，且平台期的温度保持在10℃左右，正是对应OP10E的相变过程。更值得一提的是，在37℃的恒温加热台的持续加热下，质量仅为62.4g、厚度仅为1cm的OP10E/SEBS相变油凝胶的冷量释放平台期的时间长达1800s，这说明OP10E/SEBS相变油凝胶具有很好的蓄冷能力，适用于需要降温冷却的领域。

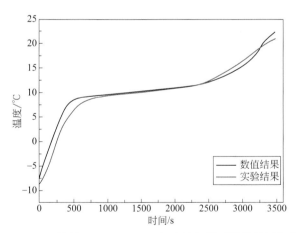

图4-9　块状OP10E/SEBS相变油凝胶冷量释放过程的温度-时间曲线

总之，SEBS是适宜与石蜡类相变材料复合的聚合物载体材料，因其无毒，可用于生物医疗领域。此外，为了提高SEBS基复合相变材料的导热系数，可以将其与如金属泡沫等物质相结合[14]。

第三节
中空纤维基复合相变材料

聚丙烯中空纤维是超滤膜的一种，广泛应用于水的净化、溶液的分离和浓缩以及从废水中提取有用物质等领域。聚丙烯是由丙烯聚合而得到的一种热塑性树脂，为半透明无色固体，无臭无毒；其结构规整且高度结晶化，熔点高达 167℃，因此，耐热、耐腐蚀是它的突出优点。聚丙烯中空纤维外径一般为 400～460μm、内径为 350～410μm、管壁厚 50μm，属于热相拉伸膜。由于中空纤维表面广泛分布 0.02～0.2μm 的微孔，因而具有吸附性能。将中空纤维用于吸附石蜡，不仅可以克服石蜡发生相变后的液相泄漏问题，而且还能使获得的复合相变材料具有柔性。与先制备相变材料微胶囊再将其与纤维复合的相变纤维制备工艺相比，直接以中空纤维为载体吸附相变材料具有制备工艺简单且成本低的优势。

笔者以石蜡类相变材料 RT44HC 为例，采用物理吸附法，制备了石蜡/聚丙烯中空纤维复合相变材料 [15]。首先，考察了中空纤维的长度和浸泡时间对石蜡吸附量的影响。如图 4-10（a）所示，在不同浸泡时间下，30cm 的中空纤维对 RT44HC 的吸附量随浸泡时间的延长而增大。当浸泡时间由 0h 增加至 4h 时，中空纤维对 RT44HC 吸附的质量分数迅速增加至 75.3%；当浸泡时间延长至 24h 时，吸附的 RT44HC 的质量分数缓慢增大到 82.1%；此后继续延长浸泡时间，质量分数保持不变，这说明 82.1% 即是石蜡在中空纤维中的最大吸附量，24h 即制备 RT44HC/中空纤维复合相变材料的所需时间。图 4-10（b）是在相同的浸泡时间下（24h），不同长度（30cm，40cm，50cm，60cm，100cm）的中空纤维对 RT44HC 的吸附量。可以看出，经过 24h 小时浸泡后，不同长度的中空纤维对 RT44HC 的吸附质量分数均在 82.1% 左右，这说明中空纤维的长度对 RT44HC 的吸附量无影响。此外，对 82.1%RT44HC/中空纤维复合相变材料进行液漏测试的结果显示，多次冷热循环之后，滤纸上并未有 RT44HC 的泄漏迹象，这证实了 82.1%RT44HC/中空纤维复合相变材料为定形复合相变材料。

聚丙烯中空纤维和 RT44HC/中空纤维复合相变材料的宏观和微观形貌如图 4-11 所示。从图 4-11（a）和（b）看出，聚丙烯中空纤维呈白色管状结构；当其与 RT44HC 复合以后，可以看到其内部吸附的 RT44HC。从图 4-11（c）和（d）中空纤维的横向切面和纵向表面扫描电镜图可以看到，中空纤维内部的空心圆柱腔体，平均内径为 350μm，外部直径为 400μm 左右，且沿中空纤维表面存在很多长度在 1～2μm 的条状微孔。由图 4-11（e）和（f）82.1%RT44HC/中空纤维复合相变材料的横向切面和纵向表面扫描电镜图可以观察到，复合后中空纤维内

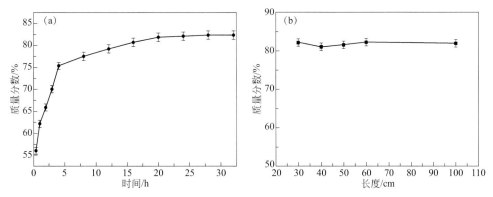

图4-10 浸泡时间(a)和中空纤维长度(b)对吸附量的影响

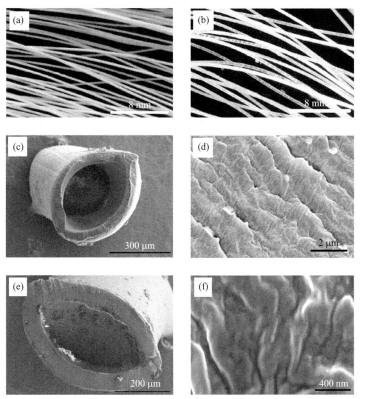

图4-11 中空纤维吸附前后数码照片（a），（b）；中空纤维横向切面及表面SEM图（c），（d）；RT44HC/中空纤维横向切面及表面SEM图（e），(f)

部腔体被RT44HC充满，中空纤维表面的微孔也被RT44HC填充，但外部结构并未发生明显变化。这表明了相变材料是由中空纤维表面的微孔而不是腔体两端吸附进入的，因而中空纤维的长度对相变材料的吸附量无影响。

RT44HC 及 RT44HC/ 中空纤维复合相变材料的相变特性参数见表 4-3。可以看出，复合相变材料的熔点较 RT44HC 略有下降，而凝固点却稍有升高。与前面所述的 SEBS 基复合相变材料相似，熔点的下降可归因于中空纤维为 RT44HC 提供了异相成核位点，有利于其结晶。此外，50 次冷热循环实验表明，该复合材料具有良好的热可靠性。

表4-3　RT44HC及RT44HC/中空纤维复合相变材料的相变特性参数

样品	熔化过程		凝固过程	
	T_m /℃	ΔH_m /（J/g）	T_f /℃	ΔH_f /（J/g）
RT44 HC	39.24	245.4	45.25	245.2
RT44HC/中空纤维	37.39	199.9	46.03	199.7
RT44HC/中空纤维（50次循环之后）	37.96	199.8	45.85	199.5

RT44HC、中空纤维和 RT44HC/ 中空纤维复合相变材料的热失重曲线见图 4-12。RT44HC 在约 140℃时开始热分解，260℃时其失重率达到 100%。聚丙烯中空纤维的热分解分为两步，首先在 140℃左右时失重率为 5%，为中空纤维内所吸收的水分，然后在 350℃时聚丙烯开始分解，最终失重率达到 100%。而 RT44HC/ 中空纤维复合相变材料的热降解分为三步，其起始热分解温度为 160℃，这表明与聚丙烯中空纤维复合后 RT44HC 热分解温度由 140℃提升到 160℃，热稳定性得到提升。

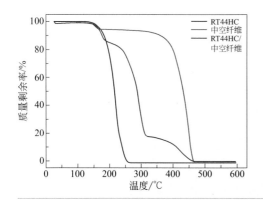

图4-12
RT44HC、中空纤维和RT44HC/中空纤维复合相变材料的热失重曲线

38g RT44HC/ 中空纤维复合相变材料被编织成尺寸为 9cm×6cm×1.5cm 块状物，其密度为 469.1kg/m³，导热系数经测试为 0.171W/(m·K)。而密度为 900kg/m³ 的纯 RT44HC 的导热系数为 0.380W/(m·K)。可见，RT44HC/ 中空纤维块状物的导热系数低于 RT44HC 的导热系数，这是因为聚丙烯中空纤维具有较

低的导热系数且该块状物编织密度较低。鉴于 RT44HC/ 中空纤维块状物的导热系数较低且可编织，其在服装、纺织等行业的保温领域有应用前景。

　　本章选取 SEBS 采用较为简单的方式对石蜡进行封装，制备了安全、无毒的相变材料，该材料具有良好的弹性，在医疗领域具备应用前景。后续章节中我们将继续介绍如何利用该材料制备用于鼻部加热的相变鼻贴、降温头套等。中空纤维基复合相变材料，即将中空纤维用于吸附石蜡，不仅可以克服石蜡发生相变后的液相泄漏问题，而且还能使获得的复合相变材料具有柔性，对其热物性及微观结构进行研究，结果表明其具有优异性能，可应用于服装纺织领域，在防寒保温服装等领域具有应用前景。聚合物适宜与石蜡等有机相变材料复合，因聚合物互穿网络对液态相变材料的限域作用，可以制得定形复合相变材料。又因为聚合物种类繁多、加工和成型方式灵活，所以聚合物基复合相变材料的成型方式存在多样化的特点。因此，聚合物基复合相变材料在功能性服装、热疗产品等领域具有应用前景。

参考文献

[1] Hu H L. Recent advances of polymeric phase change composites for flexible electronics and thermal energy storage system [J]. Composites Part B:Engineering, 2020, 195: 108094.

[2] Ye H, Ge X S. Preparation of polyethylene-paraffin compound as a form-stable solid-liquid phase change material [J]. Solar Energy Materials and Solar Cells, 2000, 64 (1): 37-44.

[3] Ehid R, Fleischer A S. Development and characterization of paraffin-based shape stabilized energy storage materials [J]. Energy Conversion and Management, 2012, 53 (1): 84-91.

[4] Tang Y J, Jia Y T, Alva G, et al. Synthesis, characterization and properties of palmitic acid/high density polyethylene/graphene nanoplatelets composites as form-stable phase change materials [J]. Solar Energy Materials and Solar Cells, 2016, 155: 421-429.

[5] Wu W X, Wu W, Wang S F. Form-stable and thermally induced flexible composite phase change material for thermal energy storage and thermal management applications [J]. Applied Energy, 2019, 236: 10-21.

[6] Lian Q S, Li Y, Sayyed A A S, et al. Facile strategy in designing epoxy/paraffin multiple phase change materials for thermal energy storage applications [J]. ACS Sustainable Chemistry & Engineering, 2018, 6 (3): 3375-3384.

[7] Li W D, Ding E Y. Preparation and characterization of cross-linking PEG/MDI/PE copolymer as solid-solid phase change heat storage material [J]. Solar Energy Materials and Solar Cells, 2007, 91 (9): 764-768.

[8] Zeng J L, Zhu F R, Yu S B, et al. Myristic acid/polyaniline composites as form stable phase change materials for thermal energy storage [J]. Solar Energy Materials and Solar Cells, 2013, 114: 136-140.

[9] Silakhori M, Metselaar H S C, Mahlia T M I, et al. Palmitic acid/polypyrrole composites as form-stable phase change materials for thermal energy storage [J]. Energy Conversion and Management, 2014, 80: 491-497.

[10] Kou Y, Sun K Y, Luo J P, et al. An intrinsically flexible phase change film for wearable thermal managements [J].

Energy Storage Materials, 2021, 34: 508-514.

[11] Aydın A A, Okutan H. Polyurethane rigid foam composites incorporated with fatty acid ester-based phase change material [J]. Energy Conversion and Management, 2013, 68: 74-81.

[12] Zhang C, Lin W Z, Zhang Q, et al. Exploration of a thermal therapy respirator by introducing a composite phase change block into a commercial mask [J]. International Journal of Thermal Sciences, 2019, 142: 156-162.

[13] Zhang Q, Wu Y, Fang X M, et al. A recyclable thermochromic elastic phase change oleogel for cold compress therapy [J]. Applied Thermal Engineering, 2017, 124: 1224-1232.

[14] Chen P, Gao X N, Wang Y Q, et al. Metal foam embedded in SEBS/paraffin/HDPE form-stable PCMs for thermal energy storage [J]. Solar Energy Materials and Solar Cells, 2016, 149: 60-65.

[15] Zhang Q, He Z B, Fang X M, et al. Experimental and numerical investigations on a flexible paraffin/fiber composite phase change material for thermal therapy mask [J]. Energy Storage Materials, 2017, 6: 36-45.

第五章
复合相变材料的导热系数模型

第一节　分形计算模型 / 106

第二节　高度简洁的各向同性双参数模型 / 122

第三节　基于控制热阻的各向异性模型 / 126

导热系数是相变材料储热过程中最重要的一个物性，由于普通的相变材料普遍存在导热系数低、传热效率差的缺点，本书在第二章和第三章中已介绍了如何利用膨胀石墨等高导热材料制备复合相变材料，以增强相变材料的导热系数。本章将重点介绍如何构建复合相变材料的导热系数模型，用来预测不同组分的复合相变材料的导热系数数值，从而指导复合相变材料的配比与制备工艺，制备能满足高效换热需求的复合相变材料。

第一节
分形计算模型

复合材料是一种由多种具有不同结构、相态和性能的成分组合而成的多相多孔介质体系。已有的研究表明，体系中各相的导热系数、体积分数以及各相的结构分布状况对复合材料的内部导热过程有重要的影响。然而，复合材料体系的微观结构非常复杂，能否对各相的尺寸、形态和分布等情况进行准确的描述决定着能否建立复合材料有效导热系数与其结构的确切关联。

Mandelbrot[1] 于 1973 年提出了分形的概念用以描述非规则几何形态。当物体的各个部分的形态与物体的整体形态相同或者类似时，该物体被定义为分形体。它们的维度可以是非整数的，被定义为分形维度。分形体可以分为两大类，包括确定性分形体和随机分形体。确定性分形体是按照一定数学法则生成的，具有严格自相似特征的分形结构，如 Serpinski 地毯、Koch 曲线和 Koch 雪花等。图 5-1 表示的是一种 Serpinski 地毯结构。大量的研究事实表明，自然界中很多不规则物体都具有并不严格的自相似结构，属于随机分形体。分形理论被证明可应用于各向异性的纤维复合材料的导热系数预测 [2]，如土壤 [3]、纳米颗粒悬浮液 [4]、木材 [5]、聚亚胺酯泡沫 [6]、遍布神经树的生物介质 [7] 以及保温性混凝土 [8] 等多种两相或多相复合材料的导热系数都可用分形模型进行计算。

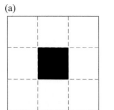 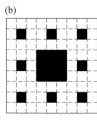 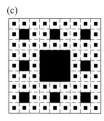

图5-1 Serpinski地毯
（a）零级结构；（b）一级结构；（c）二级结构

将分形模型应用于膨胀石墨基复合相变材料导热系数的预测，首先要对该种复合材料的微观结构进行分形分析和描述；其次根据分析的结果建立分形结构模型，并将该结构模型转化为对应的热阻网络；最后将热阻网络按并联、串联的规则，计算模型的总热阻，获得不同条件下模型的有效导热系数。分形模型的可靠性可以通过将计算得到的理论值与实验测定值或其他理论模型的结果进行比较来评价。

首先对材料的微观结构进行分形描述。以 $LiNO_3$-KCl/ 膨胀石墨复合相变材料为例，作为一个三相多孔介质体系，$LiNO_3$-KCl/EG 复合相变材料由熔盐晶体、石墨片层以及孔隙三部分组成。为了达到简化推导过程的目的，此处将石墨片层及孔隙两部分合并为多孔 EG 基质，而复合材料则变成了熔盐颗粒与这种基质的两相混合系统。图 5-2 显示了不同放大倍数条件下 $LiNO_3$-KCl/EG 复合相变材料简化后的两相分布的情况。这些在不同放大倍数条件下呈现的类似的分布特征与自然状态下完全浸润的土壤形态相似，在一定尺度范围内符合统计学意义上分形结构的自相似特征。

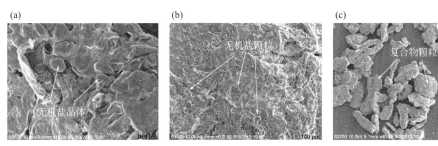

图5-2 $LiNO_3$-KCl/EG复合相变材料的扫描电镜图
（a）×1500；（b）×500；（c）×40

一、分形模型基本参数

随机分形体的自相似特性（即分形特性）仅在某一度量尺度的范围内成立，因此，$LiNO_3$-KCl/EG 复合相变材料结构中表现出这些特性的区域也存在一定的边界。这里我们假设自相似区域中分散颗粒的最小和最大半径分别为 λ_{min} 和 λ_{max}，两者之间的比值 $\lambda_{min}/\lambda_{max}$ 是自相似分形区域所在度量尺度区间的反映。根据 Yu 等对复杂多孔介质体系的分形研究结果 [9]，公式（5-1）给出了 $LiNO_3$-KCl/EG 复合相变材料中自相似区域的度量尺度区间、分形维度 D_f 和材料中多孔 EG 基质的体积分数 φ_m 三者之间的关系：

$$D_f = d - \frac{\ln \varphi_m}{\ln(\lambda_{min}/\lambda_{max})} \qquad (5-1)$$

其中，d 表示欧几里得维度，当 $d=2$ 时表示二维平面，当 $d=3$ 时表示三维空间。本书采用二维平面的情况进行分析，以达到尽量简化计算的目的。基于公式（5-1），图 5-3 描绘出了在不同 $\lambda_{min}/\lambda_{max}$ 值的条件下复合相变材料的分形维度随多孔 EG 基质体积分数变化的曲线。位于一定度量尺度范围内的自相似区域，随着多孔 EG 基质体积分数的增加，分形维度呈现出"先急后缓"的上升趋势。当体积分数增大到 1，即复合相变材料中的熔盐含量为 0 时，分形维度达到最大值。LiNO$_3$-KCl/EG 复合相变材料内部能够表现出分形特征的结构应该在度量尺度 $\lambda_{min} \sim \lambda_{max}$ 区间内，其中 $\lambda_{min}/\lambda_{max}$ 的合理取值在 $10^{-4} \sim 10^{-2}$ 范围内。

LiNO$_3$-KCl/EG 复合相变材料的表观密度和 EG 的质量分数受到材料的性能以及应用领域等方面的限制，这些限制条件也为 φ_m 设定了一个取值范围。公式（5-2）、公式（5-3）列出了依据表观密度和 EG 的质量分数转化为多孔 EG 基质的体积分数的计算方法。

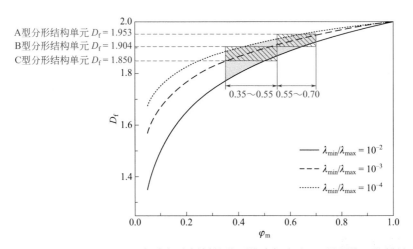

图5-3 LiNO$_3$-KCl/EG复合相变材料的分形维度与多孔EG基质体积分数关系曲线

$$\varphi_g = \alpha \frac{\rho_{apparent}}{\rho_g} \qquad (5-2)$$

$$\varphi_m = \varphi_g + \varphi_a \qquad (5-3)$$

式中　　α——LiNO$_3$-KCl/EG复合材料中EG的质量分数；

φ_m、φ_g 和 φ_a——多孔 EG 基质、石墨片层以及孔隙的体积分数，其中 $\varphi_a = (1 - \frac{\rho_{apparent}}{\rho_s}) - \varphi_g(1 - \frac{\rho_g}{\rho_s})$，且满足 $\varphi_a + \varphi_g + \varphi_s = 1$；

ρ_g和ρ_s——EG和混合熔盐的密度；

ρ_apparent——复合相变材料的表观密度。

通过计算可知，当复合相变材料的表观密度为 750 ～ 1420kg/m³，EG 的质量分数为 10% ～ 30% 时，多孔 EG 基质的体积分数 φ_m 在 0.35 ～ 0.70 范围内。

图 5-3 中的灰色区域是根据以上讨论的结果圈定的 LiNO$_3$-KCl/EG 复合相变材料分形维度可能分布的区域，分形结构单元的分形维度应当尽可能控制在这一范围内。对众多确定性分形体进行计算和筛选，发现截出长度和边长的比值 $C/L=1/4$（即 $i=4$）的基于 Serpinski 地毯结构的系列分形单元，其分形维度可以覆盖图 5-3 所示的灰色区域，适合描述 LiNO$_3$-KCl/EG 复合相变材料结构。

表 5-1 列出了 LiNO$_3$-KCl/EG 复合相变材料有效导热系数分形模型中涉及的所有自相似分形结构单元。根据分形维度的不同，这些分形结构单元被分为三种类型，分别为 A 型、B 型和 C 型。它们的分形维度可以按照公式（5-4）计算获得[10]：

$$D_\mathrm{f} = \frac{\ln\left(i^2 - j\right)}{\ln(i)} \tag{5-4}$$

其中 A 型、B 型和 C 型对应的 j 的值分别为 1、2 和 3。每种类型的分形结构单元有不同的构造形式，如 B 型分形结构单元的两种构造形式可分别用 B$_1$ 和 B$_2$ 表示，而 C 型分形结构单元的三种构造可用 C$_1$、C$_2$ 和 C$_3$ 表示。这些信息总结于表 5-1 中。图 5-3 标出了各类型分形结构单元的分形维度涵盖的区域。由图中的红色标示可知，A 型和 B 型分形结构单元的分形维度分别为 1.953 和 1.904。此时的 LiNO$_3$-KCl/EG 复合相变材料的微观结构可以通过联合 A 型和 B 型分形结构单元来进行描述。而当 φ_m 的值在 0.35 ～ 0.55 范围内时，B 型和 C 型分型结构单元的分形维度的波动区域与图中的灰色区域重合，因此，可以认为此时的复合相变材料的微观结构是 B 型和 C 型分形结构单元的综合体。公式 (5-5) 表示的是分形模型中各种类型的分形结构单元之间的关系：

$$\varphi_\mathrm{m} = \begin{cases} \dfrac{A_\mathrm{B}}{A}\varphi_\mathrm{m,B} + \dfrac{A_\mathrm{C}}{A}\varphi_\mathrm{m,C}, & (0.35 \leqslant \varphi_\mathrm{m} < 0.55) \\[2mm] \dfrac{A_\mathrm{A}}{A}\varphi_\mathrm{m,A} + \dfrac{A_\mathrm{B}}{A}\varphi_\mathrm{m,B}, & (0.55 \leqslant \varphi_\mathrm{m} < 0.70) \end{cases} \tag{5-5}$$

A 表示的是 LiNO$_3$-KCl/EG 复合相变材料结构中可进行分形研究的代表性区域的等效总面积。这个代表性区域可涵盖复合相变材料的大部分微观结构特征。A_A、A_B 和 A_C 分别表示 A 型、B 型和 C 型分形结构单元所代表的复合相变材料中相应分形区域的等效面积，三者之间的关系满足 $A = A_\mathrm{A} + A_\mathrm{B} + A_\mathrm{C}$。$\varphi_\mathrm{m,A}$、$\varphi_\mathrm{m,B}$ 和 $\varphi_\mathrm{m,C}$ 分别表示在 A 型、B 型和 C 型分形结构单元所代表的复合相变材料区域中多孔 EG 基质所占的体积分数。

表5-1　用于复合相变材料有效导热系数模型的分形结构单元

分形结构单元类型	A型	B型	C型
分形维度	1.953	1.904	1.850

分形结构单元构造

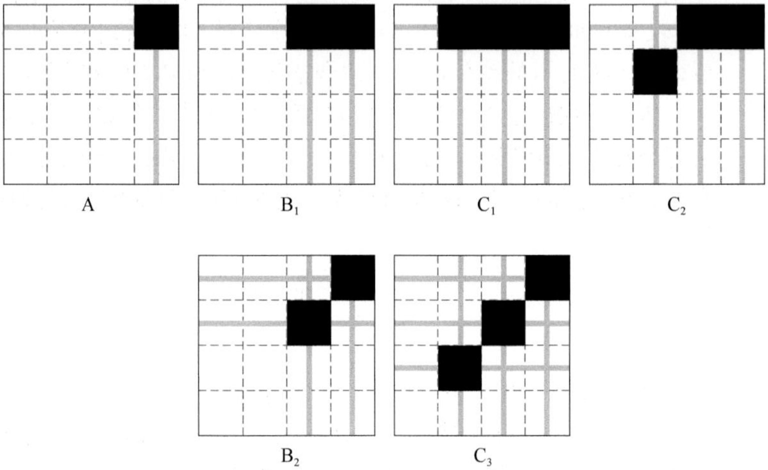

A　　　　　　B₁　　　　　　C₁　　　　　　C₂

B₂　　　　　　C₃

二、A型分形结构单元

　　为了便于对分形结构单元构造形式的细节方面的特点进行说明，此处将选用 A 型分形结构单元作为例子，如图 5-4 所示。由于 $LiNO_3$-KCl/EG 复合相变材料由三个部分组成，本文所设计的基于 Serpinski 的地毯结构单元所采用的构造并非严格的自相似 Serpinski 地毯。图 5-4（a）表示的是 A 型自相似分形结构单元的零级 Serpinski 地毯结构。黑色正方形的部分代表的是 $LiNO_3$-KCl 无机混合熔盐，白色的部分代表的是复合相变材料中的孔隙，而灰色的条状区域代表的是石墨。B 型和 C 型分型结构单元的结构按照相同的构造方式获得。分形结构单元有效导热系数与其内部结构之间的关系可以通过采用一维导热假设同时类比电导率计算的方式建立。图 5-4（b）给出了由分形结构单元转化而来的等效热阻网络图。一级地毯结构以及多级地毯结构也可以依照同样的过程进行转化。这些热阻线路图可以按照串联和并联的方法进行总热阻的计算，并且由此可以估算出 $LiNO_3$-KCl/EG 复合相变材料的有效导热系数值。

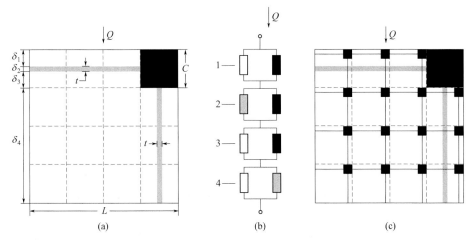

图5-4 A型分形结构单元的构造

（a）零级Serpinski地毯；（b）零级Serpinski地毯的等效热阻网络；（c）一级Serpinski地毯

LiNO$_3$-KCl/EG 复合相变材料内部的热传递过程是一个非常复杂的物理过程。为了简化有效导热系数的计算，需要采用以下几点假设：第一，复合相变材料处于完全干燥的状态，无液态水黏附于孔隙中，体系中只存在三种相态；第二，复合相变材料的热传递过程不涉及相变反应的发生；第三，热传递的方式只考虑热传导，忽略热辐射和对流换热效应。基于这些假设，LiNO$_3$-KCl/EG 复合相变材料有效导热系数可按照分形模型的描述进行估算。

此外，对基于 Serpinski 地毯结构分形单元的导热系数计算，已有的文献报道提供了两种路径。其一是数值分析的方法，即用控制容积法将傅里叶导热方程进行离散化处理，根据模型结构通过设置边界条件和迭代运算得到有效导热系数的值。另一种则是通过热阻与电阻类比的方法，即先根据模型绘出相应的热阻网络，算出模型总热阻，再结合傅里叶导热定律获得有效导热系数，计算更为简便。

在 A 型分形结构单元所代表 LiNO$_3$-KCl/EG 复合相变材料的相应的分形区域中，多孔 EG 基质所占的体积分数 $\varphi_{\mathrm{m,A}}$ 是表现复合相变材料分形结构特征的基本参数之一。当 A 型分形结构单元为零级结构时，$\varphi_{\mathrm{m,A}}$ 的值满足公式（5-6）：

$$\varphi_{\mathrm{m,A}}^{(0)} = \frac{\left[L^{(0)}\right]^2 - \left[C^{(0)}\right]^2}{\left[L^{(0)}\right]^2} = 1 - \left[\frac{C^{(0)}}{L^{(0)}}\right]^2 = 1 - \left(\frac{1}{4}\right)^2 = \frac{15}{16} \tag{5-6}$$

根据 Serpinski 的构造规则，一级单元的部分结构由零级单元代替，经过迭代运算，当 A 型分形结构单元为一级结构时，有：

$$\varphi_{m,A}^{(1)} = \frac{\left[L^{(1)}\right]^2 - \left[C^{(1)}\right]^2}{\left[L^{(1)}\right]^2} \times \frac{\left[L^{(0)}\right]^2 - \left[C^{(0)}\right]^2}{\left[L^{(0)}\right]^2} = \frac{15}{16} \times \frac{15}{16} \tag{5-7}$$

由此类推可知，经过 n 次迭代运算，A 型分形结构单元所代表的区域中多孔 EG 基质的体积分数为：

$$\varphi_{m,A}^{(n)} = \left(\frac{15}{16}\right)^{n+1} \ (n = 0, 1, 2, \cdots) \tag{5-8}$$

公式（5-8）是计算自相似分形单元结构的级数 n 的依据。因为 n 的取值必须是整数，复合相变材料中多孔 EG 基质的总体积分数 φ_m 的值介于 $\varphi_{m,A}$ 和 $\varphi_{m,B}$ 或者 $\varphi_{m,B}$ 和 $\varphi_{m,C}$ 之间。由于多孔介质中某分形区域内分散颗粒的最小半径和最大半径之比满足 $\lambda_{min}/\lambda_{max} \leqslant 10^{-2}$，用图 5-4（a）中代表无机混合熔盐的黑色区域的尺寸计算则有 $(1/4)^{n+1} \leqslant 10^{-2}$，即 $n \geqslant 3$。基于以上边界条件，代入具体数值即可得到合适的 n 值。

由于 EG 对 $LiNO_3$-KCl/EG 复合相变材料导热系数有显著的贡献，因此对分形结构单元中灰色区域的计算尤为关键。对于任意级数的 A 型分形结构单元，灰色条状区域的宽度 t 的值可用一个与维度无关的量 $t^+(t^+ = t/L)$ 代替。

当 A 型分形结构单元为零级结构时，其所代表的分形区域中石墨与多孔 EG 基质的体积比可由公式（5-9）求得：

$$r_{gm,A}^{(0)} = \frac{V_g}{V_m} = \frac{V_g/V_{total}}{V_m/V_{total}} = \left(2\frac{\delta_2^{(0)}}{L^{(0)}} \times \frac{\delta_4^{(0)}}{L^{(0)}}\right) \Big/ \varphi_{m,A}^{(0)} \tag{5-9}$$

式中　V_{total}——A 型分形结构单元所代表的相应分形区域中的复合相变材料的总体积，m^3；

　　V_g 和 V_m——该分形区域内石墨和多孔 EG 基质的体积，m^3；

　　$L^{(0)}$——零级结构的 A 型分形结构单元的边长，m；

　　$\delta_2^{(0)}$ 和 $\delta_4^{(0)}$——对应各层之间的高度，m。

根据图 5-4（a），以上提及的长度之间的关系为：

$$V_{total} = L^{(0)2}, \ V_m/V_{total} = \varphi_{m,A}^{(0)} = 15/16, \ \frac{\delta_2^{(0)}}{L^{(0)}} = \frac{t}{L^{(0)}} = t^+, \ \frac{\delta_4^{(0)}}{L^{(0)}} = 1 - \frac{C^{(0)}}{L^{(0)}} = 3/4 \tag{5-10}$$

将公式（5-10）代入公式（5-9）可简化成：

$$r_{gm,A}^{(0)} = \frac{16}{15} \times \frac{3}{2} t^+ \tag{5-11}$$

当 A 型分形结构单元为 n 级结构时，多孔 EG 基质中的石墨与基质的体积比按照同样的方法计算：

$$r_{gm,A}^{(n)} = \frac{V_g}{V_m} = \frac{V_g/V_{total}}{V_m/V_{total}} \tag{5-12}$$

其中，具有 n 级 Serpinski 地毯结构的 A 型分形结构单元所代表的分形区域中多孔 EG 基质所占的体积分数以及石墨所占的体积分数可以分别表示为：

$$V_m/V_{total} = \varphi_{m,A}^{(n)} = \left(\frac{15}{16}\right)^{n+1} \quad (5\text{-}13)$$

$$V_g/V_{total} = \frac{3}{2}t^+ + \frac{15}{16} \times \frac{3}{2}t^+ + \left(\frac{15}{16}\right)^2 \times \frac{3}{2}t^+ + \cdots + \left(\frac{15}{16}\right)^n \times \frac{3}{2}t^+ = 24t^+\left[1 - \left(\frac{15}{16}\right)^{n+1}\right] \quad (5\text{-}14)$$

$$(n = 0, 1, 2, \cdots)$$

将公式（5-13）和公式（5-14）代入公式（5-12）可简化成：

$$r_{gm,A}^{(n)} = 24t^+\left[\left(\frac{16}{15}\right)^{n+1} - 1\right] (n = 0, 1, 2, \cdots) \quad (5\text{-}15)$$

假设在复合相变材料可进行分形研究的代表性区域内，石墨和多孔 EG 基质的体积比是一致的，其值与复合相变材料中总的石墨体积与总的多孔 EG 基质体积之间的比值 r_{gm} 相等，则有 $r_{gm} = r_{gm,A} = r_{gm,B} = r_{gm,C}$。下标 A、B 和 C 分别对应 A型、B 型和 C 型分形结构单元。根据这点，$r_{gm,A}$ 的值可以通过测定 LiNO$_3$-KCl/EG 复合相变材料的各项参数得到，计算方法如公式（5-16）所示：

$$r_{gm,A} = \frac{\varphi_g}{\varphi_g + \varphi_a} \quad (5\text{-}16)$$

将 $r_{gm,A}$ 值代入公式（5-15），反推求得 n 级结构的 A 型分形结构单元中相应 t^+ 的值。

分形结构单元对应的热阻线路的总热阻可以根据串联和并联的方式进行计算。图 5-4（a）所示的 A 型分形结构单元零级结构的等效热阻网络由沿着热流方向串联连接的四层热阻组成。由于每层都包含两种不同的材料，每层热阻都可看作是两个不同热阻并联的结果。基于这种连接方式，热阻层 1 的热阻 $R_1^{(0)}$ 可由分别代表孔隙和无机混合熔盐区域的等效热阻 $R_{11}^{(0)}$ 和 $R_{12}^{(0)}$ 表示（如图 5-5 所示）：

$$\frac{1}{R_1^{(0)}} = \frac{1}{R_{11}^{(0)}} + \frac{1}{R_{12}^{(0)}} = \frac{k_s C^{(0)}}{\delta_1^{(0)}} + \frac{k_a\left(L^{(0)} - C^{(0)}\right)}{\delta_1^{(0)}} \quad (5\text{-}17)$$

简化可得：

$$R_1^{(0)} = \frac{\delta_1^{(0)}}{k_a\left(L^{(0)} - C^{(0)}\right) + k_s C^{(0)}} \quad (5\text{-}18)$$

热阻层 2、3 和 4 的热阻也可按照相同的方式计算，计算公式如下：

$$R_2^{(0)} = \frac{\delta_2^{(0)}}{k_g\left(L^{(0)} - C^{(0)}\right) + k_s C^{(0)}} \quad (5\text{-}19)$$

$$R_3^{(0)} = \frac{\delta_3^{(0)}}{k_a\left(L^{(0)} - C^{(0)}\right) + k_s C^{(0)}} \tag{5-20}$$

$$R_4^{(0)} = \frac{\delta_4^{(0)}}{k_a\left(L^{(0)} - t\right) + k_g t} \tag{5-21}$$

式中 $\delta_1^{(0)}$、$\delta_2^{(0)}$、$\delta_3^{(0)}$ 和 $\delta_4^{(0)}$——各个热阻层的厚度，m；

   k_a、k_g 和 k_s——孔隙中的空气、EG 以及混合熔盐的导热系数，W/（m·K）。

将各层热阻通过串联方式计算可获得零级 A 型分形结构单元的总热阻：

$$R_A^{(0)} = \frac{\delta_1^{(0)} + \delta_3^{(0)}}{k_a(L^{(0)} - C^{(0)}) + k_s C^{(0)}} + \frac{\delta_2^{(0)}}{k_g(L^{(0)} - C^{(0)}) + k_s C^{(0)}} + \frac{\delta_4^{(0)}}{k_a(L^{(0)} - t) + k_g t} \tag{5-22}$$

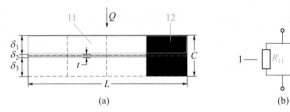

图5-5 A型分形结构单元的第一热阻层示意图
（a）单元构造；（b）等效热阻网络

分形结构单元采用一维导热假设。根据傅里叶定律，零级 A 型分形结构单元的导热系数可用公式 (5-23) 表示：

$$R_A^{(0)} = \frac{1}{k_{e,A}^{(0)}} \tag{5-23}$$

式中 $k_{e,A}^{(0)}$——零级A型分形结构单元的有效导热系数，W/（m·K）。

合并公式（5-22）和公式（5-23），$k_{e,A}^{(0)}$ 的表达式如公式（5-24）所示：

$$k_{e,A}^{(0)} = \left[\frac{\delta_1^{(0)} + \delta_3^{(0)}}{k_a(L^{(0)} - C^{(0)}) + k_s C^{(0)}} + \frac{\delta_2^{(0)}}{k_g(L^{(0)} - C^{(0)}) + k_s C^{(0)}} + \frac{\delta_4^{(0)}}{k_a(L^{(0)} - t) + k_g t}\right]^{-1} \tag{5-24}$$

上式中表示长度的物理量之间的关系为：

$$\frac{\delta_1^{(0)} + \delta_3^{(0)}}{L^{(0)}} = 1/4 - t^+, \quad \frac{\delta_2^{(0)}}{L^{(0)}} = t^+, \quad \frac{\delta_4^{(0)}}{L^{(0)}} = 3/4, \quad \frac{C^{(0)}}{L^{(0)}} = 1/4 \tag{5-25}$$

将公式（5-25）代入公式（5-24）中可得到简化表达式：

$$k_{e,A}^{+(0)} = \frac{k_{e,A}^{(0)}}{k_a} = \left[\frac{1/4 - t^+}{3/4 + \beta_{sa,A}^{(0)}/4} + \frac{t^+}{3\beta_{ga,A}^{(0)}/4 + \beta_{sa,A}^{(0)}/4} + \frac{3/4}{1 - t^+ + \beta_{ga,A}^{(0)} t^+}\right]^{-1} \tag{5-26}$$

其中，$k_{e,A}^{+(0)}$ 表示零级 A 型分形结构单元的无量纲有效导热系数；$\beta_{sa,A}^{(0)} = k_s / k_a$，$\beta_{ga,A}^{(0)} = k_g / k_a$。

通过以上方法计算得到的是 A 型分形结构单元零级结构时的有效导热系数。一级结构的有效导热系数的计算也采用类似的方法。由于 Serpinski 地毯的零级结构是一级结构的组成部分，因此可以将零级结构看成导热系数为 $k_{e,A}^{0}$ 的匀质材料，并用其代替下一级结构中表示孔隙的区域。通过这个迭代过程获得 A 型分形结构单元一级结构的无量纲有效导热系数的表达式如公式（5-27）所示：

$$k_{e,A}^{+(1)}=k_{e,A}^{+(0)}\left[\frac{1/4-t^+}{3/4+\beta_{sa,A}^{(1)}/4}+\frac{t^+}{3\beta_{ga,A}^{(1)}/4+\beta_{sa,A}^{(1)}/4}+\frac{3/4}{1-t^++\beta_{ga,A}^{(1)}t^+}\right]^{-1} \tag{5-27}$$

其中，$\beta_{sa,A}^{(1)} = \beta_{sa,A}^{(0)} / k_{e,A}^{+(0)}$；$\beta_{ga,A}^{(1)} = \beta_{ga,A}^{(0)} / k_{e,A}^{+(0)}$。

同理，经过 n 次迭代运算，n 级 A 型分形结构单元的无量纲有效导热系数为：

$$k_{e,A}^{+(n)}=k_{e,A}^{+(n-1)}\left[\frac{1/4-t^+}{3/4+\beta_{sa,A}^{(n)}/4}+\frac{t^+}{3\beta_{ga,A}^{(n)}/4+\beta_{sa,A}^{(n)}/4}+\frac{3/4}{1-t^++\beta_{ga,A}^{(n)}t^+}\right]^{-1}(n=0,1,2,\cdots) \tag{5-28}$$

其中，$\beta_{sa,A}^{(n)} = \beta_{sa,A}^{(0)} / k_{e,A}^{+(n-1)}$；$\beta_{ga,A}^{(n)} = \beta_{ga,A}^{(0)} / k_{e,A}^{+(n-1)}$。

因为 A 型分形结构单元只有一种构造形式，所以通过公式（5-28）运算得到的最终结果认为是 A 型分形结构单元的无量纲有效导热系数，记为 $k_{e,A}^+$。

三、B型分形结构单元

B 型分形结构单元的导热系数的推导遵循与 A 型分形结构单元相同的过程，即先根据单元的结构类型确定 B 型单元所代表 LiNO$_3$-KCl/EG 复合相变材料分形区域内多孔 EG 基质的体积分数 $\varphi_{m,B}$，以及不同构造形式时 B 型分形结构单元中代表石墨部分的特征参数 t^+ 的表达式，然后依据串、并联的计算法则求出不同结构的零级 Serpinski 地毯的总热阻，将其代入傅里叶导热定律中得到零级结构单元的有效导热系数，最后经过迭代，推导出 n 级分形单元结构时的相应表达式。

对 B 型分形结构单元的导热系数的推导得出的结论如下：

$$\varphi_{m,B}^{(n)}=\left(\frac{14}{16}\right)^{n+1}(n=0,1,2,\cdots) \tag{5-29}$$

由于 B 型分形结构单元有两种不同的构造形式，因此，其对应的含有 t^+ 的表达式也有所不同，如公式（5-30）和公式（5-31）所示：

$$r_{gm,B_1}^{(n)}=10t^+\left[\left(\frac{16}{14}\right)^{n+1}-1\right](n=0,1,2,\cdots) \tag{5-30}$$

$$r_{gm,B_2}^{(n)} = 24t^+ \left[\left(\frac{16}{14} \right)^{n+1} - 1 \right] (n = 0, 1, 2, \cdots) \tag{5-31}$$

式中　$r_{gm,B_1}^{(n)}$ 和 $r_{gm,B_2}^{(n)}$ ——两种构造的 B 型单元所对应的分形区域中石墨与多孔 EG 基质的体积比，且有 $r_{gm,B_1}^{(n)} = r_{gm,B_2}^{(n)} = r_{gm}$。

由于这两个量可以通过对复合材料的物性测算求得，将其代入上式可以反推算出基于不同构造形式的 B 型分形单元中 t^+ 的值。零级 B 型分形结构单元的无量纲有效导热系数的表达式如公式（5-32）和公式（5-33）所示：

$$k_{e,B_1}^{+(0)} = \frac{k_{e,B_1}^{(0)}}{k_a} = \left[\frac{1/4 - t^+}{1/2 + \beta_{sa,B_1}^{(0)}/2} + \frac{t^+}{\beta_{ga,B_1}^{(0)}/2 + \beta_{sa,B_1}^{(0)}/2} + \frac{3/4}{1 - 2t^+ + 2\beta_{ga,B_1}^{(0)}t^+} \right]^{-1} \tag{5-32}$$

$$k_{e,B_2}^{+(0)} = \frac{k_{e,B_2}^{(0)}}{k_a} = \left[\frac{2/4 - 2t^+}{3/4 - t^+ + \beta_{sa,B_2}^{(0)}/4 + \beta_{ga,B_2}^{(0)}t^+} + \frac{2t^+}{\beta_{sa,B_2}^{(0)}/4 + 3\beta_{ga,B_2}^{(0)}/4} + \frac{2/4}{1 - 2t^+ + 2\beta_{ga,B_2}^{(0)}t^+} \right]^{-1} \tag{5-33}$$

其中，$\beta_{sa,B_1}^{(0)} = \beta_{sa,B_2}^{(0)} = k_s/k_a$；$\beta_{ga,B_1}^{(0)} = \beta_{ga,B_2}^{(0)} = k_g/k_a$；$k_{e,B_1}^{+(0)}$ 和 $k_{e,B_2}^{+(0)}$ 分别对应分形构造 B_1 和 B_2。n 级结构的 B 型分形结构单元的无量纲有效导热系数表达式如公式（5-34）和公式（5-35）所示：

$$k_{e,B_1}^{+(n)} = k_{e,B_1}^{+(n-1)} \left[\frac{1/4 - t^+}{1/2 + \beta_{sa,B_1}^{(n)}/2} + \frac{t^+}{\beta_{ga,B_1}^{(n)}/2 + \beta_{sa,B_1}^{(n)}/2} + \frac{3/4}{1 - 2t^+ + 2\beta_{ga,B_1}^{(n)}t^+} \right]^{-1} (n = 1, 2, 3, \cdots) \tag{5-34}$$

$$k_{e,B_2}^{+(n)} = k_{e,B_2}^{+(n-1)} \left[\frac{2/4 - 2t^+}{3/4 - t^+ + \beta_{sa,B_2}^{(n)}/4 + \beta_{ga,B_2}^{(n)}t^+} + \frac{2t^+}{\beta_{sa,B_2}^{(n)}/4 + 3\beta_{ga,B_2}^{(n)}/4} \right.$$
$$\left. + \frac{2/4}{1 - 2t^+ + 2\beta_{ga,B_2}^{(n)}t^+} \right]^{-1} (n = 0, 1, 2, \cdots) \tag{5-35}$$

其中，对于 B_1 构造有 $\beta_{sa,B_1}^{(n)} = \beta_{sa,B_1}^{(0)}/k_{e,B_1}^{+(n-1)}$ 和 $\beta_{ga,B_1}^{(n)} = \beta_{ga,B_1}^{(0)}/k_{e,B_1}^{+(n-1)}$；对于 B_2 构造有 $\beta_{sa,B_2}^{(n)} = \beta_{sa,B_2}^{(0)}/k_{e,B_2}^{+(n-1)}$ 和 $\beta_{ga,B_2}^{(n)} = \beta_{ga,B_2}^{(0)}/k_{e,B_2}^{+(n-1)}$。

值得注意的是，在 B 型分形结构单元中，基于不同的构造形式推导得出的有效导热系数的表达式是不一样的，代入数据计算所得到的值也不尽相同。本文采用算术平均的方法来处理这个问题，即假设这两种构造形式出现的概率相等。因此，B 型分形结构单元的无量纲有效导热系数可用两种构造所得结果的平均值表示，记为 $k_{e,B}^+$。

对于 C 型分形结构单元，其推导结果如下：

$$\varphi_{\mathrm{m,C}}^{(n)} = \left(\frac{13}{16}\right)^{n+1} \quad (n = 0, 1, 2, \cdots) \tag{5-36}$$

$\varphi_{\mathrm{m,C}}^{(n)}$ 表示 n 级 C 型分形结构单元所代表的 LiNO₃-KCl/EG 复合相变材料分形区域中多孔 EG 基质所占的体积分数。三种构造形式的 C 型分形结构单元中 t^+ 可通过如下方程计算:

$$r_{\mathrm{gm,C_1}}^{(n)} = \frac{40}{3} t^+ \left[\left(\frac{16}{13}\right)^{n+1} - 1 \right] \quad (n = 0, 1, 2, \cdots) \tag{5-37}$$

$$r_{\mathrm{gm,C_2}}^{(n)} = \frac{56}{3} t^+ \left[\left(\frac{16}{13}\right)^{n+1} - 1 \right] \quad (n = 0, 1, 2, \cdots) \tag{5-38}$$

$$r_{\mathrm{gm,C_3}}^{(n)} = 24 t^+ \left[\left(\frac{16}{13}\right)^{n+1} - 1 \right] \quad (n = 0, 1, 2, \cdots) \tag{5-39}$$

式中 $r_{\mathrm{gm,C_1}}^{(n)}$、$r_{\mathrm{gm,C_2}}^{(n)}$ 和 $r_{\mathrm{gm,C_3}}^{(n)}$——C 型分形结构单元的三种构造所对应的分形区域中石墨与多孔 EG 基质的体积比,且有 $r_{\mathrm{gm,C_1}}^{(n)} = r_{\mathrm{gm,C_2}}^{(n)} = r_{\mathrm{gm,C_3}}^{(n)} = r_{\mathrm{gm}}$。

这三种构造的零级 C 型分形结构单元的无量纲有效导热系数 $k_{\mathrm{e,C_1}}^{+(0)}$、$k_{\mathrm{e,C_2}}^{+(0)}$ 和 $k_{\mathrm{e,C_3}}^{+(0)}$ 的表达式分别为:

$$k_{\mathrm{e,C_1}}^{+(0)} = \frac{k_{\mathrm{e,C_1}}^{(0)}}{k_{\mathrm{a}}} = \left[\frac{1/4 - t^+}{1/4 + 3\beta_{\mathrm{sa,C_1}}^{(0)}/4} + \frac{t^+}{\beta_{\mathrm{ga,C_1}}^{(0)}/4 + 3\beta_{\mathrm{sa,C_1}}^{(0)}/4} + \frac{3/4}{1 - 3t^+ + 3\beta_{\mathrm{ga,C_1}}^{(0)} t^+} \right]^{-1} \tag{5-40}$$

$$k_{\mathrm{e,C_2}}^{+(0)} = \frac{k_{\mathrm{e,C_2}}^{(0)}}{k_{\mathrm{a}}} \left[\frac{1/4 - t^+}{2/4 - t^+ + 2\beta_{\mathrm{sa,C_2}}^{(0)}/4 + \beta_{\mathrm{ga,C_2}}^{(0)} t^+} + \frac{t^+}{2\beta_{\mathrm{ga,C_2}}^{(0)}/4 + 2\beta_{\mathrm{sa,C_2}}^{(0)}/4} + \frac{2/4}{1 - 3t^+ + 3\beta_{\mathrm{ga,C_2}}^{(0)} t^+} \right.$$
$$\left. + \frac{1/4 - t^+}{3/4 - 2t^+ + 2\beta_{\mathrm{ga,C_2}}^{(0)} t^+ + \beta_{\mathrm{sa,C_2}}^{(0)}/4} + \frac{t^+}{3\beta_{\mathrm{ga,C_2}}^{(0)}/4 + \beta_{\mathrm{sa,C_2}}^{(0)}/4} \right]^{-1} \tag{5-41}$$

$$k_{\mathrm{e,C_3}}^{+(0)} = \frac{k_{\mathrm{e,C_3}}^{(0)}}{k_{\mathrm{a}}} \left[\frac{3/4 - 3t^+}{3/4 - 2t^+ + 2\beta_{\mathrm{ga,C_3}}^{(0)} t^+ + \beta_{\mathrm{sa,C_3}}^{(0)}/4} + \frac{3t^+}{3\beta_{\mathrm{ga,C_3}}^{(0)}/4 + \beta_{\mathrm{sa,C_3}}^{(0)}/4} \right.$$
$$\left. + \frac{1/4}{1 - 3t^+ + 3\beta_{\mathrm{ga,C_3}}^{(0)} t^+} \right]^{-1} \tag{5-42}$$

经过 n 次迭代可得:

$$k_{\mathrm{e,C_1}}^{+(n)} = k_{\mathrm{e,C_1}}^{+(n-1)} \left[\frac{1/4 - t^+}{1/4 + 3\beta_{\mathrm{sa,C_1}}^{(n)}/4} + \frac{t^+}{\beta_{\mathrm{ga,C_1}}^{(n)}/4 + 3\beta_{\mathrm{sa,C_1}}^{(n)}/4} + \frac{3/4}{1 - 3t^+ + 3\beta_{\mathrm{ga,C_1}}^{(n)} t^+} \right]^{-1} \quad (n = 1, 2, 3, \cdots) \tag{5-43}$$

$$k_{e,C_2}^{+(n)}=k_{e,C_2}^{+(n-1)}\left[\frac{1/4-t^+}{2/4-t^++2\beta_{sa,C_2}^{(n)}/4+\beta_{ga,C_2}^{(n)}t^+}+\frac{t^+}{2\beta_{ga,C_2}^{(n)}/4+2\beta_{sa,C_2}^{(n)}/4}+\frac{2/4}{1-3t^++3\beta_{ga,C_2}^{(n)}t^+}\right.$$

$$\left.+\frac{1/4-t^+}{3/4-2t^++2\beta_{ga,C_2}^{(n)}t^++\beta_{sa,C_2}^{(n)}/4}+\frac{t^+}{3\beta_{ga,C_2}^{(n)}/4+\beta_{sa,C_2}^{(n)}/4}\right]^{-1}\ (n=1,2,3,\cdots)$$

（5-44）

$$k_{e,C_3}^{+(n)}=k_{e,C_3}^{+(n-1)}\left[\frac{3/4-3t^+}{3/4-2t^++2\beta_{ga,C_3}^{(n)}t^++\beta_{sa,C_3}^{(n)}/4}+\frac{3t^+}{3\beta_{ga,C_3}^{(n)}/4+\beta_{sa,C_3}^{(n)}/4}\right.$$

$$\left.+\frac{1/4}{1-3t^++3\beta_{ga,C_3}^{(n)}t^+}\right]^{-1}\ (n=1,2,3,\cdots)$$

（5-45）

其中，对于 C_1 构造有 $\beta_{sa,C_1}^{(n)}=\beta_{sa,C_1}^{(0)}/k_{e,C_1}^{+(n-1)}$ 和 $\beta_{ga,C_1}^{(n)}=\beta_{ga,C_1}^{(0)}/k_{e,C_1}^{+(n-1)}$；对于 C_2 构造有 $\beta_{sa,C_2}^{(n)}=\beta_{sa,C_2}^{(0)}/k_{e,C_2}^{+(n-1)}$ 和 $\beta_{ga,C_2}^{(n)}=\beta_{ga,C_2}^{(0)}/k_{e,C_2}^{+(n-1)}$；对于 C_3 构造形式有 $\beta_{sa,C_3}^{(n)}=\beta_{sa,C_3}^{(0)}/k_{e,C_3}^{+(n-1)}$ 和 $\beta_{ga,C_3}^{(n)}=\beta_{ga,C_3}^{(0)}/k_{e,C_3}^{+(n-1)}$。

由于 C 型分形结构单元具有三种构造形式，因此取公式（5-43）、公式（5-44）和公式（5-45）计算所得结果的平均值作为 C 型分形结构单元的无量纲有效导热系数，记为 $k_{e,C}^+$。

LiNO$_3$-KCl/EG 复合相变材料符合 φ_m 值在 0.35～0.70 之间的条件时，可以结合两种具有不同分形维度的确定性分形结构单元对其微观结构进行描述。计算联合分形结构单元的总的有效导热系数时，认为选用的两个不同类型的分形结构单元沿着热流方向并联连接，则复合相变材料的总的有效导热系数可按照下式计算：

$$k_e^+=\frac{k_e}{k_a}=\begin{cases}\dfrac{A_B}{A}k_{e,B}^++\dfrac{A_C}{A}k_{e,C}^+,\ (0.35\leqslant\varphi_m<0.55)\\[3mm]\dfrac{A_A}{A}k_{e,A}^++\dfrac{A_B}{A}k_{e,B}^+,\ (0.55\leqslant\varphi_m\leqslant0.70)\end{cases}$$

（5-46）

通过代入 A 型、B 型和 C 型分形结构单元的无量纲有效导热系数 $k_{e,A}^+$、$k_{e,B}^+$ 和 $k_{e,C}^+$，即可获得最终的复合相变材料有效导热系数值。

四、分形单元的特征参数对预测值的影响

分形单元的特征参数对导热系数预测值的影响如图 5-6 所示，当 $\varphi_{m,A}$ 为定值时，复合相变材料体系中 EG 含量的增加会引起多孔 EG 基质中石墨与基质比例的上升。可以看到，$r_{gm,A}$=0 的情况表示复合材料为无机混合熔盐颗粒堆叠而成的

两相多孔介质。$r_{gm,A}=1$ 的情况则表示复合材料仅包含熔盐与 EG，体系中的孔隙完全被石墨所填充。随着 $r_{mg,A}$ 的升高，A 型分形结构单元无量纲有效导热系数呈现逐渐上升的趋势。根据公式（5-15），A 型分形结构单元中代表 EG 的灰色条状区域宽度 t^+ 的值会随 $r_{mg,A}$ 的增加而增加，高导热系数介质搭建的热量传递通道变宽，分形单元的总热阻随之下降。当 $r_{gm,A}$ 达到最高极限值时，A 型分形结构单元的有效导热系数最大，与实际情况一致。

当 $\varphi_{m,A}$ 的值发生改变时，$r_{gm,A}$- $k_{e,A}^+$ 曲线会相应出现一定的位移。随着 $\varphi_{m,A}$ 的值的增加，相同 $r_{gm,A}$ 所对应的 A 型分形结构单元无量纲有效导热系数会发生正偏移。并且 $r_{gm,A}$ 值越大，由 $\varphi_{m,A}$ 变化引起的有效导热系数的正偏移量也越大。造成这个现象的主要原因是 A 型分形结构单元所代表的复合相变材料分形区域内 EG 的体积分数不仅与 $r_{gm,A}$ 有关，$\varphi_{m,A}$ 也是其另一个相关变量。保持 $r_{gm,A}$ 的值一定时，增大多孔 EG 基质的体积分数会导致整个分形区域 EG 体积分数的增加。

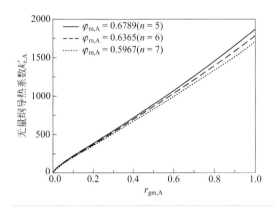

图5-6
A型分形结构单元无量纲有效导热系数随r_{gm}值变化的波动曲线

五、分形单元的构造形式对预测值的影响

在多孔 EG 基质的体积分数相同的条件下，不同构造形式的分形单元也会造成无量纲有效导热系数有所差异。图 5-7（a）对 B 型分形结构单元的两种构造形式所对应的有效导热系数的计算结果进行了比较。可以看到，图中以 $\varphi_{m,B}$ 为定值 0.4488 时的情况为例。随着 $r_{gm,B}$ 值的增加，构造形式为 B_1、B_2 的两个 B 型分形结构单元的无量纲有效导热系数均呈现出上升的趋势。不过，对应于固定 $r_{gm,B}$ 值时的情况，虽然此时 B 型分形结构单元所代表的复合相变材料分形区域中各组分的体积分数保持不变，但是两种构造形式的 B 型分形结构单元的有效导热系数仅在 $r_{gm,B}=0.17$ 时相一致。当 $r_{gm,B}$ 值在 $0 \sim 0.17$ 范围内时，构造形式为 B_1 的分形单元的有效导热系数略大于 B_2 的值。而当 $r_{gm,B} > 0.17$ 时，体系中 EG 的

体积分数越大，两个 B 型分形结构单元有效导热系数之间的差距也就越大，并且 B_2 形式对应的数值大于 B_1。这说明具有 B_2 构造形式的分形单元受 $r_{gm,B}$ 的影响较大。

图 5-7（b）比较了 C 型分形结构单元各种构造形式对有效导热系数计算结果的影响。构造形式为 C_1、C_2 和 C_3 的三个 C 型分形结构单元的无量纲有效导热系数均随 $r_{gm,C}$ 的增加而增加。构造形式为 C_1 的分形单元的有效导热系数随 $r_{gm,C}$ 上升的趋势呈现出"先急后缓"的特点，而 C_2 和 C_3 对应的 $r_{gm,C}$- $k_{e,C}^+$ 曲线则几乎保持固定的斜率。当 $r_{gm,C}$ 在 0～0.1 范围内时，三者的有效导热系数表现为 $k_{e,C_1}^+ > k_{e,C_2}^+ > k_{e,C_3}^+$，且差值较小。当 $r_{gm,C} > 0.1$ 时，有 $k_{e,C_2}^+ > k_{e,C_3}^+ > k_{e,C_1}^+$，其中 C_2 和 C_3 所对应的数值之间的差距不大，而它们相对于 C_1 构造形式单元的有效导热系数的偏移量随着 $r_{gm,C}$ 的增加逐渐扩大。这个现象表明，对复合相变材料体系中 $r_{gm,C}$ 值较高的情况，EG 含量的波动对构造形式为 C_2 和 C_3 的分形单元影响显著。

具有相同分形维度但构造形式各异的自相似分形单元可以反映出更多复合材料内部结构的细节，特别是导热系数较高组分的分布细节。

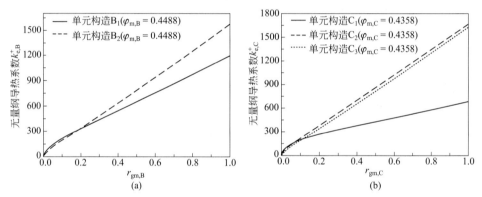

图5-7 不同构造形式分形单元的无量纲有效导热系数的变化曲线
（a）B 型分形结构单元；（b）C 型分形结构单元

六、分形模型可靠性验证

将通过分形结构模型计算得到的 $LiNO_3$-KCl/EG 复合相变材料的有效导热系数的预测结果与实验数据进行比较，以验证其是否可靠。同时，将分形模型计算结果与 Xiao 等[11] 采用的 QP 模型进行了比较。QP 模型计算 $LiNO_3$-KCl/EG 复合相变材料的无量纲有效导热系数的运算方程如公式（5-47）所示：

$$k_e^+ = \frac{k_e}{k_a} = \frac{1}{k_a}\left(k_a^{1/2}\varphi_a + k_g^{1/2}\varphi_g + k_s^{1/2}\varphi_s\right)^2 \tag{5-47}$$

其中，计算所涉及的关于该种复合相变材料的参数有空隙中的空气、EG 和 LiNO$_3$-KCl 无机熔盐体系的导热系数 k_a、k_g 和 k_s，对应的值分别为 2.593×10^{-2}W/（m·K）、183.0W/（m·K）和 1.479W/（m·K）。

混合熔盐以及 EG 的密度 ρ_g 和 ρ_s，其值分别为 1800kg/m^3 和 2010kg/m^3。通过代入相应的物性参数，可得到 QP 模型对 LiNO$_3$-KCl/EG 复合相变材料的有效导热系数的预测结果。不同 EG 质量分数时复合相变材料的无量纲有效导热系数的模型估算结果与实验值的比较如图 5-8 所示，不同表观密度条件下的比较结果参见图 5-9。

当膨胀石墨含量变化时，采用分形结构单元模型计算得到的 LiNO$_3$-KCl/EG 复合相变材料的有效导热系数值与通过瞬态平板热源法测定的数据呈现出较好的一致性。五组数据相对于实验值的误差分别为 9.90%、4.16%、0.92%、1.10% 和 5.95%，均控制在 10% 的范围内。这表明自相似分形模型可以对 LiNO$_3$-KCl/EG 复合相变材料的有效导热系数提供较为可靠的预测结果。然而 QP 模型预测结果的相对误差较高，分别达到 58.81%、56.14%、51.39%、46.03% 和 40.87%，相对误差范围至少是采用分形模型时的 4 倍。

当复合相变材料表观密度变化时，根据分形模型方法计算出来的 LiNO$_3$-KCl/EG 复合相变材料有效导热系数预测值与实验值的误差分别为 29.57%、27.78%、0.92%、2.63%、11.65% 和 4.10%。除了位于低表观密度区间的两组数据的偏移量偏大外，分形模型提供的预测结果与实验值基本一致。QP 模型的预测值与实验值的相对误差分别为 47.89%、44.12%、51.39%、49.35%、50.53% 和 42.24%。这可能是由于利用 QP 模型分析多相多孔介质的有效导热系数时，所采用的计算加权平均值的方法难以反映出介质内部的复杂结构对介质整体导热能力的影响。这也是本文采用分形模型方法研究 LiNO$_3$-KCl/EG 复合相变材料时所要解决的首要问题。

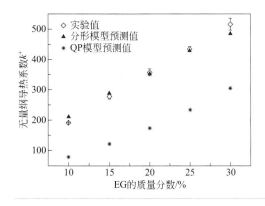

图5-8
不同EG质量分数时复合相变材料的导热系数预测值与实验值对比

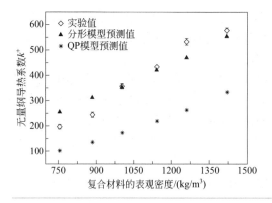

图5-9
不同表观密度时复合相变材料的导
热系数预测值与实验值对比

第二节
高度简洁的各向同性双参数模型

一、传统多组分材料导热系数模型

膨胀石墨基复合相变材料可以按照任意的膨胀石墨与相变材料质量比合成，热物性也随组分的变化而改变。如果对所有组成的材料的热物性都进行实验测试，需要花费大量的时间。因此一个准确的热物性模型可以有效节省实验时间和成本。

相变焓和比热容通过取复合相变材料中各组分值的加权平均，就能取得较好的估测。但传统导热系数模型对膨胀石墨基复合相变材料的预测效果不佳。

膨胀石墨是一种多孔材料，有机相变材料被吸附于其微孔内，因此可以用多孔介质数值传热模型来估算其导热系数[12]。但是这类模型多基于孔处于理想的分布形态这一假设，并不适合内部孔隙分布非常杂乱的膨胀石墨。另一种方法是根据膨胀石墨的孔隙率，按照式（5-48）二元混合物的混合规律对复合相变材料的导热系数进行估算。

$$k_{\mathrm{eff}} = \varepsilon k_{\mathrm{f}} + (1-\varepsilon) k_{\mathrm{m}} \qquad (5\text{-}48)$$

式中　k_{eff}——混合物的有效导热系数，W/（m·K）；

　　　ε——孔隙率；

　　k_{f}、k_{m}——相变材料和膨胀石墨的导热系数，W/（m·K）。

正如 Carson[13] 提到的，经过压制的膨胀石墨内部既有膨胀石墨自身的微孔结构，又有因膨胀石墨堆积形成的大孔结构，因此将孔隙率 ε 修正为相变材料的体积分数是一种更为合理的处理方式。Li 等[14] 就提出了一种基于体积分数的两步模型，通过数值模拟分别解决不同大小两种尺度下的传热过程。他们的模拟结果与实验数据吻合度很高，但是数值计算花费了大量的时间。

Maxwell-Eucken 方程是用于二元混合的精确模型，由于形式简单，被广泛应用于粒子均匀分散在连续基体这一类混合物的导热系数估算。其结构形式如式（5-49）所示[15]：

$$k_{\text{eff}}=k_{\text{m}}\frac{2k_{\text{m}}+k_{\text{f}}+2\varphi(k_{\text{f}}-k_{\text{m}})}{2k_{\text{m}}+k_{\text{f}}-\varphi(k_{\text{f}}-k_{\text{m}})} \tag{5-49}$$

通过改变对物质形态的假设，Maxwell-Eucken 方程有许多不同的扩展，例如 Bruggeman 模型被用于稀悬浮液分散在连续基体中的导热系数估算[16,17]，还有其他的扩展模型可以用来估算具有不同形状的填料或填料的具有特殊分布函数的混合物的导热系数[18,19]。

基于 Maxwell-Eucken 方程的导热系数估算模型有一个前提，它们认为连续基体的导热系数较差，填料用于增强连续基体的导热系数。在膨胀石墨基复合相变材料中，相变材料吸附于膨胀石墨内，导热系数高的膨胀石墨反而作为连续基体存在，与上述前提条件不相符。这也导致了采用 Maxwell 及其扩展方程对膨胀石墨基复合相变材料导热系数进行估算的效果并不好。

一个好的导热系数模型，不仅能够根据材料的组成准确而又快速地预测其导热系数，减少实验量，而且能根据对导热系数的需求，反推材料的组成，从而指导材料的合成。目前的模型中，结果准确的形式较为复杂，形式简单的往往结果又无法令人满意。

二、双参数各向同性导热系数模型

为此，笔者对 RT44HC/ 膨胀石墨复合相变材料的导热系数进行了研究[20]，提出了以膨胀石墨质量分数与复合相变材料填压密度两个参数作为变量的导热系数模型，以预测膨胀石墨基有机复合相变材料的导热系数。

根据有机物 / 膨胀石墨复合相变材料的特性对该模型做了几点假设：

① 导热系数为各向同性；

② 相变材料对复合相变材料的导热系数贡献予以忽略；

③ 石墨的膨胀与压缩不改变石墨内部的传热网络，最小传热单元基体的导热系数 k 保持不变，只是有效导热系数 k_{eff} 随石墨含量和密度的变化而变化。

该模型假设复合相变材料的导热过程只受石墨控制，有机相变材料对导热的贡献为 0。石墨可以分成无数个宏观上进行热传导所需最小的实体——最小传热单元，石墨压缩和膨胀会导致传热单元体积的变化，改变传热的路径，从而影响整个石墨块的导热系数。

如图 5-10 所示，取单位面积 S 下传热单元，石墨的膨胀与压缩改变了传热单元的层高 h。由于石墨的导热系数已知，为 129W/（m·K），为了与石墨基体的导热系数进行比较，令普通石墨的最小传热单元的层高 $h_G=1$。压缩后的膨胀石墨的层高为 h。

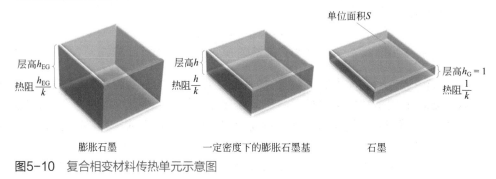

图5-10　复合相变材料传热单元示意图

根据傅里叶导热公式：

$$\dot{q}=kS\frac{dT}{h} \tag{5-50}$$

在相同的温差 dT 和横截面 S 下，热通量 $\dot{q}$ 由材料的导热系数 k 与厚度 h 决定。根据假设③，k 保持恒定，普通石墨的层高 $h_G=1$，因此压缩后的膨胀石墨的有效导热系数：

$$k_{eff}=\frac{k}{h} \tag{5-51}$$

对于体积为 V 的传热单元：

$$h=\frac{v}{s} \tag{5-52}$$

由于是单位面积，即 $S=1$，则 V 通过与相同质量 m 的普通石墨的体积 V_G 转换获得：

$$m=\rho_G V_G=\rho V \tag{5-53}$$

ρ 为压缩后的膨胀石墨密度，计算公式为：

$$\rho=\rho_c\alpha \tag{5-54}$$

最后得到复合相变材料有效导热系数的计算公式：

$$k_{eff}=\frac{k_G\rho_c\alpha}{\rho_G} \tag{5-55}$$

式中　k_G——石墨导热系数，129W/（m·K）；

　　　ρ_c——复合相变材料密度，kg/m³；

　　　α——石墨质量分数；

　　　ρ_G——普通石墨密度，2333kg/m³。

该模型的可靠性通过将预测结果与 RT44HC/ 膨胀石墨复合相变材料的实验测试值以及 Maxwell-Eucken 模型的预测值进行对比得到验证。从图 5-11 可以看出，双参数的导热系数模型对两种膨胀石墨（EG）质量分数分别为 25% 和 35% 的复合相变材料导热系数计算结果与实验值的最大误差在 7% ～ 10% 以内。而 Maxwell-Eucken 模型对这两种材料导热系数的最大预测误差达到了 22% ～ 24%。由此可见，双参数的导热系数模型不仅形式上更为简洁，精度也更高。

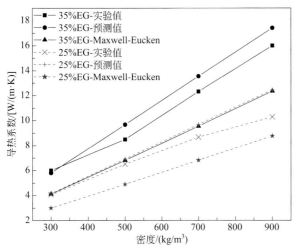

图5-11　导热系数模型预测值与实验值和Maxwell-Eucken方程计算值的对比

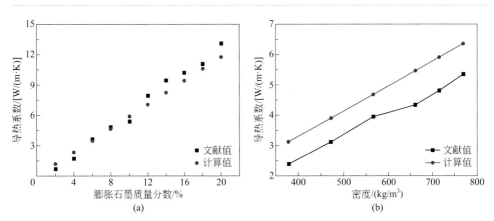

图5-12　导热系数模型计算值与文献数据的对比

（a）文献[14];（b）文献[21]

该模型不仅适用于对 RT44HC/ 膨胀石墨复合相变材料导热系数的预测，还适用于其他的有机物 / 膨胀石墨复合相变材料。如图 5-12 所示，将采用双参数模型计算的结果与文献中其他有机物 / 膨胀石墨复合相变材料导热系数的实验值对比可发现，该模型对石蜡 / 膨胀石墨复合相变材料和癸二酸 / 膨胀石墨复合相变材料导热系数的估算结果与实验值的偏差分别小于 0.2W/（m·K）和 0.8W/（m·K），具有良好的预测精度。

以上结果证明双参数导热系数模型适用于大部分有机物 / 膨胀石墨复合相变材料。其原因在于大部分有机物的导热系数都在 0.5W/（m·K）以下，满足在推导过程中提出的有机相变材料对复合相变材料导热系数贡献为 0 的假设。因此，该模型具有广泛的通用性。该模型不仅形式简单，只考虑石墨质量分数和填压密度两个变量对复合相变材料导热系数的影响，而且精度高，对有机物 / 膨胀石墨复合相变材料导热系数的估算结果好，具有广泛适用性。这一模型的建立可以帮助我们按照实际的导热系数需求推导出复合相变材料的组成，从而指导材料的合成。

综上所述，鉴于导热系数是相变储热材料的重要特性参数，因而研究有关有机 / 无机定形复合相变材料导热系数的影响因素，从而获得根据其组成、微观结构等特性来预测复合相变材料导热系数的模型是十分必要的，这可为进一步调控定形复合相变材料导热系数，研制高导热的复合相变材料提供依据。

第三节
基于控制热阻的各向异性模型

以上导热系数模型都是面向导热系数在不同方向上没有差别的相变材料建立起来的。然而，有一些相变材料，在平面和垂直于平面方向上的导热系数差异很大，就不适合用以上方法对其导热系数进行估算。因而，需要构建各向异性的导热系数模型。文献中许多有效导热系数模型是由以下 4 种基本结构模型中的一种或多种组成的。具体说来，4 种基本结构模型包括连续 [22]（串联）、平行 [22]（并联）、麦克斯韦 - 欧肯 [23] 以及有效介质理论 [24] 模型。麦克斯韦 - 欧肯模型假设小球体分散于另一不同组分的连续基质中，球体与球体间相距足够远导致每个小球体周围温度分布的局部形变不会影响到其相邻的温度分布。对于双组分材料的麦克斯韦 - 欧肯模型，其两种形式取决于哪一种组分形成连续相。有效介质理论模型是假设所有的组分都是完全随机分布的。而对于串联和并联模型，不同组分排列形成的层状物理结构或与热流方向垂直（串联模型），或与热流方向平行（并联模型）。

笔者制备了一种如图 5-13 所示的石墨纸与 $Mg(NO_3)_2 \cdot 6H_2O/$ 氮化碳复合的相变材料。石墨纸以水平方式铺设，$Mg(NO_3)_2 \cdot 6H_2O/$ 氮化碳处于石墨纸层间。由于 $Mg(NO_3)_2 \cdot 6H_2O/$ 氮化碳具有较低的导热系数，石墨纸具有较高的导热系数，石墨纸触及的区域具有较高的导热系数，最高可达 16W/（m·K），而 $Mg(NO_3)_2 \cdot 6H_2O/$ 氮化碳所填充的区域导热系数较低，最高不足 0.6W/（m·K）。

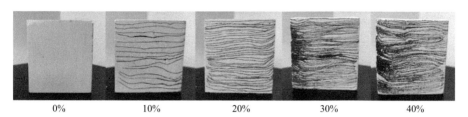

图5-13 不同石墨纸含量（质量分数）的$Mg(NO_3)_2 \cdot 6H_2O/$氮化碳复合相变材料照片

基于上述导热系数模型的理论，根据复合相变材料和石墨纸通过有序排列形成的层状物理结构，对层状相间结构的 $Mg(NO_3)_2 \cdot 6H_2O/$ 氮化碳 - 石墨纸复合相变材料的各向异性的导热系数构建传热模型。通过热流方向分别与复合相变材料垂直和平行采用了串联和并联导热系数模型。提出了 $Mg(NO_3)_2 \cdot 6H_2O/$ 氮化碳 - 石墨纸复合相变材料中以石墨纸在氮化碳和石墨纸整体载体中的质量分数作为变量的导热系数模型，用以预测层状相间结构的 $Mg(NO_3)_2 \cdot 6H_2O/$ 氮化碳 - 石墨纸复合相变材料随石墨纸质量分数变化的导热系数。

该模型根据 $Mg(NO_3)_2 \cdot 6H_2O/$ 氮化碳复合相变材料和石墨纸的特性作了以下假设：

① $Mg(NO_3)_2 \cdot 6H_2O/$ 氮化碳复合相变材料和石墨纸的导热系数各向同性；

② 由于 $Mg(NO_3)_2 \cdot 6H_2O/$ 氮化碳复合相变材料的导热系数随复合相变材料密度的变化增量不大，导热系数测量值都在 1W/（m·K）以内，设定单层的 $Mg(NO_3)_2 \cdot 6H_2O/$ 氮化碳复合相变材料导热系数各向同性且不随压缩密度的增加而增大，其恒定值为 0.4W/（m·K）；

③ 石墨纸的压缩不改变石墨纸内部的传热网络，石墨纸的密度是固定的，单层石墨纸的导热系数也设定为恒定值且令它的导热系数等于石墨的导热系数 129W/（m·K）。

由于 $Mg(NO_3)_2 \cdot 6H_2O/$ 氮化碳复合相变材料的导热系数远远小于石墨纸的导热系数，所以并联模型传热过程由石墨纸主导，串联模型传热过程热阻由复合相变材料起主要作用。石墨纸质量分数的变化会改变传热路径，从而影响

$Mg(NO_3)_2 \cdot 6H_2O$/氮化碳-石墨纸复合相变材料整个块体的导热系数。

如图 5-14 所示，层状相间结构的 $Mg(NO_3)_2 \cdot 6H_2O$/氮化碳-石墨纸复合相变材料总体有效导热系数可以看作由多个 $Mg(NO_3)_2 \cdot 6H_2O$/氮化碳复合相变材料和石墨纸的导热系数有效叠加的效果，即总体等效热阻由多个 $Mg(NO_3)_2 \cdot 6H_2O$/氮化碳复合相变材料和石墨纸的热阻物理叠加组成。

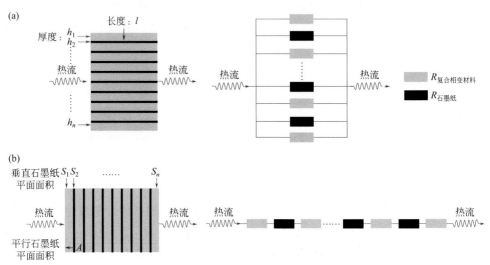

图5-14 $Mg(NO_3)_2 \cdot 6H_2O$/氮化碳–石墨纸复合相变材料导热系数并联（a）和串联（b）模型

根据电路电阻的计算公式：

$$R = \frac{U}{I} \qquad (5-56)$$

因此，结合傅里叶导热公式（5-50），材料的热阻计算公式：

$$R_q = \frac{dT}{\overset{\bullet}{q}} = \frac{h}{kS} \qquad (5-57)$$

由于 $Mg(NO_3)_2 \cdot 6H_2O$/氮化碳-石墨纸复合相变材料在平行于石墨纸平面方向（parallel）和垂直于石墨纸平面方向（perpendicular）的有效导热系数不一样，其热阻也有差别，其计算公式如下：

$$k_{parallel} = \frac{h_{parallel}}{R_{parallel}S_{perpendicular}} \qquad (5-58)$$

$$k_{perpendicular} = \frac{h_{perpendicular}}{R_{perpendicular}S_{parallel}} \qquad (5-59)$$

式中　　h_parallel、R_parallel和$S_\text{perpendicular}$——石墨纸的长度、平行于石墨纸方向上的热阻以及样品垂直于石墨纸方向上的截面积；

$h_\text{perpendicular}$、$R_\text{perpendicular}$和S_parallel——样品垂直于石墨纸平面的厚度、垂直于石墨纸方向上的热阻和样品平行于石墨纸方向上的截面积。

若将单层的 $Mg(NO_3)_2 \cdot 6H_2O$/氮化碳复合相变材料和单层的石墨纸等效于单个的热阻，则对于多层结构的材料，第 n 层的 $Mg(NO_3)_2 \cdot 6H_2O$/氮化碳复合相变材料或石墨纸热阻可表示为：

$$R_n = \frac{h_n}{k_n s_n} \tag{5-60}$$

式中　　　　n——第n层的材料，分别为$Mg(NO_3)_2 \cdot 6H_2O$/氮化碳复合相变材料或石墨纸；

R_n、k_n、S_n、h_n——各层材料对应的热阻、导热系数、热流通过的横截面积和热流通过的距离。

根据等效电路串并联总电阻与单个电阻关系的计算公式可知，层状相间结构的 $Mg(NO_3)_2 \cdot 6H_2O$/氮化碳 - 石墨纸复合相变材料在平面方向和垂直方向的总热阻可表示为：

$$R_\text{parallel} = \frac{1}{1/R_1 + 1/R_2 + \cdots + 1/R_n} \tag{5-61}$$

$$R_\text{perpendicular} = R_1 + R_2 + \cdots + R_n \tag{5-62}$$

在平行于石墨纸平面方向上满足：

$$h_\text{parallel} = l \tag{5-63}$$

$$S_\text{perpendicular} = S_1 + S_2 + \cdots + S_n \tag{5-64}$$

其中 l 为石墨纸的长度。

在垂直与石墨纸平面方向上满足：

$$h_\text{perpendicular} = h_1 + h_2 + \cdots + h_n \tag{5-65}$$

$$S_\text{parallel} = A \tag{5-66}$$

其中 A 为石墨纸的截面积。

将式（5-56）~式（5-66）联立，则可对平行于、垂直于石墨纸方向上的导热系数进行计算。

该模型的可靠性通过将理论计算的预测结果与 $Mg(NO_3)_2 \cdot 6H_2O$/氮化碳 - 石墨纸复合相变材料的实验测试值进行对比得到验证。从图 5-15 可以看出，随着石墨纸质量分数的变化，该模型 Mg(NO₃)₂·6H₂O/ 氮化碳 - 石墨纸复合相变材料轴向和径向导热系数的计算预测值与实验值的平均计算偏差分别小于 0.1W/（m·K）（5%）和 1.2W/（m·K）（5%），具有良好的预测精度。以上结果表明层状相间结构的 Mg(NO₃)₂·6H₂O/ 氮化碳 - 石墨纸复合相变材料串联和并联导热系数模型适用于对含不同质量分数石墨纸的 Mg(NO₃)₂·6H₂O/ 氮化碳 - 石墨纸复合相变材料各向异性导热系数的预测。

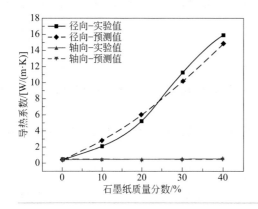

图5-15

Mg(NO₃)₂·6H₂O/氮化碳-石墨纸复合相变材料串联和并联模型的轴向与径向导热系数的预测值与实验值的对比

　　本模型简化了 Mg(NO₃)₂·6H₂O 相变材料与氮化碳基质间的复杂微观传热过程，由于随着填压密度的变化，复合相变材料的导热系数增幅较小，总体导热系数处于小于 1W/（m·K）的低值状态，所以将 Mg(NO₃)₂·6H₂O/ 氮化碳复合相变材料作为一个整体可以使 Mg(NO₃)₂·6H₂O/ 氮化碳 - 石墨纸复合相变材料各向导热系数的计算过程更为简便，减小计算成本。同时，该模型也适用于其他复合相变材料与石墨纸或其他导热添加物形成的层层相间结构的各向导热系数的预测，其他类型的复合相变材料也可以通过构造与此相同的结构，从而调控出所需的各向导热系数，因此该模型具有广泛的适用性。这一模型的建立可以帮助我们按照实际导热系数的需求构造出复合相变材料与高导热填充物形成的特定结构，从而改变复合相变材料的各向异性导热系数，指导材料的合成。

　　本章对复合相变材料的导热系数模型进行了介绍，由于其具有快速预测材料热物性的能力，导热系数模型对于储热材料的制备及后续储热器设计具有重要的价值。

参考文献

[1] Mandelbrot B B. The fractal geometry of nature [M]. New York:W.H.Freeman and company, 1983.

[2] Pitchumani R, Yao S C. Correlation of thermal conductivities of unidirectional fibrous composites using local fractal techniques [J]. Journal of Heat Transfer, 1991, 113 (4): 788-796.

[3] Kou J L, Wu F M, Lu H J,et al. The effective thermal conductivity of porous media based on statistical self-similarity [J]. Physics Letters A, 2009, 374 (1): 62-65.

[4] Wang B X, Zhou L P, Peng X F. A fractal model for predicting the effective thermal conductivity of liquid with suspension of nanoparticles [J]. International Journal of Heat and Mass Transfer, 2003, 46 (14): 2665-2672.

[5] Fan L W, Hu Y C, Tian T, et al. The prediction of effective thermal conductivities perpendicular to the fibres of wood using a fractal model and an improved transient measurement technique [J]. International Journal of Heat and Mass Transfer, 2006, 49 (21/22): 4116-4123.

[6] Shi M H, Li X C, Chen Y P. Determination of effective thermal conductivity for polyurethane foam by use of fractal method [J]. Science in China Series E: Technological Sciences, 2006, 49 (4): 468-475.

[7] Li L, Yu B M. Fractal analysis of the effective thermal conductivity of biological media embedded with randomly distributed vascular trees [J]. International Journal of Heat and Mass Transfer, 2013, 67 : 74-80.

[8] Pia G, Sanna U. A geometrical fractal model for the porosity and thermal conductivity of insulating concrete [J]. Construction and Building Materials, 2013, 44 : 551-556.

[9] Feng Y J, Yu B M, Zou M Q, et al. A generalized model for the effective thermal conductivity of porous media based on self-similarity [J]. Journal of Physics D: Applied Physics, 2004, 37 (21): 3030.

[10] Huai X L, Wang W W, Li Z G. Analysis of the effective thermal conductivity of fractal porous media [J]. Applied Thermal Engineering, 2007, 27 (17/18): 2815-2821.

[11] Xiao X, Zhang P, Li M. Thermal characterization of nitrates and nitrates/expanded graphite mixture phase change materials for solar energy storage [J]. Energy Conversion and Management, 2013, 73: 86-94.

[12] Mendes M A A, Ray S, Trimis D. An improved model for the effective thermal conductivity of open-cell porous foams [J]. International Journal of Heat and Mass Transfer, 2014, 75: 224-230.

[13] Carson J K, Lovatt S J, Tanner D J, et al. Thermal conductivity bounds for isotropic, porous materials [J]. International Journal of Heat and Mass Transfer, 2005, 48 (11): 2150-2158.

[14] Li Z, Sun W G, Wang G G, et al. Experimental and numerical study on the effective thermal conductivity of paraffin/expanded graphite composite [J]. Solar Energy Materials and Solar Cells, 2014, 128 : 447-455.

[15] Maxwell J C. A treatise on electricity and magnetism [M]. 3rd ed.New York: Dover Publications Inc, 1954.

[16] Bruggeman V. Calculation of various physics constants in heterogenous substances I Dielectricity constants and conductivity of mixed bodies from isotropic substances [J]. Annalen der Physik, 1935, 24 (7): 636-664.

[17] Progelhof R C, Throne J L, Ruetsch R R. Methods for predicting the thermal conductivity of composite systems: A review [J]. Polymer Engineering & Science, 1976, 16 (9): 615-625.

[18] Nielsen L E. The thermal and electrical conductivity of two-phase systems [J]. Industrial & Engineering Chemistry Fundamentals, 1974, 13 (1): 17-20.

[19] Hauser R A, Keith J M, King J A, et al. Thermal conductivity models for single and multiple filler carbon/liquid crystal polymer composites [J]. Journal of Applied Polymer Science, 2008, 110 (5): 2914-2923.

[20] Ling Z Y, Chen J J, Xu T, et al. Thermal conductivity of an organic phase change material/expanded graphite composite across the phase change temperature range and a novel thermal conductivity model [J]. Energy Conversion and Management, 2015, 102: 202-208.

[21] Wang S P, Qin P, Fang X M, et al. A novel sebacic acid/expanded graphite composite phase change material for solar thermal medium-temperature applications [J]. Solar Energy, 2014, 99: 283-290.

[22] Leach A G. The thermal conductivity of foams. I. Models for heat conduction [J]. Journal of Physics D: Applied Physics, 1993, 26 (5): 733-739.

[23] Hashin Z, Shtrikman S. A variational approach to the theory of the effective magnetic permeability of multiphase materials [J]. Journal of Applied Physics, 1962, 33 (10): 3125-3131.

[24] Landauer R. The electrical resistance of binary metallic mixtures [J]. Journal of Applied Physics, 1952, 23 (7): 779-784.

第六章

相变微胶囊与相变料浆

第一节　相变微胶囊的制备方法 / 134

第二节　纳米石墨改性聚合物壁相变微胶囊及其料浆 / 138

第三节　氧化石墨烯修饰纤维素壁相变微胶囊及其料浆 / 144

第四节　氧化石墨烯改性二氧化硅壳相变微胶囊及其料浆 / 150

第五节　纳米相变胶囊的制备及其浆料 / 155

微胶囊技术（Microencap Sulation Technology）是一种为了达到密封或是缓释目的而开发的小尺寸包裹技术，通常是用特定的材料将目标物质包裹成一定形状（通常为球形）。形成的微胶囊粒径通常在 0.1 ~ 1000μm 范围内，外壳的厚度在 0.01 ~ 10μm 不等。胶囊型复合相变材料（简称相变胶囊）就是采用微胶囊技术将相变材料封装在壳内而制得的。相变胶囊的芯材可以是有机相变材料如烷烃和石蜡类[1, 2] 以及脂肪酸和醇类[3, 4]，也可以是无机相变材料如水合无机盐[5, 6]。胶囊壁材（也称壳材）包括聚合物[2]、无机物[7, 8]、有机 - 无机复合[3, 9] 以及无机 - 无机复合[10, 11] 等类型。胶囊的尺寸可以是微米级，即相变微胶囊，也可以是纳米级，即纳米相变胶囊。

相变胶囊有以下优点：①能够改善单一相变材料的物理性质，如流动性、密度、分散性、可压性等，克服了液体在实际应用中不易操作的缺点；②相变芯材因被包覆而与外界环境隔离，其物理化学性质可被毫无影响地保留下来，利于多次循环使用；③直接使用相变材料或用大型容器盛装相变材料，相应的换热面积非常有限，而将相变材料包裹成粒径较小的微胶囊则可大大增加相变材料的比表面积，从而提高传热面积和换热效率；④相变胶囊粒径小，易于与各种高分子材料或建筑材料等混合构成复合材料，应用灵活方便；⑤相变胶囊可分散在水或其他流体中，借助相变材料的潜热来提升所得流体的比热容，获得一种新型的潜热型功能热流体——相变料浆（Phase Change Slurry）。

在应用方面，将微胶囊相变材料技术与纺织制造技术相结合可以制造出调温纺织制品以改善人体的舒适度；用微胶囊技术包覆相变材料是为了防止日常生活中相变材料的泄漏以及利于织物的长期使用[12]。此外，将相变储热材料进行微胶囊化后再应用于建筑领域则可避免相变材料外渗和建筑墙体表面结霜等情况的发生；将相变微胶囊与墙体建筑材料结合，夏季可通过液化吸热防止房间温度过高，冬季则可凝固放热提高房间温度，从而减小室内温度波动，乃至降低能耗[13]。

本章在介绍相变微胶囊和纳米相变胶囊制备方法的基础上，重点介绍笔者所在课题组为配制高性能相变料浆而设计并合成的几种相变微胶囊和纳米相变胶囊，并关注所得相变料浆的热物性和应用性能。

第一节
相变微胶囊的制备方法

相变微胶囊的壁材主要分为高分子材料和无机材料两大类。目前，高分子壁材相变微胶囊通常运用原位聚合法、界面聚合法或者复凝聚法来合成，无机壁材（如二氧化硅壳）相变微胶囊则多用溶胶 - 凝胶或界面缩聚的方法来制备。下面分别介绍几种常用的相变微胶囊制备方法及其原理。

一、原位聚合法

原位聚合法是以芯材相变材料为分散相，将引发剂和单体置于同一相中（可以是全部加入连续相，也可以是溶于相变芯材中）；然后，改变工艺条件，使单体聚合，借助其聚合后产物在该相中的溶解度下降而缓慢析出，从而逐渐包覆相变材料，形成相变微胶囊。制备的关键在于，单体及引发剂必须在分散相或连续相中的某一相是可溶的；当体系条件发生改变时，逐渐生成较低分子量的不可溶预聚物，预聚物倾向于向相界面转移，这样随着聚合反应的不断进行，逐渐生成的高分子聚合物将均匀地包覆于芯材液滴的表面。

采用原位聚合法合成的壁材通常为经缩聚形成的密胺树脂、聚氨酯（PU）等或经自由基引发聚合形成的聚苯乙烯（PS）、聚甲基丙烯酸甲酯（PMMA）等。Yin 等 [14] 采用原位聚合法制备了以三聚氰胺 - 甲醛树脂（MF）为壳材，十六醇为芯材的微胶囊。在最佳反应条件下得到的相变微胶囊储热密度高，熔化焓为 171kJ/kg，包覆率高达 79.1%。Mao 等 [15] 以脲醛树脂为壁材，采用原位聚合法，制备了石蜡的相变微胶囊，获得了规整的球形相变微胶囊；还发现相变微胶囊的密封性与反应溶液的 pH 值有密切关系，pH 值越小，脲醛树脂的交联程度越大。

在原位聚合法进行之前，必须借助合适的乳化剂先把相变芯材均匀地分散到连续相中以形成稳定的乳液体系，以保证发生原位聚合反应时芯材液滴不会相互碰撞而导致黏粘或絮凝。壁材的前体可以是水溶性或油溶性的单体或几种单体的混合物，也可以是一种或几种低分子量的预聚物。

二、界面聚合法

不同于上述原位聚合法，界面聚合法至少需要两种聚合单体，并且这两种单体要分别溶于连续相和相变芯材中。大多数情况下，用水作为连续相，所以整个体系一般为水 - 有机物乳化体系；发生聚合反应时，两种单体分别从各自相向界面处移动，随着缩聚反应的不断进行，所形成的聚合物薄膜包覆相变芯材，从而形成微胶囊，如图 6-1 所示。用界面聚合法制备的微胶囊致密性较好，该类反应对单体及体系比例的要求没有原位聚合法严格，而且所需的反应条件也相对温和，因而是应用较多的相变微胶囊制备方法。界面聚合受诸多条件的影响，如乳化剂、稳定剂、单体种类、单体比例、反应温度和体系黏度等。

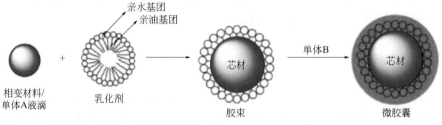

图6-1 界面聚合法制备微胶囊示意图

Paula 等[16]通过界面聚合法合成了以聚氨酯为壁材、正二十二烷为芯材的相变微胶囊，平均粒径在 4μm 左右。Wei 等[17]采用均苯三甲酰氯和乙二胺为反应单体、以石蜡作为芯材，通过界面聚合法，制备了聚酰胺包覆石蜡的相变微胶囊，相变焓为 121.7kJ/kg，平均粒径为 6.4μm，还发现当均苯三甲酰氯的含量为 10%（质量分数）时包覆率可高达 99%。Fang 等[6]以五水硫代硫酸钠（STP）为芯材，聚氰基丙酸乙酯（PECA）为壳材，采用界面阴离子聚合法制备了 STP@PECA 相变微胶囊（MEPCM）。其合成机理为：STP 水溶液在混合表面活性剂［司盘 -20（Span-20）和吐温 -80（Tween-80）］的环己烷溶液中形成 W/O 乳液；ECA 上的 α- 碳接有强吸电子基团—CN 和—COOC$_2$H$_5$，而 β- 碳容易受到亲核试剂水的攻击；当向 W/O 乳液中滴加 ECA- 氯仿溶液时，STP 水溶液中存在的 OH$^-$ 会引发油 - 水界面上的 ECA 发生阴离子聚合，从而在 STP 水溶液液滴表面形成 PECA 壳，从而得到 STP@PECA 相变微胶囊材料。SEM 和 TEM 结果表明，微胶囊近似球形，具有典型"核 - 壳"结构；粒径约 1.0μm，所制备相变微胶囊的相变温度为 46.44℃，相变焓为 107.0kJ/kg，包覆率为 51.1%。

三、复凝聚法

复凝聚法的壁材是由两种或多种带有相反电荷的线性无规则聚电解质聚合而成[18]。芯材物质分散在壁材的水溶液中，通过改变体系的条件如温度、pH 值、浓度或添加其他无机盐电解质等，相反电荷的电解质间发生静电作用，导致其在水相中的溶解度降低，而从溶液中凝聚出来，包覆芯材形成微胶囊[19]。常用的复凝聚法聚电解质组合有海藻酸盐与壳聚糖、阿拉伯胶与明胶、聚赖氨酸与海藻酸盐等。实现复凝聚的关键是，混合溶液中两种聚电解质离子电荷相反且恰好相等。复凝聚法的凝聚过程比较温和，是一种高效率和高产率的微胶囊合成方法。

Demirbağ 等 [20] 采用复凝聚法制备了明胶 / 海藻酸钠包覆正二十烷的相变微胶囊。Milad 等 [18] 以明胶和阿拉伯胶为壳材，以石蜡为芯材，采用复凝聚法制备相变微胶囊，包覆率最高可达 94.2%。总之，因为复凝聚法是在水相中进行的，所以芯材必须为非水溶性的。除此之外，因为复凝聚法选用的壳材强度大多比较差，也限制了复凝聚法的应用。

四、溶胶-凝胶法

溶胶 - 凝胶法通常采用正硅酸乙酯（TEOS）、钛酸四丁酯等水解缩合分别形成 $SiO_2^{[21, 22]}$、$TiO_2^{[23]}$ 壳层包覆有机相变材料。根据芯材是否溶于水，溶胶 - 凝胶法制备相变微胶囊的方式可分为以下两种。

当芯材不溶于水时，典型的过程是，先在机械搅拌和表面活性剂的作用下制备 O/W 微乳液；然后，将金属醇盐或前驱体均匀分散在溶剂中，在酸性或碱性催化条件下反应物水解生成透明的溶胶；最后，将溶胶缓慢滴加到乳液中，在表面活性剂的作用下，溶胶扩散到水油界面进一步缩合包覆乳液液滴。Zhang 等 [24] 采用溶胶 - 凝胶法，以 TEOS 为硅源、HCl 水溶液为催化剂，制备酸性硅溶胶，然后缓慢滴加到以正十八烷为油相的 O/W 乳液中，制备了二氧化硅包覆正十八烷相变微胶囊。研究表明，当反应的芯壳比为 50∶50 时，相变微胶囊的焓值为 123.0 kJ/kg，导热系数高达 0.6213W/(m·K)，远高于一般有机壁相变微胶囊。Fang 等 [22] 以正十四烷（Tet）为芯材，二氧化硅（SiO_2）为壳材，采用原位界面缩聚法，制备出相变微胶囊。在制备过程中，油相十四烷在复合乳化剂 Tween-80 和 Span-80 作用下形成水包油乳液，随后在酸性条件下正硅酸乙酯（TEOS）水解形成的 SiO_2 粒子在油相界面聚合（凝胶反应），从而形成相变微胶囊，其相变潜热高达 140.1kJ/kg。

当芯材为水溶性时，反应过程的关键是选择合适的水溶液浓度。先通过添加表面活性剂和机械搅拌制备稳定油包水（W/O）乳液；然后，将金属醇盐和催化剂一起缓慢地滴加到油包水乳液中进行水解缩合反应。Wu 等 [25] 采用环己烷为油相、甘露醇溶液为水相、Span-80 为乳化剂，首先制备出 W/O 乳液；然后滴入不同比例的 TEOS 和三氨基三乙氧基硅烷（APTS），当 APTS 分子进入水相后，APTS 分子中的—NH_2 会改变乳液内部的 pH，从而引发缩聚反应。研究表明，当 TEOS 和 APTS 的比例为 2∶3（体积比）时，可以得到粒径分布均匀的规整球形相变微胶囊。He 等 [26] 以正十八烷为芯材，采用非离子性共聚物作为乳化剂制备 O/W 乳液，然后将盐酸催化硅酸钠得到的硅溶胶滴加到乳液中进行缩聚反应，最终得到二氧化硅包覆正十八烷的相变微胶囊。

第二节
纳米石墨改性聚合物壁相变微胶囊及其料浆

　　三聚氰胺 - 甲醛树脂是包覆相变材料的常用壁材，以其为壁材的相变微胶囊通常采用原位聚合法合成[3]。为了提升以三聚氰胺 - 甲醛树脂为壁材相变胶囊的导热系数，笔者在采用原位聚合法合成微胶囊过程中添加具有高导热系数的纳米石墨，研制了以纳米石墨修饰三聚氰胺 - 甲醛树脂为壳材、石蜡为芯材的相变微胶囊，并将所得相变微胶囊分散到离子液体 [BMIM]BF$_4$ 中，获得具有光热转化性能的新型相变料浆[27]。

　　石蜡 @ 纳米石墨改性三聚氰胺 - 甲醛树脂微胶囊的制备流程如图 6-2 所示。首先，在三口烧瓶中放入三聚氰胺、甲醛、纳米石墨，再加入去离子水，通入氮气，加热到 70℃，调节其 pH=8.5，搅拌，得到纳米石墨改性的三聚氰胺 - 甲醛树脂预聚体；然后，在三口烧瓶中放入相变温度 60 ～ 62℃的石蜡、乳化剂、聚乙烯醇和去离子水，通入氮气，加热到 70℃，用均质机乳化，制备得到乳液；随后，把预聚体逐滴加入到乳液中，加热到 70℃，通入氮气，滴入柠檬酸溶液调节 pH=3.4，搅拌；最后，取出反应后的悬浮物过滤、烘干，得到纳米石墨改性的相变微胶囊。作为对比，采用相同工艺，不加入纳米石墨，制得了未改性相变微胶囊。

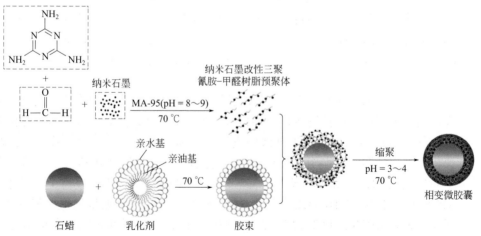

图6-2　以纳米石墨改性三聚氰胺–甲醛树脂为壁材的相变微胶囊制备示意图

一、相变微胶囊形貌与热物性

纳米石墨改性和未改性相变微胶囊的扫描电镜照片见图 6-3。相变微胶囊的粒径从几百纳米延伸到几微米，且纳米石墨改性相变微胶囊和未改性相变微胶囊的粒径相近；纳米石墨改性相变微胶囊的表面比未改性相变微胶囊的光滑，这可能是纳米石墨的存在可以有效防止因三聚氰胺 - 甲醛预聚体聚合速度太快而出现的过聚现象。此外，与白色的未改性相变微胶囊不同，纳米石墨改性相变微胶囊为黑色粉体，这归结为纳米石墨对三聚氰胺 - 甲醛树脂壁材的修饰（图 6-3，插图）。

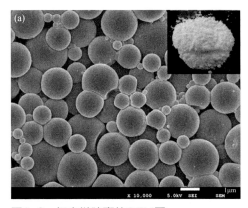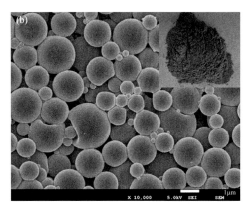

图6-3 相变微胶囊的SEM图
（a）未改性；（b）纳米石墨改性

相变材料以及相变微胶囊的 DSC 曲线（图 6-4）表明，芯材石蜡的熔化、凝固温度分别为 49.9℃、57.1℃，熔化焓和凝固焓分别为 175.4J/g、168.6J/g；未改性相变微胶囊的熔化、凝固温度分别为 50.5℃、57.4℃，熔化焓和凝固焓分别为 102.9J/g、94.9J/g；纳米石墨改性相变微胶囊的熔化、凝固温度分别为 49.4℃、57.1℃，熔化焓和凝固焓分别为 90.8J/g、85.0J/g。可见，纳米石墨改性相变微胶囊的相变温度和相变焓均略低于未改性相变微胶囊。相变温度稍低的原因是，在胶囊壁材中修饰具有高导热系数的纳米石墨后，带来壁材导热系数的明显提升，从而促进了传热，使芯材相变材料能更快熔化；相变焓稍低的原因是，在壁材中加入石墨，致使相变微胶囊中石蜡的百分含量略有下降。

纳米石墨改性和未改性相变微胶囊中石蜡占相变微胶囊的质量分数可以通过式（6-1）估算[24]：

$$E = \frac{\Delta H_{m,composite}}{\Delta H_{m,paraffin}} \times 100\% \qquad (6-1)$$

式中 E——石蜡占相变微胶囊的质量分数，%；

　　$\Delta H_{m,composite}$——相变微胶囊的熔化焓，J/g；

　　$\Delta H_{m,paraffin}$——石蜡的熔化焓，J/g。

计算结果表明，未改性相变微胶囊中石蜡质量分数为57.5%，而纳米石墨改性相变微胶囊中石蜡的质量分数为51.1%。

运用冷热循环实验评价石蜡@纳米石墨修饰三聚氰胺-甲醛树脂相变微胶囊的热可靠性，结果显示，相变微胶囊在冷热循环前后无破损，且相变温度和相变焓变化很小，这表明纳米石墨改性相变微胶囊具有良好的热可靠性，具备实际应用前景。

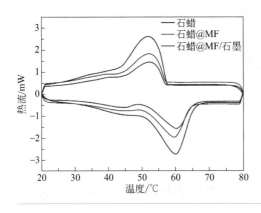

图6-4
石蜡、未改性相变微胶囊和纳米石墨改性相变微胶囊的DSC曲线

二、离子液体基相变料浆的热物性

离子液体具有蒸气压低、熔点低、分解温度高、几乎不挥发和化学稳定性好等特点，是一种具有发展潜力的传热流体。笔者将上述制备的未改性和纳米石墨改性相变微胶囊分别添加到离子液体［BMIM］BF_4中，配制了新型的离子液体基相变料浆。

导热系数测试结果［图6-5（a）］显示，在同样的温度下，添加改性和未改性的相变微胶囊后潜热流体的导热系数相比离子液体有明显上升，即10%（质量分数）改性相变微胶囊潜热流体导热系数相比基液增加了9%左右，20%（质量分数）改性相变微胶囊潜热流体导热系数相比基液增加了13%左右。此外，10%（质量分数）改性相变微胶囊潜热流体导热系数在同样的测试温度下比10%（质量分数）未改性相变微胶囊潜热流体导热系数高。这是因为未改性相变微胶囊的导热系数为0.261W/（m·K），而石墨改性后的相变微胶囊的导热系数为0.312W/（m·K），如图6-5（a）所示。此外，离子液体［BMIM］BF_4及其潜热流体的导热系数随着温度上升呈线性增大趋势，当测试温度从室温增大到145℃

时，10%（质量分数）改性相变微胶囊潜热流体导热系数相应地从 0.178W/（m·K）增大至 0.201W/（m·K），增大幅度为 12.9%；20%（质量分数）改性相变微胶囊潜热流体导热系数相应地从 0.185W/（m·K）增大至 0.213W/（m·K），增大幅度为 15.1%。

在比热容方面，当测试温度从室温上升到 125℃时，离子液体的比热容相应地从 1.719J/（g·K）增大至 1.950J/（g·K）。添加改性和未改性的相变微胶囊后，相变料浆的比热容相比基液在相变区间有一个明显的吸收峰，在此区间的比热容显著增大。具体地，在相变区间，10%（质量分数）改性相变微胶囊潜热流体比热容从 1.721J/（g·K）增大至 2.942J/（g·K），增大幅度为 70.9%；改性相变微胶囊的添加量为 20%（质量分数）相变料浆，比热容则从 1.721J/（g·K）增大至 3.601J/（g·K），增大幅度为 109.2%。这表明添加改性和未改性的相变微胶囊后，潜热流体的储热密度显著增大；同时，其在高品位热源区的储热量也显著增大。

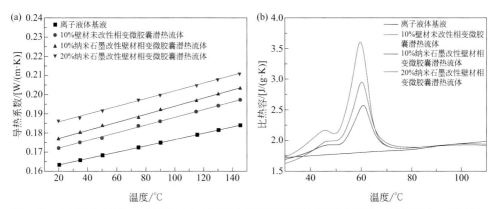

图6-5　离子液体基液、10%壁材未改性相变微胶囊潜热流体以及10%和20%纳米石墨改性壁材相变微胶囊潜热流体的导热系数（a）和比热容（b）

三、离子液体基相变料浆的集热性能

将相变料浆用作太阳能集热流体来评价其应用性能。如图 6-6 所示，将相变料浆放入烧杯中，烧杯外部用 2cm 厚的保温棉包裹，烧杯顶部盖着一块 0.8cm 厚的玻璃盖板，盖板的透光率大于 99%。光源为太阳光模拟器，辐照度为（1520±30）W/m²。

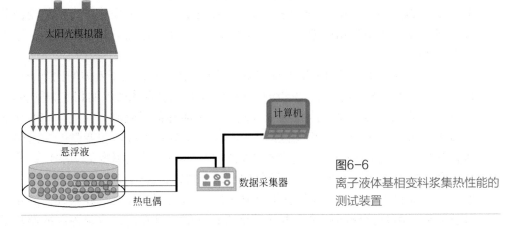

不同相变料浆在光照下的温升曲线如图 6-7（a）所示。在同样的闷晒时间下，离子液体的集热温度可达 87.4℃。添加 10%（质量分数）未改性相变微胶囊的相变料浆集热温度仅为 74.5℃；可见，添加未改性相变微胶囊的相变料浆集热温度相比离子液体反而有所下降，其原因是未改性的相变微胶囊吸光性能差，因为白色的胶囊会反射太阳光。相比之下，添加 10%（质量分数）纳米石墨改性相变微胶囊的相变料浆集热温度较离子液体大幅度提升，高达 113.2℃，明显高于相同含量的未改性相变微胶囊相变料浆。这些结果表明纳米石墨的添加大幅提升了相变料浆的集热性能，其原因在于，纳米石墨改性相变微胶囊的壁材含有石墨粒子，石墨的 π 电子和等离子共振可以吸收大部分太阳光，致使纳米石墨改性相变微胶囊的光吸收特性明显优于未改性胶囊，如图 6-5（a）所示。对于添加 20%（质量分数）改性相变微胶囊的相变料浆，其集热温度相比添加 10%（质量分数）的料浆有所下降，为 103℃。原因可能在于，当胶囊含量太大时，它们在相变料浆的表面聚集，形成一层吸光、反射层，从而在一定程度上降低了对太阳光的吸收，致使相变料浆的集热温度有所下降。

为此，用式（6-2）计算了相变料浆的储热量：

$$Q_s = m \int c_p(T)\, \mathrm{d}T \tag{6-2}$$

式中　Q_s——储热量，J；

　　　m——集热流体的质量，g；

　　　$c_p(T)$——集热流体的表观比热容，J/（g·K）。

如图 6-7（b）所示，在同样的闷晒时间下，离子液体的储热量为 3000J；10%（质量分数）未改性相变微胶囊的相变料浆储热量相比离子液体反而有所下降，为 2600J；10%（质量分数）纳米石墨改性相变微胶囊的相变料浆储热量相比离子液体大幅度提升，为 4800J，相比基液的提升幅度为 60%；20%（质量分数）纳米石墨改性相变微胶囊的相变料浆储热量相比 10%（质量分数）的有所下降，为 4550J，相比基液的提升幅度为 51.6%。这些结果表明，在离子液体中添加纳米石墨改性相变微胶囊能明显提升集热温度和储热量，但相变微胶囊的添加量应控制在合适范围内。

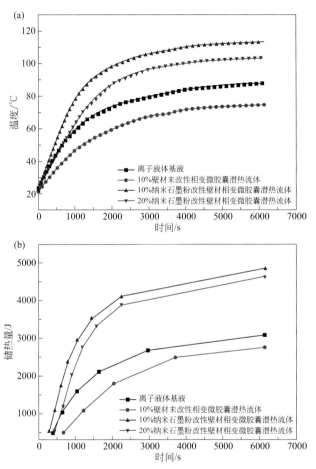

图6-7 离子液体基相变料浆在光照下的温升曲线（a）及相应的储热量（b）

总之，采用界面聚合法，在添加纳米石墨的条件下，合成了石蜡 @ 纳米石墨改性三聚氰胺 - 甲醛树脂相变微胶囊；该胶囊表面光滑，包覆率为 51%，热可靠性良好；将纳米石墨改性相变微胶囊分散于离子液体中所得的相变料浆具有增大的导热系数和表观比热容，且纳米石墨赋予了该相变料浆以光热转化性能，可用作高储热密度的新型太阳能集热流体。

第三节
氧化石墨烯修饰纤维素壁相变微胶囊及其料浆

尽管原位聚合和界面聚合等方法都是合成以聚合物为壁材相变微胶囊的有效途径，但这些聚合方法都存在合成工艺复杂的缺陷。因此，探索相变胶囊的简便制备工艺仍十分必要。为此，笔者探索出了一种合成相变微胶囊的创新方法。具体地，基于相似相容原理，利用纤维素自组装包覆石蜡，合成了以纤维素为壁材的相变微胶囊。该工艺简便快速，且制得的相变微胶囊包覆率高。同时，为提高相变微胶囊的导热系数，还采用氧化石墨烯（GO）对纤维素壁材进行修饰，最终获得了以氧化石墨烯改性纤维素为壁材的相变微胶囊[28]。

一、纤维素自组装法合成相变微胶囊的原理与工艺

石蜡仅含—$[CH_2]_n$—基团，微溶于乙醇，不溶于水；乙基纤维素（EC）包含—$[CH_2]_x$—、—CH_2CH_3 和—OH 基团，易溶于乙醇，微溶于水。根据相似相溶原理，在乙基纤维素/乙醇溶液中，石蜡与乙基纤维素更易融合；在加入水后，石蜡液滴和乙基纤维素进一步融合形成初步的胶束；此时，石蜡在胶束内部，乙基纤维素在胶束外面（因为乙基纤维素含有—OH 基团），但此时的胶束处于亚稳态，因为乙基纤维素的亲水基团含量并不大，无法保证水油界面稳定存在（如外界振动或超声处理均可打破此时水油界面的平衡）。甲基纤维素（MC）的亲水性比乙基纤维素的强（这是由于甲基纤维素中羟基占比较大），同时甲基纤维素和乙基纤维素均含有碳氢氧的六元环和羟基，因而二者彼此互容，可形成共混体。因此，引入甲基纤维素可让水油界面更加稳定地存在。此外，乙基纤维素和甲基纤维素中大量羟基的存在，使得其很容易通过氢键和范德华力与含有孤对电子的物质键合。因此，可利用氧化石墨烯进行改性，以提高纤维素壁材的导热系数和光热转化性能。

以氧化石墨烯改性纤维素为壁材的相变微胶囊制备工艺如图 6-8 所示。首先，分别制备乙基纤维素的乙醇溶液和甲基纤维素的水溶液；然后，将芯材相变材料石蜡溶解在乙基纤维素的乙醇溶液中，加热到 70℃，用均质搅拌机搅拌，进行乳化；然后，加入水，不断搅拌，再滴加甲基纤维素的水溶液；随后，降低温度和搅拌速率，并滴入氧化石墨烯分散液，继续搅拌；最后，过滤，用蒸馏水和乙醇洗涤产物后干燥，即获得以氧化石墨烯改性纤维素为壁材的相变微胶囊。此外，采用相同工艺，不加入氧化石墨烯进行改性，制备了以纤维素为

壁材的相变微胶囊。

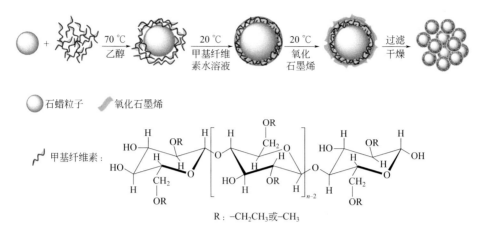

图6-8　石蜡@氧化石墨烯改性纤维素相变微胶囊制备示意图

二、氧化石墨烯改性纤维素壁相变微胶囊的形貌和热物性

氧化石墨烯改性前后的相变微胶囊的形貌由偏光显微镜（PM）和扫描电子显微镜观测，如图6-9所示。偏光显微镜结果［图6-9（a）和（b）］显示：氧化石墨烯改性和未改性相变微胶囊的粒径均在几微米到几十微米之间，氧化石墨烯改性对相对微胶囊粒径影响不大。扫描电镜结果［图6-9（c）和（d）］显示，通过纤维素自组装确实合成出了相变微胶囊，但也存在一些细小的颗粒，这是由纤维素自聚形成的。

DSC测试［图6-10（a）］表明，芯材相变材料石蜡的熔化、凝固温度分别为49.4℃、57.4℃，熔化焓和凝固焓分别为175.4J/g、168.4J/g；未改性相变微胶囊的熔化、凝固温度分别为49.5℃、57.2℃，熔化焓和凝固焓分别为157.2J/g、145.8J/g；氧化石墨烯改性相变微胶囊的熔化、凝固温度分别为49.7℃、57.1℃，熔化焓和凝固焓分别为152.2J/g、141.5J/g。可见，与芯材相比胶囊的相变温度变化不大，氧化石墨烯改性相变微胶囊的相变焓略低于未改性相变微胶囊，这是因为在壁材中引入了氧化石墨烯，致使胶囊中石蜡的百分含量略有下降。按照公式（6-1）计算得到，未改性相变微胶囊中石蜡的质量分数为88.1%，而氧化石墨烯改性相变微胶囊中石蜡的质量分数为85.4%。可以看出，纤维素自组装工艺制备的相变微胶囊包覆率高于前面所述采用原位聚合法制备的石蜡@纳米石墨改性三聚氰胺-甲醛树脂相变微胶囊的包覆率（51%）。运用冷热循环100次评价氧化石墨烯改性相变微胶囊性能的结果表明，相变微胶囊表面仍旧光滑、无破损，这说明相变微胶囊的形貌稳定性较好；冷热循环前后的相变温度、相变焓变化很小，这表明氧化石墨烯改性相变微胶囊具有良好的热可靠性。总之，纤维素自组装法不仅工艺简单，而且制备的相变微胶囊包覆率高、潜热大且热可靠性好。

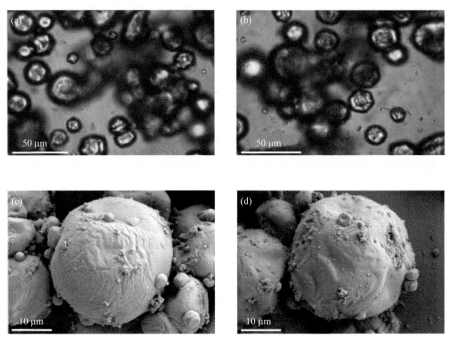

图6-9　相变微胶囊的偏光显微镜（PM）[（a）未改性；（b）氧化石墨烯改性]和扫描电子显微镜（SEM）照片[（c）未改性；（d）氧化石墨烯改性]

在导热系数方面，经测定，纯石蜡的导热系数仅有 0.256 W/(m·K)；以纤维素为壁材的相变微胶囊导热系数为 0.292 W/(m·K)，高于石蜡的导热系数；而氧化石墨烯改性纤维素相变微胶囊导热系数为 0.305 W/(m·K)，表明氧化石墨烯改性进一步提升了相变微胶囊的导热系数。

氧化石墨烯的修饰赋予了相变微胶囊光热转化性能。如图 6-10（b）所示，氧化石墨烯改性和未改性相变微胶囊粉末状样品在太阳光模拟器光源的照射下呈现出温度随时间变化的不同。氧化石墨烯改性相变微胶囊在光照约 110s 时温度达到约 85℃，而未改性微胶囊在光照 810s 后温度仅上升到约 74℃，这表明氧化石墨烯改性使相变微胶囊的光热转化性能明显提升。

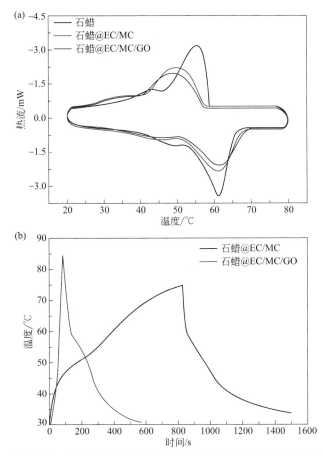

图6-10　氧化石墨烯改性和未改性相变微胶囊的DSC曲线（a）和光热温升曲线（b）

三、相变料浆的热物性和光热转化性能

采用纯水做基液，将未改性和氧化石墨烯改性相变微胶囊分别分散到基液中，配制两种相变料浆，考察所得相变料浆的导热系数和比热容等热物性，采用闷晒实验评价光热转化性能，并与水进行了对比。

水和相变料浆的导热系数如图 6-11（a）所示。水的导热系数随着温度上升呈线性增大趋势，而相变料浆的导热系数随着温度上升呈先增后减趋势。当温度从室温增大到 60℃时，添加 10%（质量分数）未改性相变微胶囊的相变料浆导热系数从 0.582W/（m·K）增大至 0.68W/（m·K），增大幅度为 16.8%；添加 10%（质量分数）改性相变微胶囊的相变料浆导热系数相应地从 0.585W/（m·K）

增大至 0.701W/（m·K），增大幅度为 19.8%。然而，当温度从 60℃增大到 80℃时，添加 10%（质量分数）未改性相变微胶囊的相变料浆导热系数从 0.68W/（m·K）减小到 0.662W/（m·K），添加 10%（质量分数）改性相变微胶囊的相变料浆导热系数相应地从 0.701W/（m·K）减少至 0.668W/（m·K）。总的来说，在相变区间，相变料浆的导热系数比水有明显提升，其中 10%（质量分数）的未改性相变微胶囊料浆的最高导热系数相比水增加了 4.9% 左右，而 10%（质量分数）的改性相变微胶囊料浆峰值导热系数相比水增加了 8.2% 左右，这表明氧化石墨烯改性提升了相变料浆的导热系数；在 30 ～ 40℃非相变区间，料浆的导热系数比水低，这是由于相变微胶囊的导热系数比水的低。

相变料浆的比热容如图 6-11（b）所示。当测试温度从室温增大到 85℃时，水的比热容几乎没有太大变化，仅仅略微地从 4.125J/（g·K）增大至 4.264J/（g·K）。而氧化石墨烯改性和未改性相变微胶囊料浆的比热容在相变区间有一个明显的吸收峰，在此区间的表观比热容显著增大。在未达到相变温度之前，相变料浆的比热容均比水低，这是由于纯石蜡的比热容［固态石蜡比热容 3.2J/（g·K）］低于水的比热容。具体地，在相变温度区间内，10%（质量分数）未改性相变微胶囊料浆的比热容从 4.125J/（g·K）增大至 5.192J/（g·K），增大幅度为 25.8%；10%（质量分数）氧化石墨烯改性相变微胶囊料浆的比热容相应地从 4.125J/（g·K）增大至 5.191J/（g·K），增大幅度与添加未改性相变微胶囊的相变料浆接近。这些结果表明，相变料浆的比热容较水的显著增大，氧化石墨烯改性对相变料浆比热容的影响不大。

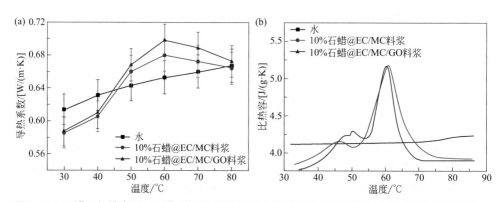

图6-11　石蜡@纤维素以及石蜡@氧化石墨烯改性纤维素相变微胶囊储热流体的光热转化性能
（a）导热系数变化曲线；（b）比热容变化曲线

氧化石墨烯改性相变微胶囊具备光热转化性能，因而其相变料浆可用作太阳能集热流体。未改性的纤维素相变微胶囊料浆为乳白色，而氧化石墨烯改性纤维素相变微胶囊的流体为褐色。如图 6-11（a）所示，在（1000±20）W/m² 光强下照射 2250s 后，10%（质量分数）未改性相变微胶囊料浆的集热温度为 69.5℃，而 10%（质量分数）氧化石墨烯改性相变微胶囊料浆的集热温度为 79.1℃，这表明氧化石墨烯的改性提升了流体的光热转化性能。究其原因在于，一方面，氧化石墨烯的大 π 键电子和等离子共振有助于光吸收；另一方面，导热系数的提升，也有利于光转化为热后向流体内传递。具有良好光热转化性能的相变料浆可用于太阳能热利用领域。

氧化石墨烯改性和未改性相变微胶囊料浆的光热转换效率计算结果如图 6-12（b）所示。同一温度下，10%（质量分数）氧化石墨烯改性相变微胶囊料浆的光热转换效率相比未改性相变微胶囊料浆有明显提升，比如，在温度为 50℃时，未改性相变微胶囊料浆的光热转换效率是 75%，改性相变微胶囊料浆的光热转换效率约为 92.5%，提高了约 17.5%。更重要的是，氧化石墨烯改性相变微胶囊料浆的光热转换效率可在更宽的温度范围内保持在 80% 以上。然而，随着集热温度升高，改性和未改性相变微胶囊料浆的光热转换效率整体均呈现下降趋势，这是由于随着温度升高，对流散热和辐射散热以及水蒸发等热损失现象随之加剧，致使储热效率随温度升高而降低。可见，氧化石墨烯改性相变微胶囊料浆具有良好的光热转化性能和较高的效率，是有发展潜力的太阳能集热流体。

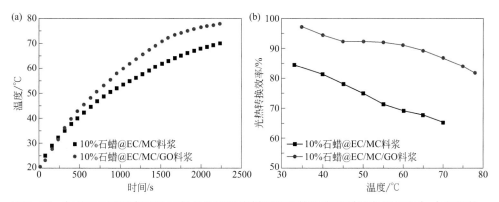

图6-12 氧化石墨烯改性和未改性相变微胶囊料浆的集热温度随时间变化曲线（a）和光热转换效率（b）

总之，探索出了纤维素自组装工艺制备相变微胶囊，该工艺不仅简单易控，而且合成的胶囊具有包覆率高、潜热值大和热可靠性好的特点，还可通过氧化石墨烯改性来提升胶囊的导热系数和光热特性。用氧化石墨烯改性纤维素相变微胶囊配制的相变料浆的导热系数和比热容以及光热转化性能得到提升，其在太阳能热利用领域具有应用前景。

第四节
氧化石墨烯改性二氧化硅壳相变微胶囊及其料浆

以聚合物和纤维素等有机材料为壁材所得相变微胶囊的导热系数低。制备以无机材料为壁材的相变微胶囊则能有效提升相变微胶囊的导热系数，再用碳纳米材料修饰无机壁材则还能进一步提升相变微胶囊的导热系数。为此，笔者研制了以氧化石墨烯改性二氧化硅为壁材的石蜡相变微胶囊，并用其配制了具有光热转化性能的相变料浆[29]。

一、二氧化硅壳相变微胶囊的制备原理及工艺

选取 HLB 值为 4.3 的司盘-80 和 HLB 值为 15 的吐温-80 制备复配乳化剂，聚乙烯醇为辅助性亲水表面活性剂，芯材相变材料石蜡与复配乳化剂先进行预乳化，再将聚乙烯醇水溶液注入其中，随着表面活性剂中的亲油基团和亲水基团分别与油相中油性基团（此处为石蜡的碳链）和水相中水性基团（此处为水羟基）的结合，形成水相包裹油相的胶束直至水油界面达到稳定状态；随后，加入二氧化硅前驱体正硅酸乙酯溶液，因正硅酸乙酯中含亲油基硅酸酯基团，滴加少量醋酸溶液调节体系 pH 值呈弱酸性，即可触发正硅酸乙酯在水相 / 油相界面上原位发生脱水缩合反应，形成二氧化硅纳米粒子团簇，进而包裹在石蜡外面形成二氧化硅包覆石蜡相变微胶囊。同时，如果在正硅酸乙酯发生脱水缩合反应形成二氧化硅的过程中滴加氧化石墨烯水溶液，由于氧化石墨烯中含有羧基等亲水基团（羧基可与水分子通过水合氢键相结合），少量羧基可参与到硅羟基脱水缩合反应中，从而结合到壁材二氧化硅中，致使较大面积的石墨烯片层缠绕到二氧化硅壁材外面。

具体制备过程如图 6-13 所示。先制备聚乙烯醇水溶液；再采用复合乳化剂对石蜡进行预乳化；随后将聚乙烯醇水溶液加入到石蜡预乳液中，乳化得到水包油乳液；然后，将正硅酸乙酯 TEOS 和醋酸溶液分别逐滴加入到乳液体系中，反应一段时间；再将氧化石墨烯分散液滴加到混合物中，搅拌；最后，过滤，用蒸馏水和乙醇溶液交替洗涤，后干燥，即得石蜡 @ 氧化石墨烯改性二氧化硅相变微胶囊。采用相同工艺，在不加氧化石墨烯的情况下，制备了石蜡 @ 二氧化硅相变微胶囊。

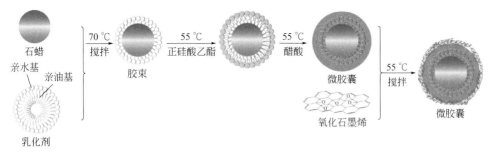

石蜡

亲水基
亲油基

乳化剂

70 ℃
搅拌

胶束

55 ℃
正硅酸乙酯

55 ℃
醋酸

微胶囊

氧化石墨烯

55 ℃
搅拌

微胶囊

图6-13 石蜡@氧化石墨烯改性二氧化硅相变微胶囊的制备示意图

二、氧化石墨烯改性二氧化硅壳相变微胶囊的形貌与热物性

扫描电子显微镜观测结果显示，见图 6-14，未改性的相变微胶囊表面不平整，这是因为正硅酸乙酯在水解过程中发生脱水缩合反应生成纳米二氧化硅，而纳米二氧化硅易团聚形成团簇。而氧化石墨烯改性的相变微胶囊表面比未改性相变微胶囊表面显得光滑，这表明氧化石墨烯的加入改善了二氧化硅壁材的团聚情况。在样品颜色方面，氧化石墨烯改性的相变微胶囊粉末呈现灰色，而未改性的相变微胶囊为白色粉末；在手感上，未改性相变微胶囊粉末样品手感较涩，氧化石墨烯改性的相变微胶囊分明，触摸起来手感较顺滑，这是因为氧化石墨烯具有润滑作用。这些结果表明，采用该工艺成功制备出了石蜡 @ 氧化石墨烯改性二氧化硅相变微胶囊。

图6-14 石蜡@二氧化硅相变微胶囊（a，c）和石蜡@氧化石墨烯改性二氧化硅相变微胶囊（b，d）的SEM照片

相变微胶囊热物性由 DSC 测得，结果如图 6-15（a）所示。石蜡和相变微胶囊均有一个吸热峰和一个放热峰。石蜡的熔化和凝固温度分别为 50.1℃和 57.4℃，熔化焓和凝固焓分别为 173.9J/g 和 166.2J/g；石蜡 @ 二氧化硅相变微胶囊的熔化和凝固温度分别为 49.2℃和 57.4℃，熔化焓和凝固焓分别为 89.7J/g 和 83.1J/g；石蜡 @ 氧化石墨烯改性二氧化硅相变微胶囊的熔化和凝固温度分别为 49.7℃和 57.7℃，熔化焓和凝固焓分别为 87.1J/g 和 81.6J/g。这些结果表明，二氧化硅包覆对石蜡的相变温度没有影响，潜热值与石蜡在胶囊中的质量分数相当。氧化石墨烯改性相变微胶囊的相变焓略低于未改性相变微胶囊，这是因为氧化石墨烯在壁材中的引入致使石蜡在胶囊总质量中的占比略有下降。根据计算，未改性相变微胶囊中石蜡包覆率为 50.8%，而氧化石墨烯改性相变微胶囊中石蜡的包覆率为 49.6%，这与采用界面聚合法制备的纳米石墨改性三聚氰胺 - 甲醛树脂相变微胶囊包覆率相近，但低于纤维素自组装法制备的微胶囊包覆率。值得关注的是，二氧化硅壳相变微胶囊在导热系数上占优势。如图 6-15（b）所示，纯石蜡的导热系数仅有 0.256W/（m·K），石蜡 @ 二氧化硅相变微胶囊导热系数为 1.031W/（m·K），相比纯石蜡其导热系数增大了约 3 倍；石蜡 @ 氧化石墨烯改性二氧化硅相变微胶囊的导热系数为 1.162W/（m·K）（相较未改性相变微胶囊提升了 12.7%），这个值远高于纳米石墨改性三聚氰胺 - 甲醛树脂相变微胶囊的 0.312W/（m·K），也远高于氧化石墨烯改性纤维素相变微胶囊的 0.305W/（m·K）。可见，以二氧化硅为壳材可以明显提升相变微胶囊的导热系数，再用氧化石墨烯进行改性可进一步提升其导热系数。

采用 50 次冷热循环实验评估石蜡 @ 氧化石墨烯改性二氧化硅相变微胶囊可知，冷热循环后相变微胶囊表面仍旧光滑、无破损；冷热循环前后相变温度和相变焓变化很小，包覆率几乎一致。这些结果表明，石蜡 @ 氧化石墨烯改性二氧化硅相变微胶囊具有良好的热可靠性。

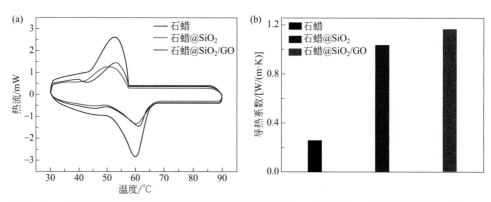

图6-15 石蜡@二氧化硅胶囊和石蜡@氧化石墨烯改性二氧化硅相变微胶囊的DSC曲线（a）和导热系数（b）

三、改性二氧化硅壳相变微胶囊料浆的热物性和应用性能

采用纯水做基液，将石蜡@二氧化硅以及石蜡@氧化石墨烯改性二氧化硅相变微胶囊分别分散到水中，配制了两种料浆作为潜热流体，研究了料浆的热物性，并采用闷晒实验评价了所得流体的光热转化性能。

相变料浆的导热系数如图6-16（a）所示。在30～80℃的温度范围内，水的导热系数从0.613W/(m·K)增加到0.667W/(m·K)，10%（质量分数）石蜡@二氧化硅相变微胶囊料浆的导热系数从0.655W/(m·K)增加到0.703W/(m·K)，相比基液增加了6.5%左右；相同质量分数石蜡@氧化石墨烯改性二氧化硅相变微胶囊料浆的导热系数从0.668W/(m·K)增加到0.713W/(m·K)，相比水增加了8.0%左右。这表明，在水中添加了无机壳相变微胶囊后，所得料浆的导热系数是大于水的，这不同于含以聚合物或纤维素为壁材相变微胶囊的料浆导热系数小于水的情况，显示出了无机壳微胶囊在导热系数上的优势；用氧化石墨烯改性壳材后，料浆的导热系数得到一定提升。

在比热容方面，如图6-16（b）所示，当温度从室温增大到85℃时，水的比热容几乎没有太大变化，仅仅略微地从4.102J/(g·K)增大至4.205J/(g·K)。两种相变料浆的比热容在相变区间有一个明显的吸收峰，显示出在相变区间储热流体的表观比热容显著增大。具体地，10%（质量分数）未改性相变微胶囊料浆的比热容从4.110J/(g·K)快速增大至4.835J/(g·K)，增大幅度为17.6%；10%（质量分数）氧化石墨烯改性相变微胶囊料浆的比热容相应地从4.095J/(g·K)增大至4.585J/(g·K)，与未改性相变微胶囊料浆相比增大幅度有所下降，仅为11.9%，这可能与改性微胶囊的潜热值下降有关。当温度继续上升至越过相变区间，料浆中微胶囊中的相变材料此时已不具有继续储热能力，因而料浆的表观比热容又降低到基液以下，这由此时的液态石蜡比热容[2.8J/(g·K)]低于液态水的比热容[约4.2J/(g·K)]所致。

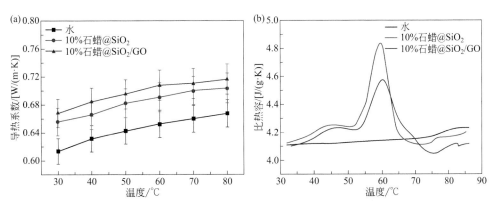

图6-16 10%（质量分数）石蜡@二氧化硅相变微胶囊料浆和石蜡@氧化石墨烯改性二氧化硅相变微胶囊料浆的导热系数（a）和比热容（b）随温度变化情况

氧化石墨烯改性赋予了相变料浆光热转化性能，如图6-17所示。在经过同样的3100s光照后，10%（质量分数）石蜡@二氧化硅相变微胶囊料浆的集热温度达到67.5℃，而10%（质量分数）石蜡@氧化石墨烯改性二氧化硅相变微胶囊料浆则呈现80.2℃的集热温度，较前一种流体高了12.7℃，提升率约为18.8%。提升原因分析如下：由于石蜡@二氧化硅相变微胶囊粉末呈白色，所以其料浆呈乳白色，在其液面顶部界面易形成一层反射层，将会反射部分太阳光；相比之下，氧化石墨烯改性相变微胶囊料浆呈灰色，表面修饰的氧化石墨烯由于大π键电子和等离子共振的存在可以吸收大部分太阳光，从而致使其相变料浆的集热温度明显提升。

通过计算两种相变料浆的光热转换效率可知，同一温度下，10%（质量分数）氧化石墨烯改性相变微胶囊料浆的光热转换效率相比未改性相变微胶囊料浆有明显提高。例如，当温度为50℃时，10%（质量分数）未改性相变微胶囊料浆的光热转换效率是57%，而10%（质量分数）氧化石墨烯改性相变微胶囊料浆的光热转换效率约是90%，效率提高了约33%。此外，随着集热温度升高，相变料浆的光热转换效率整体均呈现下降趋势，这是由于随着温度升高，对流散热和辐射散热以及水蒸发等引起的热损失随之加剧，因而储热效率随温度升高而降低。

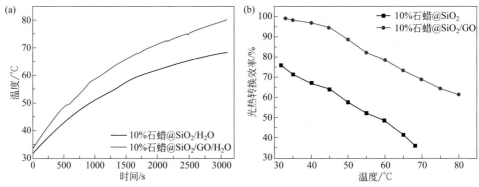

图6-17 石蜡@二氧化硅以及石蜡@氧化石墨烯改性二氧化硅相变微胶囊的集热温度（a）及其所配制的潜热流体的光热转化性能（b）

总之，通过加入氧化石墨烯，成功制备了改性二氧化硅壳相变微胶囊，其包覆率约为50%，具有较好的热可靠性；氧化石墨烯改性二氧化硅相变微胶囊的相变料浆具有较水更高的导热系数和提升的比热容，并表现出优异的光热转换效率。此外，也可以在微胶囊制备过程中将染料如N719引入到二氧化硅壳层中，即获得具有吸光特性的染料修饰型相变微胶囊[30]。

第五节
纳米相变胶囊的制备及其浆料

　　将相变材料包覆于胶囊内制备成相变微胶囊可以克服相变材料的液相流动和腐蚀性等问题，有效提升了相变材料的应用性能和应用灵活性。将相变微胶囊分散到水和离子液体等基液内，可以得到新型的潜热型功能热流体——相变料浆。前面的研究表明，相变料浆具有高于其基液的比热容；通过采用碳纳米材料对胶囊壁进行改性，能进一步提升料浆的导热系数并赋予其光热转化性能。然而，相变微胶囊的粒径在几微米到几百微米范围内，将其分散到基液内得到的是悬浮液，不仅其分散稳定性不高，而且胶囊壁容易在输送中破裂。因此，有必要研制粒径更小的纳米相变胶囊，以获得分散稳定性好的相变料浆。

　　单体在水中同乳化剂分散成乳液状态的聚合，称作乳液聚合。以亚微米（50～500nm）液滴构成的稳定的液/液分散体系称为细乳液（Miniemulsion），相应的液滴成核聚合称为"细乳液聚合"。细乳液体系是特殊的多相聚合体系，纳米级的液滴稳定地分散在另一连续相里。细乳液体系中的纳米级液滴强烈依赖于充分的剪切作用、乳化剂作用、渗透压力等而溶于连续相中。体系中的液滴尺寸大小可以通过调节乳化剂的种类和数量、分散相的体积分数或其他会引起分散不均的因素，在50～500nm之间进行调控。

　　细乳液原位聚合技术是制备纳米相变胶囊的常用方法，制备原理如图6-18所示。

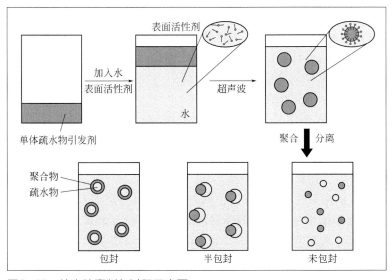

图6-18 纳米胶囊制备过程示意图

相变材料与其他油溶性物质溶解在单体中，形成均相油溶液；该油相与含有表面活性剂的水溶液混合，在超声波的作用下，制成以水为连续相的细乳液；引发剂在纳米级液滴中引发反应，聚合物不断地从油相相变材料中分离出来。纳米胶囊的最终形态主要由体系内热力学和动力学因素控制。具体地，要制备形貌规整的纳米胶囊取决于多种因素，如单体极性、聚合物/囊芯物或水/聚合物两相间的界面张力等。因此，超声波参数、引发剂用量和类型、链转移剂的用量、乳化剂用量和类型、芯壳比、亲水性共聚物用量和类型以及电解质作用等都是影响纳米相变胶囊形貌和包覆率的因素。

一、聚苯乙烯壁纳米相变胶囊的制备及其浆料

方玉堂等采用细乳液原位聚合法，制备了以聚苯乙烯为壁材、分别以正十四烷、正十八烷和正三十二烷为芯材的一系列纳米相变胶囊[31-33]。合成聚苯乙烯壁纳米相变胶囊的具体原理为：苯乙烯单体与石蜡类相变材料等油性物质互溶，在乳化剂作用下形成水包油乳液后，借助外界因素如超声波等辅助工艺，利用其局部高温、高压的物理化学环境，可将乳液粒子分散形成细乳液；苯乙烯单体在引发剂（如偶氮二异丁腈）作用下发生细乳液原位聚合，而生成的聚苯乙烯壳材不溶于苯乙烯单体、油相及反应介质水相，形成的聚苯乙烯来封装石蜡类相变材料，从而得到纳米相变胶囊。下面具体介绍十四烷@聚苯乙烯纳米相变胶囊及其料浆[34]。

十四烷@聚苯乙烯纳米相变胶囊的制备工艺为：将十四烷、苯乙烯单体、丙烯酸乙酯共聚单体、偶氮二异丁腈和表面活性剂OP-10进行混合，形成油相混合物；将十二烷基硫酸钠（SDS）乳化剂溶于水，得到水相溶液；先将油相混合物和水相溶液放入烧瓶中用均质机进行初乳化，然后用超声波粉碎机进一步乳化，得到细乳液；最后，将细乳液转入三口烧瓶中，充氮后，在60℃下反应5h，经冷却到室温，得到纳米胶囊浆料；将乳液进行过滤、洗涤和干燥，则可得到十四烷@聚苯乙烯纳米相变胶囊粉末。

十四烷@聚苯乙烯纳米相变胶囊的粒径分布曲线及其透射电镜照片如图6-19所示，纳米胶囊尺寸分布在60.8～486nm范围内，平均粒径为132nm。由TEM观测可知，胶囊具有规则的球形，十四烷芯材被包覆其中（深色部分）；胶囊粒径在120nm左右，与粒径分析结果一致。

DSC分析（图6-20）显示，十四烷的熔点和凝固点分别为6.94℃和-0.83℃；而十四烷@聚苯乙烯纳米相变胶囊的熔点和凝固点分别为4.04℃和-3.43℃。可见，与芯材相比，纳米相变胶囊的熔点和凝固点都有所降低。熔点降低的原因是，相变材料被包覆在纳米相变胶囊中后，传热面积上升，从而促进了传热；凝

固点下降则是因为纳米相变胶囊的尺寸小，处于纳米相变胶囊内的芯材相变材料成核困难，所以需要更低的温度才能凝固。在相变潜热方面，十四烷的熔化焓和凝固焓分别为 220.6J/g 和 208.2J/g，纳米相变胶囊的熔化焓和凝固焓分别为 98.71J/g 和 91.27J/g。

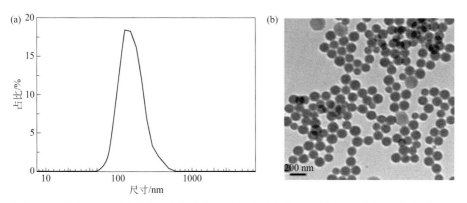

图6-19 十四烷@聚苯乙烯纳米相变胶囊的尺寸分布（a）及其透射电镜照片（b）

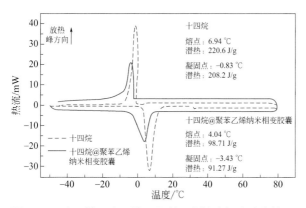

图6-20 十四烷和十四烷@聚苯乙烯纳米相变胶囊的DSC曲线

　　制备得到的纳米相变胶囊浆料直接或稀释后可以作为潜热型功能流体。图6-21 为不同含量（质量分数）的十四烷 @ 聚苯乙烯纳米相变胶囊浆料的比热容和黏度曲线。比热容可以分非相变区间和相变区间进行分析 [图 6-21（a）]。在十四烷的相变区间之外，纳米相变胶囊浆料的比热容低于水，这是因为聚合物和十四烷的比热容都小于水，而且随着纳米相变胶囊含量的增大，比热容下降更明显；在相变区间之内，由于胶囊中十四烷的相变，纳米相变胶囊浆料的比热容呈显著增加，且比热容最大值随胶囊含量的增大而上升，这源于十四烷含量的增加。可见，纳米相变胶囊浆料因相变材料十四烷的存在确实具有增大的比热容。从黏度来看［图6-21（b）］，乳液中纳米相变胶囊含量上升，黏度随着上升，但都处于黏度不高的范围内。因此，纳米相变胶囊浆料可用作传热流体。

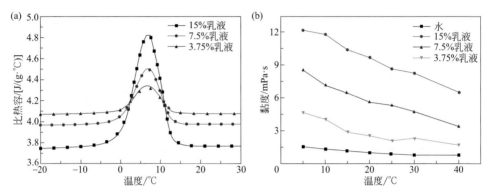

图6-21　不同含量（质量分数）十四烷@聚苯乙烯纳米相变胶囊浆料的比热容（a）和黏度（b）曲线

此外，采用类似的超声辅助细乳液原位聚合方法，制备了十八烷@聚苯乙烯纳米相变胶囊，平均粒径124nm，外观呈球形，大小均匀分布，相变焓可达124.4J/g[35]。再者，不使用引发剂，而是直接通过超声热引发聚合，制备了正三十二烷@聚苯乙烯纳米相变胶囊，平均粒径为168.2nm、相变焓高达174.8J/g[1]。

总之，超声辅助细乳液原位聚合法是制备聚苯乙烯壁纳米相变胶囊的有效途径，所得胶囊形貌规则、包覆率高；反应后的纳米相变胶囊浆料可用作潜热型功能热流体，具有提升的比热容，且黏度不高。

二、聚合物-无机双壳层纳米相变胶囊的制备及其料浆

聚合物壁纳米相变胶囊存在导热系数低的不足。为此，方玉堂等为了提升其导热系数，在上述细乳液原位聚合法制备十四烷@聚苯乙烯纳米相变胶囊的基础上，在聚苯乙烯壳层的外表面引入二氧化硅壳层，制得了聚苯乙烯-二氧化硅双壳层纳米相变胶囊[36]。

制备过程如图6-22所示。以正硅酸乙酯为原料，采用溶胶-凝胶工艺制备亲水性二氧化硅纳米粒子；然后，用硅烷偶联剂KH-570对二氧化硅纳米粒子进行表面亲油改性，从而制得改性二氧化硅纳米粒子溶胶，目的是使纳米粒子表

面接枝的活性官能团与可聚合单体苯乙烯能发生接枝共聚合，以增大纳米 SiO$_2$ 粒子对胶囊壁的"铆合"作用。双壳层纳米相变胶囊的合成则是，在采用前述的细乳液原位聚合法制备聚苯乙烯壁纳米胶囊过程中，当原位聚合反应进行一段时间后，将上述制备的改性二氧化硅纳米粒子溶胶滴加到聚合反应体系中，继续反应 5h。反应结束后，将反应体系冷却到室温，得到聚苯乙烯 - 二氧化硅双壳层纳米相变胶囊浆料；将乳液破乳后，过滤、洗涤和干燥，即获得聚苯乙烯 - 二氧化硅双壳层纳米相变胶囊粉末[37]，简称 Tet@PS-SiO$_2$。作为对比，采用相同的工艺，在不加入改性二氧化硅的情况下，制备了聚苯乙烯壁纳米相变胶囊，记为 Tet@PS。

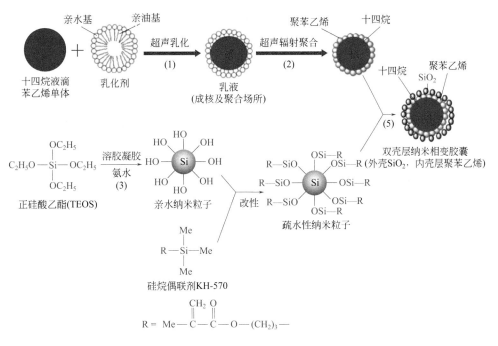

图6-22　十四烷@聚苯乙烯−二氧化硅双壳层纳米相变胶囊的制备示意图

十四烷 @ 聚苯乙烯和十四烷 @ 聚苯乙烯 - 二氧化硅双壳层纳米相变胶囊的形貌如图 6-23TEM 照片所示。从图 6-23（a）、（b）可以看出，两种纳米相变胶囊都呈规整的球形，可以看出核壳结构，其中深色部分为芯材，而浅色部分则为壳材；单壁材胶囊的平均粒径为 80nm，而双壳层胶囊的为 120nm。这表明由于 SiO$_2$ 的引入，与单层聚合物纳米胶囊相比，双壳层纳米胶囊粒径有所增大。此外，DSC 分析表明，聚苯乙烯 - 二氧化硅双壳材纳米相变胶囊的熔点和凝固点分别为 2.13℃和 0.39℃，而聚苯乙烯壁纳米相变胶囊的熔点和凝固点分别为 2.59℃ 和 -0.08℃，这表明，与聚苯乙烯壁纳米相变胶囊相比，双壳层纳米相变胶囊的熔点略有下降且凝固点略有上升，从而降低了纳米相变胶囊的过冷度。其原因在于，二氧化硅无机壳的加持有利于提升导热系数，从而促进了传热。在潜热方面，双壳材纳米相变胶囊的熔化焓和凝固焓分别为 83.38J/g 和 79.37J/g，仅略低于单壁纳米相变胶囊的潜热值。

将上述两种纳米相变胶囊分别稀释配制成不同含量（质量分数）的料浆，并测定其比热容和导热系数。如图 6-23（c）所示，聚苯乙烯 - 二氧化硅双壳层纳米相变胶囊料浆的导热系数高于聚苯乙烯单壳层纳米相变胶囊料浆，提高率为 8.4%；但随着料浆中纳米相变胶囊含量的上升，导热系数随之下降。在黏度方面如图 6-23（d），当纳米相变胶囊浓度低时，料浆的黏度与水接近；提高纳米相变胶囊含量，黏度有所上升，但幅度不大，所得料浆在低黏度范围。可见，引入二氧化硅壳层，确实提升了聚合物壳层纳米相变胶囊料浆的导热系数，所得纳米相变胶囊料浆的低黏度使其可以作为潜热型功能热流体用于蓄冷领域。

总之，通过在细乳液原位聚合法制备纳米相变胶囊的过程中加入亲油性的二氧化硅纳米粒子，研制了聚苯乙烯 - 二氧化硅双壳层纳米相变胶囊；双壳层纳米相变胶囊浆料的导热系数因无机物二氧化硅的引入而有所提升，而且其黏度较低；由于纳米相变胶囊粒径小而不易破损，所以双壳材纳米相变胶囊料浆是一种有应用前景的潜热型功能热流体。

综上所述，将相变材料特别是固 - 液相变材料封装在胶囊内是提升其自身缺陷和应用性能的有效途径。所得相变胶囊既可以是微米级尺寸，也可以是纳米胶囊。因胶囊壁的存在，克服了相变材料的液相泄漏、腐蚀性等多种问题，使得相变胶囊应用灵活性好。原位聚合和界面聚合是制备相变胶囊特别是聚合物壁胶囊的常用方法，但存在工艺复杂的不足。因此，进一步探索工艺简便、包覆率高、胶囊尺寸分布均匀且大小可调的相变胶囊合成方法仍有必要。采用碳纳米材料修饰胶囊壁材可以提升所得相变胶囊的导热系数，有利于其储、放热。将相变胶囊分散在水或其他流体中，得到了相变料浆这种潜热型功能热流体。所得流体具有增大的比热容以及适宜的黏度，可用作蓄冷工质以及新型太阳能集热流体。值得关注的是，将细乳液聚合与原位聚合相结合，可以制备纳米相变胶囊，再通过对其壁材进行无机修饰还可进一步提升其导热系数。对于研制潜热型热流体来说，纳米相变胶囊浆料因胶囊粒径小而具有分散稳定性好且输送中胶囊不易破裂等优势，是极具应用潜力的新型流体。

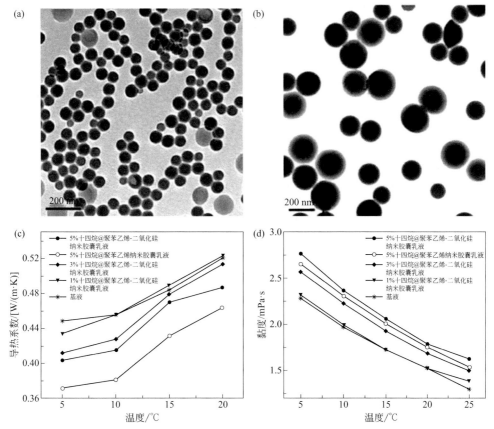

图6-23 以聚苯乙烯（a）以及聚苯乙烯-SiO₂（b）为壳材的纳米相变胶囊的透射电镜照片以及其导热系数（c）和黏度（d）曲线

参考文献

[1] Fang Y T, Liu X, Liang X H,et al. Ultrasonic synthesis and characterization of polystyrene/n-dotriacontane composite nanoencapsulated phase change material for thermal energy storage [J]. Applied Energy, 2014, 132 (11): 551-556.

[2] Sarı A, Alkan C, Kahraman Döğüşcü D,et al. Micro/nano-encapsulated n-heptadecane with polystyrene shell for latent heat thermal energy storage [J]. Solar Energy Materials and Solar Cells, 2014, 126: 42-50.

[3] Chen Z H, Wang J C, Yu F, et al. Preparation and properties of graphene oxide-modified poly(melamine-formaldehyde) microcapsules containing phase change material ndodecanol for thermal energy storage [J]. Journal of Materials Chemistry A, 2015, 3 (21): 11624-11630.

[4] Tahan Latibari S, Mehrali M, Mehrali M, et al. Facile synthesis and thermal performances of stearic acid/titania core/shell nanocapsules by sol-gel method [J]. Energy, 2015, 85: 635-644.

[5] Fang Y T, Huang L H, Liang X H, Facilitated synthesis and thermal performances of novel SiO_2 coating $Na_2HPO_4 \cdot 7H_2O$ microcapsule as phase change material for thermal energy storage [J]. Solar Energy Materials and Solar Cells, 2020, 206:110257.

[6] Fu W W, Zou T, Liang X H,et al. Characterization and thermal performance of microencapsulated sodium thiosulfate pentahydrate as phase change material for thermal energy storage [J]. Solar Energy Materials and Solar Cells, 2019, 193: 149-156.

[7] Cao L, Tang F, Fang G Y. Synthesis and characterization of microencapsulated paraffin with titanium dioxide shell as shape-stabilized thermal energy storage materials in buildings [J]. Energy and Buildings, 2014, 72: 31-37.

[8] Cao L, Tang F, Fang G Y. Preparation and characteristics of microencapsulated palmitic acid with TiO_2 shell as shape-stabilized thermal energy storage materials [J]. Solar Energy Materials and Solar Cells, 2014, 123: 183-188.

[9] Li C E, Yu H, Song Y, et al.Preparation and characterization of /PMMA /TiO_2 hybrid shell microencapsulated PCMs for thermal energy storage [J]. Energy, 2019, 167: 1031-1039.

[10] Ma X C, Liu H, Chen C,et al. Synthesis of novel microencapsulated phase change material with SnO_7/CNTs shell for solar energy storage and photo-thermal conversion [J]. Materials Research Express, 2020, 7 (1):015513.

[11] Qian T M, Dang B K, Chen Y P, et al. Fabrication of magnetic phase change neicosane @ Fe_3O_4/SiO_2 microcapsules on wood surface via sol-gel method [J]. Journal of Alloys and Compounds, 2019, 772: 871-876.

[12] Karaszewska A, Kamińska I, Nejman A, et al. Thermal-regulation of nonwoven fabrics by microcapsules of neicosane coated with a polysiloxane elastomer [J]. Materials Chemistry and Physics, 2019, 226: 204-213.

[13] Genc M, Karagoz Genc Z. Microencapsulated myristic acid-fly ash with TiO_2 shell as a novel phase change material for building application [J]. Journal of Thermal Analysis and Calorimetry, 2018, 131 (3): 2373-2380.

[14] Yin D Z, Ma L, Geng W C,et al. Microencapsulation of n - hexadecanol by in situ polymerization of melamine-formaldehyde resin in emulsion stabilized by styrene-maleic anhydride copolymer [J]. International Journal of Energy Research, 2015, 39 (5): 661-667.

[15] Mao J,Yang H,Zhou X. In situ polymerization of uniform poly(urea-formaldehyde) microcapsules containing paraffins under the high-speed agitation without emulsifier [J]. Polymer Bulletin, 2012, 69 (6): 649-660.

[16] Paula F D C, Shchukin D G. New polyurethane/docosane microcapsules as phase-change materials for thermal energy storage [J]. Chemistry, 2015, 21 (31): 11174-11179.

[17] Wei J, Li Z Z, Liu L,et al. Preparation and characterization of novel polyamide paraffin MEPCM by interfacial polymerization technique [J]. Journal of Applied Polymer Science, 2013, 127 (6): 4588-4593.

[18] Malekipirbazari M, Sadrameli S M, Dorkoosh F, et al. Synthetic and physical characterization of phase change materials microencapsulated by complex coacervation for thermal energy storage applications [J]. International Journal of Energy Research, 2014, 38 (11): 1492-1500.

[19] Xiao J X, Yu H Y, Yang J. Microencapsulation of sweet orange oil by complex coacervation with soybean protein isolate/gum arabic [J]. Food Chemistry, 2011, 125 (4): 1267-1272.

[20] Demirbağ S, Aksoy S A. Encapsulation of phase change materials by complex coacervation to improve thermal performances and flame retardant properties of the cotton fabrics [J]. Fibers and Polymers, 2016, 17 (3): 408-417.

[21] Tang F, Liu L K, Alva G,et al. Synthesis and properties of microencapsulated octadecane with silica shell as shape–stabilized thermal energy storage materials [J]. Solar Energy Materials & Solar Cells, 2017, 160: 1-6.

[22] Fang Y T, Wei H, Liang X H,et al. Preparation and thermal performance of silica/n-tetradecane

microencapsulated phase change material for cold energy storage [J].Energy&Fuels, 2016, 30 (11):9652-9657.

[23] Chai L X, Wang X D, Wu D Z. Development of bifunctional microencapsulated phase change materials with crystalline titanium dioxide shell for latent-heat storage and photocatalytic effectiveness [J]. Applied Energy, 2015, 138: 661-674.

[24] Zhang H Z, Wang X D, Wu D Z. Silica encapsulation of noctadecane via sol-gel process: A novel microencapsulated phase-change material with enhanced thermal conductivity and performance [J]. Journal of Colloid & Interface Science, 2010, 343 (1): 246-255.

[25] Wu C B, Wu G, Yang X, et al. Preparation of Mannitol@Silica core-shell capsules via an interfacial polymerization process from water-in-oil emulsion [J]. Colloids & Surfaces A:Physicochemical & Engineering Aspects, 2014, 457 (1): 487-494.

[26] He F, Wang X D, Wu D Z. New approach for sol-gel synthesis of microencapsulated n -octadecane phase change material with silica wall using sodium silicate precursor [J]. Energy, 2014, 67 (4): 223-233.

[27] Liu J, Chen L L, Fang X M,et al. Preparation of graphite nanoparticles-modified phase change microcapsules and their dispersed slurry for direct absorption solar collectors [J]. Solar Energy Materials and Solar Cells, 2017, 159: 159-166.

[28] Yuan K J, Liu J, Fang X M,et al. Novel facile self-assembly approach to construct graphene oxide-decorated phase-change microcapsules with enhanced photo-to-thermal conversion performance [J]. Journal of Materials Chemistry A, 2018, 6 (10): 4535-4543.

[29] Yuan K J, Wang H C, Liu J,et al. Novel slurry containing graphene oxide-grafted microencapsulated phase change material with enhanced thermo-physical properties and photo-thermal performance [J]. Solar Energy Materials and Solar Cells, 2015, 143: 29-37.

[30] Yuan K J, Liu J, Fang X M, et al. Crafting visible-light-absorbing dye-doped phase change microspheres for enhancing solar-thermal utilization performance [J]. Solar Energy Materials and Solar Cells, 2020, 218:110759.

[31] 方玉堂 , 匡胜严 , 张正国 , 等 . 原位聚合法研制纳米胶囊相变材料 [J]. 化学工程与装备 , 2007 (2): 1-3,13.

[32] 方玉堂 , 匡胜严 , 张正国 , 等 . 纳米胶囊相变材料的制备 [J]. 化工学报 , 2007 , 58 (3): 771-775.

[33] 方玉堂 , 匡胜严 , 张正国 , 等 . 纳米胶囊相变材料研究 [J]. 太阳能学报 , 2008,29 (3): 295-298.

[34] Fang Y T, Yu H M, Wan W J,et al. Preparation and thermal performance of polystyrene/n-tetradecane composite nanoencapsulated cold energy storage phase change materials [J]. Energy Conversion and Management, 2013, 76: 430-436.

[35] Fang Y T, Kuang S Y, Gao X N,et al. Preparation and characterization of novel nanoencapsulated phase change materials [J]. Energy Conversion and Management, 2008, 49 (12): 3704-3707.

[36] 方玉堂 , 谢鸿洲 , 梁向晖 , 等 . 聚苯乙烯 - 二氧化硅 @ 十四烷复合纳米相变胶囊的表征及其乳液性能 [J]. 化工学报 , 2015, 66 (2): 800-805.

[37] Fu W W, Liang X H, Xie H Z,et al. Thermophysical properties of n -tetradecane@polystyrene-silica composite nanoencapsulated phase change material slurry for cold energy storage [J]. Energy and Buildings, 2017, 136: 26-32.

第七章
相变材料乳液

第一节　相变乳液用作传热流体存在问题分析 / 166

第二节　采用高分子型复合乳化剂制备稳定性好且过冷度低的相变乳液 / 172

第三节　兼具导热系数和光热转化性能提升的纳米石墨改性相变材料乳液 / 182

第四节　用于蓄冷的纳米石墨改性 OP10E 相变乳液 / 195

第五节　纳米相变乳液 / 199

相变材料乳液（简称相变乳液）通常由相变材料、乳化剂和水组成，其中的相变材料是在乳化剂的作用下以液滴的形式分散于水中。相变乳液的液滴尺寸通常在微米级，但通过特殊的制备方法和工艺也可以降低液滴尺寸，得到纳米相变乳液。作为一类潜热型功能热流体，相变乳液具有制备工艺简单、成本低、单位体积储热量大以及乳化剂层热阻可忽略不计等优势，极具开发和应用潜力[1]。

本章先分析相变乳液实际应用之前需解决的关键问题，然后着重介绍笔者所在课题组研制的几种高性能相变乳液，具体包括高稳定性且低过冷度相变乳液、具光热转化性能的碳纳米材料改性相变乳液、导热系数增强且低过冷的蓄冷乳液以及无过冷纳米相变乳液等。

第一节
相变乳液用作传热流体存在问题分析

微米级相变乳液通常可采用均质机进行制备，制备工艺参数包括相变材料在乳液中的质量分数、相变材料与乳化剂的质量比、搅拌速率以及时间等。当相变材料的熔点高于室温时，还需要在加热的条件下进行乳化分散。常用的乳化剂主要包括十二烷基硫酸钠等离子型以及司盘和吐温等非离子型乳化剂。乳化剂的种类和用量对相变乳液中液滴的尺寸及其稳定性有着重要影响。然而，在将相变乳液当作传热流体进行实际应用前，有一些关键问题需要解决，具体分析如下。

一、稳定性差

在本质上，相变乳液是由两种不互溶的液体和乳化剂组成，其中相变材料在乳化剂的作用下以液滴的形式分散在连续相中。由于普通相变乳液的液滴尺寸在微米级，液滴有自动聚结的趋势，因而不属于热力学稳定体系[2]。但是，作为储能和传热介质，相变乳液在长期储存和机械传输过程中需要有较好的稳定性，因此，研制高稳定型相变乳液是必要的。

通过分析相变乳液的不稳定性机制可知，其不稳定现象主要包括：上浮或沉淀、絮凝、聚结、奥氏熟化和相转变[3]，如图 7-1 所示。此外，相变乳液的分离速率可由公式（7-1）和公式（7-2）计算得到。

在稀乳液中，液滴受水动力和重力作用，根据 Stokes 定律计算液滴上浮或沉降速率[3]：

$$v_{Stokes} = \frac{2}{9} \times \frac{\Delta \rho g R^2}{\eta_0} \qquad (7\text{-}1)$$

式中　g——重力加速度，m/s^2；

　　　R——液滴的平均半径，m；

　　　$\Delta \rho$——两相的密度差，kg/m^3；

　　　η_0——连续相的黏度，Pa·s；

　　v_{Stokes}——Stokes 速率。

　　对于高浓度的乳液，一系列的水动力相互作用会减小液滴上浮或沉降速率，因此液体的上浮或沉降速率可以采用如下半经验公式估算[4]：

$$v = v_{Stokes}(1 - \frac{\phi}{\phi_c})^{k\phi_c} \qquad (7\text{-}2)$$

式中　ϕ——分散相的体积分数；

　　　ϕ_c——分散粒子的临界体积，m^3；

　　　k——玻尔兹曼常数，为 1.380649×10^{-23}J/K。

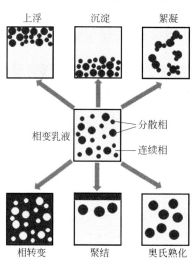

图7-1
相变乳液的不稳定性机制

　　通过上述公式可知，提高相变乳液的稳定性，可以采取的措施包括减小液滴尺寸以及增加连续相的黏度和分散相的体积等。Tadros 等[5] 指出，虽然增加黏度有助于提高乳液的长期稳定性，但是增加黏度会显著增加乳液在管内的流动阻力。因此，提高相变乳液的稳定性主要从筛选乳化剂种类、优化乳化剂与相变材料的质量比以及选择适宜的乳化速率等方面着手。其中，乳化剂的种类和用量对相变乳液的稳定性至关重要，因为吸附在液滴表面的乳化剂不仅可以降低界面张力，而且其形成的吸附层还能有效防止液滴合并；此外，乳化剂还对调节相变乳液的黏度有重要作用。

Vilasau 等 [6] 发现提高十二烷基硫酸钠等离子乳化剂的离子度、增加乳化剂的浓度和增大均质乳化压力有助于提高相变乳液的稳定性；加入氯化钠或氯化钙电解质后，相变乳液粒子表面的电荷被屏蔽，因此相变乳液的稳定性随着电解质浓度的增加而降低。Zhang 等 [7, 8] 采用高压均质乳化法制备了一系列相变乳液，考察乳化剂种类、含量和均质乳化速率对二十八烷 / 水相变乳液粒径和稳定性的影响。前人对乳化剂的研究表明，随着复合乳化剂浓度的增加，所得相变乳液的粒径逐渐减小，黏度逐渐增大，稳定性也有所增加；适当的乳化剂亲水 - 亲油平衡（HLB）值和链长有助于乳化剂在液滴周围形成紧密的吸附层 [9-11]，从而提高相变乳液的稳定性；增大乳化速率，相变乳液的粒径减小，稳定性逐渐提高。此外，Golemanov 等 [12] 的研究表明，采用高分子乳化剂聚乙烯醇（PVA）制备的相变乳液的稳定性略高于采用 α- 烯烃磺酸盐作为乳化剂制备的相变乳液，但采用单一乳化剂制备的相变乳液的热稳定性差。Cárdenas-Valera 等 [13] 将甲基丙烯酸甲酯（PMMA）- 聚乙二醇（PEG）接枝共聚物作为乳化剂，考察甲基丙烯酸甲酯与聚乙二醇质量比以及接枝共聚物的质量分数对乳液稳定性的影响。结果表明，乳液的稳定性随着接枝共聚物中聚乙二醇质量分数和接枝共聚物的质量分数的增加而提高。

综上对乳化剂的已有研究表明，随着乳化剂浓度的增加，所得相变乳液的粒径逐渐减小，黏度逐渐增大，稳定性也有所增加；适当的乳化剂亲水 - 亲油平衡（HLB）值和链长有助于乳化剂在液滴周围形成紧密的吸附层，从而提高相变乳液的稳定性；增大乳化速率，相变乳液的粒径减小，稳定性逐渐提高。

二、过冷度大

虽然有机相变材料（如石蜡类）本身不存在过冷问题，但当其被乳化分散在水中而以液滴形式存在后，液滴在凝固或结晶过程中存在较明显的过冷 [14]。这是因为，当晶核浓度一定时，随着液滴尺寸的减小，越来越多的液滴因为缺乏晶核而无法成核结晶。因此，对于相变材料被分散成细小液滴的相变乳液来说，存在过冷度较大的问题。在实际应用中，过冷会降低相变材料在工作温度范围内的传热效率，削弱了其储热性能。因此，降低相变乳液的过冷度是推进相变乳液实际应用的关键之一。

鉴于相变乳液的过冷主要是由相变乳液被分散成细小液滴后存在结晶困难而造成的，因而要解决其过冷问题需从促进结晶着手。根据结晶理论可知，结晶包括成核和晶核生长两个过程，其中形成稳定的晶核是结晶过程的关键。相变乳液的成核过程包括异质成核和同质成核两种。只有当材料的化学成分和结构完全相同时才发生同质成核，但这种现象很少见，因为相变乳液中不可避免的杂质会引起材料局部发生异质成核。相变乳液发生相变时伴随着体积的变化，而新相和旧相之间体积自由能（G_V）的差值（ΔG_V）是温度的函数[15]，具体见公式（7-3）：

$$\Delta G_V = \frac{-\Delta H_\mathrm{m} \Delta T}{T_\mathrm{m}} \tag{7-3}$$

式中　ΔH_m——相变过程释放或吸收的相变潜热，J/g；

　　　T_m——相变材料熔点，K。

如果结晶时 $\Delta G_V < 0$，那么过冷度 ΔT 必须为正数，因此过冷度的大小对结晶过程至关重要。

成核过程中，晶核的形成伴随着系统总吉布斯自由能（G）的变化。新相和旧相之间吉布斯自由能的变化值 ΔG 是聚集半径 r 和特定温度的函数[16, 17]。

$$\Delta G = -\frac{4}{3}\pi r^3 \Delta G_V + 4\pi r^2 \sigma \tag{7-4}$$

$$r^* = \frac{-2\sigma}{\Delta G_V} \tag{7-5}$$

$$\Delta G^* = \frac{16\pi \sigma^3 T_\mathrm{m}^2}{3\left(\Delta H_\mathrm{m} \Delta T\right)^2} \tag{7-6}$$

式中　σ——表面能，N/m；

　ΔG_V——在特定温度下是一个常数；

　r^*——临界聚集半径（图 7-2），m；

　ΔG^*——粒子克服初始宏观成核时所需的能量势垒，J/g。

为了使液滴内形成稳定的晶核，r 必须大于 r^*。

由公式（7-6）可以看出，克服能量壁垒可以减小过冷度。

典型的晶体结构学理论认为同质成核是一个随机事件，单位体积内过冷液成核的概率 $I(T)$ 如公式（7-7）所示：

$$I(\mathrm{T}) = C \cdot \exp\left(-\frac{\Delta G^*}{kT}\right) \cdot \exp\left(-\frac{Q_\mathrm{a}}{kT}\right) \tag{7-7}$$

式中　k——玻尔兹曼常数；

　C——一个常数项；

　T——过冷液的温度，K；

Q_a——原子扩散活化能，J/g。

对于单位体积 V，单位时间内的成核概率 $J(T)=VI(T)$。因此，减小体积会降低成核的概率，这就是小体积会导致较大过冷度的根源。

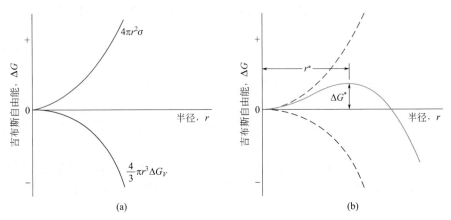

(a)   (b)

图7-2 吉布斯自由能的变化值 ΔG 随粒子半径 r 的变化

（a）体积和表面自由能对总自由能的影响；（b）ΔG、临界自由能 ΔG^* 和临界半径 r^* 随半径 r 的变化[15]

目前，降低相变乳液过冷度的研究备受关注，已探索出的主要途径有：选用合适的乳化剂[12,18-20]以及添加高熔点的石蜡[18,21]或纳米材料（如碳纳米管）[7,8,22]用作成核剂等。Günther 等[19]发现采用十二烷基硫酸钠作为乳化剂制备的相变乳液的过冷度为 12℃，而使用吐温-40 作为乳化剂制得的相变乳液的过冷度为 7.6℃。Golemanov 等[12]系统地研究了采用吐温-60、含不同碳原子数的 Brij 乳化剂、α-烯烃磺酸盐和十二烷基硫酸钠等作为稳定剂制备的相变乳液的过冷度，发现具有长碳链的乳化剂能有效地降低过冷度，但所制备的相变乳液的过冷度仍然大于 4℃。Hagelstein 等[20]系统研究了乳化剂的种类对所得的十八烷 / 水相变乳液的过冷度的影响，发现用 Triton X100 乳化的相变乳液过冷度高达 12℃；用吐温 -60 和司盘 -60 复配乳化剂稳定的相变乳液的过冷度为 10℃；用聚乙烯醇稳定的相变乳液过冷度仅为 2℃，且所得相变乳液的过冷度与液滴尺寸无关。Huang 等[21]使用凝固峰值温度为 50℃的石蜡作为相变乳液的成核剂，成功地减小了相变乳液的过冷度。Lu 等[18]发现使用具有长碳链的助乳化剂（十六醇）或高熔点的石蜡作为成核剂，可以有效减小相变乳液的过冷度。香港理工大学牛建磊课题组[7,8]将疏水型气相二氧化硅（SiO_2）纳米粒子加入二十八烷 / 水相变乳液中，有效地降低了相变乳液的过冷度。然而，相变乳液仍然存在多个凝固峰，且加入 0.5%（质量分数）SiO_2 后相变乳液的相变焓降低了 20% 以上[7]。他们[22]还将改性后的多璧碳纳米管（MWCNTs）分散到十六烷/水相变乳液中，发现相变乳液的过冷度随着 MWCNTs 质量分数的增加而减小，添加 0.4%（质量分数）的 MWCNTs 的相变乳液的过冷度从 18.1℃降低至 3.4℃。

三、导热系数低

由于相变乳液是将低导热系数的有机相变材料乳化到水中而得到的新型流体，因而其存在导热系数小于水的问题。导热系数可以通过 Maxwell 关系式来估计[23]：

$$\lambda_{\mathrm{PCMEs}} = \lambda l \frac{2\lambda_1 + \lambda_\mathrm{p} + 2\varphi(\lambda_\mathrm{p} - \lambda_1)}{2\lambda_1 + \lambda_\mathrm{p} - \varphi(\lambda_\mathrm{p} - \lambda_1)} \tag{7-8}$$

式中　λ_{PCMEs}、λ_1和λ_p——相变乳液、载流体和分散相的导热系数，W/(m·K)；

φ——相变乳液中分散相的体积分数。

关于相变乳液导热系数的影响因素已有相关研究。Shao 等[2] 将 25%（质量分数）的 RT10 分散在水中制得相变乳液，并测试了相变乳液的导热系数；结果表明，相变乳液的导热系数为 0.403W/（m·K），是 RT10 的导热系数的 2 倍左右。Lu 等[18] 发现相变乳液的导热系数与水的质量分数成正相关；其中，20%（质量分数）RT6/ 水相变乳液的导热系数最高，但其仍小于 0.550W/（m·K）。上述结果表明，虽然相变乳液可以通过与水对流来改善热传递，但其导热系数仍然比较低。此外，相变乳液的组成成分、质量分数和测试温度也会影响相变乳液的导热系数[18, 24]。Chen 等[24] 通过 D 相乳化法分别制备了相变材料质量分数分别为 10%、20% 和 30% 的十六烷/水相变乳液和十八烷/水相变乳液，考察了温度对相变乳液的导热系数的影响。结果显示：当温度低于相变材料的相变温度时，两种相变乳液的表观导热系数都随着温度的升高而缓慢地增大，但当温度高于熔化温度时，相变乳液的表观导热系数快速地降低，这是因为升高温度使相变乳液中的相变材料由导热系数较高的固态熔化成导热系数较低的液态；另外，相同温度下，相变乳液的导热系数与相变材料的质量分数成负相关。

综上所述，常规相变乳液因液滴尺寸处于微米级，不属于热力学稳定体系；再者，尽管有机相变材料不存在过冷，但将其分散成细小液滴后所得的相变乳液则存在较大的过冷度；另外，与水相比，相变乳液因是将有机相变材料进行乳化而得，所以存在导热系数低于水的不足。因此，要想将相变乳液推向实用化，必须有效解决上述稳定性差、过冷度大以及导热系数低等问题，研制高性能的相变乳液。下面介绍笔者已研制的几种高性能相变乳液。

第二节
采用高分子型复合乳化剂制备稳定性好且过冷度低的相变乳液

稳定性和过冷度是限制相变乳液实际应用的两大瓶颈。乳化剂作为制备相变乳液的关键物质，其种类和浓度对所得相变乳液的特性及稳定性有着重要影响。高分子乳化剂，包括聚乙烯醇、木质素磺酸盐、羧甲基纤维素和环氧乙烷／环氧丙烷共聚物等，已广泛应用于采油、药物输送系统和塑料制品等领域。研究表明，吸附在油水界面上的高分子乳化剂可以改善界面膜力学性能和提高分散相与连续相之间亲和力 [4, 25]。此外，聚合物可以作为等规聚丙烯的成核剂，加速晶体生长 [26]。因此，可以推断高分子乳化剂适用于制备稳定性好且过冷度小的相变乳液。为此，笔者探索了一类由聚乙烯醇和聚乙二醇-600复配所得的高分子型乳化剂，并用其制备了稳定性好且过冷度低的相变乳液 [27]。

一、制备工艺优化

将熔化温度为52℃的石蜡以及聚乙烯醇和聚乙二醇-600复合乳化剂分别加入水中，加热至80℃，采用高速分散均质机搅拌，即得到石蜡／水相变乳液。系统研究了复合乳化剂中聚乙烯醇和聚乙二醇-600质量比、复合乳化剂和石蜡质量比以及均质乳化速率对20%（质量分数）相变乳液的粒径分布、黏度和分散稳定性的影响。

研究表明，复合乳化剂中聚乙烯醇和聚乙二醇-600质量比对所得相变乳液的特性产生明显的影响，如图7-3所示。随着聚乙烯醇和聚乙二醇-600质量比的增加，相变乳液的粒径逐渐减小，这表明增大复合乳化剂中聚乙烯醇的含量可以使相变乳液液滴的平均粒径减小；当聚乙烯醇和聚乙二醇-600质量比为70∶30时，所制备的相变乳液的平均粒径最小，为3.60μm。从偏光显微镜图［图7-3(a)插图］可以看出，相变乳液中的液滴呈类球形，随着聚乙烯醇含量的上升，液滴粒径越来越小且大小分布越来越均匀。在剪切速率为100s⁻¹时，测定了不同聚乙烯醇和聚乙二醇-600质量比复合乳化剂下所得20％（质量分数）石蜡相变乳液的表观黏度。从图7-3（b）可以看出，当温度为25℃时，相变乳液黏度随聚乙烯醇含量的上升而增大，特别是当聚乙烯醇和聚乙二醇-600质量比大于50∶50之后；而所有相变乳液的黏度随温度的上升而有所下降，聚乙烯醇含量低的相变乳液表现出轻微下降，而聚乙烯醇含量高的相变乳液则下降明显。为评价相变乳液的分散稳定性，将不同聚乙烯醇和聚乙二醇-600质量比复合乳化剂下所得20%（质量分数）石蜡相变乳液进行50次冷热循环实验。结果表明［图7-3（c）］，当聚乙烯醇和聚乙二醇-600质量比为30：70时，对应的相变乳液最不稳定；聚乙烯醇和聚乙二醇-600质量比在30：70到60：40之间时，随聚乙烯醇含量的上升，分离率逐渐下降，这表明分散稳定性在上升；当聚乙烯醇和聚乙二醇-600质量比大于60：40后，分离率变化不大。考虑到高黏度虽有利于提高相变乳液的稳定性但会增大实际应用中泵输送系统的功率，因而综合考虑相变乳液的粒径、黏度和稳定性，可选择聚乙烯醇和聚乙二醇-600质量比50：50作为该高分子型复配乳化剂的适宜配比。

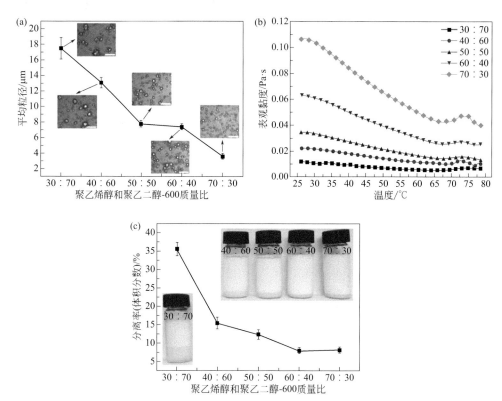

图7-3 不同聚乙烯醇和聚乙二醇-600质量比下所制备的20%（质量分数）相变乳液的性能（a）平均粒径（插图是样品的偏光显微镜图，比例尺为20μm）；（b）在剪切速率为100s⁻¹下表观黏度随温度的变化图；（c）冷热循环50次后相变乳液的分离率（插图为样品实物图）

在确定了高分子型复合乳化剂中两组分的质量比后，对该复合乳化剂与石蜡质量比的影响进行了考察。如图7-4（a）所示，当复合乳化剂和石蜡质量比从

1：10 增加到 3：10 时，相变乳液液滴的平均粒径从 21.9μm 逐渐减小到 4.92μm，这表明增大复合乳化剂的浓度有利于乳液液滴粒径的减小；此外，随着复合乳化剂和石蜡质量比的增加，液滴尺寸分布更加均匀。从黏度来看，如图 7-4（b）所示，当剪切速率为 100s⁻¹ 时，随着复合乳化剂和石蜡质量比从 1：10 增加到 1：5 时，相变乳液的表观黏度逐渐地增加；特别是当复合乳化剂和石蜡质量比大于 1：5 后，因为过量的复合乳化剂会溶解在水中，导致相变乳液的表观黏度急剧地增加。从相变乳液经历 50 次冷热循环实验后的分离率来看，如图 7-4（c）所示，复合乳化剂和石蜡质量比从 1：10 增加到 3：10 时，相变乳液的分离率从 32.5% 急剧减小为 5.74%，这表明相变乳液的稳定性显著提高。综合考虑，该高分子型复合乳化剂与石蜡的质量比选择在 1：5 左右较为适宜，此时相变乳液的平均液滴尺寸为 8μm、黏度较低且分散稳定性较好。

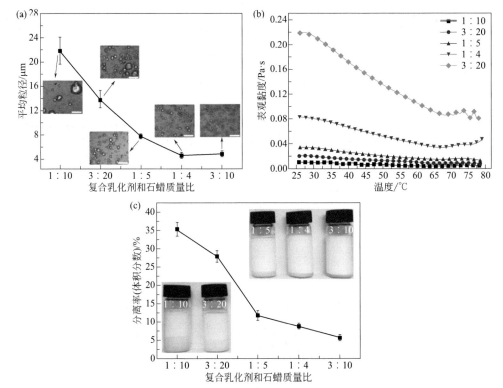

图7-4　不同复合乳化剂和石蜡质量比下，所制备的20 %（质量分数）相变乳液的性能（a）平均粒径（插图是样品的偏光显微镜图，比例尺为20μm）；（b）剪切速率为100 s⁻¹时表观黏度随温度的变化图；（c）冷热循环50次后相变乳液的分离率（插图是样品实物图）

均质乳化速率也是影响所得相变乳液中液滴尺寸及其稳定性的重要因素。在聚乙烯醇和聚乙二醇-600 质量比为 50∶50、复合乳化剂和石蜡质量比为 1∶5 的条件下，控制均质乳化速率分别为 6000r/min、8000r/min、10000r/min、12000r/min 和 14000r/min，制备了 5 个石蜡/水相变乳液样品。如图 7-5（a）所示，随着均质乳化速率的增加，相变乳液粒子的平均粒径从 29.9μm 快速地减小到 4.18 μm，且液滴尺寸分布越来越均匀，这与偏光显微镜图的结果相吻合。结果表明，增加均质乳化速率能够有效地减小相变乳液的粒径。图 7-5（b）是剪切速率为 100s⁻¹ 时，不同均质乳化速率条件下所制备的 20%（质量分数）石蜡/水相变乳液的表观黏度随温度的变化图。在温度为 25℃，均质乳化速率从 6000r/min 增加到 10000r/min 时，相变乳液的表观黏度从 0.0301Pa·s 增加到 0.0342Pa·s；但继续增加均质乳化速率会显著地增加其表观黏度，表明减小相变乳液的粒径会导致其表观黏度增加[28]。另外，当均质乳化速率大于 10000r/min 时，相变乳液液滴在温度为 68～77℃会形成较强的交联网络状结构，导致其表观黏度在 68～77℃ 区间内显著地增加。但相变乳液液滴之间的相互作用是可逆的，因为当温度高于 77℃，相变乳液的表观黏度又快速地降低。图 7-5（c）是 50 次冷热循环后石

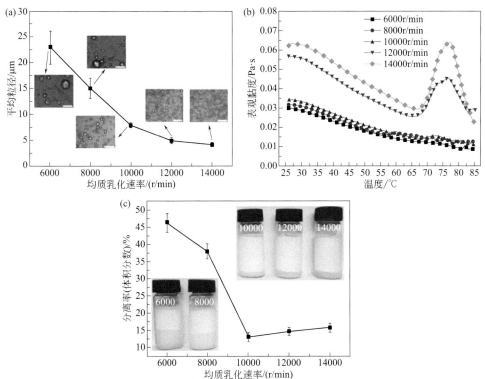

图7-5 不同均质乳化速率条件下，20 %（质量分数）相变乳液的性能
（a）平均粒径（插图是样品的偏光显微镜图，比例尺为20μm）；（b）剪切速率为100s⁻¹时，表观黏度随温度的变化图；（c）冷热循环50次后相变乳液的分离率（插图是样品实物图）

蜡/水相变乳液的分离率和样品实物图。从图中可以看出所有的相变乳液为乳白色且出现明显的分层。这是因为分散相和连续相之间存在密度差，导致相变乳液粒子逐渐上浮。随着均质乳化速率从6000r/min增加到10000r/min，相变乳液的分离率从46.1%减小到13.0%；均质乳化速率为10000r/min时所制备的相变乳液的分离率最小；但当均质乳化率继续增加，其分离率却呈现相反的趋势。根据Stokes定律[3]，相变乳液的分离率分别与液滴半径的平方、连续相黏度的倒数成正比。本研究中均质乳化速率为10000r/min时，石蜡/水相变乳液的粒径较小、稳定性较好和黏度小于0.0342Pa·s，符合泵输送要求，因此均质乳化速率应控制在10000r/min左右。

二、相变乳液的稳定性、热物性和流变特性

采用优化工艺制备了石蜡为10%～30%（质量分数）的相变乳液。如图7-6（a）所示，这些相变乳液的粒径分布曲线有两个峰值，且其粒径分布范围为0.1～60μm，表明相变乳液粒子大小不均匀。具体地，石蜡为10%（质量分数）、15%（质量分数）、20%（质量分数）、25%（质量分数）和30%（质量分数）时，5种相变乳液的平均粒径分别为9.47μm、10.7μm、7.83μm、6.51μm和3.49μm。这表明相变乳液粒子的尺寸随着石蜡质量分数的增加而减小。SEM观测也表明，10%（质量分数）相变乳液中大部分粒子的粒径为2～10μm，这与其粒径分布图结果相吻合。另外，10%（质量分数）相变乳液的粒子表面比较粗糙，这可能是因为复合乳化剂的量不足；15%（质量分数）相变乳液的粒子尺寸也较大且表面较粗糙；随石蜡质量分数的增加，相变乳液的液滴尺寸减小，且液滴表面更光滑。冷热循环50次后，不同石蜡质量分数的相变乳液的分离率和实物图如图7-6（b）所示。当石蜡从10%（质量分数）增加到20%（质量分数）时，相变乳液的分离率从67.7%快速地下降至14.7%；石蜡含量大于20%（质量分数）后，相变乳液的分离率呈缓慢下降趋势，石蜡含量为20%（质量分数）的相变乳液具有较好的稳定性；当石蜡为30%（质量分数）时，相变乳液的分离率仅为6.04%。总之，增加石蜡质量分数可以显著地提高相变乳液的稳定性，该结果与评估相变乳液稳定性的半经验公式相吻合[4]。

相变材料石蜡的熔化温度和凝固温度分别为51.9℃和59.5℃，熔化焓和凝固焓分别为211.8J/g和200.5J/g，如图7-7（a）所示。不同石蜡含量相变乳液的储热物性则见图7-7（b）和表7-1。凝固温度低于熔化温度的差值定义为过冷度。可以看出，所得相变乳液具有与石蜡相似的相变温度范围，这表明将石蜡分散到水中形成相变乳液对石蜡的相变特性基本没有影响；测得这些相变乳液的相变焓与根据其中石蜡含量计算的理论相变焓值一致。令人欣喜的是，所有相变乳液样品的凝固温度都高于其相应的熔化温度，这表明这些相变乳液都不存在过冷

问题。可见，采用该新型复配型高分子表面活性剂有效地克服了相变乳液普遍存在的过冷问题，究其原因应该与高分子乳化剂中存在长碳链相关。根据相变乳液中液滴的结构进行分析，乳化剂中的长碳链伸向液滴的内部，并与石蜡具有相似的分子结构，因而可以起到成核剂的作用，从而克服了液滴内石蜡成核困难的问题，使得采用该高分子复合乳化剂制备的相变乳液没有出现过冷现象。

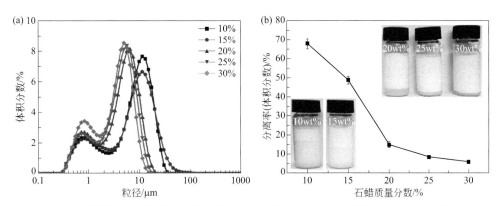

图7-6 不同石蜡质量分数下相变乳液的粒径分布图（a）和冷热循环50次后的分离率（b）

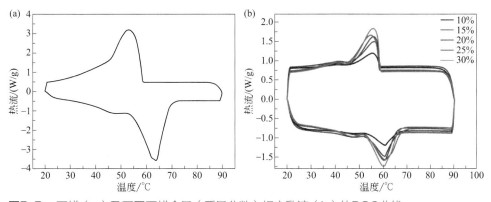

图7-7 石蜡（a）及不同石蜡含量（质量分数）相变乳液（b）的DSC曲线

表7-1 石蜡和含不同石蜡质量分数的相变乳液的热物性参数

石蜡质量分数/%	T_m/℃	T_f/℃	ΔH_m/（J/g）	ΔH_f/（J/g）	ρ（液态）/（kg/m³）
10	52.3	58.0	21.4	20.8	973.9
15	52.2	58.3	32.7	32.1	961.9
20	51.8	58.2	42.1	40.9	949.8
25	51.7	58.0	54.1	52.7	938.3
30	51.3	58.3	65.3	64.9	925.7
100	51.9	59.5	211.8	200.5	780

比热容和导热系数是相变乳液重要的热物性参数。研究表明，不同石蜡含量相变乳液的表观比热容曲线［图 7-8（a）］有两个峰值，对应着相变乳液液滴内石蜡发生了固固相和固液相转变。当温度从 35℃升高至 48℃，相变乳液的表观比热容逐渐升高；当温度从 48℃升高至 52℃，相变乳液的表观比热容逐渐下降；当温度到达石蜡的相变范围时，相变乳液的表观比热容呈现快速升高。具体地，石蜡为 10%（质量分数）、20%（质量分数）和 30%（质量分数）的相变乳液的最大表观比热容分别为 6.31 J/（g·K）、7.96J/（g·K）和 9.10J/（g·K），分别是水的比热容的 1.51 倍、1.90 倍和 2.18 倍。可见，相变乳液的表观比热容大于水，并随着其中石蜡质量分数的增加而增大，因而用其作为传热流体可以提高储热量。对于导热系数来说，不同石蜡含量相变乳液的表观导热系数随着石蜡质量分数的增加而逐渐降低［图 7-8（b）］，这是由石蜡的导热系数远低于水的导热系数所致。

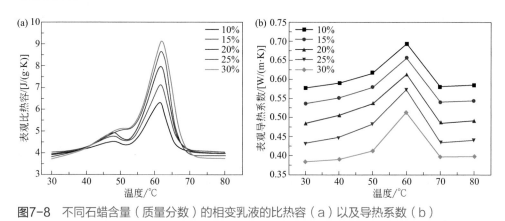

图7-8 不同石蜡含量（质量分数）的相变乳液的比热容（a）以及导热系数（b）

对于相变乳液来说，流变特性和黏度是重要特性。30℃时，不同石蜡质量分数的相变乳液的剪切应力随剪切速率的增加而增大，见图 7-9（a）。通过幂律定律[29]对剪切应力随剪切速率的变化曲线进行拟合，得到相应样品的无量纲流动行为指数 n 和流体稠度系数 K。

$$\tau = K\dot{\gamma}^n \tag{7-9}$$

式中　τ——剪切应力，Pa；

　　　$\dot{\gamma}$——剪切速率，s^{-1}。

从图 7-9（b）可以看出，所有样品的无量纲流动行为指数 n 均小于 1，表明相变乳液具有假塑性流体特性。此外，当石蜡从 10%（质量分数）增加至 25%（质量分数）时，流体稠度系数 K 略为增加，而当石蜡大于 25%（质量分数）时，

流体稠度系数 K 急剧增加，说明相变乳液的黏度显著地增加。此外，还测定了剪切应力为 $100s^{-1}$ 时不同石蜡质量分数的相变乳液的表观黏度随温度的变化。从图 7-9（c）中可以看出，温度对相变乳液表观黏度的影响非常显著。当温度从 25℃ 升高至 68℃，相变乳液表观黏度的逐渐地降低；但当温度高于 68℃，相变乳液的表观黏度突然增加，这可能与粒子尺寸发生变化或粒子之间形成较强的瞬态网络结构有关。当温度高于 77℃，相变乳液的表观黏度又逐渐地降低，说明粒子之间的相互作用是可逆的。当温度从 25℃ 升高至 80℃，10%（质量分数）相变乳液的表观黏度从 0.00493Pa·s 降低至 0.00208Pa·s，30%（质量分数）相变乳液的表观黏度从 0.184Pa·s 降低至 0.0562Pa·s。这些结果表明相变乳液的表观黏度随着石蜡质量分数的增加而增大。

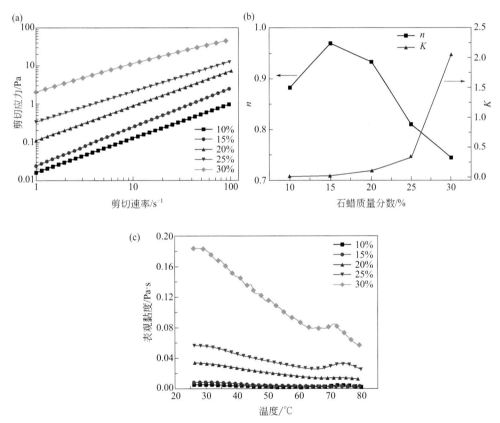

图7-9　30℃时不同石蜡质量分数的相变乳液的剪切应力随剪切速率的变化（a）和 n 值和 K 值变化图（b）以及剪切速率为 $100s^{-1}$ 时不同石蜡质量分数的相变乳液的表观黏度随温度的变化（c）

三、相变乳液的泵送功率分析

在传热流体的实际应用中，输送液体时泵消耗的能量占总能量的比重较大，特别是输送高黏度流体。因此，有必要通过理论计算综合评估相同储热量下分别使用相变乳液和水作为传热流体时所需的泵功率。

运用公式（7-10）和公式（7-11）分别计算水和相变乳液的体积流量：

$$q_w = \frac{Q}{\rho_w c_{p,w} \Delta T} \tag{7-10}$$

$$q_{PCME} = \frac{Q}{\rho_{PCME} \int c_{p,PCME}(T)\,\mathrm{d}T} \tag{7-11}$$

式中　　　Q——储热量，kW；

q_w 和 q_{PCME}——水和相变乳液的体积流量，m^3/s；

ρ_w 和 ρ_{PCME}——水和相变乳液的密度，kg/m^3。

本研究中，ρ_w 和 $c_{p,w}$ 分别为 998kg/m^3 和 4.18kJ/（kg·K）。ρ_{PCME} 和 $c_{p,PCME}$ 如表 7-1 和图 7-8 所示。ΔT 是传热流体的进出口温差，假设为 15℃。在本研究中，传热流体的进口和出口温度分别假设为 55℃和 70℃，这与相变乳液的相变温度范围一致。

水和相变乳液的质量流量用公式（7-12）计算：

$$m = \rho q = \rho A v \tag{7-12}$$

式中　A——换热管的截面积，m^2；

v——传热流体的流速，m/s。

采用公式（7-13）计算雷诺数，具体如下：

$$Re_{MR} = \frac{\rho v d}{\mu} \tag{7-13}$$

式中　μ——传热流体的黏度，Pa·s，其中，水的黏度为0.000469 Pa·s；

d——管子的直径，取 10.0mm。

层流区间内（$Re_{MR} \leqslant 2000$），幂律流体的范宁摩擦系数通过公式（7-14）计算；湍流区间内（$Re_{MR} > 2000$），幂律流体的范宁摩擦系数可以通过 Dodge-Metzner 半经验公式（7-15）来估算。

$$f = \frac{16}{Re_{MR}} \tag{7-14}$$

$$\frac{1}{\sqrt{f}} = \frac{4.0}{n^{0.75}} \lg\left(Re_{MR}\, f^{\frac{2-n}{2}}\right) - \frac{0.4}{n^{1.2}} \tag{7-15}$$

式中　f——范宁摩擦系数；

　　Re_{MR}——雷诺数；

　　n——无量纲流动特性指标。

因此，压降和泵功率可以由下面的公式进行计算[30]。

$$\Delta P = \frac{2fL\rho\upsilon^2}{d} \tag{7-16}$$

$$P_p = \frac{q\Delta P}{\eta_p} \tag{7-17}$$

式中　ΔP——压降，kPa/m；

　　P_p——泵功率，W；

　　L——管子的长度，m；

　　η_p——泵效率。

在本研究中，$L=1.0\text{m}$，$\eta_p=0.8$。

所得结果如图 7-10（a）所示。可以看出，增加质量流量，10%～25%（质量分数）相变乳液的压降缓慢地增加，而 30%（质量分数）相变乳液的压降急剧地增加。此外，因为相变乳液的黏度大于水的黏度，所以相同质量流量下相变乳液的压降远大于水的压降。相对泵功率随储热量的变化如图 7-10（b）所示。当储热量小于 26kW 时，15%（质量分数）相变乳液的泵功率最小；储热量为 10kW 时，15%（质量分数）相变乳液的泵功率仅为水的 42.1%；20%（质量分数）相变乳液的相对泵功率随着储热量的增加而降低，当储热量大于 26kW 时，20%（质量分数）相变乳液消耗的泵功率最小；然而，30%（质量分数）相变乳液的泵功率均大于水的泵功率，这是因为 30%（质量分数）相变乳液的黏度远高于水的黏度，而高黏度导致较大的压降和泵功率。

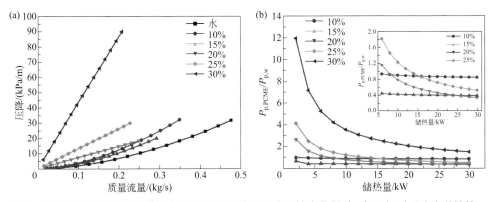

图7-10　不同质量分数石蜡相变乳液的压降随质量流量的变化图（a）和相对泵功率随储热量的变化图（b）［插图是图 7-10（b）的局部放大图］

通过将聚乙烯醇与聚乙二醇-600进行复配，探索出了一类高性能的高分子型复合乳化剂，用聚乙烯醇和聚乙二醇-600质量比为50∶50的复合乳化剂对相变温度为52℃的石蜡进行乳化，并控制该复合乳化剂与石蜡质量比为1∶5，制得了稳定性好且过冷度低的石蜡相变乳液。所得石蜡相变乳液具有高于水的比热容，当储热量大于26kW时，20%（质量分数）石蜡相变乳液消耗的泵功率仅为水的33.2%，显示出石蜡相变乳液是一类高性能的传热流体。该类高分子型复合乳化剂还可用于乳化其他相变温度的石蜡类相变材料。

第三节
兼具导热系数和光热转化性能提升的纳米石墨改性相变材料乳液

由于有机相变材料石蜡的导热系数低，所以相变乳液的导热系数低于水。因此，为了获得更好的应用性能，还需要在满足稳定性和过冷度要求的前提下提升相变乳液的导热系数。为此，笔者将高导热系数的碳纳米材料——纳米石墨，添加到相变乳液中，制备了纳米石墨改性石蜡相变乳液[31]，并进一步通过对其导热系数、储热特性和光吸收特性的协同调控，获得了高光热转化性能的相变乳液并用作太阳能集热流体[32]。

一、纳米石墨改性石蜡相变乳液的制备及其特性

将石蜡（熔点58～60℃）、复合乳化剂以及纳米石墨粉加入水中，采用均质机进行乳化，制得了纳米石墨质量分数分别为0.05%和0.1%的改性20%（质量分数）石蜡相变乳液。在相同工艺下也制备了不含纳米石墨的20%（质量分数）石蜡相变乳液。所得相变乳液及其存储7天后的照片见图7-11。从图7-11（a）可以看出，加入纳米石墨后，相变乳液的颜色由乳白色变为灰色，且随着纳米石墨含量的上升而进一步加深。这些相变乳液存放7天后，如图7-11(b)所示，不含纳米石墨的乳液是稳定的，而含纳米石墨的乳液出现了少量纳米石墨沉积，这是因为纳米石墨的密度远大于乳液的密度，但这种沉积可以通过搅拌来避免。为了考察改性相变乳液的稳定性，使0.1%（质量分数）纳米石墨改性的20%（质量分数）石蜡相变乳液经历300次冷热循环，结果表明该相变乳液只出现了稍许分层［图7-11（c）］。

图7-11　石蜡相变乳液（A）以及0.05%（B）和0.1%（C）纳米石墨改性石蜡相变乳液在7天存储前（a）后（b）的照片以及0.1%纳米石墨改性石蜡相变乳液在经历300次冷热循环实验后的照片（c）

　　研究发现，纳米石墨的加入对相变乳液的液滴粒径分布的影响不大。如图7-12（a）所示，20%（质量分数）石蜡相变乳液的液滴平均尺寸为4933nm，加入0.05%（质量分数）和0.1%（质量分数）纳米石墨后所得乳液的平均粒径尺寸分别为5041nm和4858nm，而且这些乳液的液滴尺寸都处于2～8μm范围内。经历300次冷热循环实验后，0.1%（质量分数）纳米石墨改性乳液的液滴分布曲线变化不大，没有出现液滴粒径显著增大的情况，这表明冷热循环并没有使液滴明显凝聚，即该相变乳液表现出良好的稳定性。

　　纳米石墨改性对相变乳液相变特性的影响如下。如图7-12（b）所示，石蜡相变乳液的熔点和凝固点分别为49.0℃和56.1℃，与相变材料石蜡的熔点和凝固点十分相近；纳米石墨改性相变乳液的熔点和凝固点也与未改性相变乳液十分接近。研究发现，这些相变乳液都不存在过冷问题；加入纳米石墨对相变乳液的相变温度没有影响。就相变焓而言，20%（质量分数）石蜡相变乳液的熔化焓和凝固焓分别为39.2J/g和36.9J/g，与相变乳液中石蜡的质量分数相当；加入纳米石墨后，所得改性相变乳液的熔化焓和凝固焓都略有下降，这是由加入的纳米石墨在此温度范围内不发生相变所致。值得一提的是，0.1%（质量分数）纳米石墨改性相变乳液经历300次冷热循环后相变焓值变化不大，这表明该相变乳液的热可靠性良好，具备实用潜力。

　　导热系数和比热容是将相变乳液用作传热流体时需要考虑的重要热物性。为此，将水、含0.1%（质量分数）纳米石墨的纳米流体、20%（质量分数）石蜡相变乳液以及含有0.05%（质量分数）和0.1%（质量分数）纳米石墨改性的20%（质量分数）石蜡相变乳液在导热系数和表观比热容上进行了对比，如图7-13所示。与20%（质量分数）石蜡相变乳液相比，在其中添加0.05%（质量分数）纳米石墨使其导热系数提升了10.4%；将纳米石墨含量增大到0.1%（质量分数），导热系数的提升率达到20.0%，这表明纳米石墨的添加确实提升了相变乳液的导热系数［图7-13（a）］，且导热系数提升率随纳米石墨含量的增大而上升。与纳米流体的对比发现，尽管相变乳液的导热系数都低于在水中直接添加 0.1%（质量分数）纳米石墨所得纳米流体的导热系数，但它们在表观比热容上显示出优势。如图 7-13（b）所示，在石蜡的相变区间内，相变乳液的表观比热容呈现显著上升。与未改性相变乳液相比，加入纳米石墨使乳液的表观比热容略有降低；随着纳米石墨（质量分数）从 0.05% 增大到 0.1%，表观比热容继续下降，但总的下降幅度不大。改性相变乳液比热容的下降是因为纳米石墨的比热容低。

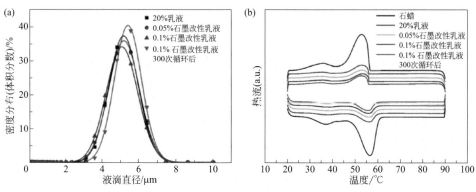

图7-12　不同相变乳液的液滴尺寸分布图（a）及其DSC曲线（b）

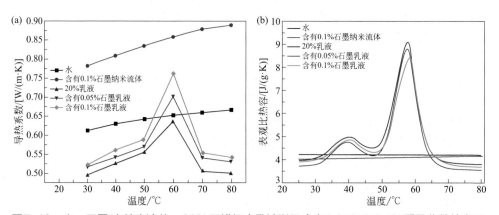

图7-13　水、石墨/水纳米流体、20%石蜡相变乳液以及含有0.05%和0.1%质量分数纳米石墨的20%石蜡相变乳液的导热系数（a）和表观比热容（b）

　　纳米石墨改性对相变乳液流变特性的影响如图 7-14 所示。随着剪切速率从 $0.1s^{-1}$ 上升到 $100s^{-1}$，0.05%（质量分数）纳米石墨改性乳液的黏度从 0.0428Pa·s 下降到 0.0373Pa·s，而 0.1%（质量分数）纳米石墨改性乳液则从 0.0584Pa·s

降低到 0.0419Pa·s。可见，纳米石墨含量的上升带来了相变乳液黏度略有增大。从冷热循环前后来看，300 次循环后 0.1%（质量分数）纳米石墨改性相变乳液的黏度稍大于循环前。

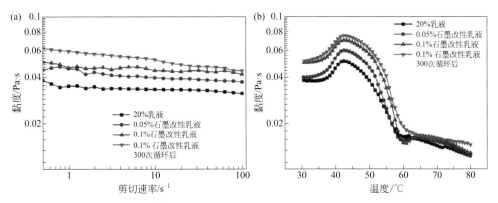

图7-14 相变乳液的流变特性
（a）30℃时不同相变乳液的黏度随剪切速率的变化；（b）100s⁻¹剪切速率下黏度随温度的变化

此外，在恒定的剪切速率下测定了这些乳液的黏度随温度的变化情况。由图 7-14（b）可知，这些乳液在 40℃附近都出现了黏度的快速上升，这可能是由相变温度附近液滴尺寸的变化而引起的。随着温度的进一步上升，这些相变乳液的黏度急剧下降，最后稳定在较低的黏度值。通过对比发现，加入纳米石墨带来了相变乳液黏度的些许上升，且随纳米石墨含量的增大而进一步提升，但黏度的增加幅度不大。值得关注的是，0.1%（质量分数）纳米石墨改性相变乳液在 300 次冷热循环前后的黏度十分相近，表明该乳液的稳定性较好。总之，这些相变乳液的黏度值都处在较低范围内，满足实际应用中泵输送的要求。

令人关注的是，在相变乳液中添加纳米石墨赋予了所得改性相变乳液光热转化性能，使其可用作太阳能集热流体。为此，在 1800W/m² 光强下采用闷晒实验评价了纳米石墨改性相变乳液的光热转化性能，并与水和石墨纳米流体进行了性能对比。图 7-15 是光热转化性能的测试装置示意图。实验装置由数据采集系统和光热转化系统两部分组成。其中，数据采集系统主要包括 1 台计算机、3 根 K 型热电偶和 1 台安捷伦数据收集器；光热转化系统由太阳模拟器、石英烧杯和泡沫绝缘材料组成。采用 ST-80C 型辐射计测量太阳模拟器的平均辐射热通量，测量精度小于 ±4%。测试前，将一定量的样品放入石英烧杯中，同时采用 3 根 K 型热电偶和红外热成像仪监测不同位置处样品的温度。

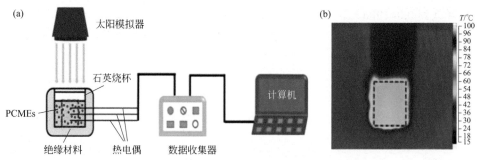

图7-15 光热转化性能的测试装置示意图，其中采用红外热成像仪测试矩形区域内的温度分布（a）和光照时间为1800s时，水的红外热成像图（b）

流体的集热效率可通过式（7-18）来计算：

$$\eta = \frac{m\int c_p(T)\,\mathrm{d}T}{G_s At} \times 100\%$$

（7-18）

式中 η——集热效率；

   m——相变乳液的质量，具体值为20g；

  $c_p(T)$——相变乳液的表观比热容，J/(g·K)；

   G_s——光照强度，W/m²；

   A——光照面积，具体值为19.6 cm²；

   t——照射时间，s。

光热转化性能评价结果如图7-16所示。在同样的光照强度和时间下，未改性相变乳液从室温升到了57.0℃，而0.05%（质量分数）和0.1%（质量分数）纳米石墨改性相变乳液则分别升到了70.9℃和80.1℃，这表明少量纳米石墨的加入显著提升了相变乳液的光热转化性能。尽管含0.1%（质量分数）石墨的纳米流体升温速率较快，但只升到了77.8℃，略低于相同纳米石墨含量的改性相变乳液。从集热效率来看，随着温度的上升，效率都呈下降趋势，这是因为流体温度的上升致使散热损失增大。具体地，纳米石墨改性相变乳液的效率在相同温度下都高于未改性相变乳液的效率，显示出纳米石墨的添加对集热效率的提升作用。对于含石墨的纳米流体而言，起初其集热效率较高，但其效率随温度的上升而下降很快，因而在很大的温度范围内低于相同纳米石墨含量的改性相变乳液。其原因在于改性相变乳液具有储热特性，使其能在80℃仍维持86.8%的集热效率。这些结果表明，纳米石墨改性相变乳液与普通相变乳液相比具有增大的导热系数，与纳米流体相比拥有储热特性，因而使其成为一类极具发展潜力的太阳能集热流体。

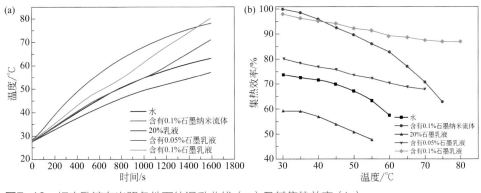

图7-16　相变乳液在光照条件下的温升曲线（a）及其集热效率（b）

二、纳米石墨改性石蜡相变乳液光热转化性能的优化

在上述关于纳米石墨改性相变乳液的研究中发现，当相变乳液用作集热流体时，其集热效率不仅与导热系数提升有关，而且还与其储热特性相关。对于光热转化而言，光吸收特性是重要影响因素。鉴于纳米石墨的添加量影响光吸收特性和导热系数，而石蜡含量决定相变乳液的储热密度，因而需对纳米石墨的添加量和相变乳液中石蜡的含量进行同时优化，以期获得具有高集热效率的纳米石墨改性相变乳液。为此，笔者通过均质乳化法制备石蜡分别为15%（质量分数）、20%（质量分数）和25%（质量分数）的相变乳液，并在每种相变乳液制备过程中分别添加了三种不同质量分数的纳米石墨（0.04%、0.07%和0.10%），获得了九种纳米石墨改性相变乳液。此外，为了进一步优化纳米石墨改性相变乳液的光热转化性能，采用相同的方法额外制备了纳米石墨质量分数分别为0.055%和0.085%的20%（质量分数）相变乳液。

测量了水和这11种纳米石墨改性相变乳液样品的储热特性参数（相变温度和相变焓）以及他们的热物性（导热系数、表观比热容、密度和黏度）。

此外，计算了纳米石墨改性石蜡/水相变乳液的储热量[33]。具体地，纳米石墨改性相变乳液的储热量包括储存在样品中的显热和液滴中的石蜡由固态转变为液态时所释放的潜热。

沿样品高度方向对其温度进行积分得到显热储热量 $Q_{sensible}$，具体见式（7-19）。

$$Q_{sensible} = \int c_p(y)\big[T(y) - T_0\big]\rho(y)A_c\,\mathrm{d}y \qquad (7\text{-}19)$$

式中　y——沿光照方向的样品高度，m；

　　　$T(y)$——沿 y 方向的温度分布函数，℃；

T_0——初始温度，℃；

A_c——石英烧杯的横截面积，m^2。

另外，因为样品的温度沿 y 方向分布不均匀，所以样品的表观比热容 $c_p(y)$ 和密度 $\rho(y)$ 是 y 的函数。

如公式（7-20）所示，相变储热量 Q_{latent} 由石蜡粒子处于液态的样品质量乘以其熔化焓来估计。

$$Q_{\text{latent}} = m_{\text{liquid}}\Delta H_m = \rho A_c (y_1 - y_0)\Delta H_m \qquad (7\text{-}20)$$

式中　$(y_1 - y_0)$——样品的熔化高度，m；

　　　　ρ——纳米石墨改性石蜡／水相变乳液中的石蜡粒子呈液态时样品的密度，kg/m^3；

　　　　ΔH_m——纳米石墨改性石蜡／水相变乳液的熔化焓，kJ/kg。

因此，样品的总储热量的计算公式如下：

$$Q_{\text{total}} = Q_{\text{sensible}} + Q_{\text{latent}} \qquad (7\text{-}21)$$

另外，以水的储热量作为参考值，纳米石墨改性相变乳液的相对储热量（η_r）的计算公式见式（7-22）。

$$\eta_r = \frac{Q_{\text{total,i}}}{Q_{\text{total,w}}} \times 100\% \qquad (7\text{-}22)$$

式中　$Q_{\text{total,w}}$ 和 $Q_{\text{total,i}}$——水和纳米石墨改性相变乳液的储热量，kJ。

1. 纳米石墨和石蜡含量对相变乳液储热特性和热物性的影响

一方面，纳米石墨质量分数对样品的储热特性和热物性有影响。以含不同纳米石墨质量分数的20%（质量分数）相变乳液为例，结果显示，含0.04%（质量分数）、0.055%（质量分数）、0.07%（质量分数）、0.085%（质量分数）和0.10%（质量分数）纳米石墨的相变乳液的熔化温度和熔化焓分别为52.0℃和43.9J/g、51.7℃和43.4J/g、51.9℃和43.0J/g、51.8℃和42.9J/g以及51.9℃和42.7J/g，这表明增加纳米石墨的质量分数对纳米石墨改性相变乳液的熔化温度几乎没有影响，但其熔化焓随着纳米石墨质量分数的增加而略为降低。另外，30℃时，含0.04%（质量分数）、0.055%（质量分数）、0.07%（质量分数）、0.085%（质量分数）和0.10%（质量分数）纳米石墨的相变乳液的表观比热容和导热系数分别为3.81J/(g·K) 和0.49W/(m·K)、3.79J/(g·K) 和0.50W/(m·K)、3.77J/(g·K) 和0.51W/(m·K)、3.75J/(g·K) 和0.51 W/(m·K) 以及3.73J/(g·K) 和0.53W/(m·K)。这表明，随着纳米石墨质量分数的增加，纳米石墨改性相变乳液的表观比热容略有下降，而导热系数随着纳米石墨质量分数的增加而增加。这是因为纳米石墨的表观比热容比相变乳液小，但其导热系数远高于20%（质量分数）的相变乳液。对于纳米石墨改性的15%（质量分数）和25%（质量分数）相变乳液，纳米石墨的质量分数对其储热特性和热物理性能的影响与上述结果具有相似的趋势。

另一方面，石蜡的质量分数对纳米石墨改性相变乳液的储热特性和热物性也有影响。以0.07%（质量分数）纳米石墨改性相变乳液为例，结果显示，石蜡质量分数分别为15%、20%和25%的相变乳液的熔化温度和熔化焓分别为51.8℃和30.5J/g、51.9℃和43.0J/g以及51.8℃和52.9J/g，这表明石蜡质量分数对纳米石墨改性相变乳液的熔化温度几乎没有影响，但其熔化焓与石蜡质量分数成正比。在比热容方面，当温度低于30℃（或高于70℃）时，不同石蜡质量分数的相变乳液的表观比热容基本保持不变，然而在相变区域内表现出正弦函数的特性。另外，30℃时，石蜡质量分数分别为15%、20%和25%的0.07%（质量分数）纳米石墨改性相变乳液的表观比热容和导热系数分别为3.87J/（g·K）和0.56W/（m·K）、3.77J/（g·K）和0.51W/（m·K）以及3.61J/（g·K）和0.48W/（m·K），这表明纳米石墨改性相变乳液的表观比热容和导热系数随着石蜡质量分数的增加而减小。原因主要是相变乳液的总质量为60g，增加石蜡质量分数会导致水的质量分数降低，而石蜡的表观比热容和导热系数都比水小。

2. 纳米石墨和石蜡含量对相变乳液光吸收特性的影响

光吸收特性是影响太阳能集热流体效率的重要因素，因而对上述纳米石墨改性相变乳液的光吸收特性进行了研究，如图7-17所示。一方面，在相同石蜡的质量分数下，纳米石墨改性相变乳液的吸光度随纳米石墨质量分数的增加而增大。具体地，对于石蜡质量分数为15%的相变乳液，与0.04%（质量分数）纳米石墨粉改性的相变乳液相比，0.07%（质量分数）纳米石墨改性的相变乳液在400～800nm的平均吸光度提升了21.0%，而0.10%（质量分数）纳米石墨改性的相变乳液的平均吸光度增加了49.9%。另外，与0.04%（质量分数）纳米石墨改性的20%（质量分数）相变乳液相比，含0.055%（质量分数）、0.07%（质量分数）、0.085%（质量分数）和0.10%（质量分数）纳米石墨的20%（质量分数）相变乳液的吸光度分别提高了6.5%、19.5%、32.5%和43.2%。而与0.04%（质量分数）纳米石墨改性的25%（质量分数）相变乳液相比，含0.07%（质量分数）和0.10%（质量分数）纳米石墨的25%（质量分数）相变乳液的吸光度分别提高了18.0%和34.8%。由上述结果可以看出，当纳米石墨从0.04%（质量分数）增加到0.07%（质量分数）和0.10%（质量分数）时，15%（质量分数）相变乳液的吸光度分别提高了21.0%和49.9%，20%（质量分数）相变乳液的吸光度分别提高了19.5%和43.2%，25%（质量分数）相变乳液的吸光度分别提高了

18.0%和34.8%。另一方面，相同纳米石墨质量分数下，纳米石墨改性相变乳液的吸光度随石蜡质量分数的增加而逐渐降低。以0.07%（质量分数）纳米石墨改性相变乳液为例：20%（质量分数）和25%（质量分数）相变乳液的吸光度比15%（质量分数）相变乳液的吸光度分别降低了11.6%和29.6%。此外，含0.04%（质量分数）和0.10%（质量分数）纳米石墨的相变乳液的吸光度也具有相似的规律。

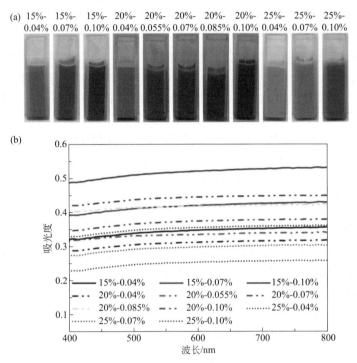

图7-17　纳米石墨改性相变乳液的图片（a）及其冷冻干燥后测得的吸收光谱图（b）

　　总之，纳米石墨改性相变乳液的吸光度随纳米石墨质量分数的增加而增大，随石蜡质量分数的增加而减小，这是因为黑色的纳米石墨具有优异的吸光性能，而微米级的白色石蜡液滴散射或反射可见光。在11个相变乳液样品中，0.10%（质量分数）纳米石墨改性的25%（质量分数）相变乳液的吸光度与0.04%（质量分数）纳米石墨改性的15%（质量分数）相变乳液的吸光度非常接近；0.10%（质量分数）纳米石墨改性的15%（质量分数）相变乳液的吸光度最大，而0.04%（质量分数）纳米石墨改性的25%（质量分数）相变乳液的吸光度最小。可见，纳米石墨改性相变乳液的吸光度随纳米石墨和石蜡质量分数的变化而变化，从而影响其光热转化特性。

3．纳米石墨改性相变乳液的光热转化性能

采用图 7-15 的实验装置评价了 11 个纳米石墨改性相变乳液样品的光热转化性能，并与水进行对比。如图 7-18（a）所示，水和纳米石墨改性相变乳液的温度随着辐照时间的增加呈线性上升，所有纳米石墨改性相变乳液样品的升温速率和最终温度都明显高于水，这表明纳米石墨改性相变乳液的光热转化性能优于水。具体地，相同的辐照时间下，含 0.04%（质量分数）纳米石墨的相变乳液的温度低于含 0.07%（质量分数）和 0.10%（质量分数）纳米石墨的相变乳液的温度；纳米石墨质量分数从 0.04% 增加至 0.055% 和 0.07% 时，纳米石墨改性的 20%（质量分数）相变乳液的温升速率和最终温度显著地增加，但纳米石墨质量分数由 0.07% 进一步提高到 0.085% 和 0.10%，纳米石墨改性的 20%（质量分数）相变乳液的温升速率和最终温度逐渐地降低。这些结果表明，纳米石墨质量分数对改性相变乳液的光热转化性能具有重要的影响。此外，石蜡质量分数为 15% 时，0.07%（质量分数）纳米石墨改性相变乳液的温升速率和最终温度明显比 0.10%（质量分数）纳米石墨改性相变乳液的高。当石蜡质量分数从 15% 增加到 20% 和 25% 时，0.07%（质量分数）和 0.10%（质量分数）纳米石墨改性的相变乳液的温升速率和温度的差异逐渐地缩小，这表明纳米石墨和石蜡含量之间存在协同作用。总之，在所有相变乳液中，0.04%（质量分数）纳米石墨改性的 25%（质量分数）相变乳液因光吸收特性最差而导致其最终温度最低。有趣的是，0.07%（质量分数）纳米石墨改性的 15%（质量分数）相变乳液和 0.07%（质量分数）纳米石墨改性的 20 %（质量分数）相变乳液的最终温度最高，但这两个样品的吸光度都不是最高的，如图 7-17（b）所示。可见，除了光吸收特性外，还有其他因素影响了纳米石墨改性相变乳液的光热转化性能。

为了进一步揭示光热转化性能的影响因素，采用红外热成像仪测量了辐照时间为 1800s 时的各个样品温度，红外热成像图和相应的温度分布图见图 7-18（b）和图 7-18（c）。与水的温度分布不同，所有纳米石墨改性相变乳液样品的温度沿高度方向逐渐降低，表明了纳米石墨改性相变乳液的内部温度分布不均匀。此外，从图 7-18（c）可以看出，纳米石墨改性相变乳液的温度分布随着纳米石墨和石蜡质量分数的变化而变化。其中，纳米石墨质量分数为 0.07% 时，25%（质量分数）相变乳液的顶部温度最高且底部温度较低，表明其温度分布最不均匀。原因主要是 25%（质量分数）相变乳液的导热系数最低，而传热速率随导热系数降低而减小，顶部样品吸收太阳能产生的热量无法及时传递到底部样品，从而导致样品的表面温度高，底部温度低。含 0.04%（质量分数）、0.055%（质量分数）、0.085%（质量分数）和 0.10%（质量分数）纳米石墨的相变乳液的温度分布也有相同的规律。这些结果表明，导热系数是纳米石墨改性相变乳液温度分布的重要因素。

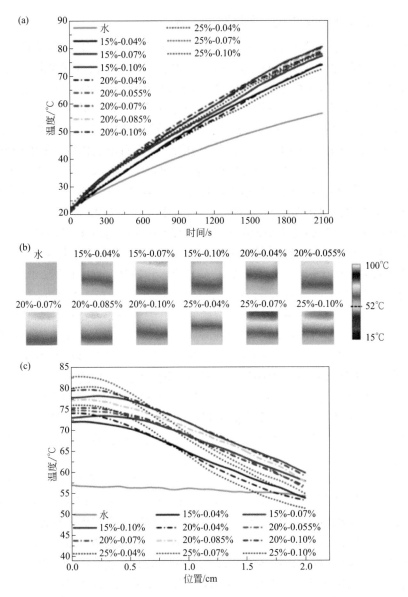

图7-18 水和纳米石墨改性相变乳液的温度随辐照时间的变化（a）和光照时间为1800s时，水和纳米石墨改性相变乳液的红外热成像图（b）及其温度分布曲线（c）

另一方面，当石蜡质量分数为15%时，0.07%（质量分数）纳米石墨改性相变乳液的最终温度高于0.10%（质量分数）纳米石墨改性相变乳液的最终温度，且它们的最终温度都比0.04%（质量分数）纳米石墨改性相变乳液的温度高。纳米石墨改性的 20%（质量分数）和 25%（质量分数）相变乳液也有类似的趋势。值得注意的是，0.10%（质量分数）纳米石墨改性的 15%（质量分数）相变乳液的光吸收性能最好，但其最终温度低于 0.07%（质量分数）纳米石墨改性的 15%（质量分数）相变乳液。两种相变乳液的光热转化性能存在差异的原因分析如下。从图 7-17 可以看出，0.10%（质量分数）纳米石墨改性 15%（质量分数）相变乳液的吸光度比 0.07%（质量分数）纳米石墨改性 15%（质量分数）相变乳液的提高了 23.7%，但它们的导热系数非常接近。开始辐照时，0.10%（质量分数）纳米石墨改性 15%（质量分数）相变乳液因具有较好的光吸收性能，其升温速率高于 0.07%（质量分数）纳米石墨改性 15%（质量分数）相变乳液。具体如图 7-18（a）所示，辐照时间小于 250 s 时，0.10%（质量分数）纳米石墨改性 15%（质量分数）相变乳液的温度高于 0.07%（质量分数）纳米石墨改性 15%（质量分数）相变乳液，因为 0.10%（质量分数）纳米石墨改性 15%（质量分数）相变乳液吸收并转化了更多热量，特别是在样品表面。然而，所产生的热量无法及时地传递到样品的底部，导致样品表面的水受热蒸发并在石英盖背面凝结成水滴，进而削弱了入射光的强度。因此，随着辐照时间的延长，0.10%（质量分数）纳米石墨改性 15%（质量分数）相变乳液的温升速率反而比 0.07%（质量分数）纳米石墨改性 15%（质量分数）相变乳液的温升速率小。当辐照时间大于 750s 时，0.10%（质量分数）纳米石墨改性 15%（质量分数）相变乳液的温度明显低于相同辐照时间下 0.07%（质量分数）纳米石墨改性 15%（质量分数）相变乳液的温度。上述研究表明，要获得高的光热转化性能，纳米石墨改性相变乳液的吸光度要与其导热系数相匹配，以避免纳米石墨改性相变乳液中的水蒸发而影响光的入射。

再者，通过计算水和纳米石墨改性相变乳液的储热量来对比其光热转化性能。为了简化计算，将 30℃时测得纳米石墨改性相变乳液的表观比热容和密度作为石蜡粒子处于固态时的样品的表观比热容和密度；将 80℃时测得的纳米石墨改性相变乳液的表观比热容和密度作为石蜡粒子处于液态时的样品的表观比热容和密度。如图 7-19（a）所示，所有纳米石墨改性相变乳液的储热量都随着辐照时间的增加而增大，且都比水的储热量大。另外，随着辐照时间的延长，纳米石墨改性相变乳液的储热量与水的储热量之间的差异进一步扩大，这表明纳米石墨改性相变乳液具有良好的太阳能转化和存储能力。此外，以水的蓄热量作为参考，辐照时间为 1800s 时，计算纳米石墨粉改性相变乳液相对蓄热量的结果表明，纳米石墨粉质量分数为 0.07% 时，15%、20% 和 25% 相变乳液的相对蓄热量分别为 157.4%、163.7% 和 158.0%。可见，0.07% 纳米石墨粉改性的 20% 相变乳液具有最高的相对蓄热量能力。

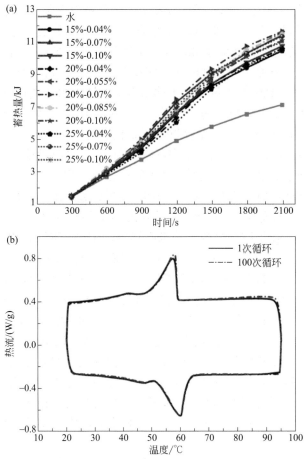

图7-19　水和纳米石墨改性相变乳液的储热量随光照时间的变化图（a）和0.07%（质量分数）纳米石墨改性20%（质量分数）石蜡相变乳液冷热循环100次前后的DSC曲线（b）

最后，评价了0.07%（质量分数）纳米石墨改性的20%（质量分数）相变乳液的热可靠性。由图7-19（b）可知，0.07%（质量分数）纳米石墨改性的20%（质量分数）相变乳液的凝固温度高于其熔化温度，说明该相变乳液不存在过冷问题。更重要的是，100次冷热循环前后，0.07%（质量分数）纳米石墨改性的20%（质量分数）相变乳液的DSC曲线重合，熔化焓仅减小了0.2%，这表明该纳米石墨改性石蜡相变乳液具有优异的热可靠性，具备实际应用前景。总之，该纳米石墨改性石蜡相变乳液既不存在过冷和稳定性问题，又具有储热密度大、导热系数高、光热转化性能优异和热可靠性好等优点，可作为一种新型太阳能集热流体。

第四节
用于蓄冷的纳米石墨改性OP10E相变乳液

蓄冷技术已被广泛应用于空调蓄冷、建筑节能和食品等领域。蓄冷系统的效率高低主要取决于蓄冷介质的性能。目前，常用的蓄冷介质有水、冰、水合盐和共晶盐等。然而，水的蓄冷密度较低；冰的相变温度与空调系统制冷机的蒸发温度不匹配，因而限制了其应用；水合盐和共晶盐则存在稳定性差和过冷度大等缺点，致使其蓄冷性能降低。因此，需要开发一种相变温度适宜且蓄冷密度大的新型蓄冷介质。

相变乳液不仅制备工艺简单而且具有较大的储热容量。可见，选用低相变温度以适用于蓄冷的相变材料，将其制备成相变乳液，则有望获得高性能的蓄冷介质。然而，导热系数低是相变乳液用作蓄冷介质时需要改进的主要缺点。为此，笔者以OP10E（相变温度为10℃的石蜡类相变材料）为模型，选用吐温-80和司盘-80复配的混合乳化剂，将其乳化来制备相变乳液。首先，通过考察混合乳化剂的HLB值和浓度对所得相变乳液液滴粒径分布和分散稳定性的影响发现，当混合乳化剂的HLB值和浓度分别为8.9和5%（质量分数）时，所制备的OP10E相变乳液的平均粒径最小且分散稳定性最好。随后，应用此制备工艺条件，通过添加纳米石墨，研制了适用于蓄冷领域的纳米石墨改性OP10E相变乳液[34]。

一、纳米石墨改性OP10E相变乳液的形貌与蓄冷特性

所用纳米石墨为球形纳米颗粒，平均粒径为20～30 nm，如图7-20（a）所示。由含2%（质量分数）纳米石墨的改性相变乳液偏光显微镜照片可知，相变材料OP10E以球形液滴的形式分散在水中，且粒径分布较窄，如图7-20（b）。由于石墨粉的粒径尺寸为纳米级，在放大倍数为500倍下，无法观察到样品中纳米石墨粉粒子。此外，当纳米石墨质量分数从0.25%、0.5%、1.0%和2.0%增加到4.0%时，相变乳液的颜色逐渐加深，最后变成黑色，如图7-20（c）所示。

含不同质量分数纳米石墨的改性相变乳液DSC曲线（图7-21）显示：所有乳液样品的熔化温度基本保持不变，而它们的凝固温度随着纳米石墨质量分数的变化而变化。具体地，不含纳米石墨的30%（质量分数）OP10E相变乳液呈现两个凝固峰，第一个凝固峰的凝固温度为-1.1℃，另一个凝固峰的凝固温度为

2.8℃；对应于其熔化温度，则第一个和第二个凝固峰呈现的过冷度分别为9.9℃和6.0℃。当纳米石墨质量分数为0.25%时，所得相变乳液的凝固曲线与不含纳米石墨的相变乳液的凝固曲线相似，也含有两个凝固峰，凝固温度分别为-1.0℃和2.8℃。当纳米石墨质量分数增加到0.5%时，其凝固曲线中出现了第三个凝固峰，对应的凝固温度为8.9℃，而凝固温度分别为-1.0℃和2.8℃的两个凝固峰几乎消失。当纳米石墨质量分数进一步增加到2.0%时，所得相变乳液的凝固曲线中只出现了凝固温度为9.1℃的第三凝固峰，高于其熔化温度8.9℃，这表明含2%（质量分数）纳米石墨的相变乳液不存在过冷问题。含4%（质量分数）纳米石墨的相变乳液的凝固峰与含2%（质量分数）纳米石墨的相变乳液的凝固峰相同，也没有出现明显过冷。上述结果表明，在30%（质量分数）OP10E相变乳液中添加纳米石墨，且当纳米石墨质量分数等于或大于2%时，有效消除了该相变乳液的过冷问题。

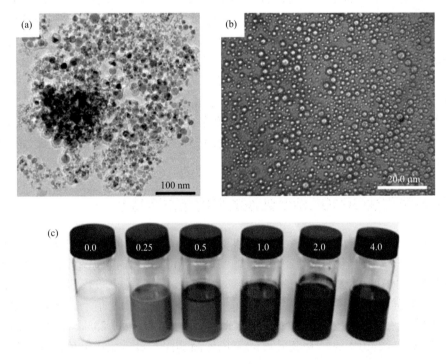

图7-20　纳米石墨的TEM图（a），25℃时含2%（质量分数）纳米石墨的相变乳液稀释100倍后的偏光显微镜图（500×）（b）和含不同质量分数纳米石墨的相变乳液照片（c）

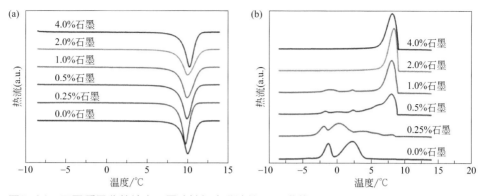

图7-21 不同质量分数纳米石墨改性相变乳液的DSC曲线
（a）熔化曲线；（b）凝固曲线

在热物性方面，不同质量分数纳米石墨改性相变乳液的表观导热系数如图 7-22（a）所示。不含纳米石墨的相变乳液的导热系数为 0.306W/（m·K）。当纳米石墨质量分数为 0.25%、0.5%、1.0%、2.0% 和 4.0% 时，改性相变乳液的导热系数分别提升到 0.369 W/（m·K）、0.433W/（m·K）、0.497W/（m·K）、0.578 W/（m·K）和 0.648W/（m·K）。具体地，2.0%（质量分数）纳米石墨改性相变乳液的导热系数相比纯相变乳液提高了 88.9%、4.0%（质量分数）纳米石墨改性相变乳液的导热系数相比纯相变乳液提高了 111.8%。这表明，在 OP10E/ 水相变乳液中分散高导热系数的纳米石墨显著提高了其导热系数。

为评价蓄冷特性，将含 2%（质量分数）纳米石墨的相变乳液从 20℃迅速降低到 10℃，然后在 10℃保持一段时间，最后再降至 1.4℃，来获得步冷曲线。如图 7-22（b）所示，含 2%（质量分数）纳米石墨的相变乳液在冷却过程中出现的温度平台在 10℃左右，与其熔点非常接近。这再次表明，含 2%（质量分数）纳米石墨的相变乳液没有出现过冷现象。相比之下，不含纳米石墨的相变乳液的温度首先从 20℃快速地降低到 6℃，然后再从 6℃逐渐减小到 1.4℃。可见，不含纳米石墨的相变乳液没有固定的凝固温度，存在过冷问题。另外，含 2%（质量分数）纳米石墨的相变乳液温度从 20℃降低到 1.4℃仅用了 496s，其冷却速率是不含纳米石墨的相变乳液的 1.6 倍。究其原因在于含 2%（质量分数）纳米石墨的相变乳液导热系数明显高于不含纳米石墨的相变乳液。总之，含 2%（质量分数）纳米石墨的改性 OP10E 相变乳液具有无过冷和冷却速率快的优势，是有潜力的蓄冷介质。

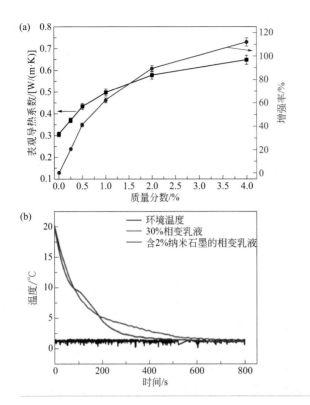

图7-22
不同质量分数纳米石墨改性相变
乳液表观导热系数（a）和相变
乳液步冷曲线（b）

二、纳米石墨改性OP10E相变乳液的热可靠性和黏度

　　将含 2%（质量分数）纳米石墨的 OP10E 相变乳液在存储 30 天以及经历冷热循环 300 次后进行 DSC 测试，结果显示，新制备含 2%（质量分数）纳米石墨的相变乳液的熔化和凝固温度分别为 8.9℃和 9.1℃，熔化焓和凝固焓分别是 47.9J/g 和 47.9J/g；存放和冷热循环对该乳液的相变特性无明显影响，即相变温度和潜热变化不大。这表明含 2%（质量分数）纳米石墨的相变乳液具有良好的热可靠性。此外，新制备的、存储 30 天和冷热循环后的相变乳液都没有表现出过冷问题。

　　黏度是相变乳液用作蓄冷流体时需要考虑的重要特性。25℃时，含 2%（质量分数）纳米石墨的相变乳液的黏度随剪切速率的变化见图 7-23（a）。结果显示：3 个样品的表观黏度都随着剪切速率增大而逐渐减小，属于非牛顿流体；在相同剪切速率下，300 次冷热循环后的样品表观黏度略高于存储 30 天后的样品的黏度，且上述两个样品的表观黏度都高于新制样品的表观黏度；与新制样品相比，存储 30 天和 300 次冷热循环后的样品表观黏度最大增加量小于 3.0mPa·s，证明含 2%（质量分数）纳米石墨相变乳液具有良好的黏度稳定性；再者，3 个样品的表观黏度均低于 11.5mPa·s，表明含 2%（质量分数）纳米石墨的相变乳液的黏度满足实际应用中泵输送系统的要求。另外，在剪切速率为 100s⁻¹ 时，测量了 5～25℃范围内样品的表观黏度，以考察其表观黏度随温度的变化情况。从图 7-23（b）可以看出，3 个样品的表观黏度都随着温度的减小而增大。温度从 25℃降低至 5℃时，新制样品的表观黏度从 5.46mPa·s 逐渐增加到 10.0mPa·s，其他两个样品的表观黏度具有相同的变化趋势。这是因为，降低温度使相变乳液液滴中的 OP10E 由液态凝结成固态，而固态 OP10E 的表观黏度大于液态 OP10E 的表观黏度，因而纳米石墨改性相变乳液的表观黏度随着温度的降低而增大。更重要的是，3 个样品的黏度始终均低于 11.5mPa·s，进一步证实含 2%（质量分数）纳米石墨的相变乳液黏度满足实际应用中泵输送系统的要求，具备应用价值。

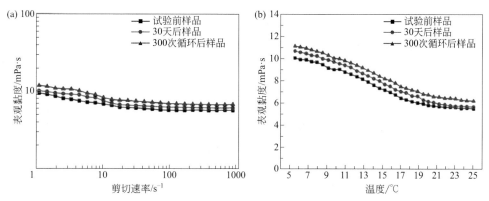

图7-23 含 2 %（质量分数）纳米石墨的相变乳液表观黏度随剪切速率的变化图（a）和表观黏度随温度的变化图（b）

总之，通过在 OP10E 相变乳液中添加 2%（质量分数）的纳米石墨，不仅可以克服其过冷问题，而且提升了导热系数，所得纳米石墨改性相变乳液热可靠性好且黏度适宜，因而是一种具有应用潜力的蓄冷介质。

第五节
纳米相变乳液

一、纳米相变乳液的特性

普通相变乳液因液滴尺寸在微米级而有自动聚结的趋势，不属于热力学稳定体系，所以存在不稳定的隐患。根据 Stokes 定律可知，降低相变乳液的液滴半径是提高相变乳液稳定性的有效途径[3]。纳米相变乳液的粒径分布范围在 20～500 nm，纳米相变乳液呈乳白色、透明或半透明状。与微米级相变乳液相比，纳米相变乳液因其液滴尺寸小而受重力影响弱，布朗运动可以防止液滴的上浮或下沉，因而具有更好的分散稳定性，成为了更具发展潜力的潜热型功能热流体。

近年来，纳米相变乳液的研究开始引起人们的关注，其制备工艺按耗能可分为高能（如超声分散等）和低能（相转变组分法等）两种途径。Schalbart 等[35]制备了液滴尺寸在 200～250nm 的十四烷纳米相变乳液，其显示出超过 6 个月的分散稳定性，且黏度只有水的 2～4 倍，但乳液的过冷度明显大于十四烷的过冷度。随后，他们又将对相变材料含量的考察范围从低于 20%（质量分数）提升到 50%（质量分数）；研究表明，如果相变材料的含量低于 30%（质量分数），纳米相变乳液的黏度尚在合理范围内，但如果高于此含量，则其黏度会呈指数上升[36]。Jadhav 等[37]用改性十二烷基硫酸钠作为乳化剂，通过高能的超声乳化法与相转变组分法相结合，制备了相变峰值温度在 63.8℃的石蜡体积分数为 20%的石蜡／水纳米相变乳液，并通过 Zeta 电位表征纳米相变乳液的稳定性。结果表明，纳米相变乳液的 Zeta 电位随改性十二烷基硫酸钠的增加基本保持不变，随着超声功率的增加先减小再增大；通过超声分散法制备的纳米相变乳液的稳定性比采用相转变组分法制备的纳米相变乳液的稳定性好，显示出制备方法和超声功率都会影响纳米相变乳液的稳定性。

作为传热流体，纳米相变乳液的流变特性、黏度以及输送相变乳液所消耗的泵功率也备受关注。Zhang 等[38]通过超声分散法制备了平均粒径小于 210nm 的十八烷／水纳米相变乳液，考察了温度对纳米相变乳液黏度的影响。他们发现，十八烷质量分数分别为 10%、20% 和 30% 纳米相变乳液的黏度随着温度的升高而降低，40%（质量分数）纳米相变乳液的黏度随着温度的升高反而增加。Morimoto 等[39]通过 D 相乳化法分别制备了一系列十六烷纳米相变乳液和十八烷纳米相变乳液，并研究了纳米相变乳液的热物性、流变特性和泵功率。结果显示：10%～30%（质量分数）的纳米相变乳液可以近似看作牛顿流体，而 40%（质量分数）纳米相变乳液表现为假塑性流体；10%～25%（质量分数）的纳米相变乳液的泵功率低于水，而 30%（质量分数）纳米相变乳液的泵功率快速上升；与降低流量相比，减小黏度在降低泵功率方面的效果更显著。Chen 等[24]通过理论计算发现，尽管在相同质量流量下纳米相变乳液的压降大于水，但是在相同储热量下纳米相变乳液的泵功率远小于水，揭示出纳米相变乳液在热能储存上的优势。

总之，纳米相变乳液具有良好的分散稳定性；其比热容高于水，具备热能储存能力；控制相变材料的质量分数在适宜的范围内，纳米相变乳液的黏度与水相比并不会升高太多，具备可输送性。

二、超声乳化法制备OP28E纳米相变乳液

笔者以OP28E相变材料（相变温度28℃左右）为模型，采用高能的超声乳化法，制备了两种浓度的OP28纳米相变乳液[40]。以20%（质量分数）纳米相变乳液为例，具体制备工艺如下：称取十二烷基苯磺酸钠（SDBS），加入去离子水中，搅拌，得到SDBS水溶液；与此同时，将OP28E相变材料加热到50℃，使其完全熔化成液态；再将液态OP28E加入到SDBS水溶液中，超声分散，即得20%（质量分数）OP28E纳米相变乳液。

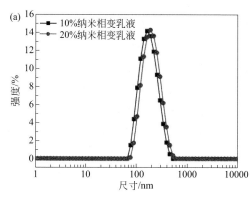 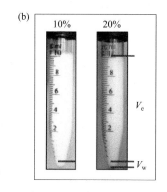

图7-24 不同质量分数纳米相变乳液的粒径分布图（a）以及存储2个月后的实物图（b）

由图7-24（a）纳米相变乳液的粒径分布图可以看出，乳液液滴尺寸分布曲线呈单峰，近似符合对数正态分布函数。10%（质量分数）纳米相变乳液的平均粒径和多分散指数分别为180.9nm和0.116；20%（质量分数）纳米相变乳液的平均粒径和多分散指数分别为191.4 nm和0.160。可见，纳米相变乳液的平均粒径和多分散指数随OP28E质量分数的增加而略有增加。图7-24（b）是将纳米乳液在常温下贮存2个月后的照片，其中红线是纳米相变乳液与水的分界线。可以看出，样品的分离率小于1%，表明这两个纳米相变乳液具有良好的稳定性。

从图7-25（a）不同质量分数OP28E纳米相变乳液的DSC曲线可知，OP28E相变材料的熔化温度和凝固温度分别为25.9℃和26.2℃，熔化焓和凝固焓分别为216.0J/g和214.5J/g。10%（质量分数）相变乳液的熔化焓和凝固焓分别为21.6J/g和20.4J/g；20%（质量分数）相变乳液的熔化焓和凝固焓分别为44.1J/g和43.8J/g，显示出实验测得的相变焓与根据OP28E含量的计算值相一致。值得关注的是，10%（质量分数）纳米相变乳液的熔化温度和凝固温度分别为26.3℃和12.9℃，20%（质量分数）纳米相变乳液的熔化温度和凝固温度分别为26.2℃和13.0℃，这表明这两个纳米相变乳液的凝固温度明显低于其熔化温度，即出现了过冷现象。具体

地，10%（质量分数）和20%（质量分数）纳米相变乳液的过冷度分别为13.4℃和13.2℃。究其原因在于，纳米相变乳液的粒径细小，液滴内部无法形成稳定的晶核，结晶困难，从而导致纳米相变乳液的凝固温度远低于其熔化温度。

不同质量分数纳米相变乳液的表观比热容如图7-25（b）所示。纳米相变乳液的表观比热容在相变区间显著地增加，增加幅度与OP28E的质量分数相关。OP28E质量分数为10%和20%的纳米相变乳液的最大表观比热容分别为9.69J/（g·K）和19.43J/（g·K），分别是水的2.32倍和4.65倍，这表明纳米相变乳液的表观比热容随着OP28E质量分数的增加而增大。因此，OP28E相变乳液可以在一定的操作温度范围内有效地提高传热流体的储热密度。

图7-25（c）是水和不同质量分数纳米相变乳液的表观导热系数随温度的变化情况。当温度从20℃升高到50℃时，水的表观导热系数从0.598W/（m·K）提高到0.645W/（m·K）。然而，纳米相变乳液的表观导热系数随温度的变化趋势与水的不同。具体地，当温度低于纳米相变乳液的相变温度时，纳米相变乳液的表观导热系数随着温度的升高略微增大，随后在熔化温度附近快速地增大；在35～40℃时，纳米相变乳液中OP28E粒子由表观导热系数较高的固态逐渐转变为表观导热系数较低的液态，因而纳米相变乳液的表观导热系数快速地降低。另外，由于OP28E的导热系数远低于水的导热系数，所以纳米相变乳液的表观导热系数随着OP28E质量分数的增加而逐渐减小。

纳米相变乳液的密度随温度的变化如图7-25（d）所示。纳米相变乳液的密度与水一样随着温度的升高而逐渐地降低，这是因为升高温度使分子的热运动加剧，样品的体积增大。具体地，在25℃时，水的密度为997kg/m³，10%（质量分数）纳米相变乳液的密度为976kg/m³，20%（质量分数）纳米相变乳液的密度为955kg/m³。由于OP28E的密度小于水的密度，所以纳米相变乳液的密度与OP28E质量分数成反比。

纳米相变乳液的剪切应力随剪切速率的变化如图7-26（a）所示。通过幂律定律对剪切应力随剪切速率的变化曲线进行拟合，得到水和纳米相变乳液的无量纲流动行为指数 n 和流体稠度系数 K。结果显示，所有样品的无量纲流动行为指数都约等于1，这说明纳米相变乳液是牛顿流体。此外，稠度系数随着OP28E质量分数的增大而增大，表明了纳米相变乳液的黏度随着OP28E质量分数的增大而增大。当剪切应力为100s⁻¹时，还研究了纳米相变乳液的表观黏度随温度的变化。结果显示，如图7-26（b），温度对样品的表观黏度影响较大，尤其对20%（质量分数）纳米相变乳液的表观黏度影响最显著。当温度从10℃升高至60℃，10%（质量分数）纳米相变乳液的表观黏度从2.21mPa·s降低到0.879mPa·s，20%（质量分数）纳米相变乳液的表观黏度从5.11mPa·s快速降低至1.5mPa·s。可见，OP28E的质量分数越大，纳米相变乳液的表观黏度随温度变化越明显，在其相变温度区间内尤为显著。此外，纳米相变乳液的表观黏度随着温度的升高而降低，随 OP28E 质量分数的增加而增大。

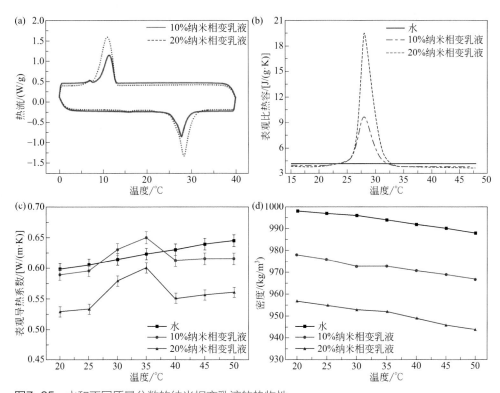

图7-25 水和不同质量分数的纳米相变乳液的热物性
（a）DSC图；（b）表观比热容；（c）表观导热系数随温度的变化图；（d）密度随温度的变化图

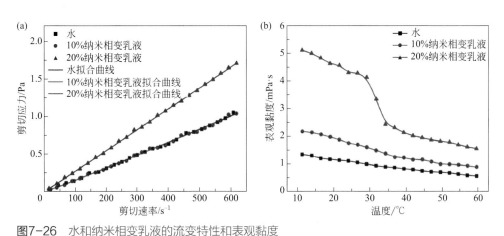

图7-26 水和纳米相变乳液的流变特性和表观黏度
（a）25℃时剪切应力随剪切速率的变化；（b）当剪切速率为100s⁻¹时，表观黏度随温度的变化

总之，采用超声乳化法制备了两种浓度 OP28E 纳米相变乳液，所得乳液具有较好的分散稳定性和在特定温度范围内增大的表观比热容，但存在较大的过冷度。因此，解决过冷度大的问题是将纳米相变乳液推向实用的关键。

三、无过冷的纳米相变乳液

纳米相变乳液具有分散稳定性好的优势，是极具应用前景的潜热型功能热流体。然而，较大的过冷度是纳米相变乳液的固有问题。为了提升纳米相变乳液的应用性能，研制低过冷度甚至无过冷的纳米相变乳液具有重要意义。尽管通过添加纳米颗粒用作成核剂已被证明能有效降低微米级相变乳液的过冷度，但对液滴尺寸更小的纳米相变乳液则并不适用。因此，探索新途径来降低纳米相变乳液的过冷度十分必要。笔者探索了一类高分子型表面活性剂作为乳液剂，在不外加成核剂的情况下，研制出了无过冷的纳米相变乳液。

以相变材料 OP35E（相变温度 35℃左右）为模型，先把选定的某高分子型表面活性剂溶于水中得到胶束溶液，再将加热熔融后的 OP35E 以质量分数分别为 10% 和 20% 加入到该胶束溶液中，随后用超声细胞粉碎机分散，即获得无过冷 10%（质量分数）和 20%（质量分数）OP35E 纳米相变乳液。为了对比，选用了另一种普通表面活性剂，采用相同的工艺，制备了有过冷的 20%（质量分数）OP35E 纳米相变乳液。

这些 OP35E 纳米相变材料的液滴尺寸分布见图 7-27（a）。采用高分子型乳液剂制备的 10%（质量分数）和 20%（质量分数）乳液平均液滴粒径分别为 334.7nm 和 357.0nm，对照样 20%（质量分数）乳液的平均粒径为 222.4nm，且这些乳液的液滴尺寸大部分小于 500nm。可见，这些乳液都属于纳米相变乳液。在储热特性方面，如图 7-27（b）所示，OP35E 熔化焓和凝固焓分别为 217.0J/g 和 217.2J/g，熔点和凝固点分别为 32.96℃和 33.75℃，表明它是不存在过冷的相变材料。对于纳米相变乳液［图 7-27（c）］来说，用高分子型表面活性剂制备的 10%（质量分数）纳米相变乳液的熔点和凝固点分别为 34.02℃和 33.49℃，20%（质量分数）纳米相变乳液的熔点和凝固点分别为 33.98℃和 33.39℃，表明这两个纳米相变乳液都不存在过冷问题。然而，对于采用普通表面活性剂制备的对照样乳液，其熔点和凝固点分别为 33.52℃和 21.85℃，因而显示出 11.67℃的过冷度。上述结果表明，通过选用特定结构的表面活性剂解决了纳米相变乳液过冷度大的问题，获得了无过冷的纳米相变乳液。在相变潜热方面，纳米乳液的相变潜热与其中所含的相变材料的质量分数相当。此外，通过测定纳米相变乳液的步冷曲线进一步评价其储热特性。如图 7-27（d）所示，与水在升温过程的表现不同，三种纳米相变乳液都出现了位于 33℃附近的温度平台，而且相变材料含量越高，平台持续时间越长，这对应于纳米相变乳液中所含相变材料以潜热形式储存热量。在降温过程中，采用选定的高分子型乳液剂制备的10%（质量分数）和20%（质量分数）OP35E纳米相变乳液在34℃附近出现了温度平台，与其熔点非常接近，这进一步证实了这两种纳米相变乳液不存在过冷；采用普通表面活性剂制备的对照样则是在23℃附近出现温度平台，因而显示出10℃左右的过冷度，这与其DSC曲线相吻合。由此可知，无过冷的纳米相变乳液在熔化温度33℃左右即可全部释放潜热，而有过冷的纳米相变乳液则不能及时释放潜热，从而影响其实际应用效果。总之，与添加高熔点石蜡和纳米材料等手段相比，利用乳化剂自身的结构来克服所得纳米相变乳液的过冷，因无外加物质的加入而不会增添纳米相变乳液的稳定性隐患，从而更具实用价值。

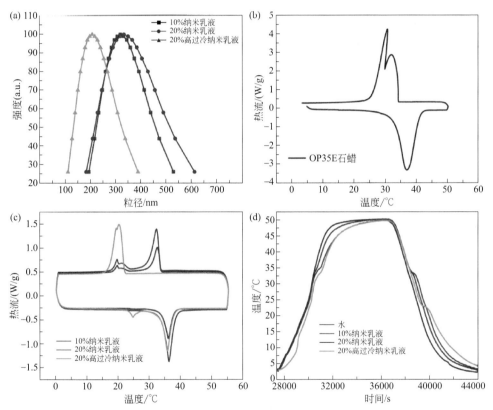

图7-27 纳米相变乳液粒径分布及热物性曲线

（a）纳米相变乳液的液滴尺寸分布图；（b）OP35E的DSC曲线；（c）采用高分子型表面活性剂制备的无过冷10％（质量分数）和20％（质量分数）纳米相变乳液和采用其他表面活性剂制备的有过冷20％（质量分数）纳米相变乳液的DSC曲线；（d）纳米相变乳液和水的步冷曲线

为了将无过冷纳米相变乳液推向实用，对其表观比热容、导热系数及黏度进行了研究。如图7-28所示，尽管无过冷10%（质量分数）和20%（质量分数）纳米相变乳液在非相变温度范围区呈现出表观比热容小于水，但是在相温度范围内显示出表观比热容急剧增大；它们的最大表观比热容分别为9.58 J/（g·K）和13.74J/（g·K），分别是水的2.29和3.29倍。这些结果表明纳米相变乳液的表观比热容在相变区间内大于水，且增大幅度与相变材料含量成正相关。在导热系数方面，纳米相变乳液的导热系数都小于水，且相变材料含量越高导热系数越低。这是因为有机相变材料的导热系数低于水。对于黏度来说，在相同温度下，相变材料含量越高，纳米相变乳液的黏度越大，且都高于水的黏度；但值得关注的是，随着温度的升高，纳米相变乳液的黏度明显下降，而且相变材料含量越高，黏度下降幅度越大；总的来看，纳米相变乳液的黏度始终小于6mPa·s，可以认为纳米相变乳液是低黏度流体，满足泵输送条件。因此，通过选择特定结构的高分子型表面活性剂对有机相变材料进行乳化，可以制得几乎无过冷的纳米相

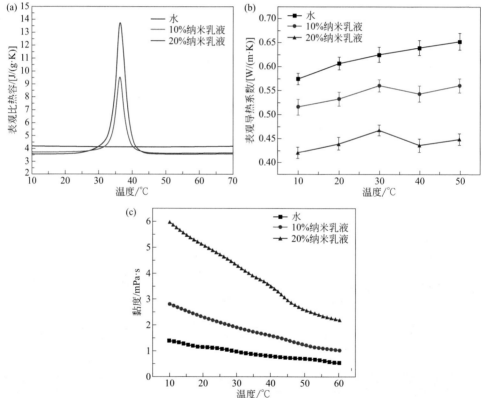

图7-28　采用高分子型表面活性剂制备的无过冷10%（质量分数）和20%（质量分数）纳米相变乳液的表观比热容（a）、导热系数（b）和黏度（c）曲线

变乳液；所得纳米相变乳液的表观比热容在相变区间内大于水，且黏度满足泵输送要求，因而是一种极具应用潜力的潜热型功能热流体。

综上所述，借助表面活性剂将相变材料进行乳化制备相变乳液，是将相变材料引入水中获得潜热型功能热流体的一条简单途径。对于常规的微米级相变乳液来说，通过选用并配置适宜的复合乳化剂可以制备稳定性好且过冷度低的相变乳液；相变乳液的表观比热容大于水；通过在相变乳液中添加碳纳米材料如纳米石墨，不仅可以提升相变乳液的导热系数，而且还有降低过冷度的作用；在相同的储热量下，相变乳液消耗的泵功率低于水。鉴于微米级相变乳液不属于热力学稳定体系，降低乳液中液滴的尺寸研制纳米相变乳液是提升分散稳定性的有效策略。纳米相变乳液具有良好的分散稳定性，但存在过冷度大的固有缺陷；选用具有特定结构的高分子型表面活性剂可以制备几乎无过冷的纳米相变乳液；纳米相变乳液在相变区间内呈现较大表观比热容且黏度符合泵输送要求，因而是一类极具应用前景的新型潜热型功能热流体。

参考文献

[1] Wang F X, Lin W Z , Ling Z Y ,et al. A comprehensive review on phase change material emulsions: Fabrication, characteristics, and heat transfer performance [J]. Solar Energy Materials and Solar Cells, 2019, 191: 218-234.

[2] Shao J J, Darkwa J, Kokogiannakis G. Development of a novel phase change material emulsion for cooling systems [J]. Renewable Energy, 2016, 87: 509-516.

[3] Tadros T F. Applied surfactants: Principles and applications [M]. Weinheim: Wiley-VCH Verlag GmbH & Co. KGaA, 2005.

[4] 王军，杨许召 . 乳化与微乳化技术 [M]. 北京：化学工业出版社，2012.

[5] Tadros T. Application of rheology for assessment and prediction of the long-term physical stability of emulsions [J]. Advances in Colloid and Interface Science, 2004, 108/109: 227-258.

[6] Vilasau J, Solans C, Gómez M J,et al. Stability of oil-in-water paraffin emulsions prepared in a mixed ionic/ nonionic surfactant system [J]. Colloids and Surfaces A: Physicochemical and Engineering Aspects, 2011, 389 (1/2/3): 222-229.

[7] Zhang X Y, Wu J Y, Niu J L. PCM-in-water emulsion for solar thermal applications: The effects of emulsifiers and emulsification conditions on thermal performance, stability and rheology characteristics [J]. Solar Energy Materials and Solar Cells, 2016, 147: 211-224.

[8] Zhang X Y , Niu J L, Wu J Y. Development and characterization of novel and stable silicon nanoparticles-embedded pcm-in-water emulsions for thermal energy storage [J]. Applied Energy, 2019, 238: 1407-1416.

[9] Boyd J, Parkinson C, Sherman P. Factors affecting emulsion stability, and the HLB concept [J]. Journal of Colloid and Interface Science, 1972, 41 (2): 359-370.

[10] Baek S, Min J, Lee J W. Equilibria of cyclopentane hydrates with varying HLB numbers of sorbitan monoesters

in water-in-oil emulsions [J]. Fluid Phase Equilibria, 2016, 413: 41-47.

[11] Al-Sabagh A M. The relevance HLB of surfactants on the stability of asphalt emulsion [J]. Colloids and Surfaces A: Physicochemical and Engineering Aspects, 2002, 204 (1/2/3): 73-83.

[12] Golemanov K, Tcholakova S, Denkov N D, et al . Selection of surfactants for stable paraffin-in-water dispersions, undergoing solid-liquid transition of the dispersed particles [J]. Langmuir, 2006, 22 (8): 3560-3569.

[13] Cárdenas-Valera A E, Bailey A I. Graft copolymers as stabilizers for oil-in-water emulsions Part 2. Preparation of the emulsions and the factors affecting their stability [J]. Colloids and Surfaces A: Physicochemical and Engineering Aspects, 1995, 97 (1): 1-12.

[14] Delgado M, Lázaro A, Mazo J,et al. Review on phase change material emulsions and microencapsulated phase change material slurries: Materials, heat transfer studies and applications [J]. Renewable and Sustainable Energy Reviews, 2012, 16 (1): 253-273.

[15] Callister W D, Rethwisch D G. Materials science and engineering: An introduction [M].7th ed.New Jersey: John Wiley & Sons, 1993.

[16] Huang L, Petermann M, Doetsch C. Evaluation of paraffin/water emulsion as a phase change slurry for cooling applications [J]. Energy, 2009, 34 (9): 1145-1155

[17] Mullin J W. Crystallization [M].4th ed.Oxford: Butterworth-Heinemann, 2001.

[18] Lu W, Tassou S A. Experimental study of the thermal characteristics of phase change slurries for active cooling [J]. Applied Energy, 2012, 91 (1): 366-374.

[19] Günther E, Schmid T, Mehling H,et al. Subcooling in hexadecane emulsions [J]. International Journal of Refrigeration, 2010, 33 (8): 1605-1611.

[20] Hagelstein G, Gschwander S. Reduction of supercooling in paraffin phase change slurry by polyvinyl alcohol [J]. International Journal of Refrigeration, 2017, 84: 67-75.

[21] Huang L, Günther E, Doetsch C, et al. Subcooling in PCM emulsions—part 1: Experimental [J]. Thermochimica Acta, 2010, 509 (1/2): 93-99.

[22] Zhang X Y , Niu J L , Zhang S,et al. PCM in water emulsions: supercooling reduction effects of nano-additives, viscosity effects of surfactants and stability [J]. Advanced Engineering Materials, 2015, 17 (2): 181-188.

[23] Ma Z W, Zhang P. Modeling the heat transfer characteristics of flow melting of phase change material slurries in the circular tubes [J]. International Journal of Heat and Mass Transfer, 2013, 64: 874-881.

[24] Chen J, Zhang P. Preparation and characterization of nano-sized phase change emulsions as thermal energy storage and transport media [J]. Applied Energy, 2017, 190: 868-879.

[25] Allouche J, Tyrode E, Sadtler V, et al. Single- and two-step emulsification to prepare a persistent multiple emulsion with a surfactant-polymer mixture [J]. Industrial & Engineering Chemistry Research, 2003, 42 (17): 3982-3988.

[26] Sun J, Li Q, Yao X J,et al. A nematic liquid crystalline polymer as highly active novel β -nucleating agent for isotactic polypropylene [J]. Journal of Materials Science, 2013, 48 (11): 4032-4040.

[27] Lin W Z, Wang Q H, Fang X M,et al. Experimental and numerical investigation on the novel latent heat exchanger with paraffin/expanded graphite composite [J]. Applied Thermal Engineering, 2018, 144: 836-844.

[28] Fischer L J, von Arx S, Wechsler U, et al . Phase change dispersion properties, modeling apparent heat capacity [J]. International Journal of Refrigeration, 2017, 74: 240-253.

[29] Ma Z W, Zhang P, Wang R Z, et al. Forced flow and convective melting heat transfer of clathrate hydrate slurry in tubes [J]. International Journal of Heat and Mass Transfer, 2010, 53 (19/20): 3745-3757.

[30] Zhang P, Ma Z W, Bai Z Y,et al. Rheological and energy transport characteristics of a phase change material

slurry [J]. Energy, 2016, 106: 63-72.

[31] Wang F X , Liu J, Fang X M,et al. Graphite nanoparticles-dispersed paraffin/water emulsion with enhanced thermal-physical property and photo-thermal performance [J]. Solar Energy Materials and Solar Cells, 2016, 147: 101-107.

[32] Wang F X, Ling Z Y, Fang X M,et al. Optimization on the photo-thermal conversion performance of graphite nanoplatelets decorated phase change material emulsions [J]. Solar Energy Materials and Solar Cells, 2018, 186: 340-348.

[33] Wang Z, Tong Z, Ye Q, et al. Dynamic tuning of optical absorbers for accelerated solar-thermal energy storage [J]. Nature Communications, 2017, 8 (1): 1478.

[34] Wang F X, Zhang C, Liu J,et al. Highly stable graphite nanoparticle-dispersed phase change emulsions with little supercooling and high thermal conductivity for cold energy storage [J]. Applied Energy, 2017, 188: 97-106.

[35] Schalbart P, Kawaji M, Fumoto K. Formation of tetradecane nanoemulsion by low-energy emulsification methods [J]. International Journal of Refrigeration, 2010, 33 (8): 1612-1624.

[36] Schalbart P, Kawaji M. Comparison of paraffin nanoemulsions prepared by low-energy emulsification method for latent heat storage [J]. International Journal of Thermal Sciences, 2013, 67: 113-119.

[37] Jadhav A J, Holkar C R, Karekar S E,et al. Ultrasound assisted manufacturing of paraffin wax nanoemulsions: Process optimization [J]. Ultrasonics Sonochemistry, 2015, 23: 201-207.

[38] Zhang G H, Zhao C Y. Synthesis and characterization of a narrow size distribution nano phase change material emulsion for thermal energy storage [J]. Solar Energy, 2017, 147: 406-413.

[39] Morimoto T, Togashi K, Kumano H, et al. Thermophysical properties of phase change emulsions prepared by d-phase emulsification [J]. Energy Conversion and Management, 2016, 122: 215-222.

[40] Wang F X, Cao J H, Ling Z Y,et al. Experimental and simulative investigations on a phase change material nano-emulsion-based liquid cooling thermal management system for a lithium-ion battery pack [J]. Energy, 2020, 207: 118215.

.

下篇
储热材料应用

第八章
储热材料在建筑节能领域的应用

第一节　用于建筑围护结构实现被动式建筑节能 / 214

第二节　与暖通设备相结合实现主动建筑节能 / 230

第三节　被动与主动相结合实现建筑节能 / 241

随着城镇人口的增加、全球气候变化以及人们对居住环境要求的不断提高，建筑能耗占总能耗的比例正在不断上升。建筑能耗占全球总能耗的比例约31%，是除工业能耗和交通运输能耗之外的能耗大户[1]。据统计，人们在室内度过约90%的时间[2]，大部分的建筑能耗用于供暖、通风和空调系统等设备的运行以满足人们对室内热环境质量的要求。

大力发展可再生能源来减少建筑物中一次能源的消耗是实现建筑节能的主要途径。人们通过优化建筑物的采光、通风和朝向设计，使其能够充分利用太阳光照、自然通风以及太阳能被动储热，以降低照明和暖通空调等设备的运行成本。近年来，可再生能源技术在建筑物中的集成应用正在高速发展，主要包括太阳能集热器[3]、光伏发电系统[4]、太阳能空调系统[5]和地源热泵系统[6]等。

然而，可再生能源的间歇性严重限制了能源的全天候连续供应，其波动性与人类起居习惯之间的不匹配是制约其发展的重要因素。储能系统可以对可再生能源产生的能量进行有效的存储和调节，减轻能源系统的功率波动，缓解能源的供需矛盾。因此，开发设计效率高、稳定性强和可靠性高的热能储存技术，能够利用储能技术对可再生能源进行调控、分配和高效利用，对推动可再生能源的发展具有重要的价值。以相变材料为储能材料的相变储热系统具有储热容量大、占用空间小、制备工艺相对简单的优势，近年来备受科学研究者们关注。

第一节
用于建筑围护结构实现被动式建筑节能

当前，大部分既有建筑物的围护结构存在储热容量小、热惯性小、室内温度波动大等问题，从而增加了建筑物的供热和制冷需求。建筑物中涉及的传热方式包括热辐射、热传导以及热对流，如图8-1（a）所示。其中热辐射主要来源于太阳辐射，而室外环境以及地表面的气温变化主要以热传导的方式影响建筑物的室内温度。如图8-1（b）所示，较大的室内温度波动使得室内温度超出了人体的热舒适范围，造成室内的热舒适性降低，$I_冬$和$I_夏$分别代表了冬季和夏季因温度波动而造成的不舒适度。建筑物中的相变材料可以利用其储热/放热的特性，对能量进行存储和转移。在被动式建筑节能中，相变材料通过直接与建筑材料相结合或者作为一个独立的结构添加到建筑物围护结构中，能够增加建筑系统的热惯性或者减少太阳辐射的入射来降低能源需求负荷[7]。夏季，户外热量在经由围护结构进入建筑物内部的过程中，围护结构中的相变材料吸热熔化，减缓了室内温度的上升速率；冬季，相变材料能够在白天吸收太阳辐射而储存热量，并在夜间温度下降时发生相变，将热量释放用于提高室内的温度，从而减少空间加热设备和空调系统的能耗。被动式建筑节能系统具有简单方便、灵活性强、可操作性较高等优点[8]。其技术原理是利用环境温度和相变材料温度之间的温差作为驱动力，促使相变材料在一定的温度区间内吸收或释放大量热量，从而起到调节室内温度和节省建筑物能耗等作用效果[9-11]。相变材料热工性能好坏及经济节能效果成为被动式建筑节能技术主要的评价指标。在被动式潜热储能技术中，相变材料主要通过与建筑材料直接混合[12]或作为单独的储热单元与原有的围护结构相结合[13]两种形式实现建筑节能。目前，关于被动式储能技术用于建筑节能的报道主要集中在墙体[14]、室内吊顶、屋顶[15]、地板[16]、窗户[17]以及多方面结合应用中相变材料的研究，本章将逐一对其进行介绍。

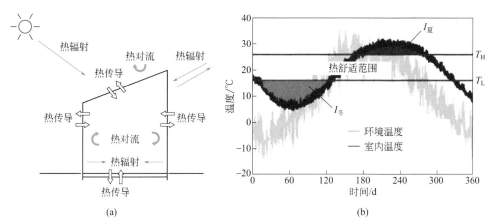

图8-1 建筑物传热过程以及室内热舒适度的示意图[18]
（a）建筑物的传热过程；（b）室内温度及不舒适度

一、相变墙体及室内吊顶

建筑墙体作为建筑物的重要组成部分，室内外热量交换大都通过其实现，因此将其与相变材料结合，对提高建筑物热质量，改善建筑物的热舒适性起着重要作用[19, 20]。

Fu 等[21]将 $CaCl_2 \cdot 6H_2O$/EP 复合相变材料通过真空压缩加工成复合相变板（PCM 板），随后将其巧妙地嵌入铝扣板中，用于试验房墙体及天花板结构的内侧，如图 8-2 和图 8-3。

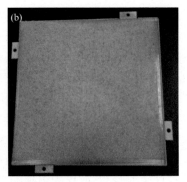

图8-2 PCM板（a）和含有PCM板的储热铝扣板（b）照片

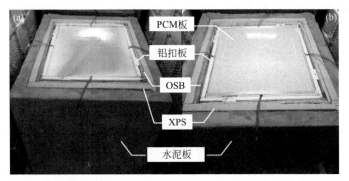

图8-3 热性能评估前，铝扣板中不含PCM板的参考房照片（a）和铝扣板中含有PCM板的PCM房照片（b）（OSB，即定向结构刨花板。XPS，即挤塑聚苯乙烯板。）

　　图8-4为环境温度、参考房和PCM房的温度随时间的变化曲线。从图中可以看出试验房内墙面温度随着环境温度的上升和下降而呈周期性变化。对于环境温度的变化曲线来说，其最高温与最低温分别为49.8℃和10.1℃，温度波动范围为39.7℃。而参考房的最高温与最低温分别为37.7℃和13.8℃，温度波动范围为23.9℃，比环境温度减小了15.8℃的波动，这是由于参考房所用的围护结构材料，尤其是XPS板具有较低的导热系数。而对于PCM房，每一内墙面的最高温明显小于参考房，同时最低温显著大于参考房，从而显示出更小的温度波动，仅为16.3℃，其原因是PCM板中的复合相变材料能够把白天存储的热量在夜晚释放，从而显著减小室内最高温和最低温之间的温差，使PCM房的室内温度波动明显缩小。参考房的热舒适度仅为27.7%，而PCM房的热舒适度高达34.4%。此外，在热性能评估中

得到 PCM 房的时间延迟为 1.5h，衰减因子为 0.686。

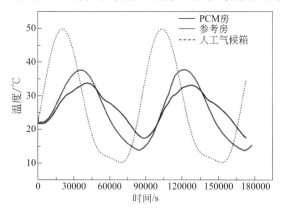

图8-4　环境温度、参考房和PCM房温度随时间变化曲线

以上结果表明，与未装配复合相变板的参考房相比，装配有复合相变板的试验房室内最高温度较低，最低温度较高，温度波动幅值较小，热舒适度较高；同时数值模拟结果表明，复合相变板的最佳厚度应在 5 ～ 7mm 之间；该新型相变铝扣板具有实际推广应用前景。

Ye 等[22] 利用 PVC（聚氯乙烯）板对 $CaCl_2 \cdot 6H_2O$/ 膨胀石墨复合相变材料进行宏观封装制得相变板，并将其装配于试验房的墙体来评估其热性能，如图 8-5 和图 8-6。

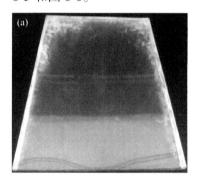

图8-5　PVC板（a）和含$CaCl_2 \cdot 6H_2O$/膨胀石墨复合相变材料的相变板（b）

图 8-7 为外部环境温度以及参考房和相变房的内壁面温度随时间变化的曲线。可以看到，随着人工气候箱温度的周期性变化，参考房和相变房的温度都随之呈周期性变化。其中人工气候箱的最高和最低温度分别为 49.8℃和 10.5℃，温度振幅为 39.3℃。对于参考房，房间内壁面的最高和最低温度分别为 36.5℃和 18.0℃，温度振幅为 18.5℃，比人工气候箱的温度振幅降低了 20.8℃，这主要是

由于围护结构具有一定的热惰性。此外，参考房最高温度出现的时间为17.4h。对相变房，不管相变板位置如何，房间的温度振幅都比参考房小，这是由于复合相变材料在白天熔化时可以吸收大量的热能，而在夜间凝固时可以释放出储存的热量。因此，$CaCl_2 \cdot 6H_2O$/膨胀石墨复合相变材料可以降低室内温度的波动，提高室内舒适度。

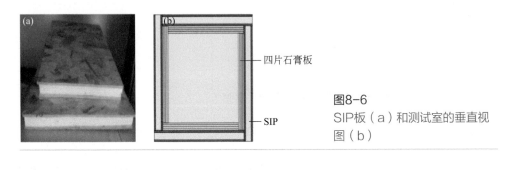

图8-6
SIP板（a）和测试室的垂直视图（b）

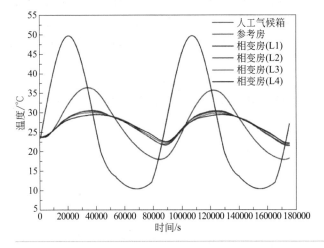

图8-7
外部环境温度以及参考房和相变房内壁面温度随时间变化曲线

图8-8为相变板在不同位置处（从外到内记为L1～L4）的房间内壁面温度随时间变化的曲线。相变房的时间延迟、温度衰减因子和热舒适度列于表8-1中。可以看到，相变板位置的变化会对房间的热性能产生一定的影响。随相变板从外到内移动，相变房的最高温度从30.7℃降低到29.6℃，最低温度从21.7℃增大到22.6℃，房间温度波动逐渐减小，房间峰值温度出现的时间（τ_{max}）逐渐延迟，热舒适度逐渐提高。当相变板放置在房间的最内侧时，相比于参考房，房间峰值温度出现的时间延迟 φ_{PCM} 1.4h，房间的温度波动减小11.5℃。此时房间的温度衰减因子 f_{PCM} 为0.378，热舒适度FTC为56.1%。相变板在白天的时候不仅可以阻碍外部热量往内传递，还可以吸收室内多余的热量，而在夜间又可以将热量释放到

房间内部，防止室内温度过低。当相变板的放置位置越靠近室内，白天吸收室内的热量和夜间排放到室内的热量也就越多，因此房间热性能也就越好。

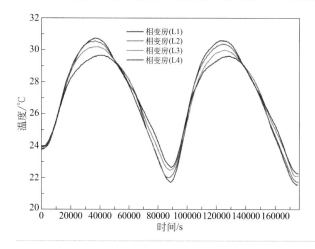

图8-8
PCM面板在不同位置处的相变房内壁面温度随时间变化曲线

表8-1 相变板在不同位置处房间的时间延迟（φ_{PCM}）、温度衰减因子（f_{PCM}）和热舒适度（FTC）

位置	τ_{max}/h	φ_{PCM}/h	相变房温度/℃		f_{PCM}	FTC /%
			最大值	最小值		
PCM(L1)	18.1	0.7	30.7	21.7	0.486	47.4
PCM(L2)	18.2	0.8	30.5	22.0	0.459	48.7
PCM(L3)	18.5	1.1	30.2	22.4	0.422	53.5
PCM(L4)	18.8	1.4	29.6	22.6	0.378	56.1

以上结果表明，相变板在降低室内温度波动方面起到了较好的作用，其放置的位置越靠内，试验房的热性能越好；同时通过数值模拟发现，相变板的最佳厚度为 8～10 mm 之间时，其在建筑节能方面具有良好的应用潜力。

$CaCl_2 \cdot 6H_2O$/膨胀石墨复合相变材料可以提高建筑的节能潜力。但 $CaCl_2 \cdot 6H_2O$/膨胀石墨复合相变材料的相变温度相对较高，而且单一的相变温度使得其只能在制冷季节下发挥作用，无法对房间进行全年的热管理。将相变温度不同的两种相变材料集成到建筑围护结构可以扩大建筑的适用范围，提高建筑对不同气候的适应性。因此，Ye 等[23] 将具有不同相变温度的 $CaCl_2 \cdot 6H_2O$-$Mg(NO_3)_2 \cdot 6H_2O$/膨胀石墨复合相变材料制成双层相变板，并集成到试验房墙体，如图 8-9 和图 8-10。

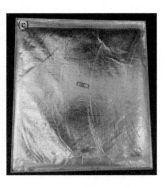

图8-9　相变板图片

（a）CaCl$_2$·6H$_2$O–8%（质量分数）Mg(NO$_3$)$_2$·6H$_2$O/膨胀石墨相变板；（b）
CaCl$_2$·6H$_2$O–15%（质量分数）Mg(NO$_3$)$_2$·6H$_2$O/膨胀石墨相变板；（c）双层相变板

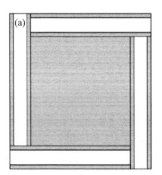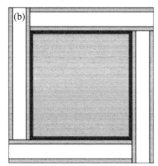

图8-10　参考房（a）和相变房（b）的俯视图

　　图8-11为外部环境温度以及参考房和相变房内壁面温度随时间变化曲线。测试房的时间延迟、温度衰减因子和热舒适度列于表8-2中。可以看到，参考房和相变房的温度都随着人工气候箱温度的增减而呈周期性变化。其中人工气候箱的最高和最低温度分别为49.7℃和10.2℃，温度振幅为39.5℃。对于参考房，房间内壁面最高和最低温度分别为41.8℃和12.7℃，温度振幅为29.1℃，比人工气候箱的温度振幅降低了10.4℃，这主要是由于围护结构具有一定的热惰性。对相变房，房间内壁面最高和最低温度分别为35.8℃和20.3℃，温度振幅为15.5℃。相比于参考房，相变房最高温度减小了6.0℃，最低温度提高了7.6℃，可以得到温度衰减因子为0.533。而参考房和相变房峰值温度的出现时间分别为16.0h和17.8h，相变房可以使得峰值温度出现时间延迟1.8h。此外，参考房和相变房的热舒适度分别为14.2%和49.7%。总体而言，CaCl$_2$·6H$_2$O–Mg(NO$_3$)$_2$·6H$_2$O/膨胀石墨复合相变材料可以转移峰值负荷，降低温度波动，

提高居住舒适度。

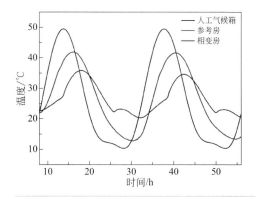

图8-11
外部环境温度以及参考房和相变
房内壁面温度随时间变化曲线

表8-2　测试房的时间延迟、温度衰减因子和热舒适度

| 测试房 | τ_{max}/h | φ_{PCM}/h | 温度/℃ | | f_{PCM} | FTC/% |
			最大值	最小值		
参考房	16.0	—	41.8	12.7	—	14.2
相变房	17.8	1.8	35.8	20.3	0.533	49.7

二、相变隔热屋顶

屋顶作为建筑物顶部的围护结构，通常最直接暴露在太阳辐射下，是影响室内温度的重要因素之一[24, 25]。为减少室内温度波动，一些低导热系数的保温隔热材料，例如泡沫隔热砖，现已被广泛应用于建筑物屋顶。然而，缺乏储热能力的保温隔热层仅起到阻碍传热的作用。将相变材料引入建筑物屋顶，可以提高屋顶储热能力，从而实现建筑节能。具体地说，当屋顶温度高于相变材料的熔点时，相变材料可以吸收一部分热量以减少室内热增量；而当屋顶温度低于相变材料的凝固点时，相变材料能够释放所吸收的热量以减少室内的热损失，从而减少室内温度波动和室内用于供暖和供冷的能耗，改善热舒适性。

Fu 等[26]将 $CaCl_2·6H_2O/EP$ 复合相变材料封装在真空袋内制得 PCM 板，用其取代商用泡沫隔热砖中的聚氯苯乙烯泡沫板制备得到了新型储热隔热砖（PCM砖），如图 8-12。将 PCM 砖和商用泡沫隔热砖分别放置于测试房间的屋顶，探讨了 PCM 砖的节能热特性，如图 8-13。

图8-12 商用泡沫隔热砖（a）、（b）、（c）和含CaCl₂-6H₂O/EP复合相变材料的PCM砖（d）

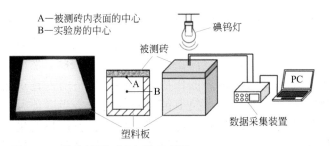

图8-13 节能效果测试实验原理图

    分析图 8-14 可知，经过 3800s，装载泡沫隔热砖屋顶的试验房的中心温度从室温上升至 36℃，然而在相同的光照时间内，装载储热隔热砖屋顶的试验房的中心温度仅上升至 22℃，表明了采用储热隔热砖作为试验房的屋顶材料能明显延迟室内温度的波动。进一步地，在光照时间达到 6400s 时，装载泡沫隔热砖屋顶的试验房的中心温度达到了最高值为 38℃，相比较装载 PCM 砖屋顶的试验房的中心温度在经过 7300s 后达到了最高值为 33℃，这一实验结果表明当采用储热隔热砖代替泡沫隔热砖作为屋顶时不仅能够将室内最高温的出现延迟 900s，同时还能降低室内最高温度至少 5℃。而且从试验房屋顶内表面的中心温度随光照时间变化曲线同样可以得出相似的规律。

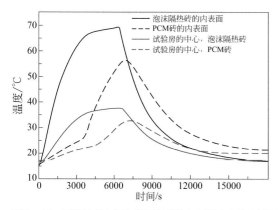

图8-14 两种材料作为屋顶的测试房间内不同位置的温度变化曲线

上述研究表明，相比较于聚氯苯乙烯泡沫板，以 $CaCl_2 \cdot 6H_2O/EP$ 复合相变材料制备得到的 PCM 板拥有了更大的热容值及储热能力，因而新型 PCM 砖比商用泡沫隔热砖在降低室内峰值温度、增大建筑热惰性和延迟室内温度上升方面起到更显著的作用。新型 PCM 砖不仅阻燃性高，而且还具有优异的储热能力和保温隔热性能，在建筑节能领域具有广阔的应用前景。

为了探究不同相变温度在屋顶应用的效果，Huang 等[27] 利用聚碳酸酯中空板（PCHS）装填材料制得 EP 板、$CaCl_2 \cdot 6H_2O/EP$ 板和三水醋酸钠 - 甲酰胺混合盐 / 膨胀珍珠岩（SFMS/EP）板，如图 8-15，相关参数如表 8-3 所示。并分别将三种板应用在建筑屋顶结构中进行了热性能评估，如图 8-16。

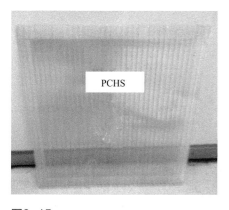
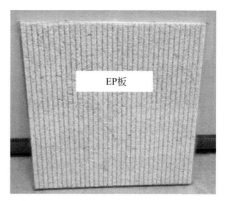

图8-15

图8-15　PCHS、EP板、CaCl₂·6H₂O/EP板和SFMS/EP板

表8-3　三种面板中芯材的热物性参数

芯材	密度/ （kg/m³）	熔点/ ℃	潜热/ （J/g）	导热系数/ [W/(m·K)]	比热容/ [J/(kg·K)]
EP	90	—	0	0.0533	670
CaCl₂·6H₂O/EP	200	27.8	87.4	0.1161	1198
SFMS/EP	200	40.5	148.3	0.0978	1426

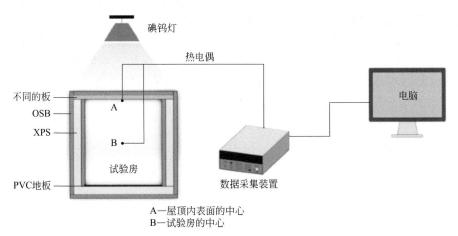

图8-16　热性能评估实验系统示意图

　　图8-17为分别将上述三种面板应用于屋顶结构的试验房屋顶内表面中心（a）和室内中心（b）的温度随时间的变化曲线。从图8-17（a）可知，在升温过程中，EP板和SFMS/EP板屋顶的内表面中心温度开始时迅速上升，而

CaCl$_2$·6H$_2$O/EP 板屋顶内表面中心温度升高较慢且在 28℃附近出现拐点，这是因为 CaCl$_2$·6H$_2$O/EP 复合相变材料在 28℃左右发生相变，吸收大量热量；当温度超过 32℃时，EP 板和 CaCl$_2$·6H$_2$O/EP 板屋顶内表面中心温度迅速升高，而 SFMS/EP 板屋顶内表面中心温度升高变慢，其拐点出现在 40℃左右，这是由 SFMS/EP 复合相变材料的相变而引起的；EP 板和 CaCl$_2$·6H$_2$O/EP 板屋顶的内表面中心最高温度均达 44.7℃，高于 SFMS/EP 板的 43.3℃。因此，应用于屋顶的相变材料的熔点和潜热对屋顶内表面中心的升温过程有明显的影响，进而影响其能达到的最高值。与 CaCl$_2$·6H$_2$O/EP 复合相变材料相比，SFMS/EP 复合相变材料的熔化温度更高且相变潜热更大，更有利于减缓升温速度并降低最高温度。在冷却过程中，EP 板屋顶内表面中心温度急剧下降；SFMS/EP 板屋

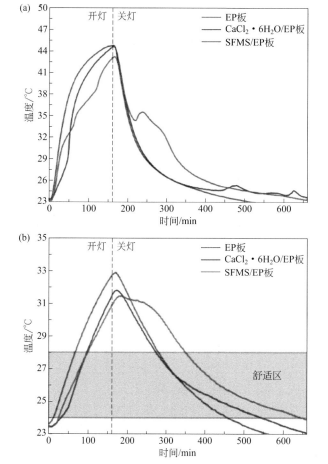

图8-17　以不同面板作为屋顶结构的试验房屋顶内表面中心（a）和室内中心（b）的温度随时间变化曲线

顶内表面中心温度由于SFMS/EP复合相变材料的凝固放热出现了一个温度平台；而$CaCl_2 \cdot 6H_2O$/EP板屋顶内表面中心温度虽然也有放热平台，但其出现在26℃以下，对室内温度的影响较小。实验结果表明，SFMS/EP板比$CaCl_2 \cdot 6H_2O$/EP板具有更好的热性能。如图8-17（b）所示，EP板、$CaCl_2 \cdot 6H_2O$/EP板和SFMS/EP板试验房的最高室内中心温度分别为32.9℃、31.8℃和31.4℃；在冷却过程中，EP板和$CaCl_2 \cdot 6H_2O$/EP板试验房的室内中心温度迅速下降，而SFMS/EP板试验房的室内中心温度的降温速率要慢得多。因此，SFMS/EP板在减少室内温度波动方面比EP面板和$CaCl_2 \cdot 6H_2O$/EP板更有效。

表8-4为三个试验房的热舒适度值。可以看到，不具有相变储热能力的EP板试验房的热舒适度最低；$CaCl_2 \cdot 6H_2O$/EP板和SFMS/EP板试验房的热舒适度较EP板试验房有明显的提高；而SFMS/EP复合相变材料因其相变温度适宜和相变潜热较大，使得SFMS/EP板试验房的热舒适度最高。因此三种面板中，SFMS/EP板在建筑屋顶应用中具有最佳的热性能，从而能更大程度地实现建筑节能。

表8-4　三个试验房的热舒适度值

板类型	EP	$CaCl_2 \cdot 6H_2O$/EP	SFMS/EP
FTC /%	34.85	50.60	55.53

三、热反射涂层与相变材料协同的新型建筑围护结构

热反射涂料（HRC）是指可令物体在太阳光照射下产生温度调节效果的一类涂料，它对太阳辐射中可见光区（400～760nm）和近红外区（760～2500nm）的波段具有高反射率，同时能将波长在中远红外区（＞2500nm）波段的光辐射到外部空间，在不消耗能量的情况下抑制涂层表面温度的上升从而降低被涂装物内部和周围温度。将热反射涂层用于建筑围护结构时，不仅可以改善室内热环境，还可以减少夏季高峰时段的用电负荷，具有极大的节能潜力。

将热反射涂料和相变材料两种功能材料协同应用于单夹层或双夹层墙体结构上，如图8-18。探究热反射涂层和相变材料在试验房的放置位置、相变材料的导热系数、隔热层和相变层厚度等因素对热性能的影响。

研究发现，在单夹层墙体中，单独使用HRC和PCM均能降低室温，且HRC反射热的作用比PCM储热作用更强。HRC在内墙表面可起到隔热作用，同时能延长材料使用寿命，但在外墙表面隔热效果更佳。在HRC基础上引入PCM反而会使室温升高，这与材料的导热系数以及墙体结构有关。在单夹层墙体增加空气隔热层后变为双夹层墙体，能抑制PCM的导热作用并且充分发挥其储热作

用。将 HRC 涂在墙体外表面、PCM 填充在内层墙体，为最佳工况。采用低导热系数的石蜡 RT31/ 气相二氧化硅复合相变材料代替高导热系数的石蜡 RT31/ 膨胀石墨复合相变材料能进一步降低室温；增加空气层和 PCM 厚度可增大建筑物热阻和热容量，但超过 8mm 之后作用将不再明显。因此，将 HRC 和 PCM 两种功能冷却材料应用到建筑围护结构上能在强烈太阳辐射下保持较小的室温波动，但在热反射和储热之间必须要有一个隔热层削弱相变材料导热、增强其储热作用，才能将两种材料作用最大化。

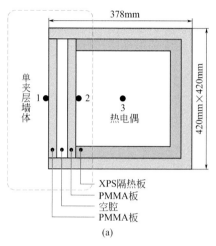 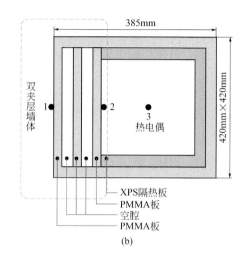

图8-18 测试房右视图
(a) 单夹层墙体；(b) 双夹层墙体

如图 8-19，将热反射涂层和 $CaCl_2 \cdot 6H_2O/EP$ 复合相变材料协同应用到屋顶作为储热冷屋顶，并搭建了其他三种不同的屋顶——传统屋顶、冷屋顶和 PCM 屋顶进行对比。对储热冷屋顶进行优化，探究其相变层的适宜位置以及隔热层和相变层的最佳厚度。实验中有四个测温点分别安置在屋顶外表面、相变层下方、天花板内表面以及测试房内正中心，将其分别命名为 $T_{r,out}$，$T_{r,m}$，$T_{r,in}$ 和 $T_{air,in}$。此外，在天花板正中心安装有一个热流计来测量通过屋顶的热流。

图 8-20 为不同测试房屋顶温度和热流随时间变化曲线，表 8-5 将峰值温度、热流以及通过四种屋顶的总热量 Q 进行了数据汇总。正如图 8-20(a) 所示，相对于传统屋顶和 PCM 屋顶，冷屋顶和储热冷屋顶能够降低屋顶外表面温度 $18 \sim 20℃$。这是由于涂覆有热反射涂料的冷屋顶具有高反射率和高发射率，能够阻挡大部分的辐射热，同时将热量发射出去，给屋顶进行降温，此时的热反射涂料为阻止室内温度升高的第一道防线。图 8-20（c）～（e）表明冷屋顶引入相变材料后，各测温点和热流值（$T_{r,m}$，$T_{r,in}$，$T_{air,in}$ 和 q_{in}）急剧下降。其中，

储热冷屋顶相对于传统屋顶可以降低室内峰值温度达6.6℃。由于屋顶外表面热反射涂层热容量小，一旦热流透过屋顶外表面，反射层的作用将不再明显。与此同时，储热相变材料由于具有极高热容量可以吸收大量热量，开始发挥作用。因此，储热冷屋顶相比其他三种屋顶，能够最大程度减小室内温度波动。此外，如图8-20(e)和表8-5所示，通过传统屋顶、冷屋顶、PCM屋顶和储热冷屋顶的总热量 Q 分别为932.0kJ，506.3kJ，694.5kJ和439.2kJ。这表明冷屋顶、PCM屋顶和储热冷屋顶都具有良好的节能效果，相比传统屋顶分别可以节能425.7kJ(45.7%)，237.5kJ(25.5%)和492.8kJ(52.9%)，采用冷屋顶技术和相变储热技术相结合的储热冷屋顶能够更有效实现建筑节能。

值得注意的是，尽管储热冷屋顶展示出了最佳的被动冷却性能，但是相对于

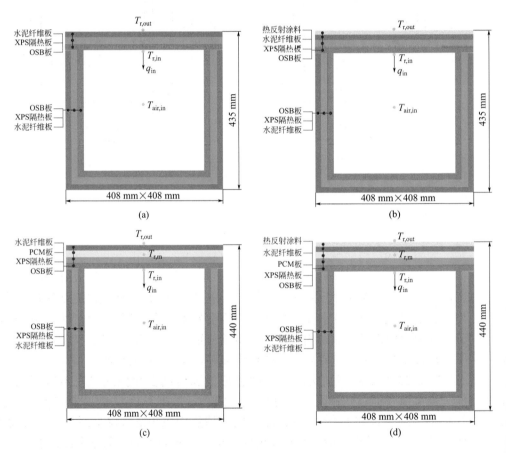

图8-19 不同屋顶测试房的结构示意图
(a)传统屋顶；(b)冷屋顶；(c) PCM屋顶；(d)储热冷屋顶

冷屋顶而言提升效果还不够显著——室内温度仅仅只降低了0.8℃，储热冷屋顶的室内峰值温度仍然可以达到30.6℃。此外，在强烈太阳辐射条件下，冷屋顶相对于PCM屋顶阻挡热流进入的效果更显著。这是因为冷屋顶能够从最开始的时候阻止辐射热进入屋顶外表面，而相变材料只能当热流进入屋顶之后再对其进行储存，因此进入PCM屋顶的热流要高于冷屋顶。当太阳辐射时间足够长时，相变材料的使用量也会影响屋顶的隔热效果。因此，基于最佳节能效果的储热冷屋顶结构，对于一些可能影响屋顶热性能的因素如相变层的位置、相变板以及隔热XPS板的厚度进行了优化。优化过后的屋顶结构为将热反射涂层涂在屋顶外表面，相变层靠近室内，隔热层必须位于两种冷却功能材料之间。此外，相变层和隔热层的厚度对屋顶隔热性能也有一定影响，厚的相变层和隔热层毫无疑问会增强屋顶保温性能，但相变层的厚度影响甚微，而隔热层厚度超过20mm后作用不再明显。考虑到建筑耗材以及节能效果，5mm的相变板和20mm的XPS隔热层为最佳设计模式，这种结合方式能够保证夏季室内温度全天处于22～28℃之间。

表8-5　不同屋顶的峰值温度和热流值

屋顶类型	$T_{r,out}$/℃	$T_{r,m}$/℃	$T_{r,in}$/℃	$T_{air,in}$/℃	q_{in}/（W/m²）	Q/kJ
传统屋顶	87.9	—	55.3	37.2	201.0	932.0
冷屋顶	68.6	—	43.2	31.4	111.6	506.3
PCM屋顶	88.5	71.3	47.8	33.7	146.5	694.5
储热冷屋顶	70.3	59.3	41.2	30.6	93.3	439.2

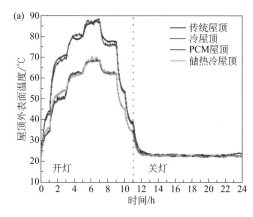
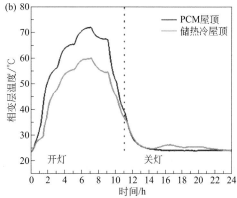

图8-20

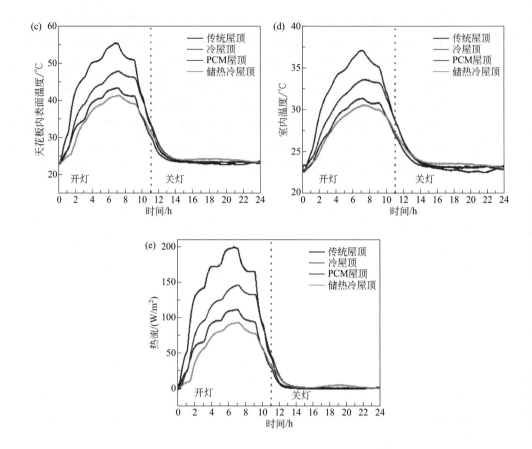

图8-20 不同屋顶测试房的温度和热流变化

(a) $T_{r,out}$；(b) $T_{r,m}$；(c) $T_{r,in}$；(d) $T_{air,in}$；(e)热流

第二节
与暖通设备相结合实现主动建筑节能

一、与新风系统结合的相变节能系统

值得注意的是，大多数关于 PCM 在建筑物围护结构中的应用研究忽视了经由通风系统到达室内的新风所引起的能耗。利用 PCM 的潜热加热或冷却通风系统中的流动空气，能够减少由室外进入室内的热通量或由室内散失到室外的热损

失[28]。在夜间，PCM 发生凝固并储存低温空气的冷能；在白天，高温空气促使 PCM 发生熔化并释放冷能，以降低流动空气的温度波动。因此，在通风系统中安装空气 -PCM 热交换单元，有助于提高室内的热舒适性，从而减少建筑物的供暖或制冷能耗[29]。

Sun 等[30] 将相变温度为 23.5℃的 $CaCl_2 \cdot 6H_2O\text{-}NH_4Cl\text{-}SrCl_2 \cdot 6H_2O$（TM24）三元混合盐与膨胀石墨（EG）复合得到 TM24/ 膨胀石墨复合相变材料，并制成面板应用于通风系统中，如图 8-21 所示，并采用数值模拟方法对含有 TM24/ 膨胀石墨 相变面板的相变通风系统进行参数优化。

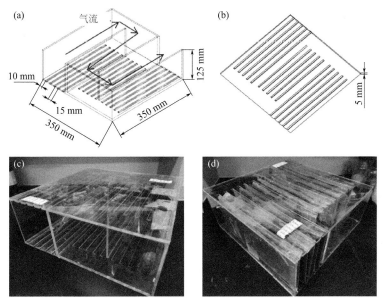

图8-21 相变通风系统的基体（a）和盖板（b）的示意图以及未安装TM24/膨胀石墨相变面板（c）和安装TM24/膨胀石墨相变面板（d）的通风系统实物图

数值模拟结果表明，随着进口空气流量的减小，通风系统出口空气的温度波动和最大出口温度逐渐减小；如果新风量已经达到居住人员的需求，增大空气流速将扩大出口空气的温度振幅，降低室内空气的热舒适度。另一方面，增大相变面板厚度可以有效降低出口空气最高温度，使新风温度更接近人体的热舒适温度范围。然而，相变面板的过度增厚将降低 PCM 的利用率并增加材料成本。缩小出口通道中的相变面板的相变温度范围可以进一步降低通风系统出口空气的最高温度并提高 PCM 的利用率。而当相变材料热物性、相变面板厚度和进口空气流速固定时，相变面板的导热系数存在最佳值。

二、与地板采暖相结合的相变储热系统

1. 地板采暖中相变材料板结构与基本性能

采暖是在冬季提高建筑物热舒适性的常用手段。地板采暖具有节省空间、无噪音、清洁环保以及表面温度均匀等优点，成为当前主要的供暖方式之一[31,32]。地板采暖主要包括电地暖和水地暖。

电地暖易于安装且铺设灵活，与现有建筑的兼容性更好[33]。然而，电地暖的运用会导致电能消耗的大幅增加，因而探索降低电地暖电能消耗的策略十分必要。黄睿等[34]将SAT-尿素-膨胀石墨混合相变材料制成相变板，如图8-22，将其应用于电地暖系统中，如图8-23。基于上海地区的冬季气候，考察相变板厚度、电加热温度对试验房热性能的影响，并基于上海地区的分时电价进行经济节能计算。

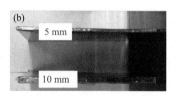

图8-22 不同厚度的SAT-尿素-膨胀石墨相变板

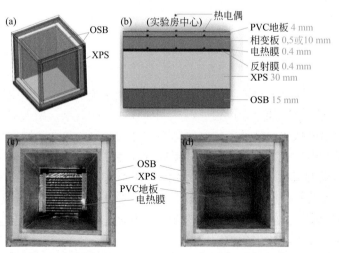

图8-23 试验房与电地暖结构示意图（a）、（b）以及试验房照片（c）、（d）

图 8-24 为集成不同 PCM 层厚度的相变板时试验房内不同位置的温度随时间的变化，且将从中获得的对应评价参数列于表 8-6 中。由图 8-24（a）可知，两块相变板的表面温度随时间变化趋势相似。在加热过程中，两块相变板的表面温度平台都出现在 28℃左右，这与相变材料的熔点有关。不同的是，对于 10mm 的相变板，其表面最高温度出现在 200min，长于 5mm 的相变板的 107min。这是因为 10mm 的相变板含有更多的相变材料，能储存比 5mm 的相变板更多的热量，因此加热时间更长。同理，如图 8-24（b），安装 10mm 相变板时，PVC 地板表面在 202min 时达到最高温度 27℃左右，比安装 5mm 相变板时延长了 95min。如图 8-24（c），采用 5mm 相变板时，试验房室内温度在 120min 时达到最大值，为 17.6℃，该值要低于采用 10mm 相变板时试验房室内温度在 213min 时达到的最大值 18.6℃。此外，如表 8-6 所示，相变板增厚 5mm，地板和室内温度变化更平缓，因此室内温度在舒适范围内的时间 Δt 延长了 1.64 倍，相对应的 FTC 从 78.93% 提高到 86.26%；然而，所需的加热时间（t_{H}）也从 107 min 增加到了 200 min，因此用电量（EC）亦增加了 57.1%。结果表明，FTC 随着 PCM 层厚度的增加而增加，而 PCM 层厚度的增加也会导致用电量的增加。同时，若进一步

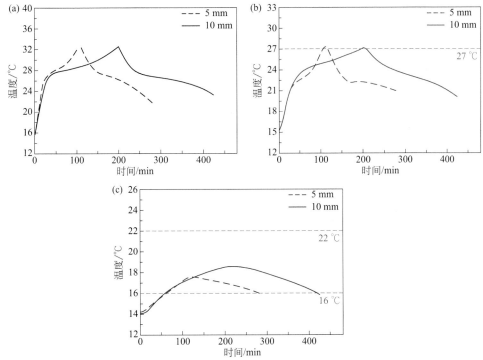

图8-24　集成不同PCM层厚度的相变板时试验房内不同位置的温度随时间的变化
（a）相变板表面；（b）地板表面；（c）试验房中心

增加PCM层厚度必然会导致加热时间进一步增加，这对电加热膜的使用寿命是不利的。因此，选取PCM层厚度为10mm的相变板作进一步讨论。

表8-6　不同PCM厚度的试验房参数

厚度/mm	t_H/min	t_C/min	T_m/℃	t_l/min	Δt/min	FTC/%	EC/W·h
5	107	58	17.6	173	222	78.93	35
10	200	58	18.6	222	364	86.26	55

注：t_H为电加热时间；t_C为室内中心温度从实验开始到最低舒适温度所用时间；T_m为最高室内中心温度；t_l为停止加热后室内中心温度在舒适范围内的持续时间；Δt为室内中心温度在舒适范围内的总时间；FTC为热舒适度；EC为用电量。

2. 电热型地板采暖系统

在选定PCM层厚度为10mm的基础上，考察加热温度对试验房热性能的影响。图8-25为集成10mm相变板时不同加热温度下试验房内不同位置的温度随时间的变化，且将从中获得的对应评价参数列于表8-7中。从图中可以清楚看到，当加热温度从42℃上升到45℃，再到48℃，相变板表面达到最高温度的时间明显变短，意味着相变材料的充能时间缩短；同样地，PVC地板表面温度达到最值的时间也缩短了。尽管充能时间变短，但加热温度的不同并未影响到室内温度的最值，三种工况的最高室内温度都在18.5～18.6℃；而达到最值的时间随加热温度的变化而变化。具体地说，对于加热温度为45℃和48℃两种工况，室内温度达到最值的时间非常接近，均短于加热温度为42℃的工况。此外，加热时间和用电量都随着加热温度的升高而减少。特别地，随着加热温度的不断升高，FTC先从86.26%上升到88.20%，随后略微下降到88.18%。这是因为，当加热温度过高时，较大的温差将加速热传导，使得PVC地板表面较早达到27℃，此时电加热将关闭，而PCM并未充分完成相变储能。综合考虑加热时间短、用电量低和热舒适性好的要求，集成与电加热地板中PCM层厚度为10 mm的相变板的最佳加热温度应设定为45℃。

表8-7　不同加热温度下的试验房参数

设定温度／℃	t_H／min	t_C／min	T_m／℃	t_l／min	Δt／min	FTC／%	EC／W·h
42	200	58	18.6	222	364	86.26	55
45	139	44	18.6	234	331	88.20	49
48	119	41	18.5	228	306	88.18	46

上述研究表明，试验房的热舒适度随着相变材料层厚度的增加而增加，但该厚度的增加也带来了加热时间和用电量的增加；加热时间和用电量随着设定加热

温度的升高而减少，但试验房的热舒适度出现了先升高后下降的趋势，因而当安装相变材料层厚度为 10mm 的相变板时电加热温度适宜设置在 45℃；在试验房与参比房热舒适度相当的条件下，根据上海地区实行的分时电价，安装了三水醋酸钠 - 尿素 - 膨胀石墨混合相变板的试验房降低了 12.1% 的总用电量，并节约了 12.9% 的电费；相变板的使用寿命有 10 ～ 15 年，而其经济回收期只有 4 ～ 5 年。

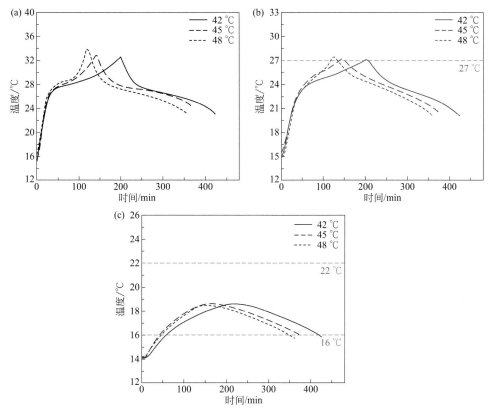

图8-25　集成10mm相变板时不同加热温度下试验房内不同位置的温度随时间的变化
（a）相变板表面；（b）地板表面；（c）试验房中心

3. 水暖型地板采暖系统

水地暖系统中的热泵可以充分利用各种低品位能源，例如空气能、太阳能和地热能等，在节能方面更具前景[35, 36]。为了满足室内的供热和制冷需求，Sun 等[37] 将两种具有适宜相变温度、高相变潜热和低成本的无机复合 PCM 分别用作双层辐射地板的储热层和蓄冷层储能材料。其中，蓄冷层采用 $CaCl_2 \cdot 6H_2O$-NH_4Cl-$SrCl_2 \cdot 6H_2O$/ 膨胀石墨（TM20/ 膨胀石墨 ）复合 PCM，而储热层采用

Na$_2$HPO$_4$·12H$_2$O-Na$_2$SiO$_3$·5H$_2$O/膨胀石墨（DHPD-SSP/膨胀石墨）复合PCM，如图8-26。设置三个试验房如图8-27，在冬季和夏季气候下评估该辐射地板的供暖和供冷性能以及试验房的室内热环境。基于峰谷电价和储能材料成本分析并比较双层相变辐射地板的经济效益。

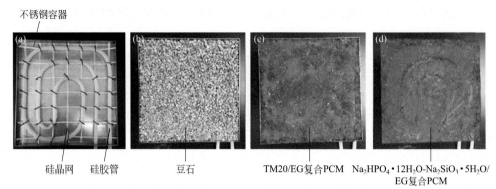

图8-26　辐射地板单元的基本构造（a），豆石层（b），含有TM20/膨胀石墨复合PCM的蓄冷层（c）以及Na$_2$HPO$_4$·12H$_2$O-Na$_2$SiO$_3$·5H$_2$O/膨胀石墨复合PCM的储热层（d）

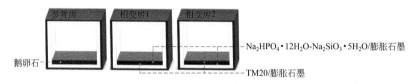

图8-27　三个试验房的示意图

由图8-28（a）可知，在8℃的环境温度下，由于供水系统持续供应42℃的循环热水，三个试验房的地板表面温度均出现升高的趋势。与此同时，如图8-28（b）所示，室内中心温度缓慢上升并进入热舒适范围（17～24℃）。以参考房（黑色实线）为例，当地板表面温度达到28.5℃时，供水系统停止运行以避免地板表面温度超过人体可接受范围的上限，此时参考房的供水持续时长τ_w为12130s。相应地，图8-28（b）中参考房的室内中心温度为21.6℃。在没有来自主动系统的任何热量供应的情况下，在供水期间辐射地板中豆石所存储的热量逐渐释放，用于保持参考房的室内热舒适性。然而，在寒冷的气候下，地板表面温度和室内温度不可避免地逐步下降，并最终超出热舒适温度范围。当室内温度降至热舒适温度范围下限值16℃时，相应的时间为21020s，计算可知，停止供水后参考房的室内热舒适持续时长τ_t为2.47h（21020-12130 =8890s）。

图8-28（b）中平行于x轴的两条虚线内区域表示冬季气候下室内的热舒适温度范围（17～24℃），三个试验房的热性能评估参数计算结果列于表8-8。其

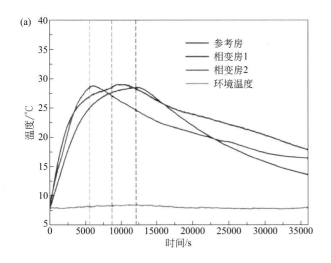

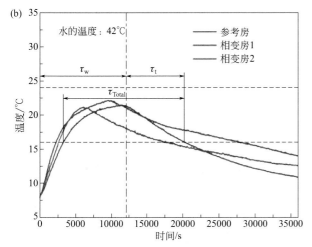

图8-28 冬季气候下三个试验房的地板表面温度（a）和室内中心温度（b）随时间变化曲线

中，供水持续时长τ_w直接反映了主动供水系统的能耗量，而室内热舒适持续时长τ_t反映了辐射地板的储热能力。如图8-28（a）所示，与参考房相比，相变房1和相变房2均具有更短的供水持续时长以及更长的室内热舒适持续时长。由表8-8可知，相比于参考房，相变房1和相变房2的供水持续时长分别缩短了0.95h和1.82h，其缩减因子f_w分别为0.72和0.46。此外，相变房2的室内热舒适持续时长τ_t是参考房的1.4倍，而相变房1的τ_t达到5.49h，是参考房的2.2倍。这是因为供水时长与循环热水和辐射地板之间的传热效率有关。在相变房1和相变房2中，由多孔载体膨胀石墨形成的导热网络显著提高了两种复合相变储能材料的导热系数，这将提升双层辐射地板的储热速率。循环热水和双层辐射地板之间的有效传热缩短了供水系统的运行时间。因此，两个相变房的地板表面温度和室内温度的升高速率得到了显著的提升（图8-28）。另一方面，热舒适持续时长与双层辐射地板储能材料的储热量有关。在两个相变房中，用于双层辐射地板的储能材料包括DHPD-SSP/膨胀石墨复合PCM和TM20/膨胀石墨复合PCM，其相变潜热分别为169.4kJ/kg和109.7kJ/kg。在热水供应期间，上述两种具有较高导热系数的复合PCM迅速吸收热量并熔化，从而实现高效的热量存储。在停止供应循环热水后，室内温度和地板表面温度开始下降，这促进了双层辐射地板中两种复合PCM的凝固。在凝固的过程中，两种复合PCM逐渐释放热量，用于维持室内热舒适度。相比于参考房中的豆石层，上述两种复合PCM的高相变潜热赋予了相变辐射地板更大的储热量。综上所述，基于热物性优异的两种复合PCM储能材料，安装有双层相变辐射地板的两个相变房表现出更长的室内热舒适时长。

表8-8　冬季气候下三个试验房的热性能评估参数

试验房	供水持续时长 τ_w/h	供水持续时长的缩减因子 f_w	室内热舒适持续时长 τ_t/h	室内热舒适持续时长的增长因子 f_t	室内总热舒适持续时长 τ_{Total}/h
参考房	3.37	1.0	2.47	1.0	4.72
相变房1	2.42	0.72	5.49	2.22	7.08
相变房2	1.55	0.46	3.51	1.42	4.27

　　比较表8-8中相变房1和相变房2的热性能评估参数计算结果，发现储热层和蓄冷层的相对位置对双层辐射地板的热性能有很大影响。DHPD-SSP/膨胀石墨复合PCM（储热层）和TM20/膨胀石墨复合PCM（蓄冷层）的相变温度分别为31.3℃和20.2℃。相变房1中所安装的双层辐射地板的上层为储热层。在供水期间，上层储热层中DHPD-SSP/膨胀石墨复合PCM吸收了热水（42℃）的大部分热量并熔化，导致储热层的温度上升速率降低，因而地板表面温度得到控制。如图8-28（a）所示的红色曲线，在上层储热层熔化期间，相变房2的地板表面温度在25至28℃之间。当DHPD-SSP/膨胀石墨复合PCM完全熔化后，热水的热量直接传导到地板表面，随后地板表面温度上升至28.5℃，热水供应停止。相反地，相变房2中所安装的双层辐射地板的上层为蓄冷层。在供水期间，由于热水温度（42℃）与TM20/膨胀石墨复合PCM相变温度（20.2℃）之间的温差较大（接近22℃），上层蓄冷层的TM20/膨胀石墨复合PCM迅速吸热熔化。热流穿透上层蓄冷层并迅速到达地板表面，促使地板表面温度达到上限值28.5℃，导致供水持续时长的缩短。此外，相较于DHPD-SSP/膨胀石墨复合PCM，TM20/膨胀石墨复合PCM的相变潜热较小，这将加快热流穿透蓄冷层的

速度。与此同时，由于供水时长缩短，相变房 2 中双层辐射地板的下层储热层存储的热量也随之减少。因此，与相变房 1 相比，相变房 2 的室内热舒适持续时长较短。

4. 双层相变材料储热系统的夏季供冷性能

在 31℃的恒定环境温度下研究了三个试验房在夏季气候下的供冷性能，循环冷水的温度为 10℃。三个试验房的地板表面温度和室内温度曲线如图 8-29 所示。由图可知，实验中循环冷水的持续供应导致地板表面温度和室内温度逐渐降低。如图 8-29（a）所示，当地板表面温度降至 19.5℃时，冷水供应停止。在环境温度的影响下，图 8-29（b）所示的室内温度逐渐升高，并最终超过热舒适范围的上限值 28℃。

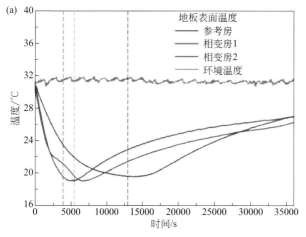

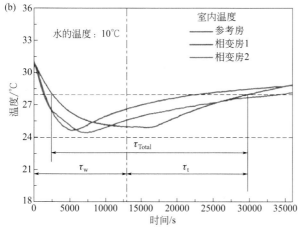

图8-29
夏季气候下三个试验房的地板表面温度（a）和室内温度（b）随时间变化曲线

表8-9 列出了三个试验房的热性能评估参数计算结果。与参考房 3.60h 的供水持续时长相比，相变房 1 和相变房 2 的供水时间分别缩短至 1.08h 和 1.51h，而相应的室内热舒适持续时长分别延长至 5.38h 和 8.10h。室内热舒适持续时长的增加有助于在实际应用中转移峰值负载并节省经济成本。

表8-9 夏季气候下三个试验房的热性能评估参数

试验房	供水持续时长 τ_w/h	供水持续时长的缩减因子 f_w	室内热舒适持续时长 τ/h	室内热舒适持续时长的增长因子 f	室内总热舒适持续时长 τ_{Total}/h
参考房	3.60	1.0	4.82	1.0	7.60
相变房1	1.08	0.30	5.38	1.1	5.93
相变房2	1.51	0.42	8.10	1.7	9.12

两个相变房供冷性能的差异归因于储热层与蓄冷层的相对位置以及两种复合 PCM 的热物性。在开始热性能测试之前，相变房 2 中双层辐射地板上层的 TM20/膨胀石墨复合 PCM 由于吸收周围环境的热量（31℃）而熔化，复合 PCM 中混合盐 TM20 的初始状态为液态。在循环冷水供应系统开启之后，双层辐射地板的温度逐渐降低，此时蓄冷层中液相的混合盐 TM20 开始凝固并储存冷能。如图 8-29（a）所示，凝固过程中上层蓄冷层的 TM20/膨胀石墨复合 PCM 释放的热量减慢了地板表面温度的下降速度，从而增加了辐射地板储存冷能的时间。当复合 PCM 完全凝固后，持续供应的循环冷水导致地板表面温度迅速下降并达到人体可接受范围的下限值，因而供水系统停止运行。随后，室内温度在环境温度的影响下逐渐回升。在此期间，上层蓄冷层中 TM20/膨胀石墨复合 PCM 释放冷能以降低室内温度的回升速率，最终实现了相变房 2 中 8.10h 的室内热舒适持续时长。

类似地，相变房 1 中的双层辐射地板利用两种复合 PCM 储存的冷能来调节室内温度。但是，相变房 1 中蓄冷层安装在双层辐射地板的下层位置，因此 TM20/膨胀石墨复合 PCM 释放所存储冷能以调节室温的速率更为缓慢。在停止供应冷水以后，相变房 2 的室内温度在炎热环境条件的影响下逐渐回升。当下层蓄冷层的温度回升至 TM20/膨胀石墨复合 PCM 的相变温度时，相变房 1 表现出比相变房 2 更高的室内温度。此外，31℃的环境温度无法使上层储热层中 DHPD-SSP/膨胀石墨复合 PCM 发生相变而熔化，相变房 1 中储热层的初始状态为固态。因此，在供水系统的运行过程中，循环冷水的冷能以更快的速度从固态 DHPD-SSP/膨胀石墨复合 PCM 传导到地板表面，导致供水持续时间缩短至 1.08h。最终，与相变房 2 相比，相变房 1 中双层辐射地板储存的冷量更少，因而表现出更短的热舒适持续时长（5.38h）。

上述研究表明，引入两种相变温度不同的无机复合相变材料使辐射地板兼具冬季供暖和夏季供冷的功效，不仅拓宽了双层辐射地板的应用范围，还提高了其在不同气候条件下的利用率。该双层相变辐射地板在转移用电高峰负荷方面表现出巨大的潜力。而且，根据上海市的峰谷电价表，在冬季气候下保持 13 个小时的室内热舒适度，相变房 1 和相变房 2 的电力成本分别是参考房的 58.6% 和 46.1%。而在夏季气候下，相较于参考房，相变房 1 和相变房 2 分别节省了 64.0% 和 45.4% 的电力成本。

第三节
被动与主动相结合实现建筑节能

一、具有通风系统的相变储能建筑围护结构实验研究

Sun 等[38]用上一节的 TM24 三元混合盐分别与膨胀珍珠岩（EP）和膨胀石墨（EG）复合以制备两种具有不同导热系数的复合相变材料，并制成两种具有不同尺寸的相变面板，如图 8-30。其中，将低导热系数的 TM24/EP 相变面板安装在试验房的墙壁、地板和天花板，并将导热系数较高的 TM24/ 膨胀石墨相变面板安装到房间上方的通风系统中，如图 8-31。通过试验探究相变围护结构和相变通风系统对试验房室内热环境的协同效应。

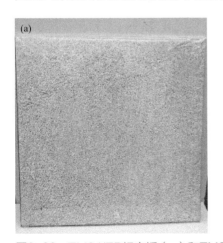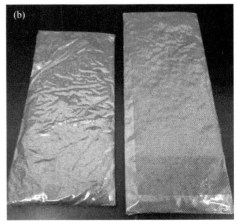

图8-30 TM24/EP相变板（a）和TM24/膨胀石墨相变板（b）的实物图

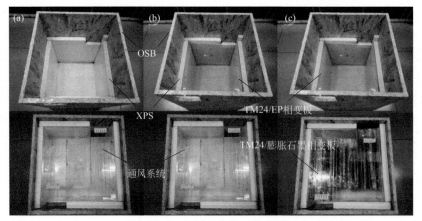

图8-31 参考房（a）、相变房1（b）和相变房2（c）的搭建细节

图 8-32 为不同试验房中通风系统出口空气的温度曲线以及外部环境的温度曲线，具体的温度数据列于表 8-10。由图 8-32 可知，在持续时间为 24h 的实验中，外部环境的温度先升高后降低，温度振幅为 16.2℃。其中，日最高温度 33.7℃出现时间为下午 3 点，日最低温 17.5℃出现在凌晨 2 点。当房间内壁和通风系统空气流道均没有安装复合相变板时，参考房中参考通风系统的出口温度波动为 17.9 ～ 33.4℃。由于建筑围护结构中隔热材料 XPS 板和支撑材料 OSB 板的隔热作用，参考通风系统出口空气的最高温度比环境最高温度降低了约 0.3℃。与参考房相比，相变房 1 中房间内壁的 TM24/EP 复合 PCM 使参考通风系统出口空气的最高温度降低了 0.9℃。由图 8-31 可知，相变房 1 和相变房 2 的房间内壁均安装了 TM24/EP 相变板，而相变房 1 安装了参考通风系统，相变房 2 中安装了相变通风系统。因此，通过对比相变房 1 和相变房 2 的通风系统出口温度，对 TM24/ 膨胀石墨相变板对通风系统出口空气温度的影响进行分析。

如表 8-10，相变房 1 中参考通风系统的出口空气温度振幅为 14.0℃，而相变房 2 相变通风系统的出口空气温度振幅缩减至 9.5℃（20.5 ～ 30.0℃）。在相变通风系统中，其出口空气最高温度由于 TM24/ 膨胀石墨相变板的吸热而大幅度下降。此外，TM24/ 膨胀石墨复合相变材料的较高导热系数加速了通风系统中流动空气与 TM24/ 膨胀石墨相变板之间的对流换热，使日间的高温流动空气快速冷却。当流动空气温度低于 23℃时，TM24/ 膨胀石墨相变板开始凝固并释放大量热量，用于加热夜间的低温流动空气并将其最低温度提高到20.5℃。

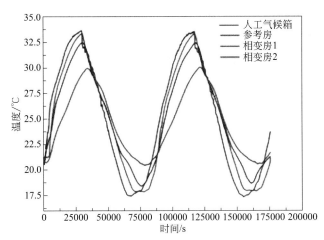

图8-32 不同试验房中通风系统出口空气的温度曲线以及外部环境的温度曲线

表8-10 不同试验房中通风系统出口空气的温度数据 单位：℃

试验房	温度振幅	最高温	最低温
参考房	15.5	33.4	17.9
相变房1	14.0	32.5	18.5
相变房2	9.5	30.0	20.5

图 8-33 为三个试验房的室内温度曲线，不同试验房的热性能评价参数的计算结果列于表 8-11。如图 8-33 和表 8-11 所示，当房间内壁没有安装 TM24/EP 相变板时，参考房的室内温度在 18.0 ～ 33.5℃ 范围内波动，温度振幅为 15.5℃。当房间内壁安装了 TM24/EP 相变板时，相变房 1 的室内最高温度降低到 31.0℃，最低温度升高到 22.2℃。此时相变房 1 的室内温度振幅为 8.8℃，远低于参考房的温度振幅。由此可见，具有较高相变潜热的 TM24/EP 相变板可以有效地平滑室内的温度波动，并延长室内最高温的温度时滞（$\varphi_{test,max}$）。如表 8-11，当温度时滞为 1.2h，温度缩减因子（f_{test}）为 0.566 时，相变房 1 的热舒适度增加到 64.4%。以上实验结果表明，TM24/EP 相变板的安装可以有效地减小室内温度波动，提高室内的热舒适性。

如图 8-33 所示，相变房 2 的室内温度在 22.3 ～ 28.7 ℃的范围内波动。与相变房 1 相比，相变房 2 的温度滞后时长延长至 1.6h，温度缩减因子降低至 0.412。由表 8-11 可知，相变房 2 的温度振幅低至 6.4℃，其室内热舒适度 FTC 高达 78.3%。由此可见，通风系统内安装 TM24/ 膨胀石墨相变板可以进一步降低室内的最高温度并延长相变房 2 的温度时滞，促进试验房用电峰值负载的减少和转移。基于 134.0kJ/kg 的高相变潜热和 9.70W/(m·K) 的较高导热系数，TM24/ 膨胀石墨相变板可以快速冷却或加热通风系统中的流动空气。随着通风系统出口空气温度振幅（即下层房间的进口空气温度振幅）的减小，相变房 2 的热舒适性大幅度提高。

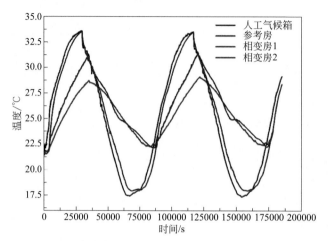

图8-33　三个试验房的中心温度变化曲线以及外部环境的温度曲线

表8-11　三个试验房的热性能评价参数

试验房	$\tau_{test,max}$/h	$\varphi_{test,max}$/h	f_{test}	温度振幅/℃	房间中心温度/℃		FTC/%
					最高温	最低温	
参考房	8.1	0	1	15.5	33.5	18.0	22.5
相变房1	9.3	1.2	0.566	8.8	31.0	22.2	64.4
相变房2	9.7	1.6	0.412	6.4	28.7	22.3	78.3

二、具有通风腔的相变储能建筑围护结构模拟优化

前面介绍了集成两种不同相变温度的 $CaCl_2·6H_2O$-$Mg(NO_3)_2·6H_2O$/ 膨胀石墨复合相变材料于墙体的相变储能建筑围护结构。为了进一步地提高相变材料的利用效率以及降低房间的能耗，在其基础上，提出了一种带有通风腔的相变储能建筑围护结构，即在其屋顶构建一层空气层用于制冷季节夜间通风，而在南墙构建两个空气层作为太阳能墙，如图 8-34。相变温度较低的相变材料放置于南墙，相变温度较高的相变材料放置于屋顶。采用数值模拟的方法对相变储能建筑围护

结构进行系统的优化设计，不仅对比了围护结构在通风以及不通风情况下的热工性能，还考察了相变温度、太阳能吸收涂层、空气层厚度、通风速率以及相变材料导热系数等因素对房间全年耗电量的影响。

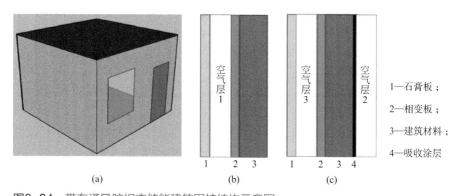

图8-34 带有通风腔相变储能建筑围护结构示意图
（a）模型示意图；（b）屋顶结构示意图；（c）南墙结构示意图

研究表明，围护结构上安置的相变材料发生变化时，房间的耗电量也会发生改变。其中南墙的适宜相变材料为PCM8 [CaCl$_2$·6H$_2$O-8%（质量分数）Mg(NO$_3$)$_2$·6H$_2$O/膨胀石墨]，而屋顶和其余三面墙的适宜相变材料为PCM2 [CaCl$_2$·6H$_2$O-2%（质量分数）Mg(NO$_3$)$_2$·6H$_2$O/膨胀石墨]。不管房间有无安置相变材料，在空气层不进行通风以及进行通风的情况下，在南墙外壁面涂太阳能吸收涂层后可以使得房间的耗电量分别减小约13%和25%；而在南墙外壁面无太阳能吸收涂层以及有太阳能吸收涂层的情况下，对围护结构空气层进行通风可以使得房间的耗电量分别减小6%和20%。也就是说，相对于无通风和无太阳能吸收涂层的房间，在南墙涂太阳能吸收涂层的节能效果比对空气层进行通风的节能效果要好。此外，当南墙既涂有太阳能吸收涂层又同时对围护结构空气层进行通风时，房间的耗电量是最小的，此时可节省约30%的耗电量。此时相比于无安置相变材料的房间，安置有相变材料的房间可以进一步节省约3.0%的能耗。空气层2或者空气层3厚度的增大，使得白天和夜间进入到室内的空气温度降低，而此时房间在夜间供暖能耗的增加量大于在白天制冷能耗的减少量，因此，随着空气层厚度的增大，房间的耗电量越大。增大空气层1的通风速率可以促使更多的相变材料凝固，有利于其循环利用，而增大空气层2的通风速率可以防止过多的热量传递到室内造成过热问题，因此，房间的耗电量随着空气层1或者空气层2通风速率的增大而减小。对于空气层3和房间之间的通风来说，增大通风速率可以促使相变材料释放出更多的热量进入室内，有利于降低供暖能耗。然而，对于空气层2、空气层3和房间三者之间的通风速率存在着最佳值，随着通风速率的逐渐增大，房间的制冷能耗增加，而供暖能耗减小，当通风速率为 0.09m³/s，房间的耗电量最低。在屋顶的通风月份下，随着屋顶集成的相变材料导热系数变大，相变材料在夜间释放出来的热量以及白天外界环境的热量可以更快地传递到室内，使得房间的温度偏高，造成房间的耗电量增大；然而，在南墙的通风月份下，随着南墙集成的相变材料导热系数变大，其在白天可以吸收更多的热量防止进入室内的空气温度过高，而在夜间可以更快释放出白天储存的热量并通往室内，因此，房间的耗电量降低。

当今，建筑能耗逐年增加，建筑节能势在必行。将相变材料引入建筑围护结构或者结合到暖通系统中都有助于降低建筑能耗。引入建筑围护结构中的相变材料可以依靠温度的波动而相应地吸收或释放热量，可以增大建筑物的热惯性，降低室内温度的波动，从而减少空调和采暖设备开停的次数，达到节能的目的。将相变材料与暖通设备相结合，可以通过相变储热技术，提高能源利用效率，并可以借助峰谷电价差来降低用电成本。应用于建筑领域特别是围护结构中的相变材料，应具有价格低廉、来源广泛以及不可燃等特性。有针对性地设计并制备高性能复合相变材料并研究其在建筑领域中的应用性能以推动相变储热材料在建筑中的实际应用，具有重要意义。

被动式建筑具有良好的节能功能，但是由于相变材料的热惰性，当建筑物的热质量上升后可能出现温度调控的滞后。如何根据人体对热舒适环境的需求，开展主动温度调控，未来有待研究。此外在建筑物中，人体的热舒适感觉除了受到室温的影响，还与空气湿度密切相关。目前大多数关于相变材料在建筑物中的应用研究主要关注室内的温度波动以及建筑总能耗。将相变储热单元与除湿技术相结合，开发出高性能的温湿度调控材料将进一步提升相变材料的实际应用潜力。不同类型的建筑物具有不同的人员活动特征，例如，住宅楼中人员活动密度在夜间达到最大，而办公楼中人员活动时间为日间。因此，在建筑物中应用相变储热单元时，应结合建筑物类型和人员活动规律，采用不同的相变储能技术方案，实现相变材料节能效果的最大化。

参考文献

[1] Ürge-Vorsatz D, Eyre N, Graham P,et al. Chapter 10. Energy end-use: buildings [M]. Cambridge:Cambridge University Press,2012.

[2] Pitarma R, Marques G, Ferreira B R. Monitoring indoor air quality for enhanced occupational health [J]. Journal of Medical Systems, 2017, 41 (2):23.

[3] 朱冬生，徐婷，蒋翔，等 . 太阳能集热器研究进展 [J]. 电源技术，2012, 36 (10): 1582-1584.

[4] 朱丽，陈萨如拉，杨洋，等.太阳能光伏电池冷却散热技术研究进展 [J].化工进展，2017, 36 (1): 10-19.

[5] 杨俊斌，耿世彬.太阳能空调的技术现状与发展 [J].洁净与空调技术，2017, (1): 95-99.

[6] 徐伟，刘志坚.中国地源热泵技术发展与展望 [J].建筑科学，2013, 29 (10): 26-33.

[7] Navarro L, de Gracia A, Niall D, et al. Thermal energy storage in building integrated thermal systems: A review. Part 2. Integration as passive system [J]. Renewable Energy, 2016, 85: 1334-1356.

[8] Zhou G B, Zhang Y P , Wang X,et al. An assessment of mixed type PCM-gypsum and shape-stabilized PCM plates in a building for passive solar heating [J]. Solar Energy, 2007, 81 (11): 1351-1360.

[9] Schossig P, Henning H-M, Gschwander S, et al. Micro-encapsulated phase-change materials integrated into construction materials [J]. Solar Energy Materials and Solar Cells, 2005, 89 (2/3): 297-306.

[10] Farid M M, Khudhair A M, Razack S A K, et al. A review on phase change energy storage: Materials and applications [J]. Energy Conversion and Management, 2004, 45 (9/10): 1597-1615.

[11] Alawadhi E M. Thermal analysis of a building brick containing phase change material [J]. Energy and Buildings, 2008, 40 (3): 351-357.

[12] Hadjieva M, Stoykov R, Filipova T. Composite salt-hydrate concrete system for building energy storage [J]. Renewable Energy, 2000, 19 (1/2): 111-115.

[13] Halford C K, Boehm R F. Modeling of phase change material peak load shifting [J]. Energy and Buildings, 2007, 39 (3): 298-305.

[14] 史巍，程素香.石蜡石墨粉复合相变材料在温室大棚中的控温效果研究 [J].硅酸盐通报，2017, 36 (12): 4112-4116.

[15] 谢尚群，孔祥飞，何金棋，等.复合相变蓄能屋顶的制备及性能研究[J].墙材革新与建筑节能，2017, (7): 47-52.

[16] 闫全英，王立娟，于丹，等.用于墙体和地板的相变材料性能 [J].建筑材料学报，2015, 18 (2): 302-306.

[17] 嵇文秀.三层相变玻璃窗对夏热冬冷地区建筑能耗的影响研究 [J].建筑与装饰，2019, (8): 195-196,198.

[18] Song M J, Niu F X , Mao N,et al. Review on building energy performance improvement using phase change materials [J]. Energy and Buildings, 2018, 158: 776-793.

[19] Jin X, Medina M A, Zhang X S. Numerical analysis for the optimal location of a thin PCM layer in frame walls [J]. Applied Thermal Engineering, 2016, 103: 1057-1063.

[20] Jin X, Medina M A, Zhang X S. On the placement of a phase change material thermal shield within the cavity of buildings walls for heat transfer rate reduction [J]. Energy, 2014, 73: 780-786.

[21] Fu L L, Ling Z Y, Fang X M, et al. Thermal performance of $CaCl_2 \cdot 6H_2O$/expanded perlite composite phase change boards embedded in aluminous gusset plates for building energy conservation [J]. Energy and Buildings, 2017, 155: 484-491.

[22] Ye R D, Lin W Z, Yuan K J, et al. Experimental and numerical investigations on the thermal performance of building plane containing $CaCl_2 \cdot 6H_2O$ /expanded graphite composite phase change material [J]. Applied energy, 2017, 193: 325-335.

[23] Ye R D, Zhang C, Sun W C,et al. Novel wall panels containing $CaCl_2 \cdot 6H_2O$ -$Mg(NO_3)_2 \cdot 6H_2O$/expanded graphite composites with different phase change temperatures for building energy savings [J]. Energy and Buildings, 2018, 176: 407-417.

[24] Lu S L, Chen Y F, Liu S B, et al. Experimental research on a novel energy efficiency roof coupled with PCM and cool materials [J]. Energy and Buildings, 2016, 127: 159-169.

[25] Elarga H, Fantucci S, Serra V,et al. Experimental and numerical analyses on thermal performance of different

typologies of pcms integrated in the roof space [J]. Energy and Buildings, 2017, 150: 546-557.

[26] Fu L L, Wang Q H, Ye R D,et al. A calcium chloride hexahydrate/expanded perlite composite with good heat storage and insulation properties for building energy conservation [J]. Renewable Energy, 2017, 114: 733-743.

[27] Huang R, Feng J X, Ling Z Y, et al. A sodium acetate trihydrate-formamide/expanded perlite composite with high latent heat and suitable phase change temperatures for use in building roof [J]. Construction and Building Materials, 2019, 226: 859-867.

[28] Chaiyat N. Energy and economic analysis of a building air-conditioner with a phase change material (PCM) [J]. Energy Conversion and Management, 2015, 94: 150-158.

[29] Arkar C, Medved S. Free cooling of a building using PCM heat storage integrated into the ventilation system [J]. Solar Energy, 2007, 81 (9): 1078-1087.

[30] Sun W C, Huang R, Ling Z Y,et al. Numerical simulation on the thermal performance of a PCM-containing ventilation system with a continuous change in inlet air temperature [J]. Renewable Energy, 2020, 145: 1608-1619.

[31] Xia Y, Zhang X S. Experimental research on a double-layer radiant floor system with phase change material under heating mode [J]. Applied Thermal Engineering, 2016, 96: 600-606.

[32] Barrio M, Font J, López D O, et al. Floor radiant system with heat storage by a solid-solid phase transition material [J]. Solar Energy Materials and Solar Cells, 1992, 27 (2): 127-133.

[33] Sattari S, Farhanieh B. A parametric study on radiant floor heating system performance [J]. Renewable Energy, 2006, 31 (10): 1617-1626.

[34] 黄睿，方晓明，凌子夜，等 . 高性能三水醋酸钠 - 尿素 - 膨胀石墨混合相变材料的制备及其在电地暖中的应用性能 [J]. 化工学报，2020, 71 (6): 2713-2723.

[35] Plytaria M T, Tzivanidis C, Bellos E, et al. Energetic investigation of solar assisted heat pump underfloor heating systems with and without phase change materials [J]. Energy Conversion and Management, 2018, 173: 626-639.

[36] Bellos E, Tzivanidis C, Moschos K, et al. Energetic and financial evaluation of solar assisted heat pump space heating systems [J]. Energy Conversion and Management, 2016, 120: 306-319.

[37] Sun W C, Zhang Y X, Ling Z Y,et al. Experimental investigation on the thermal performance of double-layer PCM radiant floor system containing two types of inorganic composite PCMs [J]. Energy and Buildings, 2020, 211: 109806.

[38] Sun W C, Huang R, Ling Z Y,et al. Two types of composite phase change panels containing a ternary hydrated salt mixture for use in building envelope and ventilation system [J]. Energy Conversion and Management, 2018, 177: 306-314.

第九章

储热材料在动力电池热管理领域的应用

第一节　相变储热式电池冷却系统 / 251

第二节　相变储热式电池保温加热系统 / 264

第三节　相变传热模型及在电池热管理系统中的应用 / 274

249

交通运输行业需要消耗大量的化石燃料，不仅造成了巨大的环境污染，还排放了大量的温室气体，加剧了温室效应。如果不加以控制，预计至2030年，运输部门排放的温室气体将会达到90亿吨[1]。为了降低石油消耗量，减少温室气体排放，以电动汽车（Electric Vehicles, EVs）、混合动力汽车（Hybrid Electric Vehicles, HEVs）以及插电式混合动力汽车（Plug-in Hybrid Electric Vehicles, PHEVs）等为代表的新能源汽车市场得到了迅速发展。动力电池是一种将化学能转化为电能的装置，凭借高工作电压、高能量密度、长循环寿命等优点，成为新能源汽车理想的动力源。特斯拉全系列、丰田Prius、雪佛兰Volt等车型均已采用锂离子电池作为动力源。

然而，锂离子电池的性能受温度的影响很大，且对使用环境要求严格，过热或过冷都会造成锂离子电池的有效电量及安全性严重下降。一方面，锂离子电池放电时产生大量的热，易造成电池过热，电池温度一旦突破55℃，电极副反应增加，有效电量损失严重。高温情况下有效电量损失明显。有研究指出，在45℃环境温度下Sony 18650商用锂离子电池经过800次循环后电量衰退为30%～36%，当环境温度提高至55℃时，在490次循环后电池电量的衰退就超过了70%[2]。三元电极$Li_xNi_{0.8}Co_{0.15}Al_{0.05}O_2$电池在55℃温度下，在20周时电池的电量衰减就已经超过20%，达到寿命终止的标准，而在25℃下，电池仍保有85%以上的有效电量[3]。此外，电池过热也可能触发放热反应，引发失火、爆炸等事故，严重降低了电源系统的安全性。当电池温度超过一定范围（130～150℃），电池内电极与电解液之间的放热反应被触发，导致电池内部温度进一步上升，高温进一步推动了化学反应的进行，使电池内部的温度和压力急剧升高，处于热失控状态[4]。触发热失控后，电池温度陡然上升，最高可达900℃，引起电池爆炸解体[5]。

另一方面，在低温环境下，锂离子电池内部电解液的导电率将急剧下降，阳极上的锂离子扩散性减弱，导致电极表面及电解液界面上的电阻增大，阻碍电荷的转移，从而导致有效电量显著下降。当温度低至-40℃时，商用18650型锂离子电池只能维持5%的能量和1.25%的电量[6]，这将严重限制混合动力汽车（HEV）和纯电动汽车（EVs）的续驶里程。续驶里程为400公里的特斯拉电动车在北京的冬天（-6～10℃）运行时，其续驶里程速减到240公里，下降约40%。Nissan Leaf汽车的续驶里程在常温下为138英里❶，可是在-10℃下只有65英里[7]。美国汽车协会曾经选取2014款纯电动版福克斯、2012款三菱iMIE和2013款日产leaf汽车进行测试，发现当温度被调整至-3℃时，其平均续驶里程较24℃的环境温度下减少了约57%。而且低温环境会导致锂离子析出，并黏附

---

❶　1英里=1.609千米（公里）。

于负极电极的表面上，简称为"锂镀"，这不仅导致有效电量的下降，还会因为枝状晶体刺穿电池隔膜而引发内短路，从而造成火灾、爆炸等事故。

此外，电池组内各电池单体温度差异不得超过5℃，否则会导致各电池充放电速率不一致，部分电池提前达到终止电压，会大大降低整个电池组的有效电量。因此，高效的热管理系统，对于提高锂离子电池性能与安全性至关重要。为了保证电池组在安全的条件下以高性能运行，电池组的温度应控制在20～55℃的范围内，最大温度差应小于5℃。

传统的电池热管理系统主要采用空气或水作为传热介质对电池进行冷却或加热，但是空气物性差，传热效率低下；而液体热管理系统结构复杂，成本高。基于相变储热材料的被动式电池热管理系统是近些年发展起来的新型热管理系统。该系统的相变材料在固液相变过程中可吸收/释放大量相变潜热且温度恒定，可将电池温度控制在相变温度附近。该系统结构简单，相变材料与电池外表面接触，通过热传导吸收电池热量。由于相变材料热物性优异，在相变过程中可以吸收大量的热，因此只需要使用少量相变材料就能将电池温度控制在相变温度之下，保证系统结构的紧凑性。相变材料与膨胀石墨等高导热材料复合后，导热系数大大提升，提高电池组的温度均一性。此外，复合相变材料具有极佳的形状适应性，可填充到各种形状电池的空隙中，不仅能用于矩形电池的控温，也能用于圆柱电池的控温。本章将分别从电池冷却、电池保温与加热等方面介绍相变材料的应用。

第一节
相变储热式电池冷却系统

一、膨胀石墨基复合相变材料应用于电池被动式冷却

被动式电池热管理系统具有简单的结构，如图 9-1 所示，相变材料直接包裹

图9-1
相变材料热管理的电池模块结构示意图

电池。电池在工作过程中产生的热量通过电池表面传递至相变材料，相变材料吸热后将电池温度维持在相变温度附近，达到电池控温目的。为了避免相变材料液漏对电池组造成不良影响，相变材料采用膨胀石墨基定形复合相变材料。

电池冷却过程涉及电池向相变材料导热过程、相变材料自身储热过程以及储热完成后的放热过程。这些热量的传递、储存过程与材料的热物性有着紧密的关系。为了设计可靠的电池热管理系统，掌握相变材料热物性与其温控性能之间的关系至关重要。

相变材料的相变温度直接决定电池的工作温度，对比三种熔点不同的相变材料，从图9-2可以看出，无论材料相变温度如何，电池在升温过程中，温度变化都经历了三个阶段：①快速上升阶段，电池产生的热量以显热的形式被储存在固态的相变材料中；②稳定平台阶段，电池温度基本保持在石蜡的相变温度区间内，此时热量以潜热的形式储存在固液混合的相变材料中；③再次快速上升阶段，电池产生的热量以显热的形式储存在液态的相变材料中。由于相变材料的潜热要远高于显热，第二阶段持续时间要比其他两个阶段长得多。因此相变材料的相变温度基本决定了电池的主要工作温度区间。考虑到电池的最佳工作温度在20～50℃之间，熔点为52℃的相变材料温度略高；而熔点为36℃时，由于与环境温度差异较小，热量难以释放，特别在环境温度较高的情况下，相变材料温控能力恢复困难。因此电池热管理采用的相变材料的相变温度应在40～50℃。

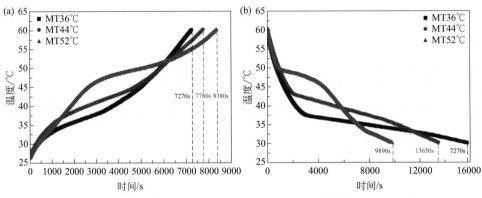

图9-2　电池在不同相变温度材料中的升温（a）和降温（b）曲线[8]

相变焓和导热系数分别是决定材料储热密度与传热速率的关键物性，高相变焓能够保证使用较少的相变材料就能吸收电池单次放电过程中产生的热量。而高导热系数可以降低电池与相变材料之间的热阻，降低电池的温升。同时高导热系数可以使热量快速扩散，避免电池组局部过热，提高电池组的温度均匀性。然而，对于石蜡/膨胀石墨高导热复合相变材料，相变焓随石墨含量的减小而增大，导热系数则随着石墨含量的增大而增大。因此高导热与高相变焓之间存在一定的矛盾。由于石蜡/膨胀石墨复合相变材料的模块是通过粉体填压紧密实现的，为了能同时提高相变材料传热速率和储热密度，可以将石墨含量较高且石蜡含量较低的复合相变材料填压密度增大，增大相变材料的质量，从而在单位质量相变潜热值下降的情况下，保证单位体积的相变潜热值不下降。密度的增大也能提高膨胀石墨对导热系数的提升作用，从而提高导热系数。

二、强制空冷−膨胀石墨基复合相变材料耦合式电池冷却

相变材料对电池的控温主要是依靠相变过程中的恒温特性和巨大的潜热来吸收电池产生的热量，从而保持其温度恒定。剩余可用相变潜热是决定材料控温潜力的重要指标，相变材料一旦完全熔化，剩余可用相变潜热降至 0，则只能利用显热进行控温，效果将大大降低。在高电流放电的条件下，电池发热密度很大，会快速地消耗材料的相变潜热。环境温度的升高则会使得相变材料与环境之间的温差减小，储存在材料内部的热量无法及时排出，从而加快相变潜热的消耗。因此高倍率放电或是环境温度的提高都会使相变材料热管理系统存在失效的风险。

被动式热管理系统失效的原因主要在于相变材料储存的热量只能依靠空气在表面的自然对流排出至环境中，而空气自然对流传热效率低，热量传递速率慢。如果能够提高相变材料与环境的换热效率，可以有效改善相变材料热管理系统在长期使用过程中的稳定性。

强制空冷是电子器件最简单而且最常见的冷却方式，但是当它被用于电池热管理系统时，会产生温度不一致的问题，导致各电池容量的衰减速率产生差异，降低整个电池组的实际容量，减少其使用寿命。

如果将相变材料与强制空气对流等主动散热手段结合起来——利用相变材料降低电池温升速率，并提高电池温度均匀性；利用强制空冷将储存在相变材料内部的热量快速排出——这样就能利用两种散热方式的优点，提升电池热管理系统的控温效果及稳定性。此外，由于不需要过多考虑强制空冷对系统温度均匀性的影响，可以简化流道设计，保留系统简单的结构。

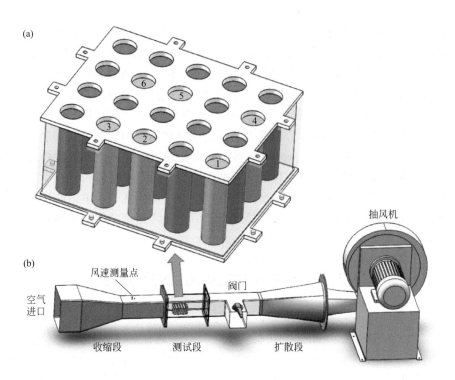

图9-3　强制空冷与相变材料相结合的热管理系统测试装置示意图
（a）电池组排布图及热电偶布置示意图；（b）风道示意图

通过测试如图 9-3 所示结构的相变材料与强制空冷相结合的热管理系统，研究发现，电池在低倍率（如 1C 倍率放电）条件下，发热量较小，经过五次充放电循环，图 9-4（a）中完全被动热管理系统（黑色线）、强制空冷与相变材料相结合的混合热管理系统（红色线）都可以成功控制电池的温度在 45℃ 以下。不过加入强制空冷后，电池温度更低，即使环境温度比完全被动热管理系统环境温度高 7℃，但连续充放电循环时混合热管理系统的电池平均温度比被动热管理系统中电池温度更低。

但是对发热量更高的情况，完全被动式热管理系统则表现不佳。如图 9-4(b) 和（c）黑线所示，当放电倍率上升至 1.5C 和 2C 时，完全被动热管理系统在前两次的循环中可以将电池温度控制在相变温度以下。但是电池温度在每一个循环结束后都在不断上升。在第三次放电时，电池的最高温度 T_{max} 快速上升，最终超过 60℃。

电池组表面自然对流传热系数低是热管理系统失效的主要原因。低倍率放电时，电池产生的热量少，这部分热量主要以显热的形式储存在相变材料中。

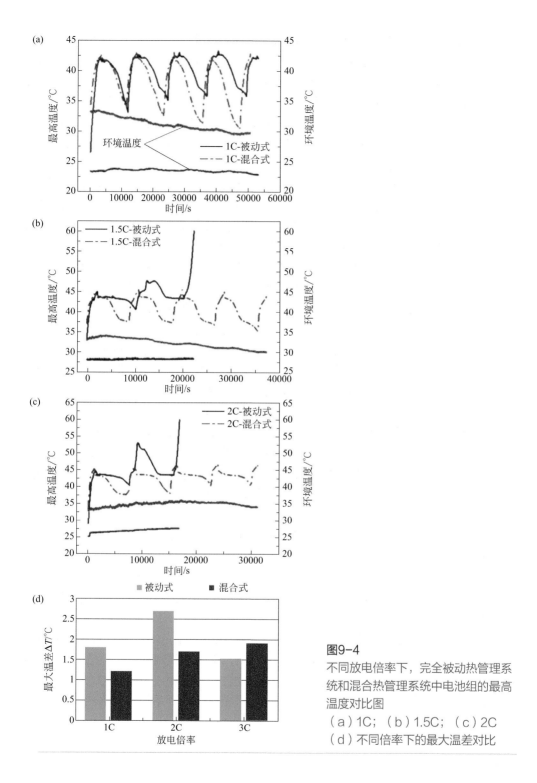

图9-4

不同放电倍率下，完全被动热管理系统和混合热管理系统中电池组的最高温度对比图

（a）1C；（b）1.5C；（c）2C

（d）不同倍率下的最大温差对比

电池组表面空气的自然对流很容易就能把这部分热量带走，从而使电池温度在循环结束时降下来。然而，在高倍率放电时，电池模块产生的大量热，以潜热的形式储存在相变材料中，无法通过低效率的空气自然对流及时地把热量全部释放到环境中，导致材料可用相变潜热无法在每次循环结束时即时恢复。热量不断的积累，不仅压缩了相变材料的可用相变潜热，同时提高了下次循环开始时电池的初始温度。多次循环后相变材料的潜热被迅速耗尽，电池温度急剧升高，超过安全范围。

强制空冷与相变材料相结合的混合式热管理系统则具有更强的稳定性。如图 9-4（b）和（c）红线所示，测试期间即使环境温度比完全被动式热管理系统高了接近 10℃，电池在循环过程中温度均被控制在 46℃以下。加入强制空冷后，每个循环结束时电池的温度接近环境温度，并随环境温度变化而相应地波动。说明强制空气对流能够增强系统与环境的散热，加快相变材料潜热的释放，保证每次循坏结束后电池的温度降全相变温度以下，材料的相变储热容量完全恢复。这保证了相变材料在下一次循环开始时保持最大的吸热潜力，能有效地吸收电池产生的热量，降低电池温度，提高热管理系统的稳定性。不过，尽管加入了强制空冷，电池的温度还是被保持在相变材料的相变温度附近，这说明相变材料在电池控温方面依然扮演了重要的角色。而且，强制空冷的引入并未降低电池组温度均匀性，不同放电倍率条件下，电池组的温差均在 3℃以下[9]。

风速会影响这一类复合型热管理系统的性能。图 9-5(a) 是电池组以 1.5C 倍率放电、不同风速时混合热管理系统中电池的最高温度随时间变化图。如图所示，第一次充放电循环时，3 种风速都可以控制电池的温度低于 46℃，接近 RT44HC 相变材料的相变温度。说明相变材料的相变温度依旧是决定电池工作温度的主要因素。强制空冷的作用主要在于提高系统与环境的换热强度，加快相变材料潜热的释放速率。由于空气流速与对流换热强度存在正相关关系，一旦风速过低，强制空冷强度不够，相变潜热释放速率不足，系统依然存在失效风险。例如当风速为 1m/s 时，电池温度依旧在第三次循环开始后快速上升超过 60℃。因此，只有电池组与环境的换热速率达到一定的标准，才能有效地防止内部热量积累，保证电池在整个充放电循环过程中温度都在安全范围内。

图 9-5（b）对比了不同空气流速下 1.5C 倍率放电的电池组内历史最大温差，基本在 2℃附近，温差随空气流速变化很小，说明了强制空冷对电池组的温度均匀性影响较小。相变材料的导热系数等热物性才是控制电池组温度均匀性的决定性因素。选择具有优异热物性的相变材料对提高热管理系统性能仍然具有非常重要的意义。

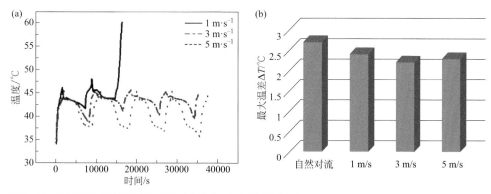

图9-5 不同空气流速下电池组的温升（a）与温差（b）

　　混合式热管理系统既保留了相变材料良好的热物性，控制电池的温升，保证电池组温度的均匀分布；又通过强制空冷在两次循环之间完全释放相变材料的相变潜热，提高系统长期使用的稳定性。混合式热管理系统结合了相变材料和强制空气对流二者的优势，克服了各自在电池热管理中的不足，实现了相变储热和空冷散热的有机统一。

三、强制液冷-相变材料耦合式电池冷却

　　相比空气，液体具有更高的密度和比热容，因而能提供更好的换热性能，将液冷与相变材料结合能获得更紧凑的散热结构。如图 9-6 所示，通过液冷板与相变材料接触，可以将液冷与相变材料冷却结合起来。对于液冷系统，流体进口温度与流量都会直接影响液冷系统的散热性能。如图 9-7 所示，随着进口水温从 20℃升高至 40℃，电池组最高温度从 30℃上升至 45℃。但是电池与流体之间的温度梯度较小，电池轴向温差和径向温差均下降。降低液冷温度可以增大换热功率，有效降低电池温度，但需要更大的温度梯度，导致电池间温差增大。增大液冷流量，电池组的温升和径向温差下降，轴向温差增大。这是由电池轴向散热速率不一所导致，由于液冷板与电池的接触面积有限，靠近液冷板的电池部位温度较低，远离液冷板的电池部位温度较高，随着液冷流量的增大，电池各部位与液冷板或相变材料的换热差异增大，轴向温差增大。为减小压损消耗应尽可能在低流量下满足热管理系统的要求[10]。

　　同时，相变材料的热物性同样也会影响电池的控温性能。上文已提到石蜡/膨胀石墨复合相变材料的相变焓与导热系数存在竞争关系。在相同质量的情况下，在复合式热管理系统中提升相变材料的焓值能够更长时间将电池温度控制在相变温度范围内，相比提高导热系数能够更有效地降低电池的温差，同时也对降

低电池温升能起到一定作用。如图 9-8 所示，将复合相变材料中石蜡含量从 25%（质量分数）提升至 80%（质量分数），其相变焓从 44.7J/g 提升至 170.2J/g，导热系数从 10.8W/（m·K）降至 2.9W/（m·K）。电池组的最大温度则从 54.3℃降至 50.1℃，温差从 4.5℃降至 3.0℃。

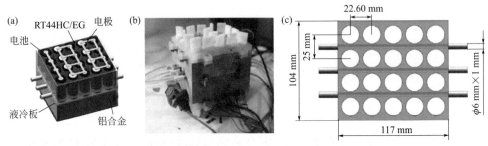

图9-6　电池组和液冷板结构示意图
（a）电池组示意图；（b）电池组实物图；（c）液冷板示意图

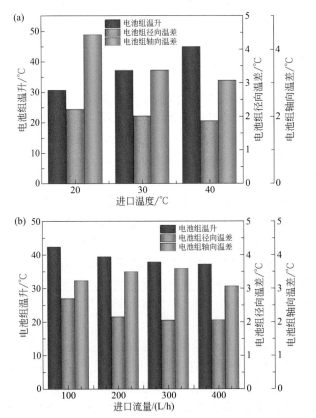

图9-7　流体不同进口温度（a）与进口流量（b）对电池温度与温差的影响

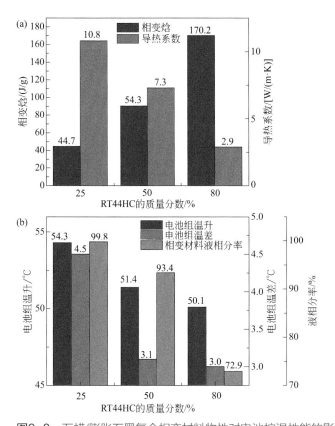

图9-8 石蜡/膨胀石墨复合相变材料物性对电池控温性能的影响

（a）相变材料焓值和导热系数随石蜡质量分数的变化；（b）石蜡质量分数对电池温升和温差的影响

　　随着电池组规模的增大，液冷板长度随之增长，相应地流体的流道增长，流体在流动过程中不断升温，进口温度远低于出口温度，导致电池组在流动方向存在较大的温差，电池温度不均匀性加大。尤其在高倍率放电的情况下，大电池组的温差难以控制在5℃，如图9-9所示。在这种情况下，相变材料对提高电池温度均匀性具有更重要的作用，更需要将液冷与相变材料有效配合，提高电池热管理的效果。如图9-10所示，作者开发了一种复合热管理系统[11]。这是一种延迟液冷与相变材料相结合的冷却策略，当电池的温度低于相变材料的起始相变温度时，液冷系统不工作，利用相变材料吸收并储存电池产生的热量控制电池温升、降低电池温差[12]；当电池温度升至相变温度时通冷却液对相变材料进行冷却，目的是利用液冷的高效换热释放相变材料存储的热量，恢复相变材料的冷却能力。

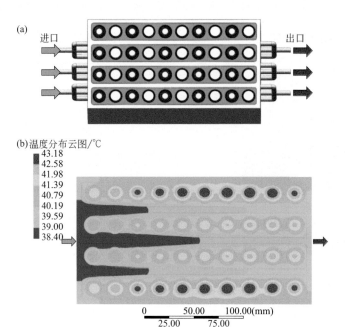

图9-9　液冷电池组示意图（a）和3C放电末期电池组的温度分布图（b）

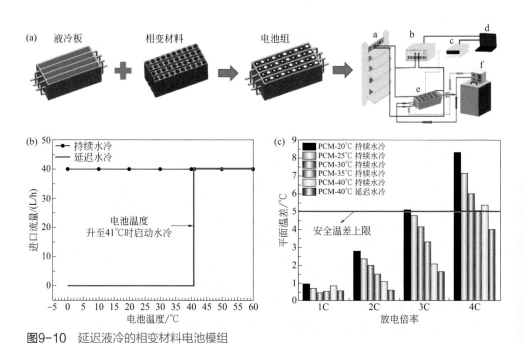

图9-10　延迟液冷的相变材料电池模组

（a）电池组结构以及测试系统结构示意图；（b）延迟液冷的流量控制示意图；（c）延迟液冷与持续液冷系统的温差

对比延迟液冷与持续液冷的冷却性能发现，两种冷却方式都能将电池温度控制在50℃以下，但在4C放电过程中，只有延迟液冷策略可以保证电池的温差小于5℃，大大提高电池组的温度均匀性。此外，延迟液冷可以减少液冷时间，充分利用相变材料被动散热的能力，提高电池组温度均匀性。由于延迟冷却减少了液冷系统的工作时间，大大降低了系统功耗，并为液冷系统提供了一种新的控制策略。

四、相变乳液电池液体冷却

在第七章中，我们介绍过相变乳液是一种通过表面活性剂将相变材料分散到流体中制备得到的潜热型功能流体[13]。相变乳液在相变区间内具有较高的比热容和增强的传热性能[14]，可减小储罐容积和泵送功率，从而降低投资和运行成本。由于相变乳液液冷同时具备相变材料的储热性以及水的流动性，相变乳液液冷系统相比上文提到的复合热管理系统具有更小的体积和更轻的质量。因此，相变乳液作为新型传热流体在电池冷却系统中显示出巨大的应用潜力。

Wang等[15]搭建了基于纳米相变乳液的电池热管理系统，率先将纳米相变乳液作为液体冷却工质，探究了其对电池组的散热效果。如图9-11所示，相比于水作为冷却介质，纳米相变乳液液冷能有效降低电池的温升和温差。如图9-11（a）、（b）所示，2C放电倍率下，水冷时电池组的最大温升和温差分别为46.6℃和3.7℃，10%（质量分数）纳米相变乳液冷却的电池组的最大温升和温差分别为45.5℃和3.3℃。具有较大比热容的纳米相变乳液可以在相变时吸收大量电池组产生的热量，强化热管理系统的性能，提升电池组的温度一致性。此外，随着OP28E质量分数的增加，纳米相变乳液的表观比热容增加，电池组的温升和温差进一步降低。图9-11（c）是采用不同冷却工质时系统的总压降。由于纳米相变乳液具有比水更大的表观黏度，纳米相变乳液的压降大于水，且随着OP28E含量的增加而上升。10%（质量分数）的纳米相变乳液的总压降比水高1.6%，而20%（质量分数）纳米相变乳液的总压降达到了水的1.4倍。为了在不增大系统功耗的前提下提升冷却性能，10%（质量分数）的纳米相变乳液适用于液体热管理系统。

由于纳米相变乳液具有较大的过冷度，系统需要消耗额外的能量将纳米相变乳液的温度降至凝固点以下，大大增加了冷却系统的制冷功耗。Cao等[16]研究了过冷度对制冷功耗的影响，如图9-12所示。制冷功耗随着过冷度和流量的增加而增加。当进口流量为60L/h，过冷度由0℃增加至20℃时，系统的制冷功耗由110W增加至1300W。

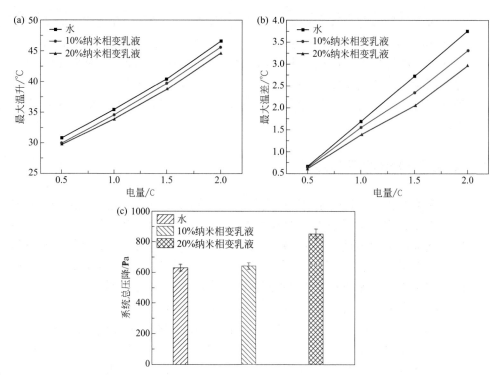

图9-11 不同冷却剂和放电倍率下电池的最大温升（a）、最大温差（b）和系统总压降（c）

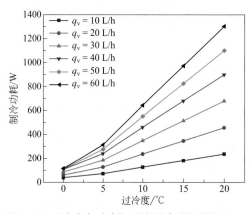

图9-12 过冷度对冷却系统制冷功耗的影响

为了克服过冷度对循环冷却性能的影响，Cao 等[16] 制备了无过冷度的纳米相变乳液，并将其用于电池热管理系统的研究。图 9-13（a）、（b）为 9C 放电末期的电池组的最大温升和最大温差随进口流量的变化。结果表明，纳米相变乳液具有比水更好的散热效果，可更有效地降低电池温升和温差。但随着流量的增加，纳米相变乳液和水的冷却效果的差距逐渐缩小。这是因为传热流体的对流传热系数随流量的增大而增大，强化了流体与电池组的换热效果。同时，流体的温度下降，导致纳米粒子无法充分相变。如图 9-13（c）所示，相变乳液的出口温度随着流量的增加不断下降，当流量达到 60L/h 时，纳米相变乳液的出口温度降低至起始相变温度，即纳米相变乳液还未完全相变，无法发挥其比热容大的优势，此时纳米相变乳液与水的冷却效果基本一致。因此，需要控制纳米相变乳液冷却系统的进口流量，使纳米相变乳液在升温过程中充分相变，从而达到理想的散热效果。图 9-13（d）反映了不同冷却介质给系统带来的压降。相同流量下，纳米相变乳液的压降大于水，且随着相变材料质量分数的增加而上升。然而，结合图 9-13（b）和图 9-13（d）可以看出，控制电池组的温差不超过一个上限值时，纳米相变乳液冷却系统所需要的流量更小。也就是说，纳米相变乳液冷却可以在更小的泵功耗下达到和水冷相同的散热目标。

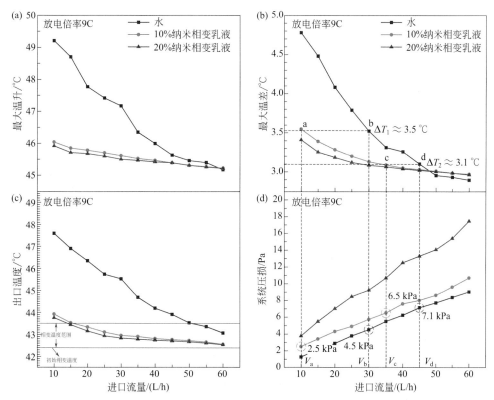

图9-13 不同冷却工质下的电池组最大温升（a）、最大温差（b）、乳液出口温度（c）以及系统压损（d）随进口流量的变化

纳米相变乳液在基于液体冷却的电池热管理系统中表现出优于水的冷却性能，且能够有效抑制电动汽车在快速充电、爬坡等高倍率情况下电池组的温升和温差。此外，无过冷度的纳米相变乳液可以在更小的系统功耗下达到与水冷相同的散热能力。因此，纳米相变乳液作为一种新型冷却剂，在工程应用中具有替代水的潜力，为设计更高效的液体冷却系统提供了新的方向。

第二节
相变储热式电池保温加热系统

一、电池保温系统

相变材料吸收电池热量，除了能在高温环境下降低电池温升，被吸收的热量还可以在低温环境下用于加热电池，提升电池的工作温度，从而提高电池的有效电量和使用寿命。

研究对比了包裹气相 SiO_2/RT28 复合相变材料和无相变材料的电池在 -10℃ 环境下单次的充放电性能[17]。如图 9-14 所示，对于包裹复合相变材料的电池，在 -10℃ 下放置 1200s 后，仍可达到 16℃，可见复合相变材料具有良好保温作用，降低了电池的降温速率。较高的温度使得电池内阻小，起始放电电压较高，电压在电池工作期间平稳下降。然而，没有任何复合相变材料包裹的单体锂离子电池温度迅速降至 -7℃，平均电压低于相变材料包裹的电池。而且低温下未包裹相变材料的电池的放电电压都经历了先下降、后回升、再下降的过程。这是由于电池放电初期，电压逐渐降低；随着电池工作过程中产生大量的热，电池温度提高，电解液导电性增大，Li^+ 移动速度加快，内阻减小，从而出现电压回升的情况。然而，其平均温度低于包裹了相变材料的电池，因此电池的电压、功率和容量都低于包裹了相变材料的电池。

在电池连续工作的过程中，包裹相变材料也能提升电池在低温环境下的性能。图 9-15 对比了在 5℃ 和 -10℃ 环境温度下包裹与未包裹复合相变材料的单体锂离子电池进行 40 个循环充放电实验的放电量。图中灰色部分即为包裹复合相变材料后单体锂离子电池放电量提高的部分，黑色部分为没有包裹复合相变材料时单体锂离子电池的放电量，结果显示包裹复合相变材料的单体锂离子电池的放电量远高于没有包裹复合相变材料的单体锂离子电池的放电量。这是由于复合相变材料的保温作用将锂离子电池连续工作过程中的平均温度提升了 2 ～ 9℃，从而使其电化学性能也得到提升。

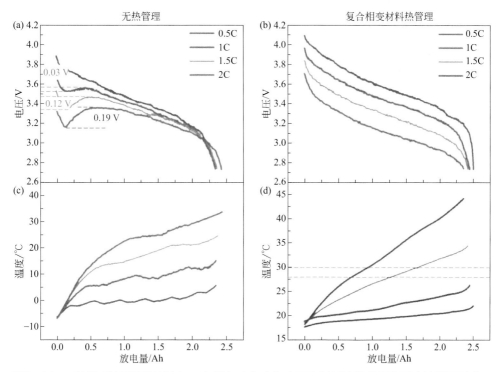

图9-14 −10℃环境下放置1200s，包裹与未包裹复合相变材料的单体锂离子电池不同放电倍率（0.5C，1C，1.5C，2C）的放电曲线及温度变化图
（a）、（c）未包裹复合相变材料；（b）、（d）包裹复合相变材料

　　然而，低导热系数 [0.14 ～ 0.24 W/（m·K）] 的气相 SiO_2/ 石蜡复合相变材料仅适用于通过保温提升单个电池在低温环境下工作性能，因为单电池的发热量小，储热保温的需求较大。当相变材料应用于电池组时，由于电池组具有更大的发热量，过度强调相变材料的保温作用并不利于电池性能的发挥。图 9-16 是三种不同的电池组，分别采用空气（即无相变材料）、导热系数为 0.24W/（m·K）的低导热复合相变材料、导热系数为 10.27W/（m·K）的高导热复合相变材料作为温控介质。低导热相变材料由于导热系数低，热量无法快速扩散，电池组内温度均匀性极差。如图 9-17 所示，在 −10℃的环境温度、2C 放电的情况下，低导热相变材料电池之间的最大温差达到 14.9℃，甚至比没有相变材料的电池组（最大温差 4.6℃）高出 10.3℃。较高的温差带来了巨大的电势差，低导热相变材料电池之间的工作电压差异最大可达到 0.10V，比无相变材料的电池组高出

近 0.04V。高温差带来的高电压差不利于电池组放电，在连续充放电的第 4 个循环中，电池组部分电池的电压超过了安全截止电压，导致了循环实验的停止。此外，高导热的相变材料还能防止电池组在放电末期过热。相比低导热相变材料以及无相变材料电池组在 2C 放电末期近 70℃的高温，高导热复合相变材料加快了相变材料与环境之间的热交换，从而可以将电池温度控制在 52.4℃以下。

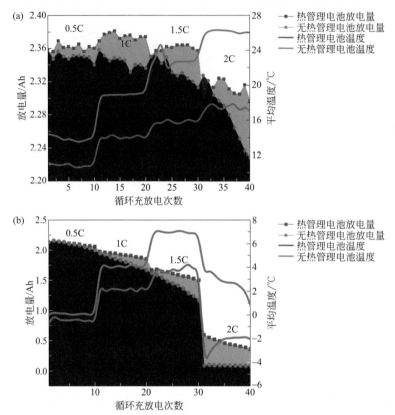

图9-15 5℃（a）和-10℃（b）环境温度下包裹与不包裹复合相变材料的单体锂离子电池进行40个循环充放电实验的放电量对比图

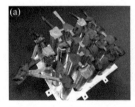  

图9-16 锂离子电池组图
（a）无相变材料电池组；（b）低导热气相二氧化硅基复合相变材料锂离子电池组；（c）高导热膨胀石墨基复合相变材料电池组

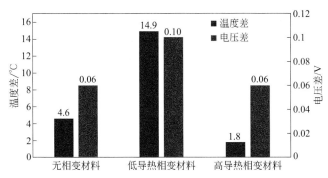

图9-17 不同相变材料热管理模式下电池组温度差及电压差

总之，低温环境的多电池电池组由于发热量较大，热管理首要目标并不是保温，而是提高温度均匀性，甚至也需要考虑高倍率放电情况下的电池冷却。采用高导热相变材料可以将热量快速扩散，使其在电池组内平均分布，从而有效提高电池温度均匀性。而小温差保证了电池能够一致地工作，电压差别较小。模拟电动车在行驶过程中电池组放电情况发现，-10℃环境温度下，无相变材料的电池系统电池温差最高可达9.6℃，最大电压差达到0.15V。而高导热相变材料可以将电池平均温差降低，控制在1～4.3℃之间，从而使电池组内最大电压差始终维持在0.06V以下，提升了电池组的充放电一致性[18]。

二、被动式加热系统

相变材料在短时间内能起到保温作用，但是如果低温环境下电池长时间停止工作，持续消耗相变材料储存的热量，一旦储热量完全耗尽，就会造成热管理系统的失效。这是因为相变材料自身无法产生热量，当电池工作间歇时间过长时，相变材料储存的热量会在长期的低温环境中耗散。一旦相变材料储存的潜热完全消耗，电池再次启动时，电池产生的热量不仅要用于自身加热，还需加热相变材料。相变材料高比热容的特性阻碍了电池温度的回升，进而导致电池电压的下降。

低温环境下最迫切需要加热的是电池工作的起始阶段。相变材料只能被动地释放热量，无法在电池最需要快速升温的工作初始阶段主动加热电池，其大部分热量在电池不工作时被用以减缓电池温度下降，对热量的使用分配不合理。因此，要提升被动式热管理系统性能，一方面必须采取措施缩小相变材料与环境之间的温差，减少或克服因相变潜热损失引起的热管理系统的失效；另一方面，应解决相变材料的储热量只能被动释放的问题，将存储的热量在电池最需要的时刻予以释放，实现对电池的智能加热。

合理利用相变材料过冷便能实现相变材料对电池加热功能。第一章中图1-6已经介绍了，过冷是一种相变材料因结晶困难，只能在温度低于相变温度的条件下发生凝固的现象，通常是不利于储热的。但是，由于过冷状态下相变材料不仅保留了相变潜热，温度也比普通的相变储热过程大大降低，从而缩小了与环境之间的温差，有效减少热损失。而且，相变材料在过冷状态下不稳定，轻微的机械振动或加入少量成核剂就可破坏过冷状态，促使结晶形成，结晶迅速从局部扩散至整个系统，释放出大量的热，可以瞬间将电池温度加热至相变温度附近。因此，制备过冷度大且具有稳定过冷度的相变材料，将电池产生的热量以过冷的形式保存在相变材料内部，并在电池启动时予以释放，不仅能避免因热损失导致的保温系统失效，还能实现电池的快速、智能加热。

笔者发明了一款如图9-18所示的利用过冷水合盐相变材料的电池加热系统[19]。首先，将六水氯化钙与羟甲基纤维素钠复配，制备得到熔点约24℃，过冷度可达20℃的无机相变材料。利用该材料，可将电池工作时释放的热量以潜热的形式吸收存储，当电池停止工作时，只要环境温度高于5℃，热量就能始终以潜热形式稳定保存；当电池准备工作时，通过触发装置，利用机械撞击激活无机盐水合物结晶，可将存储的潜热快速释放，迅速加热电池[20]。

如图9-19所示，常规的相变材料在降温过程中，存在明显的放热平台，相变材料存储的潜热在凝固过程中释放，且温度保持恒定。但是过冷相变材料的降温过程中，不存在放热平台，温度直接降至环境温度，因而其相变潜热可以得到保留。

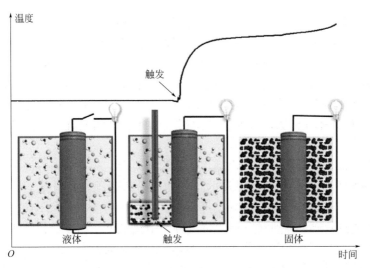

图9-18　过冷相变材料加热系统结构与原理示意图

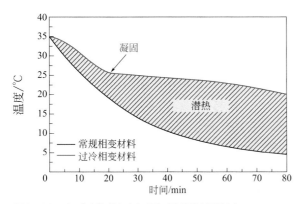

图9-19 相变材料过冷与否对降温过程影响

图 9-20（a）是环境温度为 10℃时，不同羟甲基纤维素钠含量的六水氯化钙降温曲线对比。降温过程中，添加任意含量羟甲基纤维素钠的六水氯化钙都出现了过冷现象。但羟甲基纤维素钠含量为 5%（质量分数）的样品在温度降至 15℃时自发地开始凝固，过冷度约 12℃。纯六水氯化钙温度可降至 10℃，并保持过冷约 3h，自动激发了凝固过程。对于羟甲基纤维素钠含量为 0.5%(质量分数)和 1%（质量分数）的样品，样品达到 10℃后继续静置 5h，过冷不被破坏；5h 后，实验采取震荡的方式破坏过冷，激发相变材料凝固过程，样品温度迅速上升至 25℃。

为了提高六水氯化钙过冷度的稳定性，可在水合盐中添加少量增稠剂。例如，添加低浓度的羟甲基纤维素钠［0.5% ～ 1%（质量分数）］可以增加六水氯化钙的黏稠度，减少液相六水氯化钙内部自然对流造成的扰动，避免因扰动产生成核中心引发结晶，从而提高六水氯化钙过冷的稳定性。但是添加过高浓度的羟甲基纤维素钠，会降低六水氯化钙的稳定性。因为高浓度的羟甲基纤维素钠不能与六水氯化钙中的水分子充分结合，大量的羟甲基纤维素钠颗粒以杂质的形态游离于六水氯化钙之外，增加了液相的紊乱度，为六水氯化钙成核结晶提供了便利。因而 5%（质量分数）的羟甲基纤维素钠反而不利于六水氯化钙过冷的稳定。

环境温度降低会导致水合盐过冷稳定性下降。由图 9-20（b）可知，随着环境温度从 10℃降低至 5℃，过冷过程变得难以控制。除了羟甲基纤维素钠含量为 0.5%（质量分数）的六水氯化钙在 5h 后能够通过手动激活的方式，激发其凝固过程，其余羟甲基纤维素钠 - 六水氯化钙相变材料的凝固过程都在温度达到 10℃后自发地发生。如果环境温度进一步降为 0℃时，相变材料的过冷已完全不可控，所有样品的过冷状态都在手动激发前自动破坏。这是温度降低会导致降温速率加快，从而造成系统内部紊乱性增加，使过冷状态被破坏。即使加入增稠剂也不能改善其过冷度的稳定程度。

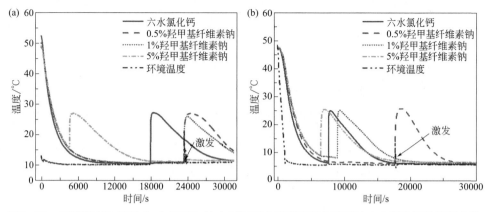

图9-20　环境温度为10℃（a）和5℃（b）时不同含量羟甲基纤维素钠六水氯化钙的降温曲线

　　进一步考察过冷释放对电池加热性能的影响。使电池在长时间处于5℃的低温环境后开始放电，分别对比在过冷状态和非过冷状态的羟甲基纤维素钠-六水氯化钙的温控作用下电池温升及放电特性。对于具有过冷特性的相变材料，尽管长期处于低温环境，其相变潜热以过冷的形式储存。电池放电时，通过机械震荡对过冷加以破坏，相变材料储存的潜热迅速释放，电池被快速加热，2min内电池温度即可上升至20℃。如图9-21表示，对于不具有过冷特性的相变材料，长期处于低温环境下，其储存的相变潜热已完全耗尽。电池开始放电时，产生的热量既要加热电池自身，又要加热相变材料，升温速率慢，37min才能将一个电池温度加热至20℃，这比没有相变材料热管理电池的加热速率（18min）还要慢。

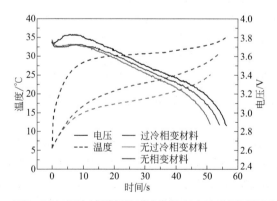

图9-21　相变材料及其过冷特性对电池升温过程及放电性能的影响

　　温度的差异造成了不同情况下电池性能差异，相比于无过冷相变材料以及不使用相变材料的电池，具有稳定过冷的相变材料在过冷被破坏瞬间释放的大量的热，保证了电池温度快速上升，对应电池在整个放电过程的平均温度高10～15℃，工作电压平均提升了0.2～0.4V，从而将电池有效放电容量提高超过0.3Ah，提升幅度超过10%。具有稳定过冷的相变材料在低温环境下能快速有效地加热电池，具有良好的应用前景。

三、主动式加热系统

前文已经提到现有关于电池热管理系统的研究主要集中在冷却方面，电池加热方面研究较少，而集成加热 - 冷却的热管理系统更是鲜有报道。如何将高性能的散热结构与加热结构有效集成为电池热管理系统，存在较大的困难。原因在于传统的电池热管理系统主要采用空气、水等作为传热介质，对电池进行冷却与加热。但是传统介质的适用工作范围窄，难以达到高热、高寒地区以及临近空间等多重气候环境的电池控温需求。空气传热效率低，难以满足在高温环境以及高海拔地区或临近空间的低气压环境下，电池高功率的散热需求；水等液态工质的液程窄，无法在 -40 ～ 50℃极宽的环境温度下有效工作。而且输送传热流体需要风扇、泵等运动部件，系统结构复杂，长期运行可靠性风险大。更不利的是，当前热管理系统中加热系统往往独立于冷却系统，不仅增加电源系统的体积和重量，严重降低电源系统的能量密度，而且加热单元与冷却单元在功能上相互牵制，使热管理性能大打折扣——低温环境下冷却结构会加快用于电池加热的热量的耗散，造成能量损失，加热速率下降；而高温环境下保温加热结构会增加散热热阻，引起电池温升和温差增大。

笔者提出了一种利用导电相变材料实现电池加热 - 冷却一体化的热管理结构 [21]。其原理如图 9-22，低温环境下，利用该相变材料的高效电热转换特性，可对相变材料通电加热，实现低温下电池组的快速预热；高温环境下，可利用材料相变吸收大量的热量有效降低电池的温度，对电池组起到冷却作用。

Luo 等 [22] 开展了关于导电相变材料在宽温度区域内的热管理系统中的性能研究，如图 9-23 所示，通过探究复合相变材料的热物性、电物性调控规律发现，膨胀石墨（EG）的三维网络结构为相变材料提供了电子通路，不仅增大了材料的导热系数，也降低了材料的电阻率。与 20%（质量分数）～ 70%（质量分数）的 EG 复合后，复合材料的导热系数可由 0.2W/（m·K）增加至 2.77 ～ 19.27 W/（m·K），最高将相变材料导热系数提升 96 倍。膨胀石墨同时能大幅降低相变材料的电阻率，使原本不导电的石蜡具有了导电性能。而且复合材料的电阻率与石蜡含量无关，仅与膨胀石墨的压实密度有关。随着膨胀石墨压实密度从 90kg/m³增加至 240 kg/m³，复合材料中形成更密集的导电通路，从而使得复合相变材料的电阻率从 0.28Ω·mm 降低至 0.1Ω·mm。

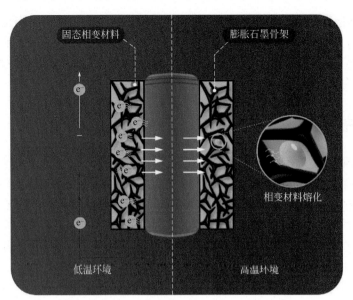

图9-22 导电相变材料的加热-冷却一体化原理示意图

对导电相变材料施加小电压即可实现电池快速、均匀的加热，在 3.4V 的外加电压下，将一个 8 单元电池模组从 -25℃加热至 35℃仅需 280s，加热速率达 13.4℃/min，并且电池模组的最大温差仅 3.3℃。进一步将该热管理系统拓展至一个 600 Wh 的电源系统，如图 9-24（a）所示，该系统由 56 个 18650 电池构成，运行环境为 -40 ～ 50 ℃。在 -40℃环境下，通过两端的电极片给相变材料施加 20V 外加电场，电池平均升温速率可达 12.9℃/min，平均最大温差仅 3.9℃［图 9-24（b）］。在 50℃环境下，电池以 0.2C 放电过程中，相变材料可将电池温度控制在 54℃以内，温差小于 0.8℃［图 9-24（c）］。该测试结果表明，导电相变材料热管理可拓展至真实电池模组的热管理，并且具有良好的加热、冷却性能。

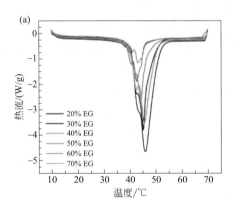

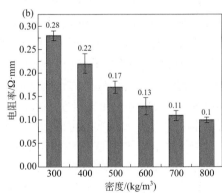

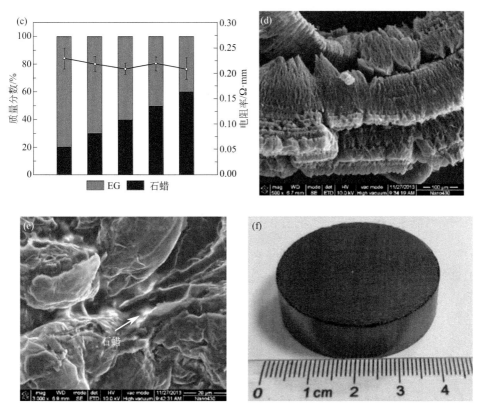

图9-23 不同EG含量复合相变材料的DSC曲线(a)，不同密度(b)和不同配比(c)下复合相变材料的电阻率调控规律，EG(d)和复合相变材料(e)的扫描电镜图像，cPCM压块后的图片(f)

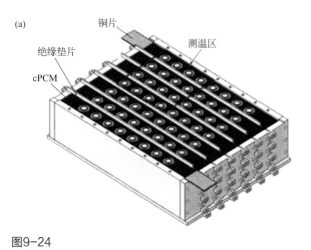

图9-24

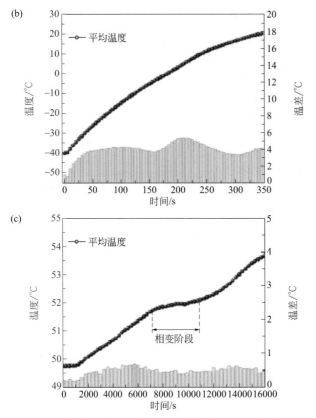

图9-24　电池组（7s8p）的相变材料热管理系统结构示意图（a）与其在低温环境下加热性能（b）和高温环境下的冷却性能（c）曲线

第三节
相变传热模型及在电池热管理系统中的应用

在相变材料的传热过程中可以通过实验对其内部温度、热流等变量进行测量表征。但实验测量往往只能获取局部的数据，无法直观地获得系统内部温度、热流等参数的整体分布。而且实验的变量通常不止一个，当变量改变时实验工况也要进行相应地改变，这会导致实验工作量大、周期长。建立热管理系统的传热数学模型，不仅能更深入地了解系统内部的传热过程，还能为系统的进一步优化提供理论指导。

计算模拟是一种通过建立相关数学模型，对特定的科学问题进行定量分析的方法。对于相变材料的传热过程，建立相应的传热传质方程并求解，可以获得相变材料内部温度分布、相变材料的相态分布以及液相相变材料的流动状态。相比实验，理论计算不仅可以获得系统内部温度的整体分布，还可以灵活地调节变量，研究不同工况下的相变过程。借助高性能计算机，计算过程可以快速完成，从而节省时间和成本。

一、有限元分析法

有限元分析（Finite Element Analysis，FEA）利用数学近似的方法对真实物理系统（几何和载荷工况）进行模拟。将研究对象划分为有限个计算单元，每个单元被赋予对应的偏微分方程，整体进行求解。将有限元分析应用于相变传热过程模拟，可以获得相变材料储热过程中温度的二维或三维分布、热量的传递路径以及温度随时间的变化，从而帮助我们了解如何改进热管理系统设计。

1. 相变传热控制方程

有限元分析的核心之一是每个计算单元涉及的控制方程。相变过程控制方程主要通过两种方法进行模拟：等效比热容模型[23]和焓模型[24-26]。等效比热容模型把比热容视为随温度连续变化的变量，相变前后材料的比热容分别保持恒定，但相变过程中由于存在相变潜热，材料的表观比热容突然增大。该模型根据当前的温度，利用插值方法求出对应的比热容，进而求解能量方程[27]。

$$\rho_{PCM} c_p \frac{\partial T}{\partial t} + \rho_{PCM} c_p \nabla u T = k_{PCM} \nabla^2 T \tag{9-1}$$

式中　ρ_{PCM}——密度，kg/m³；

　　　　c_p——比热容，[J/(kg·K)]；

　　　　T——温度，K；

　　　　t——时间，s；

　　　　u——各方向上的流速，m/s；

　　　　k_{PCM}——导热系数，[W/(m·K)]。

焓模型则将相变过程和非相变过程区别对待，完全固态或完全液态下各自使用一套控制方程，对应相变材料在固态和液态时的物性。相变过程中，求解动量方程（9-2）和能量方程（9-3）。

$$\rho_{PCM} \frac{\partial u_i}{\partial t} + \rho_{PCM} c_p \nabla u u_i = \mu_{PCM} \nabla^2 u_i - \frac{\partial p}{\partial x_i} + \rho_{PCM} g_i + S_i \tag{9-2}$$

$$\rho_{PCM} \frac{\partial H}{\partial t} + \rho_{PCM} c_p \nabla u H = k_{PCM} \nabla^2 T + \dot{q} \qquad (9\text{-}3)$$

式中　下标i——特定方向；

　　　　p——压强，Pa；

　　　　g_i——i方向上的重力加速度，m/s^2；

　　　　S_i——i方向上的动量源项，[kg/(m^2·s^2)]；

　　　　H——材料的焓值，kJ/kg；

　　　　$\dot{q}$——内热源的热流密度，W/m^3。

　　然而，对于复合相变材料而言，流体并无宏观上的流动现象，速度u=0。因此式（9-2）不需要求解，式（9-1）和式（9-3）中的第二项都可省略。因此，对于焓模型能量方程可以简化为：

$$\rho_{PCM} \frac{\partial H}{\partial t} = k_{PCM} \nabla^2 T + \dot{q} \qquad (9\text{-}4)$$

　　对于相变材料而言，其内部无热源，$\dot{q}$ =0。第一章第三节中式（1-2）～式（1-4）介绍了相变材料的焓值计算方法，此处仅给出液相分率β的计算方法，根据当前温度T按照下式进行求解：

$$\beta = \begin{cases} 0, & T < T_s \\ \dfrac{T - T_s}{T_1 - T_s}, & T_s < T < T_1 \\ 1, & T > T_1 \end{cases} \qquad (9\text{-}5)$$

式中　T_1和T_s——熔化起始温度和熔化结束温度，℃。

　　相比于等效比热容模型，焓模型通过液相分率β一个变量统一了相变对热量传递和质量传递的影响，形式更为简便。而且Al-Saadi等[28]通过对比发现，等效比热容模型对相变温度区间更敏感，只有当相变温度区间大于1℃时，才能较好地收敛。而焓模型只考虑相变潜热的影响，温度区间大小对结果的影响甚微。此外，焓模型已被集成到商业计算流体动力学（Computational Fluid Dynamics, CFD）软件中，使得该模型的应用更为简单。

2. 电池产热模型

　　将相变材料的传热计算应用于电池热管理系统模拟，还需要结合电池发热模型。电池发热模型可以通过电化学模型或等效电路模型计算。其中电化学法的推导比较严谨，可以获得较多数据包括电池的寿命、电池的发热量、热应力等参数。但是电化学法的模型比较复杂，控制方程多，计算量大。如果只是用于热分析，等效电路模型则相对简单高效。

等效电路模型将电池内部发热看作可逆反应热 Q_r 和不可逆反应热 Q_{ir}（包括焦耳热 Q_J、极化反应热 Q_p 和副反应热 Q_s，由于锂离子电池性能较为稳定，副反应热多被忽略）共同作用产生的焦耳热，是一种衡量电池总体发热的方法，不考虑电池内部的细节（例如电子迁移、离子扩散等），只是从宏观的角度考虑电池的发热状态。对于电池模型而言，将能量方程中的内热源定义为电池的发热功率密度 $\dot{q}=Q_r+Q_{ir}$。

电池反应过程中正负极总的吉布斯自由能 G 的变化：

$$\Delta G=\Delta H-T\Delta S \tag{9-6}$$

式中　ΔH——焓变，J/kg；

　　　ΔS——熵变，J/（kg·K）。

可逆反应热 Q_r 正是因为熵变带来了热量的释放，因此：

$$Q_r=\frac{I}{nF}T\Delta S=\frac{I}{nF}T\left(-\frac{\delta\Delta G}{\delta T}\right) \tag{9-7}$$

在电极反应中：

$$\Delta G=-nFE \tag{9-8}$$

式中　n——电极反应化学计量常数；

　　　F——法拉第常数，96485.3C/mol；

　　　E——平衡时路端电压，V。

$$Q_r=IT\frac{\delta E}{\delta T} \tag{9-9}$$

电池的反应热 Q_r 可以通过测量电池电势随温度的变化规律获得。

在放电过程中，特别是在大电流放电过程中，由于离子扩散的限制，电极与电解液之间存在离子浓度梯度，电极附近的电阻增大，导致电池的实际电压与路端电压有差异，进而产生的热量称之为极化热。这一部分热量可以看作焦耳热的一种特殊的形式，可以合并算入焦耳热之中。

焦耳热可以通过测量电池总的内阻 R_t，结合电流 I，按照下式进行计算：

$$Q_J=IR_t^2 \tag{9-10}$$

等效电路模型需要测量在不同温度及放电深度（Depth of Discharge，DOD）下电池的反应热、焦耳热。

构建控制方程后，针对仿真对象进行三维建模，并对其进行网格划分。图9-25展示了一个电池组网格划分示意图。该电池组被划分了接近80万个计算单元。将该网格与上述控制方程结合，再赋予相应的边界条件，就可以对相变储热式的热管理系统进行求解。

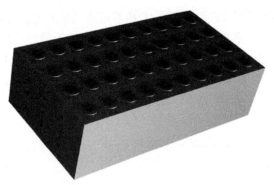

图9-25 三维模型的网格划分示意图

3. 有限元模型的结果分析

现有的有限元模型已经可以较为准确地计算相变材料内部的温度分布情况，图 9-26 对比了被动式和主动 - 被动耦合式热管理系统的模拟结果，平均误差均小于 2℃，因此可以较好地反映实际的储热与控温过程。

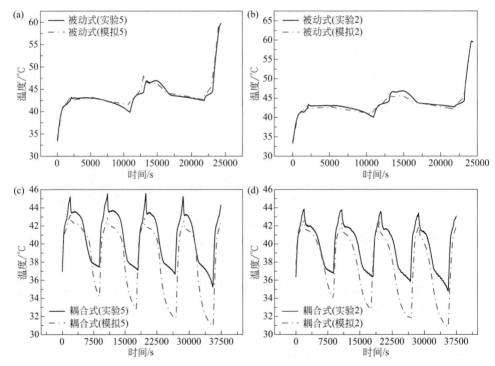

图9-26 不同热管理系统多个温度点的模拟结果与实验对比
（a）、（b）完全被动式电池冷却系统； （c）、（d）强制空冷与相变材料耦合式电池冷却系统

利用有限元模型，可以获得如图 9-27 所示的三维温度分布图以及相变材料熔化部分体积分数的三维分布。由于实验难以获得全面的温度分布，尤其是无法直接测量相变材料熔化的体积分数，数值模拟对提高关于相变材料传热过程的认识具有非常重要的作用。

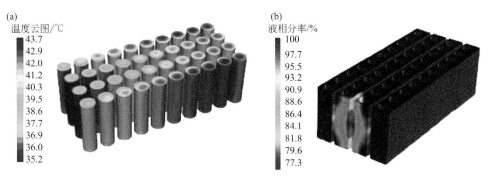

图9-27 电池组的温度分布（a）及相变材料熔化部分体积分数分布（b）

4. 基于有限元分析法的热管理系统优化模型

如果将有限元模型与优化模型相结合，能够快速地实现储热式热管理系统的优化设计[29]。例如将响应曲面法与数值模型相结合，构建中心复合实验设计，可以自动调节复合相变材料的组成（包括密度 ρ、质量分数 α 等）、电池的间距 D、主动散热的对流传热系数 h 等参数，计算不同工况下的控温性能，从而拟合出响应曲面，计算得到最佳的设计参数。

根据响应曲面拟合结果，可以分析不同变量对控温效果的影响规律。例如图 9-28 是在 1.5C 放电倍率下，复合相变材料密度为 575kg/m³、石墨质量分数为 70% 时，电池间距对混合热管理系统中电池的最高温度和电池间最大温差的影响。可以看出，随着电池间距的增大，电池的峰值温度和最大温差都是降低的。这一结果与空气热管理系统中的规律有所不同，根据 Fan 等[30] 的研究结果，使用强制空气对流对电池降温时，电池间距的减小有利于提升空气的流速，降低电池温度。但对于相变材料热管理系统，增大电池间距意味着使用了更多的相变材料，整个电池组的热容量增大了。热容量的增大减小了电池温度的波动，减小了电池发热过程的温升，同时还能避免局部热量的集聚，降低电池组的平均温差。

图 9-28 同时给出了在对流传热系数不同条件下，间距的改变对最大温升和最大温差的影响。对于给定的电池间距，提高对流传热系数，可以降低电池的温升。因为对流传热系数的增大增强了电池组与传热介质的换热，加快了电池热量的排放。但是对流传热系数对最大温差的影响，受到主动散热施加位置的影响。对于将主动散热施加于电池组侧面的情况，侧面对流传热系数 h_{side} 的增大会加剧

电池温度的不均匀分布。而当将主动散热施加于电池组上下表面时，上下面对流传热系数 h_{top} 的增大，却能改善温度均匀性。

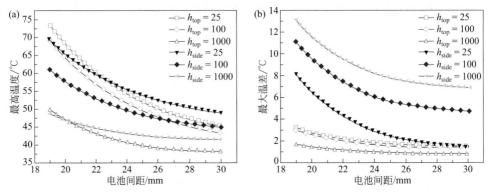

图9-28 电池间距和表面对流换热系数对控温效果的影响
（a）最高温度；（b）最大温差

侧面散热时，电池组中心位置的电池只能经由上下两个底面与环境换热，而四周的电池除了上下底面还有侧面可以散热，因此中心温度高，侧面温度低，自然地形成了一个从中心往四周扩散的温度梯度。但当侧面对流传热系数小时，上下表面和侧面的散热相差不大，因此温度梯度并不是特别明显。当侧面对流传热系数 h_{side} 增大时，相比起来，上下底面的散热的影响逐渐变弱，侧面的散热几乎成为唯一的散热途径，由内向外的温度梯度被放大了。尽管复合相变材料的导热系数较纯的相变材料提高了几十倍，但面对如此大的热通量，仍无法将电池组温差控制在5℃。对于侧面冷却的系统，只有当电池间距大于22mm，h_{side} 低于25W/（m²·K）时，最大温差才不会超过5℃。而且研究考察的电池组较小，只有20个电池组成，如果电池的数量进一步增加，温差将会更大。

通过上下底面进行散热时，同样出现了内部的电池温度较四周排布的电池高的情况。但是随着对流传热系数 h_{top} 的增大，侧面散热所占的比重逐步降低，所有电池几乎都只通过上下表面进行散热，最大温差随之减小。对于在上下表面施加主动散热的情况，即使电池的间距仅为19mm，电池组的温差也可以被控制在5℃以下。综合对比后可以得出结论，平行于电池排布平面的方向上设置主动散热，可以提高电池温度分布的均匀性。

图 9-29（a）和（b）分别展示了导热系数 k 和相变焓 ΔH 随密度 ρ 和 RT44HC 质量分数 α 的变化趋势。图 9-29（a）中导热系数的数值从左上角往右下角逐渐增大，说明导热系数随密度的增大以及 RT44HC 质量分数的降低而增大。图 9-29（b）中相变焓的数值从左下角往右上角逐渐增大，说明相同体积下系统内相变焓随着密度以及 RT44HC 质量分数的增大而增加。

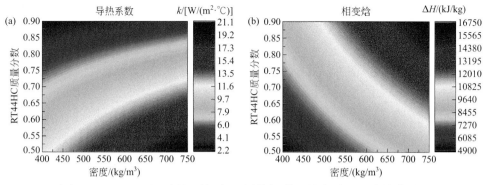

图9-29 密度ρ和RT44HC质量分数α对复合相变材料导热系数（a）和相变焓（b）的关系云图

图 9-30 和图 9-31 则针对上下表面进行主动散热的情况给出了复合相变材料组成对电池组最高温度及最大温差的影响（电池中心距为 24.5mm）。由图 9-31 可以看出，电池组的最大温差都是从图的左上角往右下角减小，证明导热系数的增大可以改善电池温度分布的均匀程度。

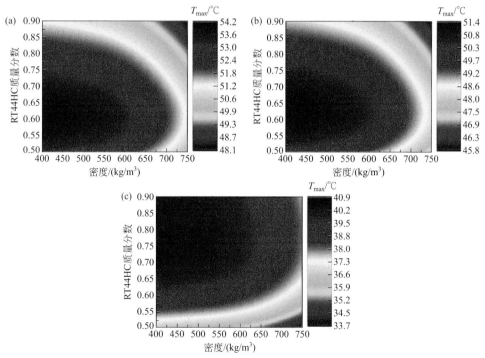

图9-30 电池间距 D 为24.5mm，上下表面施加主动散热的情况下，电池组最高温度随复合相变材料组成的变化

（a）h_{top}=25W/(m²·K)，（b）h_{top}=100W/(m²·K)，（c）h_{top}=1000 W/(m²·K)

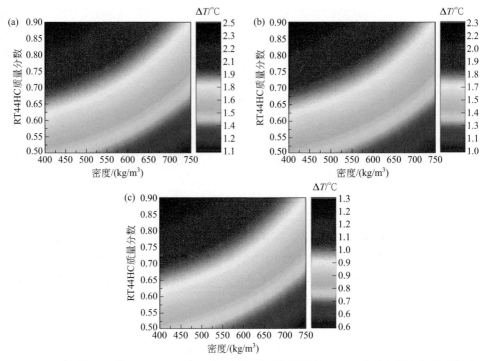

图9-31　电池间距D为24.5mm，上下表面施加主动散热的情况下，电池组最大温差随复合相变材料组成的变化

（a）h_{top}=25 W/(m² · K)，（b）h_{top}=100 W/(m₂ · K)，（c）h_{top}=1000 W/(m² · K)

当对流传热系数的量级不同时，相变材料的组成对最大温升的影响有所不同。由图 9-30（a）和（b）可见，当 h_{top}=25W/(m² · K) 和 h_{top}=100W/(m² · K) 时，电池组的最高温度 T_{max} 从左下角往右上角递减，与系统内总相变焓的增大的规律一致。但当 h_{top}=1000W/(m² · K) 时，T_{max} 在云图中的趋势变为由左上角往右下角递减，与复合相变材料导热系数的变化规律一致。图 9-30（a）和（b）中 T_{max} 的最小值都高于 44℃，因为上下表面的散热面积较侧面积小，换热量较小。当 h_{top} < 100W/(m² · K) 时，主动散热的功率不足以将电池温度控制在相变材料的相变温度以下。此时混合热管理系统主要是依靠相变材料的相变吸热来控制电池温度。相变潜热越高，吸热量越大的材料，才能有效降低电池温度。因此，T_{max} 减小的趋势与相变潜热增大的趋势一致。当 h_{top} ≥ 1000W/(m² · K) 时，主动散热强度足够高。图 9-30（c）中，无论复合相变材料组成如何，电池最高温度都在相变温度以下，此时混合热管理系统主要依靠主动散热控制电池温度。提高相变材料的导热系数，加快热量从内部导出，可以降低电池的峰值温度。因此，T_{max} 减小的趋势与导热系数增大的趋势一致。

总体来看，混合式热管理系统对复合相变材料的首要要求是具有高导热系数，以降低电池组的平均温差，并加快热量从电池组内部导出，经主动散热带走。导热系数对降低电池峰值温度和最大温差的作用，随着对流传热系数的增大更为突出。在主动散热强度不足时，相变材料的潜热值对降低电池温度有重要作用。当主动散热的强度足以将电池温度控制在材料的相变温度以下时，相变材料的潜热值对电池的温度影响不大。因此，在大部分情况下，混合式热管理系统需要选择高密度且高石墨含量的复合相变材料；主动散热强度较低的情况下，选择高密度且低石墨含量的复合相变材料。

如表 9-1 所示，经过优化，电池组所采用的相变材料可以减少体积 16.2% ~ 55.6%，重量减轻 45.2% ~ 84.4%。模拟优化结果可以指导热管理系统的设计，图 9-32 则是根据优化结果设计得到的液冷 - 相变材料耦合式热管理系统的示意图与实物图[29]。利用模拟计算，避免了开展烦琐的实验，大大节省了热管理系统的设计时间与成本。

表9-1　响应曲面法优化结果

方案	初始设计	优化设计1	优化设计2
主动散热位置	侧面	侧面	上下底面
主动散热面对流传热系数/[W/(m²·K)]	46	23.4	865.9
电池间距D/mm	30	27.4	20
体积V/cm³	1.17	0.98	0.52
体积减少/%	0	16.2	55.6
质量m/ g	135	74	21
质量减少/%	0	45.2	84.4
最高温度/℃	45.2	46.1	46.7
温差/℃	2.3	3.9	1.4

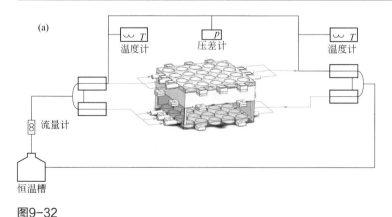

图9-32

(b)

图9-32　液冷-相变材料耦合式热管理系统
（a）系统结构示意图；（b）散热器实物图

二、等效电路模型

尽管有限元分析能够获取储热系统内部参数的三维分布，但有限元分析存在计算量大、计算效率低的问题。有限元分析首先要将计算对象划分成数以万计的计算单元，每个计算单元需求解多个控制方程；同时，相变储热是非稳态的过程，一个连续模拟需将时间段划分为有限的时间步长，每个时间步长单独计算整个计算域包含的所有方程，通常情况一小时的工况需要分解为上千甚至上万个时间步长进行计算。时间和空间上的迭代计算，造成了有限元分析计算量庞大。随着电池组规模逐渐增大，计算量将成为限制模型应用的关键问题。而且传统的数值按照建模—网格划分—求解进行，一旦系统结构发生改变，需要重新进行建模和网格划分等前处理工作，不能针对不同规模的电池组快速求解分析，灵活性差。

而且现有的有限元模型存在另一大问题——电池的电化学特性与热学状态之间存在较强的耦合作用，但是电化学特性方程与传热方程的控制方程不同，二者之间又需要进行大量的迭代，导致数值模型计算过程复杂。特别是在非稳态的过程中，这种复杂的迭代过程导致难以计算及考察热管理系统对电池电化学性质的作用，无法分析在长时间循环过程中电池温度变化对电池寿命的影响，限制了对热管理系统长期运行可靠性的评估，影响了对热管理系统的优化设计。

前文提到电池的模型有电化学模型和等效电路模型两种，有限元模型与电化学模型类似，细节全面但计算复杂。因此，如果开发一种与等效电路模型类似的相变传热模型，就可以借助电池模型的经验简化模拟计算的过程。

1. 相变传热过程与放电过程的相似性

电池与相变材料具有高度相似性——电池储存电量、相变材料储存热量，二者分别以电势差和温差为驱动力进行能量输送。表 9-2 总结了一些电池与相变材料之间的参数类比，可以发现二者的能量传输过程确实有较大的相似性。而这一相似性为相变材料蓄放热过程中的温差、热流、焓和热容分别对应电池充放电过程中的电压、电流、电量和电容。选择合适的等效电路模型，将相变传热模拟转化为电路计算，不仅能利用等效电路模型的简洁性，实现对相变传热的快速模拟，使其具备在大规模电池组或长周期运行条件下进行模拟的潜力，还能实现电池模型与相变传热模型在同一求解器下的耦合求解，减小因控制方程差异带来的求解复杂程度。

表9-2　电池与相变材料特性参数对比

电池	相变材料
电压E/V	温差T/℃
电流I/A	热流q/W
电量Q/C	焓H/J
电容C/F	热容C_p/（J/K）
电阻R/Ω	热阻R_t/（K/W）

2. 相变传热过程中的等效电路结构及计算结果分析

对于图 9-3 所示电池组，按照对称结构选取 1/4，可以转化为如图 9-33 所示的等效电路模型。每个模块代表一个电池及包裹电池的相变材料，多个模块之间通过简单的电路连接即可连通，因此该模型具有良好的扩展性。

根据图 9-34 可知，等效电路模型具有良好的可靠性，其计算结果与有限元模型基本保持一致。但是由于电路计算效率极高，计算时间减少了 99%。因而即使有上千个电池的电池组也能在几分钟内计算完毕，该模型具有对大规模电池组进行模拟的能力，这是有限元分析法难以实现的。同时，等效电路模型尽管做了较大的简化，无法表征电池组的三维变化，但仍能考察二维的温度分布，从而实现对电池组温度一致性的分析。因此保留了较高的精度，能够满足电池热管理系统的分析要求。

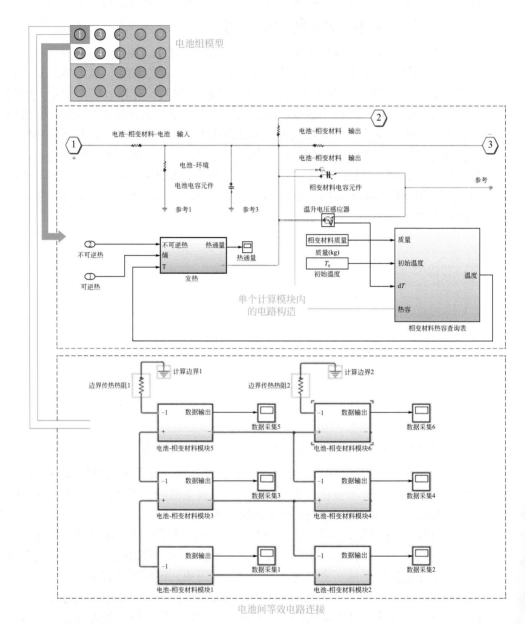

图9-33 等效电路模型的电路连接示意图

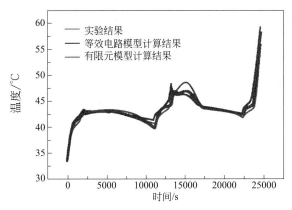

图9-34　等效电路模型计算结果与实验结果及有限元模型计算结果对比

3. 应用等效电路模型优化低温热管理相变材料物性

利用等效电路模型，可以快速地对被动式电池热管理系统进行优化。由于大部分研究都是考察相变材料的热物性在高温环境下对电池冷却性能的影响，而对相变材料热物性如何影响在低温环境下运行的电池的性能不明确。因此为了考察不同复合相变材料的热物性对低温环境下工作电池温度特性的影响，以优化复合相变材料的组成，可通过等效电路模型快速分析在相变温度、导热系数及相变焓不同的石蜡/膨胀石墨复合相变材料作用下电池温度的变化规律。

对于相变温度的影响，分别模拟了在熔点为22℃、28℃、34℃和40℃四种相变材料控温作用下，电池在环境温度为-10～15℃条件下的温度变化情况。

对于导热系数的影响，选择石蜡质量分数 α 分别为0.9、0.8、0.7和0.6的复合相变材料，调节复合相变材料的密度使复合相变材料总相变潜热相同，复合相变材料对应的导热系数 k_{PCM} 根据第五章的导热系数计算公式（5-55）求解。

对于相变潜热的影响，类似于导热系数影响的探究过程，选择石蜡质量分数 α 分别为0.9、0.8、0.7和0.6的复合相变材料，根据导热系数计算公式调节复合相变材料的密度使其导热系数相同，由于复合相变材料体积不变，复合相变材料对应的总潜热值可通过相变焓与体积及对应的密度的乘积获得。对于所研究的四分之一系统，石蜡质量分数 α 分别为0.9、0.8、0.7和0.6时，对应复合相变材料的相变潜热值分别为9.4kJ、4.7kJ、3.1kJ和2.4kJ。

由图9-35可知，当环境温度低至-10℃时，电池升温速率较慢，不论相变温度如何，电池放电过程的大部分阶段都处于20℃以下，放电结束时电池温度都无法达到30℃。但是当相变温度为22℃时，电池温度基本在所有时间内都低于20℃，不利于电池性能的发挥。随着环境温度上升至5℃甚至15℃，电池组内最高温度相应升高，电池主要工作温度段由相变温度所控制。选择相变温度较高的相变材料，有利于电池从低温环境下快速升温。若选择相变温度接近20℃的相变材料，电池的工作温度将长期处于或低于20℃，电极活性降低，电池性能将受到影响。因此选择相变温度在30℃以上的相变材料，更有利于电池组从低温环境下快速启动，达到最佳工作状态。考虑到电池冷却所需要的相变材料温度约40℃，选择相变温度为40℃的材料既有利于克服电池冷启动时因相变材料热容大带来温度上升速率慢的缺陷，又可以利用其合适的相变温度进一步控制电池过热，有利于满足电池加热及冷却需求。

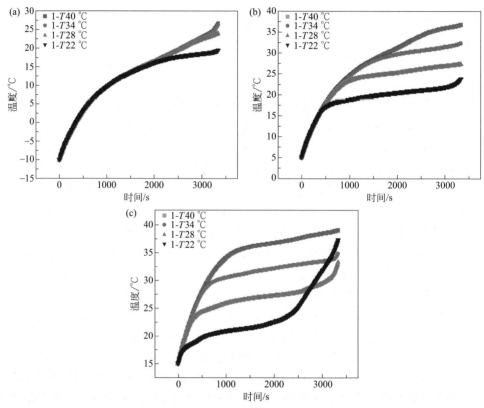

图9-35　在不同相变温度的复合相变材料作用下电池温度变化趋势
（a）环境温度为-10℃；（b）环境温度为5℃；（c）环境温度为15℃

　　图9-36对比了在-10℃时不同导热系数相变材料对电池温度及温差作用规律曲线。由图可知，由于相变焓一致，当相变材料导热系数改变对电池的温度影响不显著时，虽然导热系数小的相变材料可以增强对电池的保温作用，提高电池温度，但提升幅度不明显。然而，导热系数对电池之间的温差影响极为显著，当导热系数从14.4W/（m·K）降至2.4W/（m·K）时，电池组的最大温差从低于

1℃上升至 5.5℃，超过了电池温度均匀性的要求。本章第二节中提到当电池温差过大时，电池的工作电压差值过大，会因电池差异导致电池组提前终止充放电过程，造成电池组有效电量损失。因此，必须制备具有高导热系数的复合相变材料，满足电池温度均匀性的要求。

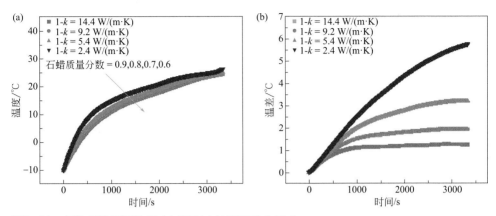

图9-36 导热系数不同的相变材料对电池温度分布影响
（a）最高温度；（b）最大温差

图 9-37 对比了不同相变潜热的相变材料对电池温度分布的影响。由图可知，随着相变潜热的增大，相变材料的总比热容上升，导致电池温度升高速率降低，升高幅度受到抑制。尽管高潜热的相变材料能够利用其良好的热物性降低电池之间的温差，但降低幅度并不显著。由于在低温环境下电池快速升温是提高电池性能的重要方式，而高相变潜热的相变材料对电池升温过程抑制作用显著，因此制备低相变熔的相变材料提高低温环境下电池温度加热速率，更有利于电池性能的提升。

综合考察相变材料热物性对低温环境下电池温度的影响，可以推断：选择相变温度为 40℃的石蜡作为基础相变材料，将石蜡与膨胀石墨按照质量比为 6∶4 配制石蜡/膨胀石墨复合相变材料，通过压片的方式，控制其密度至 650kg/m³，可以制备得到相变温度合适、相变熔适中且导热系数高的复合相变材料，用于低温环境下工作电池的控温系统。

4. 应用等效电路模型预测温度分布对电池寿命的影响规律

利用等效电路模型还可以快速模拟温度变化对电池性能衰减的影响。电池的衰减随循环过程中总电量和温度的增大而加快，电池容量损失 Q_{loss} 如下式所示，与总循环电量 Ah 遵循阿伦尼乌斯规律：

$$Q_{loss}=A \cdot \exp\left(-B/RT\right)Ah^{0.55} \qquad (9-11)$$

其中，A 和 B 为系数，与电池放电电流有关。

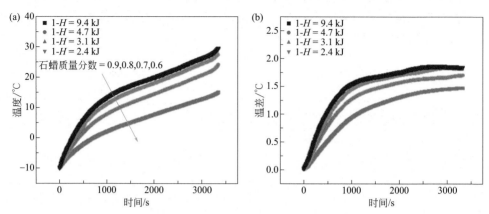

图9-37 相变潜热不同的相变材料对电池温度分布影响
（a）最高温度；（b）最大温差

每个电池的放电容量同时受温度以及充放电总量控制，循环充放电总量越多，温度越高，有效电量损失越大。而电池组的最大放电量受限于电池组内电池的最大放电量，若有电池放电完成，则整个电池组停止放电。因此，电池的有效 DOD 与 Q_{loss} 最大的电池相同，受电池组内性能最差的电池限制。

由于等效电路模型计算具有简洁性，可以利用该模型考察热管理系统对电池在长期运行过程中寿命的影响。通过模拟 10000h 内电池组在不同热管理模式下连续以 1C 充电以及 1.5C 放电过程中的温度、温差以及有效电量的变化，研究发现 [31] 采用高导热复合相变材料与主动散热结合的系统能够更有效降低电池的平均温度、平均温差，从而提升电池寿命。由图 9-38 可知，单纯采用高导热［导热系数 7.14W/（m·K）］复合相变材料对电池进行控温，由于热量的积聚，电池的平均温度较高，达到 45.0℃，但是由于相变材料导热系数较高，最大温差为 2.5℃，平均温差小于 0.5℃。10000h 后电池组内最大容量的电池的剩余容量为额定容量的 59.7%。如果采用低导热［导热系数 0.13W/（m·K）］复合相变材料，结合低强度的空冷系统，可以利用空冷将电池温度降低，平均温度为 43.1℃。但是由于导热系数较低，电池组内温差较大，最大温差达到 15.7℃，平均温差为 5.1℃。10000h 后电池组内最大容量的电池剩余容量为额定容量的 59.5%，而且不同电池之间的剩余容量差异达到了 6%。但是对于高导热复合相变材料与高强度空冷相结合的系统，电池不仅温升低，平均温度仅为 36.8℃，而且温差小，最大温差仅为 1.6℃，平均温差为 0.5℃。该电池组剩余容量最大，为额定容量的 68.1%。

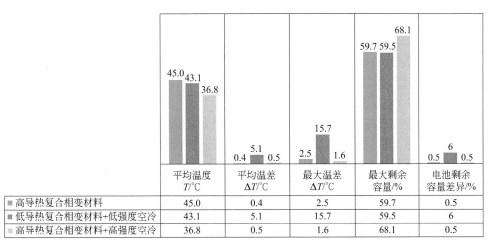

	平均温度 $T/°C$	平均温差 $\Delta T/°C$	最大温差 $\Delta T/°C$	最大剩余容量/%	电池剩余容量差异/%
■ 高导热复合相变材料	45.0	0.4	2.5	59.7	0.5
■ 低导热复合相变材料+低强度空冷	43.1	5.1	15.7	59.5	6
■ 高导热复合相变材料+高强度空冷	36.8	0.5	1.6	68.1	0.5

图9-38 不同热管理模式下电池性能对比

因此，利用等效电路模型对电池组长期运行状况的模拟，可以证明低温升、小温差对于提高电池的寿命都必不可少。长期高温运行会导致电池副反应增加，活性物质减少，有效电量衰减严重。如果电池组的温差较大，每个电池之间放电过程不一致，有效电量差异逐渐拉大，最后会因为容量损耗较快的某个或某几个电池限制整个电池组的能量释放，导致容量下降。

本章对相变材料在电池热管理系统中的应用进行了介绍，可以看出由相变材料发展起来的热管理系统在电池热管理中具有良好的应用前景。基于相变材料的电池热管理系统不仅结构简单，能直接用于圆柱电池、棱柱电池等不同形状的电池，而且具有优异温控性能——在电池冷却过程中既能利用相变过程控制电池温度在材料相变温度附近，降低温升，而且将相变材料与膨胀石墨复合后还具有较高的导热系数，降低电池之间的温差，提高电池组的温度一致性。此外，相变材料还可作为一种保温材料在低温条件下给电池加热保温，提高电池在低温环境下的充放电性能。

相变材料的相变焓、导热系数等热物性极大地影响其对电池的控温特性。增大相变焓，能够增大系统的储热密度，降低电池的温升，减少相变材料的用量。增大相变材料的导热系数有助于强化相变材料内部的热传导，降低系统内部温度梯度，提高电池组的温度均匀性。不过石蜡/膨胀石墨复合相变材料的导热系数和相变潜热存在竞争关系，随着支撑材料（高导热）质量分数的增大，复合相变材料的导热系数增大但相变焓值下降。因此，需根据实际需求调整膨胀石墨与相变材料的比例以获取最佳散热效果。

然而，在高功率、高环境温度等严苛环境下，单纯的相变材料热管理系统存在失效风险。因此，将相变材料与风冷或水冷等主动散热系统相结合，仍然利用相变材料作为电池的主要控温方式，辅助利用主动散热技术及时恢复相变材料的储热能力，能够有效提升热管理系统在复杂工况下工作的稳定性。复合热管理系统作为一种新型热管理系统具有广泛的应用前景。未来在优化复合热管理系统结构，提高主动与被动系统的能量利用率，以降低系统功耗方面仍有很大的研究空间。

此外，低温环境下的保温与加热对提升电池性能也非常重要。由于在低温环境下电池容量、功率下降严重，而且易造成锂枝晶析出刺穿隔膜等风险，提高电池的温度甚至比高温冷却更为迫切。本章介绍了相变材料在单电池及电池组保温中的应用，此外还介绍了一种新型的通过触发过冷相变材料凝固的电池快速被动加热系统和一种利用导电相变材料通电加热的主动加热系统。对于相变材料在电池低温热管理的应用，如何将其与冷却系统高效耦合，使热管理同时具备冷却与加热功能，值得进一步研究。

最后，本章介绍了相变材料热管理系统传热模型的构建方法，分别列举了有限元分析法以及等效电路模型两种不同类型的传热模型。前者具有较高的计算精度，能够获取温度场、热流等参数的三维分布，有利于实现热管理系统的结构与性能优化。后者则具有较高的计算效率，能够满足对大规模电池组热管理系统在长周期运行环境下的性能分析。从而满足不同的计算仿真需求，减少实验成本，实现热管理系统的快速设计与优化。

参考文献

[1] OECD/ITF. Reducing transport greenhouse gas emissions. Trends and data: 2010 [M]. 2010. http://www.internationaltransportforum.org/Pub/pdf/10GHGTrends.pdf.

[2] Ramadass P, Haran B L, White R, et al. Capacity fade of Sony 18650 cells cycled at elevated temperatures: Part I. Cycling performance [J]. Journal of Power Sources, 2002, 112 (2): 606-613.

[3] Liaw B Y, Roth E P, Jungst R G, et al. Correlation of Arrhenius behaviors in power and capacity fades with cell impedance and heat generation in cylindrical lithium-ion cells [J]. Journal of Power Sources, 2003, 119/120/121: 874-886.

[4] Wang Q S, Ping P, Zhao X J,et al. Thermal runaway caused fire and explosion of lithium ion battery [J]. Journal of Power Sources, 2012, 208: 210-224.

[5] Jhu C Y, Wang Y W, Wen C Y,et al. Thermal runaway potential of $LiCoO_2$ and $Li(Ni_{1/3}Co_{1/3}Mn_{1/3})O_2$ batteries determined with adiabatic calorimetry methodology [J]. Applied Energy, 2012, 100: 127-131.

[6] Zhang S S, Xu K, Jow T R. Electrochemical impedance study on the low temperature of Li-ion batteries [J]. Electrochimica Acta, 2004, 49 (7): 1057-1061.

[7] Ji Y, Zhang Y C, Wang C Y. Li-ion cell operation at low temperatures [J]. Journal of the Electrochemical Society, 2013, 160 (4): A636-A649.

[8] Ling Z Y, Chen J J, Fang X M,et al. Experimental and numerical investigation of the application of phase change materials in a simulative power batteries thermal management system [J]. Applied Energy, 2014, 121: 104-113.

[9] Ling Z Y, Wang F X, Fang X M, et al. A hybrid thermal management system for lithium ion batteries combining phase change materials with forced-air cooling [J]. Applied Energy, 2015, 148: 403-409.

[10] Cao J H, Luo M Y, Fang X M,et al. Liquid cooling with phase change materials for cylindrical li-ion batteries: An experimental and numerical study [J]. Energy, 2020, 191: 116565.

[11] 张正国, 曹嘉豪, 凌子夜, 等. 一种复合电池热管理系统和延迟冷却方法: CN202010820883.6[P].2020-12-11.

[12] Cao J H, Ling Z Y, Fang X M,et al. Delayed liquid cooling strategy with phase change material to achieve high temperature uniformity of Li-ion battery under high-rate discharge [J]. Journal of Power Sources, 2020, 450: 227673.

[13] Wang F X, Lin W Z, Ling Z Y,et al. A comprehensive review on phase change material emulsions: Fabrication, characteristics, and heat transfer performance [J]. Solar Energy Materials and Solar Cells, 2019, 191: 218-234.

[14] Yu Q H, Tchuenbou-Magaia F, Al-Duri B,et al. Thermo-mechanical analysis of microcapsules containing phase change materials for cold storage [J]. Applied Energy, 2018, 211: 1190-1202.

[15] Wang F X, Cao J H, Ling Z Y, et al. Experimental and simulative investigations on a phase change material nano-emulsion-based liquid cooling thermal management system for a lithium-ion battery pack [J]. Energy, 2020, 207: 118215.

[16] Cao J H, He Y , Feng J X,et al. Mini-channel cold plate with nano phase change material emulsion for Li-ion battery under high-rate discharge [J]. Applied Energy, 2020, 279: 115808.

[17] Ling Z Y, Wen X Y, Zhang Z G, et al. Warming-up effects of phase change materials on lithium-ion batteries operated at low temperatures [J]. Energy Technology, 2016, 4 (9): 1071-1076.

[18] Ling Z Y, Wen X Y, Zhang Z G,et al. Thermal management performance of phase change materials with different thermal conductivities for Li-ion battery packs operated at low temperatures [J]. Energy, 2018, 144: 977-983.

[19] 凌子夜 , 张正国 , 方晓明 . 一种水合盐相变材料的电池快速加热装置 :CN109802196A [P]. 2019-05-24.

[20] Ling Z Y, Luo M Y, Song J Q, et al. A fast-heat battery system using the heat released from detonated supercooled phase change materials [J]. Energy, 2021,20, 219: 119496.

[21] 凌子夜, 张正国, 方晓明, 等. 一种基于电加热复合相变材料的串联结构电池加热系统: CN110036097A [P]. 2019-10-15.

[22] Luo M Y, Song J Q, Ling Z Y,et al. Phase change material coat for battery thermal management with integrated rapid heating and cooling functions from −40℃ to 50℃ [J]. Materials Today Energy, 2021,20: 100652.

[23] Allouche Y, Varga S, Bouden C, et al. Validation of a CFD model for the simulation of heat transfer in a tubes-in-tank PCM storage unit [J]. Renewable Energy, 2016, 89: 371-379.

[24] Pakrouh R, Hosseini M J, Ranjbar A A,et al. A numerical method for PCM-based pin fin heat sinks optimization [J]. Energy Conversion and Management, 2015, 103: 542-552.

[25] Merlin K, Delaunay D, Soto J,et al. Heat transfer enhancement in latent heat thermal storage systems: Comparative study of different solutions and thermal contact investigation between the exchanger and the PCM [J]. Applied Energy, 2016, 166: 107-116.

[26] Aitlahbib F, Chehouani H. Numerical study of heat transfer inside a Keeping Warm System (KWS) incorporating phase change material [J]. Applied Thermal Engineering, 2015, 75 (0): 73-85.

[27] Hu X X, Zhang Y P. Novel insight and numerical analysis of convective heat transfer enhancement with microencapsulated phase change material slurries: laminar flow in a circular tube with constant heat flux [J]. International Journal of Heat and Mass Transfer, 2002, 45 (15): 3163-3172.

[28] Al-Saadi S N, Zhai Z. Systematic evaluation of mathematical methods and numerical schemes for modeling

PCM-enhanced building enclosure [J]. Energy and Buildings, 2015, 92: 374-388.

[29] Ling Z Y, Cao J H, Zhang W B , et al. Compact liquid cooling strategy with phase change materials for Li-ion batteries optimized using response surface methodology [J]. Applied Energy, 2018, 228: 777-788.

[30] Fan L W, Khodadadi J M, Pesaran A A. A parametric study on thermal management of an air-cooled lithium-ion battery module for plug-in hybrid electric vehicles [J]. Journal of Power Sources, 2013, 238 (0): 301-312.

[31] Ling Z Y, Lin W Z , Zhang Z G,et al. Computationally efficient thermal network model and its application in optimization of battery thermal management system with phase change materials and long-term performance assessment [J]. Applied Energy, 2020, 259: 114120.

第十章

储热材料在电子散热及热防护系统的应用

第一节 有机相变材料散热系统 / 296

第二节 金属相变材料散热系统 / 305

第三节 无机相变 – 热化学双功能储热材料的热防护系统 / 312

第四节 黑匣子热化学储热式防护系统 / 322

电子器件是通信、网络、数字音频等系统和终端产品的基础部件，对电子信息领域的发展起着至关重要的作用。特别是随着云计算、大数据、物联网和人工智能等新兴技术在经济社会各领域的渗透，电子器件产业已成为体现我国自主创新能力的重要环节。

根据电子信息领域的发展要求，现代电子器件的特点是高集成度、高功率密度和小尺寸[1]。然而，由此所带来的器件高热耗散的问题也凸显出来。如果没有有效的散热措施，器件在工作过程中产生的高温不仅会降低半导体芯片的工作稳定性，而且因温度上升引起封装材料热应力的增加还会导致电子器件的机械性故障和损坏。研究表明，如果电子元件的工作温度升高 10 ℃，则其可靠性就会减少 50%[2]，55% 以上的电子设备失效都是由高温造成的[3]。因此，采用合适的热管理系统对电子器件的工作温度进行有效控制，是延长器件的使用寿命、保证器件高效安全运行的关键。将储热材料应用于电子散热系统中，有望在无风扇、无外部冷却装置的条件下，解决电子器件瞬时工作时的高热流密度散热难题，提高电子器件工作的性能及可靠性。

此外，除了电子器件自身发热带来的散热难题，当电子器件暴露在外部高温环境条件下时，也会造成器件无法正常工作甚至烧毁。特别是在发生火灾等意外的情况下，面对上百摄氏度的高温环境，电子元件极易因高温烧毁，而损失关键数据。因此如何解决电子器件高温热防护问题，防止高温辐射对电子元件伤害，对提高电子器件运行可靠性极为重要。在热防护结构的基础上引入储热材料，利用储热材料吸收高温环境对电子器件的高热流冲击，能够有效延长电子元件的寿命，在意外事件发生的情况下为数据拯救争取足够的时间。

本章内容将对相变材料在电子器件散热系统中的应用展开介绍，分别展示有机相变材料、金属相变材料两种不同物性的储热材料的散热特性。针对电子元件的热防护，本章将会对无机相变 - 热化学双功能储热材料在电池热失控防护中的应用以及一种集热反射 - 储热 - 隔热多功能的黑匣子热防护系统进行介绍。

第一节
有机相变材料散热系统

用于电子器件控温的热管理系统主要包括主动式和被动式。在采用主动方式进行控温的电子器件热管理系统中，器件的核心即半导体芯片所产生的热量先被传导至基板，再传至翅片，然后通过对流换热的方式散于周围环境中[4]。对于耗散功率较高的电子器件，常用风冷（即风扇）或液冷装置进行对流换热。然而，该种类型热管理系统需要引入额外热源、噪音、震动，不仅会进一步增大热管理系统的散热负荷，还会加剧电子器件运行的不稳定性。与主动式热管理系统相比，被动式电子器件热管理系统是基于不同控温机理而设计的。在该系统中，由相变材料集成的控温模块会吸收并暂时储存从基板传导而来的热量，当半导体芯片停止运行时，相变材料模块中的热量才会逐渐释放到环境中[5]。由于相变材料在发生相变储热或放热的过程中其温度可保持恒定，因此，被动式热管理系统可大大降低电子器件的升温速率。此外，由于相变材料具有储热密度较大、储热过程为熵增过程无需外力触发等特点，该系统还可保持较小的体积、较低的能耗，对电子器件特别是室外通信、移动设备等间歇式工作的电子设备展现出良好的温度控制效果和高度的适用性[6]。

基于相变材料的热管理技术最早用于航空业的热控制中。20世纪中期，随着航空业和电子工业的迅猛发展，电子芯片的运行热流密度越来越大，而大多电子芯片的待机发热量低、瞬间升温快，这为相变储热热管理系统的研究提供了发展契机。相变储热热管理系统，是把电子芯片运行时产生的热量以储热材料相变潜热的形式吸收并储存，当电子芯片处于待机状态时，储热材料释放热量重新生成固态材料。在这个过程中，相变储热材料充当了能量缓冲区的角色，保持电子芯片的温度稳定在合适的范围之内，防止出现过热现象。

一、间歇式发热器件的相变散热结构

相变材料是被动式电子器件热管理系统的核心，其性能对系统在实际应用中的效果起决定性的作用。被动式电子器件热管理系统是根据相变材料的恒温相变这种特殊功能而设计的，因此相变材料的各方面性能，特别是热物性，对热管理系统在实际应用中的使用效果具有重要影响。根据电子器件的工作温度范围，可用于电子控温领域的相变材料的相变温度需低于电子器件的最高允许安全工作温度（一般为120℃）。另外，为了使电子器件的热耗散量尽可能多地被相变材料吸收，要求相变材料的相变温度高于环境温度，以避免环境热量对热管理系统的影响。

有机相变材料具有良好的化学稳定性，由于航空航天领域对材料稳定性有严格要求，因此有机类相变材料相比其他相变材料在航空航天领域电子散热中具有更大的优势。然而，传统的有机相变材料导热系数较低，散热过程中会产生较大的热阻，导致芯片温度过高，影响散热性能。Rehman等[7]利用泡沫铜吸附石蜡制作散热器用于电子设备散热研究，实验结果表明石蜡含量的增加有助于减少温升，95%孔隙率的泡沫铜的充放热性能均优于97%孔隙率的泡沫铜。

Farzanehnia 等 [8] 研究了石蜡／多壁碳纳米管相变材料耦合散热器的热性能，在多种加热功率下，添加相变材料的系统均获得更长的使用时间，而多壁碳纳米管的添加使得系统在自然对流条件下的使用时间比纯相变材料系统更长，但在强制对流条件下则相反。本书第二章提到利用多孔膨胀石墨吸附融熔有机物相变材料，可以提高相变材料的导热系数。相比于另一种常见的提高相变材料导热系数的多孔载体金属泡沫，膨胀石墨基复合相变材料可以保证在相变材料的相变温度之上相变材料也不会发生泄漏，具有更优异的定形特性。相比传统的强制空冷技术，有机物／膨胀石墨复合相变材料控温技术的有效传热系数是传统强制空冷技术的1.25 ～ 1.3 倍。在不同的芯片发热流密度下，使用相变材料控温的芯片表面达到热平衡时的温度都要比传统的强制空冷技术低 10% ～ 30%[9]。

针对某机载电子器件的芯片，石国权 [10] 设计了相变储热式散热器，考察了不同的散热器结构、不同相变材料的热物性对芯片控温时长的影响。该器件芯片为一次性控温，目标是将电子芯片的温度在其运行期间控制在 100℃以内，因此将芯片温度控制在 100℃以下的时间越长，控温效果越好。

研究分别考察了两种不同熔点的石蜡及其与膨胀石墨（EG）按照质量比85：15 制备的复合相变材料在散热器中的冷却性能。相变材料的热物性总结在表 10-1 中。PR58 和 PR80 分别是熔点为 58.0℃和 81.5℃的石蜡，其导热系数均为 0.3 W/(m·K)，相变焓分别为 150.6J/g 和 202.3J/g。由于石蜡导热系数低，而且熔化后易发生泄漏，将石蜡与膨胀石墨按照质量比 85：15 进行复合。复合相变材料的相变温度与石蜡相比变化较小，相差小于 1℃。PR58/ 膨胀石墨和 PR80/ 膨胀石墨复合相变材料的相变焓分别为 127.5J/g 以及 173.6J/g，与对应85%（质量分数）石蜡理论焓值接近。

尽管复合相变材料的相变焓有所下降，但其导热系数得到了大幅提升，两种复合相变材料的导热系数分别从 0.3W/(m·K) 提高到 6.5W/(m·K) 和5.9W/(m·K)，提升幅度接近 20 倍。

表10-1 不同相变材料的热物性

相变材料	熔点/ ℃	相变焓/ (J/g)	导热系数/ [W/(m·K)]
PR58	58.0	150.6	0.3
PR58/膨胀石墨	57.5	127.5	6.5
PR80	81.5	202.3	0.3
PR80/膨胀石墨	80.8	173.6	5.9

此外，复合相变材料具有定形特性——即使发生熔化，液相也不泄漏。图10-1 是偏光显微镜拍摄的 PR58 以及 PR58/ 膨胀石墨复合相变材料在不同温度下

的状态。纯石蜡在熔化过程中，液态相变材料在载玻片上流动，使相变材料铺满载玻片，当温度降低时，材料在载玻片上发生凝固，使载玻片的透光性能变差。而在复合相变材料的相变过程中，没有液体相变材料的渗漏和流动，表明复合相变材料中的相变材料与膨胀石墨质量比为 85：15 时，膨胀石墨能够有效吸附相变材料，复合相变材料表现出良好的定形性。

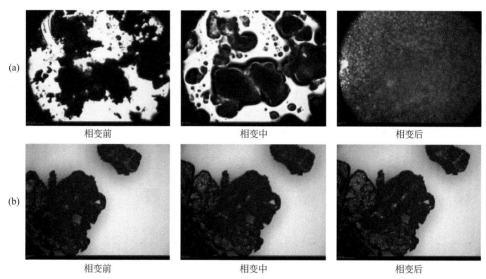

图10-1 不同相变材料的熔化过程偏光显微镜照片

（a）纯石蜡PR58的熔化过程；（b）PR58/膨胀石墨复合相变材料的熔化过程

图 10-2 是温度范围为 15～500℃的相变材料热重曲线。PR58 在 223.26℃开始发生质量变化，质量损失的原因可能是发生了分解或以气体的形式挥发。该

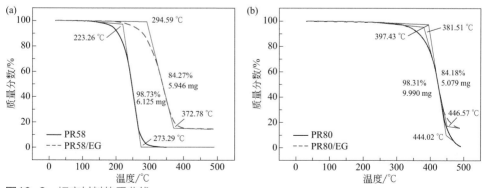

图10-2 相变材料热重曲线

（a）PR58和PR58/膨胀石墨；（b）PR80和PR80/膨胀石墨

质量损失过程在273.29℃结束，达到完全失重。而PR58/膨胀石墨将石蜡开始失重的温度提升至294.59℃，原因在于膨胀石墨对石蜡起到了保护作用，防止了石蜡受热分解或挥发，提高了石蜡的热稳定性。在372.78℃时，复合相变材料失重完成，剩余质量占初始质量的15.73%，接近膨胀石墨的质量分数。说明膨胀石墨具有较高的热稳定性，不易分解。PR80与PR80/膨胀石墨的热稳定性优于PR58，其开始失重温度高于380℃，完全失重温度接近450℃。热重曲线分析说明该材料具有良好的热稳定性，能够满足200℃以下热管理的需求。

复合相变材料按照800kg/m³的密度压块后填装入散热器内，此时复合相变材料结构完整，表面光滑，在常温状态下具有较好的机械强度，可以整体放入散热器内。散热器结构如图10-3中照片所示，其相关结构参数汇总在表10-2中。1号和4号散热器填充复合相变材料的容量较大，分别为101mL和104mL，2号和3号容量较小，分别为54mL和26mL。

表10-2 不同型号散热器的尺寸

编号	外形尺寸 /（mm×mm×mm）	壁厚/mm	内腔尺寸（4个内腔） /（mm×mm×mm）	容积/mL	制造材质
1	100×50×30	2	96×22×12	101	铝合金
2	80×40×30	2	76×17×12	54	铝合金
3	60×30×30	2	56×12×12	26	铝合金
4	75×58×28	1.5	35×26.5×28	104	铝合金+铜

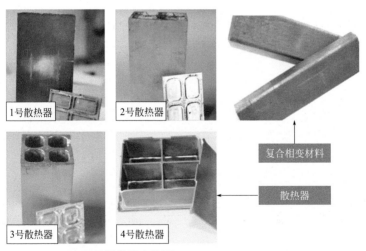

图10-3 不同型号散热器实物图

二、散热系统性能分析

复合相变材料具有较高的导热系数，在相同储热量的情况下，高导热的膨胀石墨基复合相变材料能够降低芯片的温度。图10-4为1号散热器在芯片加热功率为25W时芯片表面平均温度随环境温度的变化曲线图，图中横坐标为环境温度，纵坐标表示芯片在相变材料相变储热期间的平均温度。如图所示，当相同环境温度时，比较填装石蜡的散热系统和填装石蜡/膨胀石墨复合相变材料的散热系统，发现石蜡相变过程中芯片表面平均温度比复合相变材料相变过程中芯片表面平均温度高1℃以上。这是因为复合相变材料的导热系数比石蜡大，复合相变材料的热响应性能比石蜡好。因此，在相变储热过程中，复合相变材料的过热度比石蜡小，当散热器中的石蜡/膨胀石墨复合相变材料与石蜡拥有相等的相变潜热时，复合相变材料能够使模拟芯片温度更低，热响应性更好。此外，复合相变材料还有定形性好、封装要求低的优点，因此，石蜡/膨胀石墨复合相变材料较纯石蜡具有更大的应用优势。

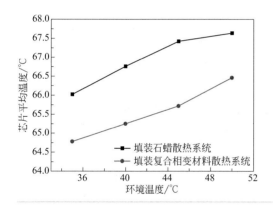

图10-4
石蜡与石蜡/膨胀石墨复合相变材料散热效果对比

不同的散热器结构对散热性能有重要影响。其中1号与4号散热器有较大的储热材料填充空间，填充的相变材料的质量较高，储热量较大，因此相比2号和3号散热器具有较好的散热效果。图10-5（a）所示为环境温度为50℃时，4种型号的散热器对模拟芯片控温时间随输入功率的变化曲线。现设定控温30min以上为目标，从图10-5（a）中可看到1号散热器和4号散热器在所有实验功率条件下都满足最少30min的控温要求，2号散热器在25W功率条件下小于30min，3号散热器则在加热功率为20W时，控温时间小于30min。当加热功率恒定为25W时，4种散热器对模拟芯片控温时间随环境温度的变化曲线如图10-5（b）所示。1号散热器和4号散热器在所有的实验环境温度下控温时间都超过30min，而3号散热器在所有实验环境温度下其控温时间都小于30min，2号散热器则只有在环境温度小于40℃时满足30min的控温要求。

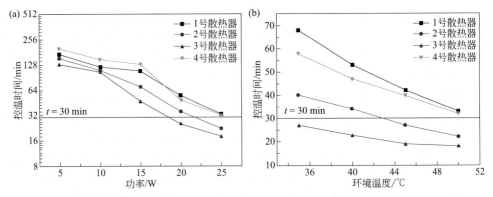

图10-5 不同散热器的冷却性能
（a）环境温度为50℃时不同芯片加热功率下散热器对模拟芯片控温时间；（b）加热功率为25W时不同环境温度下散热器对模拟芯片控温时间

1号散热器性能优于4号散热器的原因在于其外表面积更大，在相变材料质量基本相同的情况下，外表面积越大，与环境的热交换功率更高，从而能够加快相变材料吸收芯片热量后的释放速率，从而更快地恢复其储热控温的能力，降低芯片的温升。

提高相变材料的相变温度有利于延长电子散热系统的工作时长。图10-6对比了环境温度为50℃时，两种相变温度不同的有机物/膨胀石墨复合相变材料的控温性能。当发热功率为25W时，PR58/膨胀石墨前期能将芯片表面温度控制得较低。因为PR58相变温度在58℃，因此在5min处芯片升温至58℃左右时，出现一个温度平台，温度维持在相变材料熔点附近，减小了前期芯片温度上升速率。然而，由于PR58/膨胀石墨相变温度相对较低，与环境温度接近。相变材料与环境的散热速率较慢，热量存储在相变材料内难以向环境中排出。所以相变材料的潜热以较快速度被耗尽，14min后相变过程结束，相变材料仅以显热继续控温。相变过程结束后，芯片温度快速上升，直至48min达到安全截止温度100℃。相比而言，PR80/膨胀石墨的相变温度更高，控温时间更长，芯片温度能被控制在100℃以下的时间长达70min。尽管前期因相变材料仅以显热控温，芯片升温速率较PR58/膨胀石墨快。但是27min后，PR80/膨胀石墨控温模式下的芯片温度开始低于PR58/膨胀石墨。原因在于PR80/膨胀石墨的相变温度更高，相变过程能够保持与环境产生近30℃稳定的温差，加快了存储热量的释放，减缓了潜热的消耗速率，从而提供了更长的散热时间。PR80/膨胀石墨在16min时发生相变，60min时完全相变，相变时间比PR58/膨胀石墨延长了35min，有效工作时间增长 22min。

在芯片功率发热较高时，高熔点相变材料的控温优势将会进一步凸显。图 10-6 中，当芯片功率降至 20W 与 15W 时，芯片温度在达到 100℃之前就与环境达到热交换平衡。此时高熔点相变材料仅能起到降低芯片温度的作用，而且降温幅度随着功率的减小有所减小。当 PR58/ 膨胀石墨控制下的芯片温度达到最高温时，PR80/ 膨胀石墨可以在芯片发热功率为 25W、20W、15W 时将其温度分别降低 6.9℃、4.3℃以及 0.6℃。原因在于随着加热功率的减小，相变材料向环境的散热压力减小，低熔点相变材料与高熔点相变材料的散热差异缩小，从而高熔点相变材料对降低芯片温度的作用减弱。由此可知，选择熔点高的相变材料更有利于满足高热流密度下对芯片的长时控温。

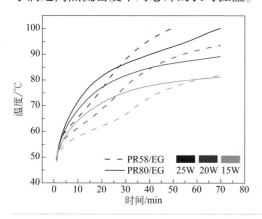

图10-6
在相变材料相变温度不同、芯片加热功率不同情况下芯片的温度变化曲线

高相变温度的另一个优势是使相变材料具有在高温下工作的能力。由于电子器件的高度集成，不同器件同时发热造成芯片工作的环境温度较高，环境内温度可高达 70℃以上。当环境温度高于 50℃时，PR58/ 膨胀石墨基本就难以工作了，因为当环境温度高于相变材料的熔点时，相变材料从环境中吸收热量发生相变，相变潜热在芯片工作前就基本被耗尽，相变材料失去冷却的能力。而 PR80 则在环境温度低于 80℃时仍具有良好的冷却能力。图 10-7 对比了发热功率 25W 情况下、不同环境温度下的芯片升温曲线。可以看出，当环境温度为 70℃时，PR80 仍可以将芯片温度控制在 100℃以下超过 20min。但随着环境温度 T_a 的升高，相变材料的控温时间不断缩减。当环境温度从 50℃分别上升至 60℃及 70℃时，芯片温度到达 100℃的时间从 70min 分别降低至 42min 和 25min。环境温度的升高影响了相变材料向周围环境释放热量，环境温度越高相变材料热量释放速率越慢，导致其相变潜热的消耗速率加快，控温时间缩短。而且环境温度的升高造成了相变材料相变储热量的缩减，总储热量的减少也导致了升温速率的加快。综合以上原因，环境温度的升高会显著降低相变材料对芯片的控温性能。

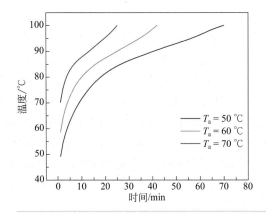

图10-7

发热功率25 W时不同环境温度下芯片温度的变化曲线

根据以上关于电子芯片散热的研究结果可以总结得到下面几点结论：

（1）以石蜡为代表的有机类相变材料具有良好的热稳定性，应用于电子器件散热系统具有较高的可靠性，能够满足机载等装备对材料可靠性要求较高的场合。

（2）石蜡的导热系数低，制备石蜡/膨胀石墨复合相变材料可以将石蜡相变材料导热系数提升近20倍，从而降低芯片与相变材料的热阻，增强散热性能，降低芯片温度。而且复合相变材料具有定形特性，熔化后不发生液漏，降低了封装难度。

（3）在不超过控温极限温度的前提下，应选择熔点尽量高的相变材料用于电子器件控温，高相变温度不仅能够延长散热系统的工作时间，还能应对70℃甚至更高环境温度下的芯片散热需求。

相变材料散热系统能够满足单次控温系统的散热要求，可以在机载等民用、军事领域的电子器件中实现高效散热。传统的电子器件被动散热采用铜块作为热沉，不仅质量大，效果也不佳。相比铜块，相变材料密度低，其密度小于 1000kg/m³，远小于铜块 8960kg/m³。相变材料储热密度大，1kg 相变材料的相变储热密度可以达到 150kJ，而 1kg 铜块升高 50℃的储热量仅 20kJ。因此对于航空航天等领域中对重量极为敏感的装备系统来说，采用相变材料替代传统的铜热沉，能够在不影响甚至提高温控性能的基础上，大大降低温控系统的重量。

此外，相比风冷、液冷等主动散热系统，相变材料不采用风扇、泵等运动部件，不需要额外的冷却介质，结构简单，具有更高的可靠性。因此，基于复合相变材料的电子散热系统在军事、民用等领域具有良好的应用前景，针对性开展新型相变材料的研制、散热系统设计理论，对解决现有电子器件散热的瓶颈很有必要。

金属相变材料散热系统

以石蜡为主的有机相变材料在电子散热系统中有良好的应用前景，不过其在应用过程中仍存在一些问题。这些问题包括：①石蜡的导热系数较低，增大了传热热阻，造成电子器件与相变材料接触面局部过热。虽然上一节提到膨胀石墨可以提升石蜡的导热系数，但提升幅度有限，目前较少的研究可以将其导热系数提升至 20 W/(m·K) 以上；②石蜡的热膨胀系数较高（7.6×10^{-4}/K），在进行固液相态转变过程中，易出现较大体积膨胀造成盛装容器的承压加大，进而增大了被动式电子器件热管理系统出现机械性故障的概率；③石蜡高温下具有挥发性，局部温度过高时部分石蜡材料会因挥发失去相变储热功能，因而石蜡可能无法承受电子器件的瞬态高热冲击；④石蜡具备可燃性，一旦发生意外，石蜡燃烧会给系统带来更大损伤。因此，进一步发展高导热、不可燃的相变材料对推动电子散热技术的进步有着重要的意义。

低熔点金属是一类由 Sn、Bi、Pb、Cd、In、Ga、Sb 等金属元素或合金组成的熔点在 25～200℃ 范围内的金属材料[11]。该类材料并非传统意义的相变材料，主要原因是低熔点金属的单位质量相变潜热较低（15～80kJ/kg），不过由于材料本身密度很大，因此，其单位体积储热密度甚至可达传统相变材料的 2～3 倍[12]。此外，相较于有机类相变材料，低熔点金属还具有熔程窄、相变过程体积变化小、热稳定和化学稳定性好等特点。特别是其导热系数普遍大于 10W/(m·K)，远高于同一温度段的其他材料[13]。表 10-3 总结了部分常用的低熔点金属材料及其相应的热物性能参数。结合表中数据可见，低熔点金属的各方面热性能确实优于其他类型相变材料，在电子器件被动式控温领域，特别是在高热耗散的电子器件控温领域，展现出很大应用潜力。

表10-3　低熔点金属相变材料及其对应的热物性能参数[12, 14]

低熔点金属	相变温度/℃	相变焓/(kJ/kg)	比热容/[kJ/(kg·℃)]	导热系数/[W/(m·K)]	密度/(kg/m³)
Cs	28.65	16.4	0.236	17.4	1796
Ga	29.8	80.12	0.37	29.4	5907
Rb	38.85	25.74	0.363	29.3	1470
44.7% Bi-22.6% Pb-19.1% In-8.3% Sn-5.3%Cd	47	36.8	0.197	15	9160
49% Bi-21% In-18% Pb-12% Sn	58	28.9	0.201	10	9010
50% Bi-26.7% Pb-13.3% Sn-10%Cd	70	39.8	0.184	18	9580

一、脉冲式发热器件的相变散热系统结构

相变控温材料较适合用于工作时间非连续的电子器件的温度控制,但在连续发出瞬态高热流密度冲击的条件下,相变材料必须有优异的热物性才能完成电子器件的高效散热。间歇性工作的电子器件往往是工作一段时间再休息一段时间,以此为一个周期,在多个周期运行。如果相变材料存储的热量无法快速释放,在休息的周期内未及时恢复控温能力,会导致相变材料内部热量的积聚,多次循环后相变材料完全丧失储热能力,导致散热系统的失效。散热系统失效问题在工作 - 休息周期较短时尤其严峻,当电子器件高频率地在大功率工作状态与休息状态之间切换时,如果相变材料的导热系数等决定传热速率的热物性较差,无法满足快速储热与散热的需求。一方面电子器件在较短的工作周期产生的热量无法及时被相变材料吸收,导致器件温度升高;另一方面相变材料吸收的热量无法在较短的休息周期释放,相变材料失去控温能力,无法在下一个周期吸收器件产生的热量。一旦出现这类问题,多个周期后相变材料温控系统将失去工作能力。

金属相变材料具有良好的导热系数,因此有利于快速收集电子芯片产生的热量,降低芯片温度。而且能快速地将热量传递至环境中,恢复储热控温能力。低熔点金属复合相变材料的热物性优于有机 / 无机复合相变材料,因此其在间歇运行的电子器件中更具散热优势。例如在电子器件的运行功率高达 35W,电子器件工作 / 休息时间分别为:60s/60s、60s/12s 和 60s/6s 时,经过多个运行周期后 Bi-Pb-Sn-Cd 合金仍能将电子芯片温度控制在 90℃,表明低熔点金属对间歇式运行的电子器件表现出较好的温度控制效果。在更极端状态的瞬态高热冲击模式下,电子器件的运行功率 160W,单个运行周期的运行 / 非运行时间是 19ms/19ms 时,Bi-In-Sn 合金和 Pb-Sn-In 两种低熔点合金材料的温度仅达到 40 ~ 60℃,使电子器件处于安全工作温度范围,有效防止电子器件在瞬态高热流密度的冲击下发生损坏。Zhao 等 [15] 制备了一种低熔点合金用于电子设备被动热管理系统,与熔点相近的石蜡相比,合金相变材料在实验中将有效保护时间延长 1.5 倍,使加热器温度降低 13.4℃,结合数值模拟发现由于更高的液体黏度和更小的热膨胀系数,合金相变材料熔化过程以热传导为主,自然对流可以忽略;此外,合金相变材料良好的导热性和较高体积潜热使其在体积受限的场合中应用前景广阔。

由于低熔点金属在相变控温过程中也存在固 - 液相态转变,与有机相变材料一样需要解决液态相变材料泄漏的问题。第三章介绍了金属合金定形复合相变材料伍德合金 / 膨胀石墨复合相变材料的制备,制备得到的复合相变材料无液漏,而且相变储热密度可达到 $1.13 \times 105kJ/m^3$,导热系数可高达 65.0W/(m·K),在电子器件热管理领域有极大的应用潜力。本节将对该金属复合相变材料在散热系统

中的散热性能进行介绍，并将其与有机相变材料的散热性能进行对比。

伍德合金／膨胀石墨复合相变材料对功率型电子器件的控温性能测试装置结构如图 10-8 所示，主要包括能量供给系统、热管理系统和数据采集系统三个部分。其中，能量供给系统由可编程恒压直流电源组成，该电源为电子芯片的运行提供驱动能量，同时监控电子芯片运行时的电压、电流和功率。热管理系统的主要构成部件有电子芯片、AlN 陶瓷板和基于伍德合金／膨胀石墨复合相变材料的块状定形控温模块。电子芯片作为该测试系统的热源被黏附在 AlN 陶瓷板的下表面，而相变材料控温模块则被黏附在陶瓷板的上表面，此处 AlN 陶瓷板的作用是对芯片提供机械支撑，同时又可保证电子芯片和相变材料控温模块之间的热绝缘。芯片与相变材料控温模块之间通过导热硅脂降低接触热阻。相变材料的截面积为 40mm×40mm，三个不同的厚度分别为 3.3mm、5.5mm 和 7.3mm。相变材料控温模块的外形图以及热管理系统中其他部件的结构特点如图 10-9 所示。相应部件的几何尺寸及热物性性能特征如表 10-4 所示。

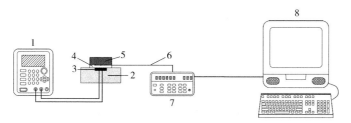

图10-8 复合相变材料的控温性能实验装置结构图
1—可编程恒压直流电源；2—绝热层；3—发热电子芯片；4—AlN陶瓷板；5—基于伍德合金/膨胀石墨复合相变材料的定形控温模块；6—热电偶；7—数据采集系统；8—电子计算机

表10-4 热管理系统中不同部件的几何尺寸及导热系数

部件名称	表面尺寸 / (mm × mm)	厚度 / mm	导热系数 / [W/(m · K)]
相变材料控温模块	40 × 40	3.3, 5.5, 7.3	59.6
导热硅脂层_01	40 × 40	0.1	1.5
AlN陶瓷板	40 × 40	0.5	120.0
导热硅脂层_02	10 × 10	0.1	1.5
电子芯片	10 × 10	1.0	28.7

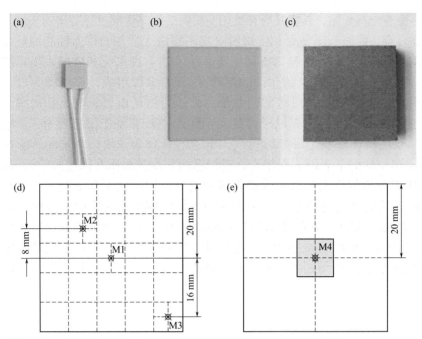

图10-9 热管理系统中不同部件的照片及热电偶布置结构示意图

(a)电子芯片；(b)AIN陶瓷板；(c)基于伍德合金/膨胀石墨复合相变材料的控温模块；（d）热管理系统下视图；（e）热管理系统上视图

电子芯片运行功率密度定为 35kW/m²，电子芯片在固定功率下间歇运行。运行 / 非运行时间分别设置为 3600s/3600s、60s/60s、60s/30s 和 60s/6s。将伍德合金 / 膨胀石墨复合相变材料模块与储热密度相等的石蜡 / 膨胀石墨复合相变材料模块进行对比，两种相变材料的基本物性如表 10-5 所示。

表10-5 两种复合相变材料控温模块的性能参数及几何尺寸

性能（或几何）参数	伍德合金/膨胀石墨复合相变材料模块	石蜡/膨胀石墨复合相变材料模块
相变温度/℃	70.6	46.15
相变潜热/ (kJ/kg)	27.31	179.00
比热容/ [kJ/(kg·K)]	0.36（固态） 0.47（液态）	2.45（固态） 2.71（液态）
表观密度/ (kg/m³)	3310	505
导热系数/ [W/(m·K)]	50.75	1.52
模块尺寸/ (mm×mm×mm)	40×40×7.3	40×40×7.3

二、散热系统性能分析

在运行 / 非运行时间为 3600s/3600s 条件下，即芯片工作 3600s 后休息 3600s，2h 内芯片温度变化曲线如图 10-10 所示。在伍德合金 / 膨胀石墨复合相变材料控温条件下，电子芯片功率密度为 35kW/m² 时对应的热平衡温度为 101.5℃，复合相变材料在相变过程中可以将芯片温度控制在 80℃左右。芯片在非运行时段降温迅速，从 101.5℃降至 30℃所需冷却时间为 1470s。而采用石蜡 / 膨胀石墨复合相变材料模块作为控温模块时，电子芯片的热平衡温度较高，为 105.0℃。芯片在非运行时间段降温速率低于伍德合金系统，从 105.0℃降至 30℃所需冷却时间为 1750s。虽然两种材料的相变储热密度一致，但伍德合金 / 膨胀石墨复合相变材料的导热系数远大于石蜡 / 膨胀石墨复合相变材料的导热系数，在同等热流密度和外界环境温度的条件下，基于伍德合金 / 膨胀石墨复合相变材料的热管理系统中电子芯片与外界之间的传热热阻小于石蜡 / 膨胀石墨复合相变材料的情况。所以，采用高导热的伍德合金 / 膨胀石墨复合相变材料模块控温时，电子芯片的热平衡温度较低且冷却时间较短。在相同相变储热密度的条件下，伍德合金 / 膨胀石墨复合相变材料的散热性能优于石蜡 / 膨胀石墨复合相变材料。

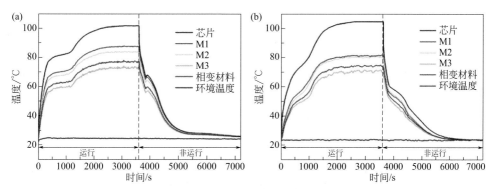

图10-10 电子芯片和相变材料控温模块在电子芯片间歇运行模式为3600s/3600s时的温度曲线
(a)伍德合金/膨胀石墨复合相变材料控温模块；(b)石蜡/膨胀石墨复合相变材料控温模块

缩短芯片的工作与休息时间，当运行 / 非运行时间为 60s/60s 时，即芯片工作 60s 后休息 60s，组成一个运行 - 非运行周期，芯片多周期连续运行。分别在两种复合相变材料温度控制模式下，1h 内芯片温度变化曲线如图 10-11 所示。相比 3600s/3600s 的间隙运行工况，减小电子芯片在单个周期内的连续运行时间，电子芯片在测试结束后达到的最高温度也相应降低。当采用伍德合金/膨胀石墨复合相变材料制备的控温模块时，经过 30 个间歇运行周期后电子芯片的最高温度为 72.2℃。此时相变材料的温度未达到伍德合金的熔点，因此在 60s/60s 的间歇工作模式下，伍德合金未发生相变，仅以显热存储芯片产生的热量。而对于石蜡/膨胀石墨复合相变材料，电子芯片在整个运行周期内的最高温度为 69.6℃，对应的石蜡/膨胀石墨复合相变材料发生了固液相变，且电子芯片温度正在材料相变控温作用的控制之下。因此，虽然石蜡/膨胀石墨复合相变材料的导热系数远小于伍德合金/膨胀石墨复合相变材料的导热系数，但其控制的电子芯片热平衡温度低于伍德合金/膨胀石墨复合相变材料控制的芯片。

不过由于伍德合金导热系数较高，其升降温速率快，相变材料的一个运行-非运行周期的温度波动较大。这说明高导热系数有利于材料存储热量的释放。这将在高频的间歇运行模式下起到关键作用。

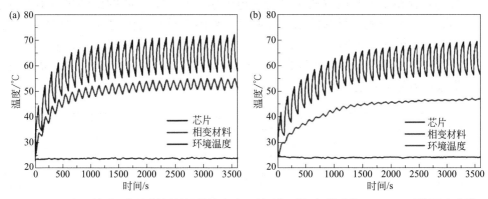

图10-11　电子芯片和相变材料控温模块在电子芯片间歇运行模式为60s/60s时的温度曲线
(a)伍德合金/膨胀石墨复合相变材料控温模块；(b)石蜡/膨胀石墨复合相变材料控温模块

在不改变运行时长的情况下，缩短芯片休息时间，将运行/非运行时间设定为 60s/30s，即芯片工作 60s 后休息 60s，分别在两种复合相变材料温度控制模式下，1h 内芯片温度变化曲线如图 10-12 所示。由于非运行时间缩短，相变材料的散热时间被削减，散热系统面临更严峻的散热环境，芯片温度较 60s/60s 工况显著上升。伍德合金/膨胀石墨复合相变材料控温模块内电子芯片的最高温度为81.7℃，此时伍德合金已发生固液相变，但尚未完全熔化。石蜡/膨胀石墨复合相变材料控温模块内电子芯片最高温达到了 85.0℃，复合相变材料中的石蜡已完全熔化。尽管有机相变材料较伍德合金提供了更多的潜热用于器件散热，但是芯片温度却高了 3.3℃。结果说明伍德合金/膨胀石墨复合相变材料的高导热系数大幅提升了自身的散热性能，即使在储热功能未完全发挥的情况下已经比石蜡/

膨胀石墨复合相变材料展现了更优异的散热性能。

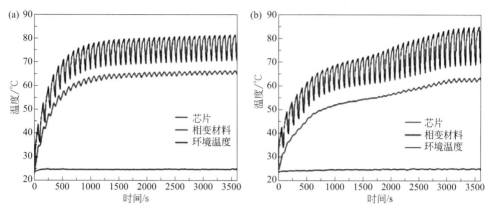

图10-12　电子芯片和相变材料控温模块在电子芯片间歇运行模式为60s/30s时的温度曲线
(a)伍德合金/膨胀石墨复合相变材料控温模块；(b)石蜡/膨胀石墨复合相变材料控温模块

　　进一步大幅缩短芯片休息时间，当运行/非运行时间设为60s/6s时，芯片的运行时间仍为60s，但非运行时间大幅缩短，相变材料的散热压力陡增。如果相变材料的散热能力较差，将无法在6s的芯片休息时间内将60s内吸收的热量排出，从而出现相变材料热积聚的现象，导致下一个循环开始时芯片温度过高、相变材料的储热能力不足的问题，进而导致芯片温度在连续运行中不断升高。由图10-13（a）可见，在3600s的控温效果测试过程中，在伍德合金/膨胀石墨复合相变材料控温模块控制下的电子芯片最高温度达到89.4℃，通过相变材料的温度判断，伍德合金/膨胀石墨已完全熔化。石蜡/膨胀石墨复合相变材料控制的电子芯片最高温度达到96.0℃，高于采用伍德合金/膨胀石墨复合相变材料控温模块6.6℃。测试结束时，两种复合相变材料控温模块均已完成相变控温过程，电子芯片平衡温度的差异主要受两种复合相变材料导热系数差别的影响。综合分析采用两种复合相变材料控温模块时电子芯片在间歇运行模式为单个周期60s/6s条件下的温度曲线，可认为伍德合金/膨胀石墨复合相变材料控温模块可保证电子芯片在温度相对较低的范围内维持较长时间，因此，伍德合金/膨胀石墨复合相变材料对电子器件的控温效果优于相同相变储热密度的石蜡/膨胀石墨复合相变材料。

　　电子器件芯片的运行过程往往是波动的，常常出现瞬时大功率输出的情况。瞬时高功率会产生极大的热冲击，被动式热管理系统必须要能应对这种热冲击。通过对比在四种不同频率热冲击模式下的相变材料控温性能，发现当热冲击频率大幅增高时（如60s/6s工况），芯片发热时间长，休息时间短，此时相变材料面临着巨大的散热压力。伍德合金比石蜡展现了更优异的散热能力，芯片最高温度降低了 6.6℃，平均温度降低超过 10℃。说明在高热流瞬时冲击的情况下，相变材料除了需要有较高的相变焓存储芯片产生的热量，还必须具有较高的导热系数，将存储的热量快速排出，以恢复其储热能力，避免热量的积聚，导致芯片温度持续上升。

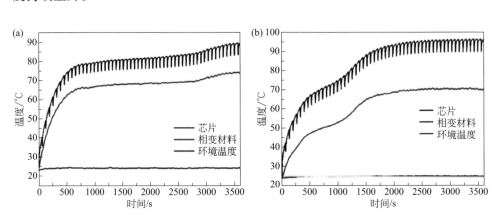

图10-13　电子芯片和相变材料控温模块在电子芯片间歇运行模式为60s/6s时的温度曲线
(a)伍德合金/膨胀石墨复合相变材料控温模块；(b)石蜡/膨胀石墨复合相变材料控温模块

相变材料电子散热系统主要适用于间歇性工作的器件，主要通过存储电子器件短暂工作时的热量降低其温度。在长期运行过程中，这一部分存储的热量必然要通过与环境空气的热交换或者其他传热介质的热交换排出该系统。未来在相变储热系统与外部散热系统结合方面仍有较大研究空间。将相变储热与外部高效散热结合，能够利用相变材料的储热作用，避免不断波动的热量输出对散热系统造成冲击，起到热量缓冲的作用，降低外部散热系统的调控压力。但是，能否将相变材料存储的热量快速高效地排出，将是决定相变散热系统是否能长期可靠运行的关键问题。

第三节
无机相变－热化学双功能储热材料的热防护系统

第九章详细介绍了相变材料在动力电池散热冷却及保温加热中的应用，目标在于通过相变材料的热管理提高电池的温度舒适性，提升电池性能，减小电池容量、功率和寿命衰减的速率。然而，除了常规的热管理，当电池遇到热、电、机械等极端滥用条件，如外短路、内短路、机械撞击、火灾等意外时，温度会异常升高，当温度超过 120℃时，易造成电池隔膜溶解，进而导致电池热失控甚至引发燃烧爆炸。根据报道，2015—2019 年国内外电动汽车起火 170 余起，造成了严重的人员伤亡和财产损失。在清华大学电池安全实验室发布的《2019 年动力电池安全性研究报告》中提出，截至 2019 年 7 月底，据不完全统计，与动力电池相关的电动汽车安全事故达 40 余起，事故频率高达一个月 5 起以上。因此，动力电池及由此引发的新能源汽车安全问题已成为关注焦点。因此，对电池系统除了常规的热管理，对其热失控防护系统的研究也非常重要。

传统的强制空冷热管理系统无法控制电池热失控的发生和扩散，而采用相变材料的被动式热管理，在某个电池温度突然突破 200℃时，能通过相变材料的储热及导热将突发热量吸收并均分至整个电池组，阻止邻近电池温度的飙升，抑制热失控的扩散。当电池发生内短路时，无相变材料热管理的电池温度高达 578℃，短路电池邻近的电池温度也上升至 230℃，继而热失控不断扩散至整个电池模组。采用相变材料热管理系统，则将短路电池和邻近电池的最高温度分别降低至 179℃和 108℃，一定程度上抑制了热失控。但在电池发生热失控时，电池的发热量非常大，且温度远超出相变材料的相变温度，相变材料只能依靠显热储热来吸收电池的热量。由于显热储热密度低，因此控温能力受限，相变储热对电池的热失控防护效果有待提升。而且，现有热失控防护中采用的相变材料都是有机类相变材料，具有可燃性。而热失控发生时往往伴随着短路、着火等事故，可燃的有机相变材料增加了电池组燃烧、爆炸的风险。

相比之下，无机水合盐储热材料不存在可燃性且成本低廉，导热系数和相变潜热均高于有机相变材料，更适用于电池热失控防护。而且，水合盐储热的过程存在两部分，首先从固态吸热熔化至液态，利用相态的变化恒温储热；然后再从液态发生热化学分解，利用热化学反应储热。由此可见，水合盐兼具了中温段的相变储热能力和高温段的热化学储热能力，能实现对不同温度段热量的储存。若选用合适的水合盐，使其相变温度段的固液相变储热过程用于维持电池处于最佳工作温度，热化学储热温度段的化学反应储热致力于吸收电池热失控中的大量热，延缓或抑制电池热失控，则可以克服单一体系的缺失，实现热能分级存储，满足电池热管理和热失控防护的双温段控温需求。

一、无机水合盐的阻燃性及其潜热-化学协同储热特性

笔者提出了一种无机水合盐潜热 - 化学储热协同的电池热管理方法[16]。通过制备一种三水醋酸钠 - 尿素（SAT-Urea）/膨胀石墨（EG）复合储热材料，利用其在不同温度段物理 - 化学储热特性，可分别通过相变储热和热化学储热能力实

现对电池的热管理、热防护功能。如图 10-14 所示，该材料相变储热过程的相变温度为 50.3℃，相变焓值为 181.0J/g；热化学储热温度为 114.0℃，热化学储热焓值为 567.3J/g。将该材料应用于电池热失控防护系统，分别考察了电池在外短路和模拟热失控条件下其对电池的保护行为。

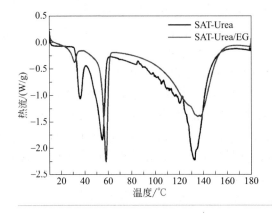

图10-14
SAT-Urea和SAT-Urea/EG
的DSC分析曲线

无机材料具有良好的阻燃性能。通过锥形量热仪定量分析 SAT-Urea/EG 和石蜡 /EG 的燃烧行为，如图 10-15 所示。通过释热速率 HRR（Heat Release Rate）、峰值释热速率 PHRR（Peak Heat Release Rate）和点火时间 TTI（Time to Ignition）可以定量分析材料的燃烧危害。其中，HRR 和 PHRR 越大，TTI 越小，材料的潜在火灾隐患越大。在 35kW/m^2 的热通量下，SAT-Urea/EG 的释热速率和有效燃烧热仍保持接近 0，而石蜡 /EG 的 HRR 则逐渐增加到峰值 1436.97kW/m^2。根据点火时间 TTI 和燃烧时间 TTF（Time to Flame）可知，SAT-Urea/EG 是完全不可燃的。相比之下，点燃石蜡 /EG 只需 85s，并且持续燃烧 224s。需要注意的是，石蜡 /EG 的总释热量 THR（Total Heat Release）为 89.32MJ/m^2，是无机相变材料的 113 倍，说明有机相变材料在辐射燃烧期间会产生更多的热量，这是不利于热防护的。此外，有机相变材料的总释烟量 TSR（Total Smoke Release）达到 398.66 m^2/m^2，将近是无机材料 SAT-Urea/EG 的 578 倍。过多的烟雾释放可能会导致人体吸入性损伤，严重者可能会导致死亡。因此，相比有机相变材料，SAT-Urea/EG 安全性更高。

将 SAT-Urea/EG 直接暴露在明火中测试其阻燃性能发现，将 SAT-Urea/EG 暴露于 1000 ~ 1100℃的高温火源中 30s，SAT-Urea/EG 复合材料的温度升高至 74.4℃，移除火源后，火焰立即熄灭［如图 10-16（a）~（c）］。不可燃的水合盐相变材料结合相变储热和热化学储热使电池表面保持相对较低的温度，这可以保护电池免受意外火灾造成的进一步伤害。

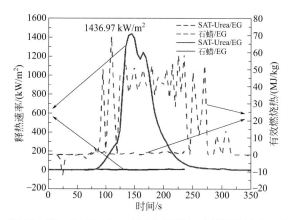

图10-15　SAT-Urea/EG和石蜡/EG的释热速率和有效燃烧热随辐射时长的变化

相反，当有机石蜡/EG暴露于火源下时，石蜡表面产生明显的叠加火焰［如图10-16（e）］。即使移除火源后，石蜡/EG仍继续燃烧［如图10-16（f）］，最终，石蜡/EG所包裹的模拟电池表面温度达到170.1℃。观察燃烧后的有机相变块体可见，EG并未损耗，说明EG也是一种良好的阻燃剂，但仍无法阻止石蜡的燃烧。在高温火焰下，石蜡与空气中的氧气迅速发生燃烧反应，生成CO_2。这种燃烧反应会导致电池的温度迅速升高，一旦电池温度升高到120℃以上，就会触发内部的氧化还原放热反应，极可能导致电池热失控，甚至爆炸。

根据锥形量热仪和在模拟电池中的明火燃烧测试结果可得，对于电池的控温系统而言，水合盐复合相变材料比有机相变材料安全得多。在电池暴露于意外火灾的情况下，SAT-Urea/EG复合相变材料表现出良好的阻燃性，可防止电池爆炸加剧火灾的形势和蔓延。

三水醋酸钠-尿素/膨胀石墨

图10-16

石蜡/膨胀石墨

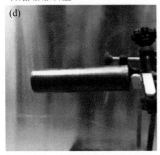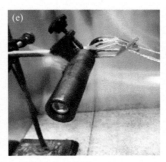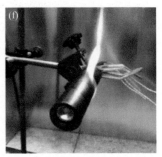

图10-16　三水醋酸钠-尿素/膨胀石墨和石蜡/膨胀石墨分别与电池结合的系统在明火下的燃烧效果图

三水醋酸钠-尿素/膨胀石墨：（a）点火前，（b）明火直接燃烧，（c）暴露在明火下30s后

石蜡/膨胀石墨：（d）点火前，（e）明火直接燃烧，（f）暴露在明火下30s后

　　表10-6总结对比了这两种复合相变材料的关键特性，两种复合相变材料具有相似的相变温度和比热容。但是SAT-Urea/EG复合相变材料具有双温度段储热能力，能在电池的热管理和热失控防护中均起到控温的作用，而石蜡/EG的控温能力相对单一。而且无机水合盐SAT-Urea/EG复合相变材料的价格仅为有机石蜡/EG复合相变材料的1/10。由此可见，无机水合盐SAT-Urea/EG复合相变材料更多元的储热能力、更高的储热密度、更低廉的价格和绝对的不可燃性使其更具竞争力，更有望实现商业化发展。

表10-6　三水醋酸钠-尿素/膨胀石墨和石蜡/膨胀石墨的性能对比

性能	三水醋酸钠-尿素/膨胀石墨	石蜡/膨胀石墨
T_m/℃	50.3	48.9
ΔH_m/(J/g)	181.0	139.5
化学储热反应温度T_d/℃	114.0	—
化学反应焓变ΔH_d/(J/g)	567.3	—
导热系数k/[W/(m·K)]	4.96	6.96
价格/(美元/kg)	4.2	42.8
耐火性	不可燃	可燃

二、水合盐相变材料在电池外短路条件下的防护作用

　　在锂离子电池实际使用过程中，经常会出现过充过放、外短路等电气上不当

使用情况，导致电池异常工作，发热量激增，不仅会导致电池故障，还可能引发电池热失控，造成爆炸或火灾。因此，为了考察无机相变－热化学双功能储热材料对电池的防护功能，作者组装了如图 10-17 所示的测试系统，以考察电池组在遭遇外短路情况下，储热材料对电池的防护效果。

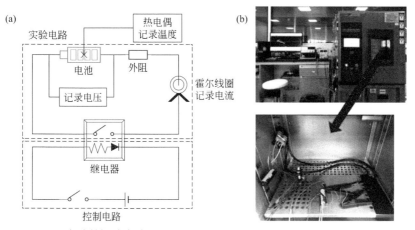

图10-17 电池外短路电路图
（a）电路图；（b）实物图

不同环境温度下，电池外短路发生时的电流与温度变化如图 10-18 所示。根据电流变化，可将在电池外短路情况下的放电过程分为三个阶段。

（1）外短路开始，电流激增　在外短路通路的瞬间，电池的电流从 0A 骤增至 20～30A，这是由于电路通路，整体电路电阻小，仅为毫欧级，从而产生极大的瞬时过电流。

（2）大电流稳定放电　电池的过电流下降至稳定值，但仍处于较高水平，稳定放电，相当于大倍率放电（4～10C），从而快速产生大量的热量，导致电池持续快速升温。

（3）电流截止或放电完全，外短路结束　当温度升高到一定程度，电池内部的正温度系数保护装置被激发，电路中的电流被隔断，外短路结束。当温升未达到 PTC（PTC 是一种热敏电阻，用于电池的过热保护。）激发温度时，电池则会持续放电至电量耗尽，电流则随之缓慢下降至 0A，外短路结束。因此，外短路结束的条件有两种：PTC 被激发，保护电池或者电池电量完全耗尽。

未包覆储热材料的电池升温速率非常快，尤其是当环境温度超过 25℃时，其温度快速上升至 PTC 激活温度。随温度升高，PTC 电阻线性变大，当电流或温度升高到某一定值时，阻值发生突变，阻止电池放电。PTC 被高温激活后，电池无法继续放电。但是，当电池外包覆了无机储热材料后，电池外短路稳定放电时间均明显延长。这是因为储热作用可以降低电池的温升速率，电池可以尽可能地在 PTC 被激活前，在较低温度下耗尽其内部的电量。由于外短路一般出现在发生事故、电路乱接等特殊情况下，如果没有储热材料，电池的能量不能得到快速耗尽，电池还存在较高的化学能，发生火灾及爆炸的风险较大。而相变材料可以让电池在低温的状态下将电量耗尽，实现电池电量软着陆，给予我们更多的反应时间检修电路或者撤离现场，保证人身安全。由此可见，储热材料在电池外短路情况下的防护作用显著。

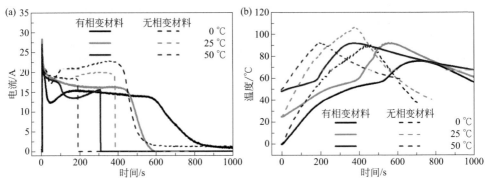

图10-18　不同环境温度下，电池外短路的电流（a）与温度（b）变化

不过，在电池外短路的情况下，由于 PTC 的保护作用，无机储热材料的温度未达到其热分解温度，因此化学储热尚未激活。然而，PTC 只能保护电池在高温情况下不放电，避免放电过程中产生更多热量，造成电池高温。当电池遇到穿刺或者明火等情况，PTC 保护并不能阻止电池因外界高温或者内部隔膜刺穿引发的内短路产生的巨大热量的影响。此时，利用无机储热材料的热化学分解吸热过程，能够有效降低电池温升，减少或抑制电池热失控的发生。

三、水合盐相变材料在电池热失控发生时的防护作用

利用电热棒模拟 18650 型锂离子电池，考察无机相变材料的热化学储热过程对电池热失控的防护作用。如图 10-19 所示，包括：图（a）裸电池（a组）、图（b）包覆储热材料的电池（b组）和图（c）包覆储热材料并二次宏观通过灌封胶封装的电池（c组）。其中，c组的宏观封装是指在储热块体外涂覆一层 5mm 的有机硅灌封胶，以增强结构强度、防止水分散失和提高无机

储热材料的稳定性及机械强度。将 K 型热电偶分布在样品中部来记录温度变化（距离底部 50mm 处），固定在电池表面的热电偶为 1 号位，固定在储热块表面的热电偶为 2 号位。

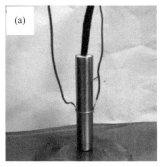

图10-19　电池热滥用实验系统设计
（a）裸电池；（b）储热材料+电池；（c）封装+储热材料+电池

　　图 10-20 展示了储热材料包覆的模拟电池分别在 200W、250W、300W 加热功率下和储热材料进一步通过灌封胶封装的电池在 300W 加热功率下的实验情况。对于 b 组（储热材料 + 电池）：当加热功率为 200W 时，由于加热温度高，有大量的相变材料熔化后从整体系统的顶部和底部漏出［见图 10-20（a）］；当加热功率为 250W 时，储热材料液漏现象更为严重，并且由于三水醋酸钠的热分解，块体壁面上开始有无水醋酸钠白色晶体析出［图 10-20（b）］；当加热功率上升至 300W 时，由于储热材料熔化和液漏过于严重，储热块体强度迅速下降，导致整体结构崩塌，无法继续储存电池在触发热失控前释放的热量，失去其储热作用［见图 10-20（c）］。另外，在以三种不同的加热功率升温过程中，储热块体均出现少量白雾，这主要是随着温度的逐渐升高，三水醋酸钠的结晶水逐渐分解、汽化，再加上周围潮湿空气的受热雾化，由此形成了白雾。

　　不过对于 c 组（封装 + 储热材料 + 电池）：即使在 300W 的加热功率下，虽有极少量的液漏，同时热化学分解过程中产生的水蒸气可以通过密封胶的缝隙扩散至环境中，但其机械结构仍保持完好，没有出现结构坍塌的状况，说明宏观封装对储热材料起到了保持性能和结构稳定的效果，使其在电池热失控防护中能持续发挥储热能力。由此可见，将无机相变材料宏观上采用灌封胶二次封装，能够起到稳定储热材料结构的作用。

图10-20 电池热滥用实验的实物图

（a）b组-200 W；（b）b组-250 W；（c）b组-300 W；（d）c组-300 W

进一步考察储热材料对电池温度的控制效果，如图 10-21 所示。当模拟电池没有被储热材料包裹时，其温度在 45.2s 时就上升至 120℃，并在 75s 左右达到 200℃。而包裹了无机储热材料以及无机储热材料进一步由灌封胶密封的模拟电池表面温度上升曲线在 50～70℃ 和 100～120℃ 范围内出现了温度平台，说明储热材料在相变储热温度段和热化学储热温度段均起到了控温作用，证明了无机水合盐能够在相变温度以及热化学温度段发生吸热过程，达到对电池控温的目的。并且，由于热化学储热能力约为相变储热能力的 3 倍，其储热温度范围内的温度平台时间明显比相变段的更持久。

以电池表面温度达到热失控触发温度（即 1 号测温点到达 120℃）的时间为热防护效果的重要评价指标。在 250W 的加热功率下，储热材料将模拟电池表面温度达到 120℃ 时的时间由 45.2s 延长至 126.1s，达到了将热失控触发温度延迟 179.2% 的效果。可见，当电池由于热滥用而引发热失控时，储热材料可以很好地减缓热失控的发生，给予故障现场人员更多的安全时间进行撤离，提高安全性。

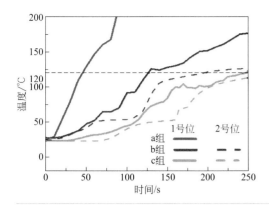

图10-21
有无包覆储热材料的电池系统在
250 W加热功率下的温度变化

通过对比 b 组系统（储热材料＋电池）和 c 组系统（封装＋储热材料＋电池）的电池温升情况和热失控触发时间，可考察宏观封装对于储热材料来说对电池热滥用的防护效果的影响，c 组系统表现出优于 b 组系统的热失控防护效果，将电池达到 120℃时的时间由 126.1s 延长至 246.5s，达到了 95.5% 的延后效果，并且其热化学储热温度段的平台跨度大于 b 组系统。这是因为三水醋酸钠在逐渐升温熔化的过程中，敞开体系的三水醋酸钠会与环境进行物料交换，水分子会趋向于熵增的方向散失到环境中，因此削弱其热化学储热能力。而灌封胶的宏观封装将原本敞开体系的三水醋酸钠封装起来，将储热材料与环境之间的物料交换隔断，起到了良好的封锁水分的作用，从而保证了三水醋酸钠热化学储热能力的稳定性。如图 10-21 所示，以 250W 加热 250s 后，宏观封装的作用使 c 组系统的电池表面温度比 b 组系统降低了 55℃，表现出了更优的控温能力。由此可见，灌封胶的宏观封装不仅仅能保证电池储热防护系统的结构稳定，还能使材料展现出更优的控温和防护效果。

基于安全考虑，上述研究以加热棒来模拟电池热滥用下的热失控情况，但是在实际中热失控的放热功率远大于加热棒的加热功率。我们以每个单电池的能量密度为 200Wh/kg、质量为 42g 来估计，则单个电池在热失控的状态下约放出 30kJ 的能量（1Wh=3.6kJ），电池热失控一般在 5s 内会发生爆炸性的能量释放。通过控制模拟电池热失控发生时总放热量接近 30kJ，对比 a 组、b 组、c 组三种电池系统在 100s 内的温升情况。

如图 10-22 所示，分别以 200W、250W 和 300W 的功率加热 100s 后，相较于 a 组，b 组分别将电池表面温度降低了 113.6℃、137.7℃、126.0℃，对应地降低了 64.2%、60.1%、50.35%，储热材料在电池热滥用情况下的防护效果显著；使用了封装技术的 c 组分别将温度降低了 140.7℃、188.8℃、191.4℃，对应地降低了 79.5%、83.4%、76.4%，热失控防护效果更是明显优于 b 组。相较于 b 组，c 组分别进一步将温度降低了 27.1℃、51.1℃、65.4℃。这是因为：一方面，结晶水的含量是无机水合盐储热能力的内在关键因素，而灌封胶的封装有效地阻隔了材料与环境之间的物料交换，抑制了水合盐结晶水的散失，从而减缓了三水醋酸钠储热能力的衰减，增强了热失控防护效果；另一方面，封装技术增强了储热材料块的机械结构强度，保证了储热材料与电池之间的紧密接触，更利于其充分发挥储热能力，实现热失控防护，提高电池安全性。

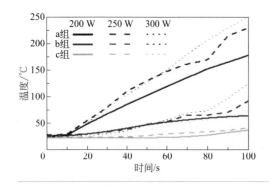

图10-22
100s内a组、b组、c组三种电池系统在不同加热功率下的温升曲线

在电池出现外短路的异常情况下，SAT-Urea/EG 复合相变材料可以明显降低电池的升温速率，使故障电池尽可能地完全放电，减少电池潜在的危险性，有效地延迟电池重大故障甚至热失控的发生，给予我们更多的反应时间检修电路或者撤离现场，保证人身安全。

在电池热失控防护系统中，单纯的储热材料成功地将电池上升到热失控触发温度120℃时的时间延后了 2～3min，明显减缓了热失控的出现。将无机储热材料进一步宏观封装则可以有效地保持储热材料的热性能和机械结构稳定，表现出对热失控防护效果明显的正面影响，从而达到了更优越的电池热失控防护效果。

第四节
黑匣子热化学储热式防护系统

黑匣子是交通工具重要的数据记录设备，在交通工具发生撞击、火灾等事故时，需要通过黑匣子将事故前后的数据信息进行保存，以分析事故发生的原因等情况。因此，其对防冲击、耐高温等性能要求极其严苛，否则黑匣子记录的数据将会被损毁。

由于储热材料具有良好的储热控温特性，近年来有不少研究将储热材料应用于电子器件热防护。Han 等[17]在核事故紧急救援机器人中引入石蜡相变材料，设计了一种被动热防护系统，实验结果表明石蜡可以在一定程度上抵抗伽马射线，将机器人安全工作时间延长 12 倍，保证其在 100℃环境中至少安全工作 98min。Wang 等[18]将纳米二氧化硅与石蜡复合制得新型隔热材料 NS1P，其石蜡吸附量为 75%（质量分数），导热系数为 0.11W/(m·K)，仅为纯石蜡的36.8%，焓值为 141.2J/g。对比 90%（质量分数）石蜡/膨胀石墨复合物、二氧化硅 NS1、隔热棉和空气，NS1P 复合相变材料热防护时间分别延长 21.8%、75.6%、82.6% 和 110.4%，隔热和储热协同作用保证电子器件能够更好地抵御高温环境的侵害。

然而，目前多数热防护研究面临的环境温度较低，受到的热流冲击密度较低，选用相变材料即可实现电子器件的有效热防护。实际上当发生火灾等意外时，电子器件面临温度超过 300℃，热流冲击极其猛烈。此时依靠相变储热往往无法满足该条件下的热防护需求。而热化学储能材料的储热密度往往是相变材料的数倍，具有更强的储热密度，在应对高热流密度下的电子器件热防护时更具应用前景。而且在热防护系统中，单一地采用隔热材料或储热材料，无法高效应对高热流密度的冲击，必须将多种手段予以耦合，通过多种途径协同提升热防护系统性能。

一、硼酸的热分解特性及其热防护结构设计

笔者提出了一种利用化学储热来实现黑匣子热防护的方法[19]，将硼酸作为热化学储能材料，设计了一套兼具热反射、隔热和热化学储热三种功能的热防护系统，用于高温环境下对黑匣子进行热保护。硼酸是一种能够在 120℃左右发生热化学分解的材料，其分解的热重变化如图 10-23 所示。

$$H_3BO_3 \longrightarrow HBO_2 + H_2O \tag{10-1}$$

$$4HBO_2 \longrightarrow H_2B_4O_7 + H_2O \tag{10-2}$$

$$H_2B_4O_7 \longrightarrow 2B_2O_3 + H_2O \tag{10-3}$$

由于分解温度接近电子器件的防护温度，而且分解焓巨大，高达 1231kJ/kg，硼酸可应用于电子器件的防护系统。但是由于硼酸分解的部分产物为水，分解过程中以水蒸气的形式逸散至环境中，其分解过程非自发可逆，因而硼酸的化学储热过程无法多次循环使用，仅适用于像黑匣子这种一次性的热防护系统。

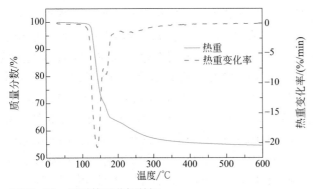

图10-23 硼酸热重分析数据

为了测试硼酸应用于黑匣子热防护系统的性能，Huang 等[20]设计了三套热电子器件防护系统，为内外腔双层结构，其中黑匣子中的电路板放置于内腔，三套系统的外腔分别填充不同的材料，如图 10-24。仅隔热系统完全填充低导热的气凝胶用于隔热，储热-隔热耦合系统填充硼酸和气凝胶分别用于储热及隔热，热反射-储热-隔热耦合系统在储热-隔热耦合系统的基础上进一步在外表面贴一层铝箔作为热反射层以抵御高温热辐射。所有隔热耦合系统中都设置了 5 根热电偶，分别测量黑匣子环境温度（T_0）、外腔外壁温度（T_1）、外腔内壁温度（T_2）、外腔中间层温度（T_3）以及模拟电路板温度（T_4）。热防护系统的工作目标是当外界温度达到 300℃时，将电路板的温度控制在 125℃以内超过 1h。

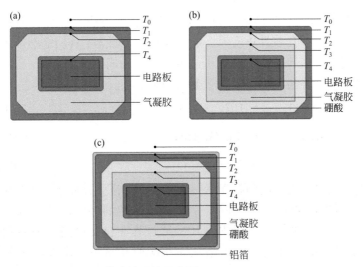

图10-24 黑匣子热防护系统示意图
（a）仅隔热系统；（b）储热-隔热耦合系统；（c）热反射-储热-隔热耦合系统

二、不同热防护结构性能对比

图 10-25 是不同隔热系统内部温度曲线。通过图 10-25（a）可见，仅隔热系统中模拟电路板温度在 3600s 时达到最大值为 148.7℃，超过了其防护要求上限。尽管 SiO_2 气凝胶已经是目前报道中导热系数最低的材料了，但仅通过低导热材料对热量进行阻隔的热防护方案无法满足黑匣子要求。原因在于外部环境热流密度过高，持续时间较长，气凝胶虽然初期能够阻隔外部热量，保证黑匣子处于较低温度，但其比热容较低，无法维持长时间的隔热效果。

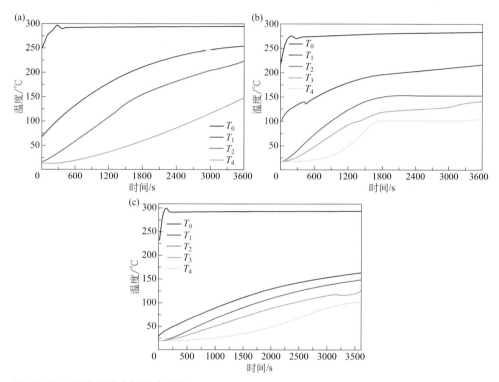

图10-25　隔热系统内部温度曲线
（a）仅隔热系统；（b）储热-隔热耦合系统；（c）热反射-储热-隔热耦合系统

在隔热系统基础上，增加储热材料可以显著增强热防护效果。图 10-25（b）为储热 - 隔热耦合系统中各点温度随时间的变化趋势图。模拟电路板温度在 1h 达到最大值为 104.5℃，达到防护要求。并且模拟电路板温度曲线显示出明显的温度平台，这时硼酸发生热分解吸收热量，维持系统内部温度近似恒定，从而有效保护电路板。较仅隔热系统，储热 - 隔热系统热防护效果提升显著。

如果在储热-隔热系统上进一步增加热反射层，电路板温度进一步降低，其最大值为101.6℃。对比储热-隔热系统，热反射-储热-隔热耦合系统各点温度均有降低，尤其是外壁温度可从超过200℃降至150℃。热反射层由于具有较高的反射率，能够抵挡大量的红外辐射，有效减少进入黑匣子的热流密度，在高温环境下的防护作用显著。需要注意的是，在电路板温度曲线中甚至尚未出现平台期，表明1h内硼酸尚未开始热分解。在相同外形尺寸的条件下，热反射-储热-隔热耦合系统可将热防护时间大大增长。

图10-26总结了不同系统的外壁温度与电路板温度。储热-隔热系统外壁温度比仅隔热系统小37.8℃，这是因为在仅隔热系统中气凝胶有效防止热量进入黑匣子内部导致其在表面积累形成高温，而储热-隔热系统中热量被硼酸层吸收，并未在表面积累。热反射-储热-隔热系统外壁温度比仅隔热系统小91℃，降温效果更加明显，这是铝箔反射热辐射能量以及硼酸层吸收能量协同作用的结果。而对比电路板温度，储热-隔热系统和热反射-储热-隔热系统分别比仅隔热系统低44.2℃和47.1℃，表明添加硼酸层和铝箔热反射层对热防护效果提升显著。

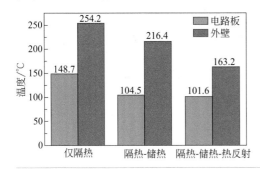

图10-26
黑匣子温度对比数据汇总

进一步分析电路板温度随时间的变化，图10-27为对各实验模拟芯片温度曲线微分得其温度瞬时变化速率。仅隔热系统中，电路板温度变化速率呈逐渐增大的趋势，在2800s后稳定在0.06℃/s左右。说明在仅隔热系统中，随着热量在隔热材料中的渗透，其升温速率逐渐增加。此外，隔热材料阻碍了热量的输入，但也会阻碍热量输出。当火灾被扑灭时，外部高温环境被破坏，但是黑匣子内部积累的热量受到隔热层的阻碍，难以快速释放，反而会增加电路板受热损伤的时间。因此，仅仅依靠隔热材料，不仅无法达到有效的高温隔热效果，而且可能会对电子器件造成二次伤害。

由图10-27可见，储热-隔热系统中，电路板温度变化速率前期快速增大，最高至0.11℃/s，然后再快速减小至0℃/s左右，最后又略有上升。前期电路板温度快速上升是因为储热-隔热系统的隔热层厚度较薄，使得热量能快速穿透储热材料和隔热材料进入到电路板。但是，当储热层温度达到硼酸热分解温度120℃时，硼酸分解吸收热量，而且温度近乎恒定，此时电路板的升温速率降为0℃/s。当硼酸层热分解完成后，热量重新开始进入电路板内部，从而导致升温速率在此转为正值。硼酸层在一定时间内为黑匣子提供了一个近似绝热的外壁，产生了极为优异的热防护效果。而且硼酸分解产生的水分及时分离，避免了热量积聚。因此较隔热材料或者相变材料而言，化学储热材料不会出现降温过程中存储热量的放热过程反向对电路板内部防护空间加热，从而造成电路板二次伤害的问题。

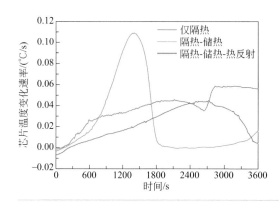

图10-27
电路板温度变化速率趋势对比

在热反射-储热-隔热系统中，电路板温度变化速率的趋势与储热-隔热系统类似，同样存在先升高后降低至0℃/s的过程。但图中可以看出，该系统中升温速率曲线的峰值小、峰面宽，表明热反射层铝箔的加入大大降低了热量通过防护层的速率。对比各实验模拟电路板温度的平均温度变化速率，仅隔热系统、储热-隔热耦合系统及热反射-储热-隔热系统的热防护效果逐步提升。

此外，通过图10-28对比不同系统中电路板温度在不同温度段的分布时间可发现，仅隔热系统较储热-隔热系统在前期控温效果好，电路板低于85℃时间更长。但是当温度升高至触发储热功能时，储热材料能让芯片处于85～125℃的时间明显增加。因此隔热材料在低温热防护中具有重要作用，但当环境温度较高时，仅依赖于隔热材料无法阻止热量渗透，必须配备储热材料发挥增强热防护性能。而进一步增加热反射层后，低温段时间能大大延长，热反射-储热-隔热系统中电路板温度低于85℃的时长达到48.7min。说明高温环境下热防护系统通过外表面热反射处理后，即使在隔热层厚度减小的情况下，也能大幅降低热流，使电路板内部温度降低。因而热反射层在高温热防护中具有极为重要的地位。

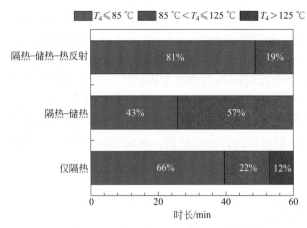

图10-28 电路板温度T_4在不同温度段的时间分布

三、热反射-储热-隔热协同的热防护系统原理分析

热反射 - 储热 - 隔热系统通过三种热防护方法的有机结合，实现了热防护效果的极大提升，其原理总结如图 10-29 所示。

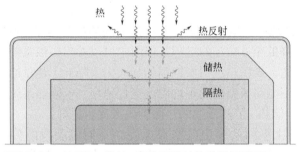

图10-29 热反射-储热-隔热系统的热防护原理图

铝箔热反射层有效地阻止了高温环境对黑匣子的辐射传热，降低了外壁温度进而减小了导热驱动力。当热量持续输入，热量积累、温度升高会触发硼酸层热分解吸收热量。硼酸的化学储热过程可大大消耗热量输入，同时维持温度恒定。在硼酸层后铺设隔热层，形成一定温度梯度，保证电路板免受高温损害。热反射 - 储热 - 隔热多层耦合结构实现了从高温至中温再至低温的阶梯型热防护，可以充分利用有限空间，在节约材料成本的同时实现热防护效果的最大化。

本章针对电子热管理与热防护领域，介绍了有机和金属相变储热材料在电子散热领域，以及相变 - 化学储热材料在电池热失控防护、黑匣子高温防护等领域的应用。在电子散热系统中，相变材料作为热沉，在外部冷源不充分的时候发挥其储热作用，冷却芯片等器件。但相变材料的储热特性决定了其只能间歇性、周期性工作，一旦将相变储热量耗尽，相变材料的散热较其他散热模式不再具有优势。因此相变储热式散热系统适用于短时、高热流的非稳态散热系统。针对高热流密度散热需求，开发高导热的相变材料对于减少热阻、降低温控对象的节点温度至关重要——将有机相变材料与膨胀石墨复合、采用低熔点合金相变材料都被证明是行之有效的手段。然而，电气设备需要考虑绝缘问题，因此未来如何能开发高导热的绝缘复合相变材料值得研究。

　　由于热环境恶劣，将相变 - 化学储热材料应用于热防护系统时采用不可燃的无机材料更为安全。而且热防护系统往往面临着极高的热冲击，如果仅利用相变储热，受限于储热密度，储热材料往往难以达到热防护的要求。由于化学储热具有高一个数量级的储热密度，而且反应过程也具有相对恒定的温度，因此化学反应储热也可用于热防护体系。本章介绍了将水合盐失水分解过程应用于电池热失控防护、硼酸分解应用于黑匣子中的数据板防护，避免了高温环境对电子器件的损失。然而，化学分解过程材料往往不可逆，一旦触发反应，材料分解后难以回归初始状态，对于热防护系统中仅仅局部发生反应的情况，整体替换材料难度较大，如何开发具有循环使用功能的储热式热防护系统值得进一步研究。

参考文献

[1] Mallik S, Ekere N, Best C, et al. Investigation of thermal management materials for automotive electronic control units [J]. Applied Thermal Engineering, 2011, 31 (2/3): 355-362.

[2] 高翔, 凌惠琴, 李明, 等. CPU 散热技术的最新研究进展 [J]. 上海交通大学学报, 2007, 41 (S2): 48-52.

[3] Shabany Y. 传热学：电力电子器件热管理 [M]. 北京：机械工业出版社, 2013.

[4] Sahoo S K, Das M K, Rath P. Application of TCE-PCM based heat sinks for cooling of electronic components: a review [J]. Renewable and Sustainable Energy Reviews, 2016, 59: 550-582.

[5] Hu J Y, Hu R, Zhu Y M, et al. Experimental investigation on composite phase-change material (CPCM)-based substrate [J]. Heat Transfer Engineering, 2016, 37 (3/4): 351-358.

[6] Tomizawa Y, Sasaki K, Kuroda A,et al . Experimental and numerical study on phase change material (PCM) for thermal management of mobile devices [J]. Applied Thermal Engineering, 2016, 98: 320-329.

[7] Rehman T U, Ali H M. Experimental investigation on paraffin wax integrated with copper foam based heat sinks for electronic components thermal cooling [J]. International Communications in Heat and Mass Transfer, 2018, 98: 155-162.

[8] Farzanehnia A, Khatibi M, Sardarabadi M, et al. Experimental investigation of multiwall carbon nanotube/paraffin based heat sink for electronic device thermal management [J]. Energy Conversion and Management, 2019, 179: 314-325.

[9] Yin H B, Gao X N, Ding J,et al. Thermal management of electronic components with thermal adaptation composite material [J]. Applied Energy, 2010, 87 (12): 3784-3791.

[10] 石国权 . 相变材料应用于电子器件的控温性能研究 [D]. 广州 : 华南理工大学 , 2013.

[11] 李元元 , 程晓敏 . 低熔点合金传热储热材料的研究与应用 [J]. 储能科学与技术， 2013， 2(3):189-198.

[12] Mohamed S A, Al-Sulaiman F A, Ibrahim N I, et al . A review on current status and challenges of inorganic phase change materials for thermal energy storage systems [J]. Renewable and Sustainable Energy Reviews, 2017, 70: 1072-1089.

[13] 张国才 , 徐哲 , 陈运法 , 等 . 金属基相变材料的研究进展及应用 [J]. 储能科学与技术 , 2012, 1(1):74-81.

[14] Ge H S, Li H Y, Mei S F, et al . Low melting point liquid metal as a new class of phase change material: an emerging frontier in energy area [J]. Renewable and Sustainable Energy Reviews, 2013, 21: 331-346.

[15] Zhao L, Xing Y M, Wang Z, et al . The passive thermal management system for electronic device using low-melting-point alloy as phase change material [J]. Applied Thermal Engineering, 2017, 125: 317-327.

[16] 张正国 , 李穗敏 , 凌子夜 , 等 . 一种水合盐相变储能材料及其制备方法、电池热管理系统 :CN110551485A [P]. 2019-12-10

[17] Han Y L, Luan W L, Jiang Y F, et al . Protection of electronic devices on nuclear rescue robot: Passive thermal control [J]. Applied Thermal Engineering, 2016, 101: 224-230.

[18] Wang Y Q, Gao X N, Chen P, et al . Preparation and thermal performance of paraffin/Nano-SiO$_2$ nanocomposite for passive thermal protection of electronic devices [J]. Applied Thermal Engineering, 2016, 96: 699-707.

[19] 凌子夜 , 黄江常 , 张正国 , 等 . 一种集成隔热、储热及热反射的多层热防护系统: CNZL201910357217.0 [P]. 2021-07-20.

[20] Huang J C, Sun W C, Zhang Z G, et al . Thermal protection of electronic devices based on thermochemical energy storage [J]. Applied Thermal Engineering, 2021, 186: 116507.

第十一章

储热材料在生物医疗领域的应用

第一节　药物控制释放 / 333

第二节　热疗医用器材 / 339

第三节　冷链运输 / 351

作为恒温动物，人体组织的温度始终处于一个相对恒定范围内，温度偏高或偏低均会引起组织不适、系统紊乱等症状。合理调控生命体温度，对于治疗温度敏感型疾病有重要意义。由于细胞对温度的高敏感性，通过对病变部位进行局部高温治疗，可以达到杀死病变细胞（如癌细胞）的目的。利用相变材料（PCM）的固液相态转化特性，以及其相变过程中的温度恒定且吸收或释放大量热的特性，相变材料可用于如药物控制释放系统，通过对局部施加热、磁等信号，将药物聚集在病患处并释放，可以实现对温度敏感型疾病的靶向治疗。此外，不同地区、不同气候的温度不同，引发的疾病也不同，如夏秋两季交换时，温度敏感型过敏性鼻炎的症状会显著加重[1]；在季节切换时，发热的发病率也明显增多[2]。临床研究表明，通过热疗适当提高吸入鼻腔的空气温度，使鼻周温度维持在 40℃以上 20min 可有效缓解过敏性鼻炎的鼻塞、流涕等症状[3]。而针对发热症状，可通过合适温度的外部冷敷对人体进行降温，使之维持在正常体温范围内[4]。利用相变材料的储热温控特性，可以增加人体温度舒适感，提高温度敏感型过敏性鼻炎、发热等病症的治疗效果。

生物医疗的冷链运输市场容量巨大，疫苗、血浆制品等的运输过程对温度有着严苛的要求，一旦温度超过其存储范围，会导致产品失活，带来巨大的经济损失。利用相变储热材料相变过程中的吸热且恒温特性，可以将相变材料应用于移动蓄冷箱体，为生物医疗制品提供长时间低温环境，解决此类产品在无外部制冷系统的条件下的运输难题。

本章将围绕新型生物医用材料的目标需求，介绍与医疗领域相关的新型相变材料及相关应用。第一节将介绍在生物与医疗领域中，如何利用相变材料 $Fe_3O_4@PCM/PEG/DOX$（其中 PEG 为聚乙二醇，DOX 为一种抗癌药物）药物多重控释体系实现病患处局部加热、药物释放，将热疗 - 化疗进行有机统一，未来有望在癌症治疗方面取得良好的疗效。第二节主要针对热疗医用器材，将介绍将相变温度为 44℃的石蜡 RT44HC/ 聚丙烯中空纤维复合相变材料、石蜡 /SEBS（氢化苯乙烯 - 丁二烯嵌段共聚物，SEBS）相变凝胶分别应用于热疗口罩、新型的相变鼻贴，目标是通过相变材料提供舒适的鼻部温度，提高过敏性鼻炎的治疗效果。OP10E/SEBS 相变凝胶可应用于冷敷与降温头套，通过提供舒适的温度，帮助发热的儿童退热，减轻发热带来的不良症状。最后，本章将介绍十二烷 / 气相二氧化硅复合相变材料的制备及其在冷冻保温箱中的应用，基于相变材料的冷冻保温箱在生物医药冷链中具有良好的应用前景。

第一节
药物控制释放

　　癌症是影响人类健康的最大杀手。目前，癌症的治疗方法主要有手术切除、放射治疗、化学药物疗法等。化学疗法（简称化疗）主要是用抗癌药杀死肿瘤部位的癌细胞，优势是可以快速有效杀死癌细胞，但是化学药物在癌细胞部位的浓度波动较大，容易因浓度过量造成副作用严重或浓度不足导致治疗效果不佳等问题。因此，需要通过药物控制释放，控制药物在人体的释放速率，以达到有效的治疗目的。放射性疗法也称热疗法（简称热疗），是将具有光热或磁热响应的纳米颗粒放置在肿瘤部位，通过光触发或磁响应产生局部高温，把病原体部位的温度在短时间内提高到 40 ～ 42℃，病原组织无法承受高温而衰亡。放射性疗法的优势在于局部治疗、对机体组织损伤较小。然而，在热疗过程中容易造成局部 50 ～ 60℃高温，损伤健康组织体。而且，单独放射性疗法不能彻底清除癌细胞，容易复发。

　　因此，将热疗与化疗相结合能够借助化疗的药物高效性以及热疗的局部治疗等优势，克服各自手段的不足，具有良好的前景。相变材料可以作为连接热疗与化疗的关键物质，用于恒温药物控释体系。相变储热材料可在特定温度下吸热发生固液相变转化，可将具有生物降解性的相变材料引入到化疗 - 热疗药物控释体系中，与光 - 热疗法或磁 - 热疗法结合后，通过相变材料的固液相变转化来控制药物的释放。同时，由于相变材料的高相变潜热，也可有效控制周围温度，防止正常组织细胞被烫伤。将相变材料引入精准控制温度的药物控制释放体系，可以借助相变材料的熔化过程达到药物缓释的效果，具有较大的应用前景。

一、相变药物释放体系原理

　　佐治亚理工学院的夏幼南教授[5] 最早将相变材料引入到药物控释领域，将肉豆蔻醇（相变温度为 38 ～ 39℃）和月桂酸（相变温度为 43 ～ 46℃）与代表抗癌药的荧光素混合后，通过乳化工艺与明胶乳化得到均匀的球形粒子，得到模拟的温敏性药物控释体系。然后通过外部加热，模拟药物的释放情况。结果表明采用相变材料包裹的药物和明胶，在人体温度范围内（36 ～ 37℃），药物释放量几乎为 0，而当温度达到 39℃时，其药物释放量迅速提升，药物完全释放。该方法首次采用了相变温度稍高于人体温度的相变材料来包裹药物，并通过简单的

O/W 乳化工艺得到了温敏性的靶材治疗药物。

在此基础上，Xia[6]等继续进行温敏性药物控释系统的研究，解决了在实际应用中如何对药物释放体系加热的问题。通过将抗癌药物和生物相容性良好的相变材料填充在纳米金笼状空壳中，借助纳米金空壳在 800nm 处具有强吸收特征峰特性，从而实现采用近红外线照射进行靶材治疗。当复合药物进入人体后，由于脂肪酸的相变温度为 40℃，故相变材料为固态，在体内运输的过程中不会释放；而当复合药物到达治疗部位后，通过近红外光照射，纳米金空壳吸收近红外光后发热，热量既可杀死部分癌细胞，同时又能把热量传递给脂肪酸，达到相变温度后脂肪酸熔化为液态，药物和脂肪酸一起从纳米金空壳中流出，在病变部位进行治疗。不过纳米金空壳的成本过高，应用推广存在难度。

Cai[7]等通过水热法制备得到中空 Fe_3O_4 纳米球，将多孔材料与光 - 热转化剂合二为一，然后将十四醇与抗癌药物 DOX 装载在内，得到十四醇 /DOX@Fe_3O_4 药物控释体系，简化了热疗 - 化疗相结合的药物控释体系的制备过程。该系统采用的温敏性物质为生物可降解的有机相变材料十四醇，在交变磁场或近红外光照射下可吸收 Fe_3O_4 粒子产生的多余热量，防止对癌细胞周围的正常细胞造成损害。但是，DOX 为水溶性物质，当组织温度升高，相变材料熔化时，油性相变材料与水性组织液之间的巨大的表面张力，导致药物 DOX 难以从相变材料中顺利逃逸，生物利用率低。

笔者[8]开发了一种 Fe_3O_4@PCM/PEG/DOX 药物多重控释体系，工作原理如图 11-1 所示。以肉豆蔻醇作为相变材料（PCM）与药物 DOX 混合，添加 PEG2000 改善相变材料的表面张力，避免了相变材料对药物释放的阻碍，将 PCM/PEG/DOX 混合物包覆在超顺磁性 Fe_3O_4 纳米粒子的介孔内，得到 Fe_3O_4@PCM/PEG/DOX 纳米粒子。得到的 Fe_3O_4 纳米粒子的微观结构如图 11-2 所示。Fe_3O_4 纳米粒子内部存在平均孔径为 2.1nm 的条状介孔，高倍透射电镜图证实了 Fe_3O_4 纳米粒子的介孔由很多晶格面组成，其中，晶格条纹的平面间距为 0.295nm，对应纯的 Fe_3O_4 物质的（220）晶面，即面心立方晶体结构。

在 Fe_3O_4 中添加肉豆蔻醇 PCM、PEG2000（分子量为 2000 的聚乙二醇）和药物 DOX 的混合物后的微观结构如图 11-3 所示，从 Fe_3O_4@PCM/PEG/DOX 的透射电镜图可以看出，介孔 Fe_3O_4 纳米粒子内的条状介孔消失，说明条状孔被 PCM/PEG/DOX 混合物填充。与介孔 Fe_3O_4 纳米粒子相比，Fe_3O_4@PCM/PEG/DOX 粒子的粒径大小并未发生明显变化，仍然保持在 26nm 左右，说明 PCM/PEG/DOX 混合物是被吸附到介孔 Fe_3O_4 纳米粒子的条状孔内部而非黏附在其表层。

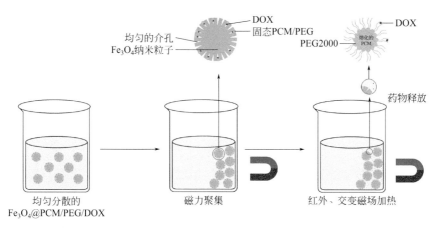

图11-1　Fe₃O₄@PCM/PEG/DOX纳米粒子结构与药物释控体系工作原理示意图

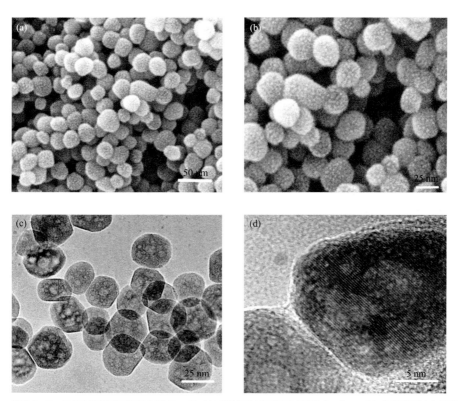

图11-2　不同分辨倍率下介孔Fe₃O₄纳米粒子的扫描电镜图（a）、（b）和透射电镜图（c）、（d）

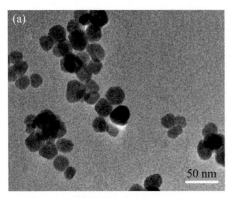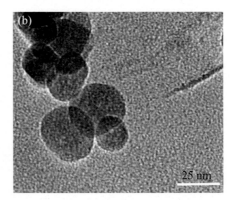

图11-3　不同分辨倍率下Fe₃O₄@PCM/PEG/DOX粒子的透射电镜图

二、药物释放特性

在 Fe₃O₄@PCM/PEG/DOX 药物控释体系中，肉豆蔻醇能够控制药物在特定温度下释放，而 PEG2000 对提升 DOX 在肉豆蔻醇中的溶解度，促进 Fe₃O₄@PCM/PEG/DOX 药物控释体系中 DOX 的释放具有重要意义。如图 11-4（a）所示，在模拟人体血液添加血清 PBS 的缓冲溶液中（pH=5，pH=7.4），测试 Fe₃O₄@PCM/PEG/DOX 药物控释体系药物释放率发现，在 25℃和 37℃时在 4 h 内该体系的药物释放率几乎为零，因此当该药物控释体系进入人体后，在正常人体体温情况下不会释放；而当温度升高至 42℃时，相变材料肉豆蔻醇吸热熔化导致药物可以在 1.5h 内快速释放且释放率高达 80%，因此该 Fe₃O₄@PCM/PEG/DOX 药物控释体系可以通过外部给热的方式控制药物 DOX 的释放。

如果不添加 PEG2000，直接将相变材料与药物混合，巨大的表面张力将大大阻碍药物的释放。通过对比图 11-4（b）中 Fe₃O₄@PCM/PEG/DOX 体系和 Fe₃O₄@PCM/DOX 体系在 42℃时的释放曲线，可以看出当药物控释体系缺少 PEG2000 时，42℃下最终药物释放率几乎为零，因为肉豆蔻醇与 PBS 缓冲溶液之间的界面张力太大，DOX 无法成功从熔化的肉豆蔻醇中逃逸进入 PBS 缓冲溶液，导致药物无法释放。

Fe₃O₄@PCM/PEG/DOX 利用相变材料的吸热熔化过程，达到了药物释放的功能，而相变材料熔化所需热量可以由光 - 热转化以及磁 - 热转化提供。Fe₃O₄@PCM/PEG/DOX 药物控释体系在近红外光照射下 DOX 的释放率如图 11-5 所示。药物 DOX 在前 2h 内迅速释放，释放率达 70%，在 4h 内释放率最终达到 80%。

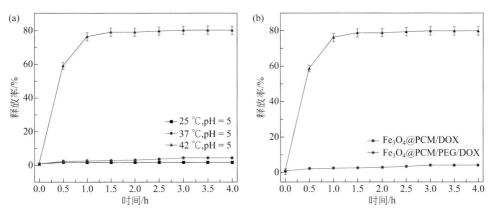

图11-4 Fe₃O₄@PCM/PEG/DOX药物控释体系在25℃,37℃和42℃时的释放曲线(a)和两种药物控释体系在42℃时的释放曲线（b）

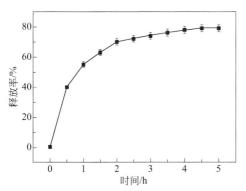

图11-5 Fe₃O₄@PCM/PEG/DOX药物控释体系在近红外光照射下释放曲线

　　交变磁场可以作为另一种高效加热源。如图11-6所示，在无外加磁场时，Fe₃O₄@PCM/PEG/DOX药物控释体系在室温下放置8天仍无DOX释放出，而一旦处于外部交变磁场中后，药物DOX迅速释放，最终释放率达到80%。图11-7是Fe₃O₄@PCM/PEG/DOX纳米粒子的PBS悬浮液在外部添加交变磁场后的温度变化，可以看出，悬浮液在100s内温度迅速从室温上升至37℃，然后在100s至300s之间温度上升至42℃，5min之内即可触发药物DOX的释放，因为Fe₃O₄@PCM/PEG/DOX纳米粒子具有高顺磁性，对外加磁场十分灵敏，通过磁-热转换生成热量，当温度高于肉豆蔻醇的相变温度时，肉豆蔻醇熔化，进而导致药物DOX的释放。

　　相变材料不仅控制了药物的释放过程，还起到了温度控制的作用。在药物释放过程中，温度上升至37℃后速率减慢，因为在相变材料肉豆蔻醇的相变区间温度保持不变且相变潜热大、吸热多。因此，相变材料的使用避免了局部组织过热导致的不良反应。而且，由于 Fe₃O₄@PCM/PEG/DOX 纳米粒子具有很强的顺磁性，可以通过外部磁场将 Fe₃O₄@PCM/PEG/DOX 纳米粒子定位于肿瘤位置，达到药物的精准靶向控制，通过磁-热转换控制药物的释放。

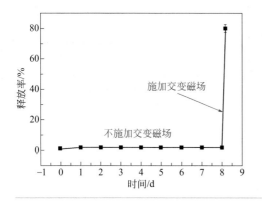

图11-6
交变磁场对Fe₃O₄@PCM/PEG/DOX药物控释体系释放曲线的影响

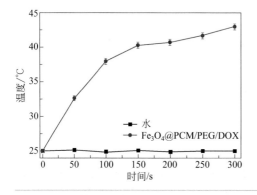

图11-7
Fe₃O₄@PCM/PEG/DOX悬浮液在外加交变磁场作用下的温度变化

  由此可以看出，相变材料药物控释体系可以将化疗与热疗结合起来，能有效发挥化疗杀死癌细胞效果强、热疗局部治疗等优势，通过结合外加磁场还可实现靶向治疗，将化疗的效果限制在病患处，避免化疗过程对正常细胞的损伤，同时利用相变材料的控温特性，将热疗的治疗温度进行有效限制，避免了对正常组织的热损伤。Fe₃O₄@PCM/PEG/DOX 药物控释体系能够将热疗与化疗扬长避短，未来在癌细胞临床治疗中具有良好的应用前景。

第二节
热疗医用器材

一、热疗口罩

　　热疗法是治疗温度敏感型过敏性鼻炎的有效手段，临床研究表明，病患持续吸入鼻腔的空气的温度保持在40℃以上20min，其过敏性鼻炎症状即可得到有效缓解。目前热疗法分为两种：红外热疗法和热敷法。其中，红外热疗法因对医疗设备要求较高，仅限于在医院里使用，存在费时且病患承担的花费高的缺陷；此外，还不适宜用于一些特殊病患人群如肿瘤患者、出血症患者。热敷法是一种物理疗法，通过物理升温，无副作用，是世界卫生组织优先推荐的辅助治疗方法。然而，现存的热敷设备如热水袋或电热水袋，不仅无法精准调节温度和控制加热时长，而且不适宜用于鼻部[9]。因此，针对温度敏感型过敏性鼻炎，开发可重复使用并可有效控制热疗温度和时长（40℃以上20min）的便携式热疗口罩具有重要意义。

　　针对热疗口罩的控温需求，笔者开发了一款以相变材料作为温控介质的热疗口罩[10]。选择温度合适的相变材料添加至口罩内，可以利用相变储热材料的放热过程，为鼻部提供长时间的温暖环境，有效提升温度敏感型过敏性鼻炎的治疗效果。研究[11]采用浸泡法以相变温度为44℃的医用石蜡RT44HC为芯材，以聚丙烯中空纤维为封装材料，制备得到了性能稳定、相变材料质量分数为82.1%的RT44HC/中空纤维复合相变储能材料，其相变焓可以达到200J/g且不发生泄漏，其微观结构如图11-8所示。

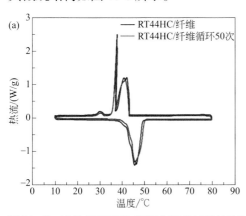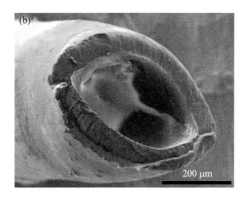

图11-8　冷热循环50次后复合相变材料的DSC曲线和SEM图

将 RT44HC/ 中空纤维编织成密度为 469.1kg/m³ 的块状，对其升降温速率进行测试发现，在环境温度为 20℃ 自然对流条件下（风速为 0.05 m/s），RT44HC/ 中空纤维块的相变过程可维持超过 900s。由于其相变温度接近 44℃，因而相变材料为鼻部提供 40℃ 以上温度超过 20min。石蜡 / 中空纤维的放热时长由相变焓和导热系数共同决定，相变焓越高，放热时间越长，导热系数越大，放热速率越快，维持时间越短。因此，制备高焓值的中空纤维复合相变材料，增加口罩的保温性能，有利于提升口罩的保温功能。对比纯石蜡（RT44HC）和 RT44HC/ 中空纤维的导热系数，RT44HC/ 中空纤维被编织成块状物，其相比密度为 900kg/m³ 的纯 RT44HC，导热系数从 0.380W/（m·K）降低为 0.171W/（m·K），保温性能得到增强。由于 RT44HC/ 中空纤维块状物的导热系数较低且可编织，可应用于服装、纺织等行业的保温领域。

基于 RT44HC/ 中空纤维复合相变材料，该研究设计了一款腔道式热疗口罩，此结构优化设计了气道，不仅能满足鼻腔吸入气体的加热要求，也能增加患者佩戴的舒适性，增加热疗口罩的透气性，其结构如图 11-9 所示。口罩包括：①由复合相变材料编织而成的两片长方体块状物，其中，每片块状物尺寸为 9cm×6cm×0.75cm，每片质量为 19g；②两片尺寸为 9cm×6cm×0.1cm 的海绵绝热层贴于两片复合相变材料块状物外部；③两片 RT44HC/ 中空纤维复合相变材料块状物中间留有 0.1cm 的风道，空气从两端进入，经过被加热后的复合相变材料块状物后被加热，最终从处于长方体块状物的通风口流出，进入病患的鼻腔。通风口尺寸为 1cm×1cm。

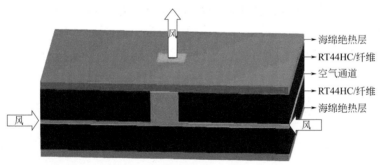

风

海绵绝热层
RT44HC/纤维
空气通道
RT44HC/纤维
海绵绝热层

风

风

图11-9　RT44HC/中空纤维复合相变材料基腔道式热疗口罩

通过数值模拟考察腔道式热疗口罩的热释放性能，如图 11-10 所示。在放热过程中，相变温度为 44℃ 的相变材料使热疗口罩的表面温度和出口温度在 40℃ 上均有平台期的出现，且出口处温度维持在 40℃ 以上的时间长达 2250s。另外，在放热过程中，腔道式热疗口罩在不同时间的热温度场见图 11-11。在 1000s 至 3000s 时，出口温度均维持在 43℃ 左右，完全满足临床上对于过敏性鼻炎每日

40℃以上热敷 20min 的治疗要求。因此，该 RT44HC/ 中空纤维基腔道式热疗口罩有望用于治疗过敏性鼻炎患者的鼻部热疗。

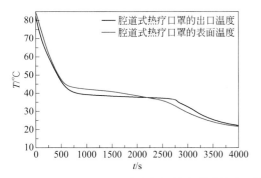

图11-10　RT44HC/中空纤维基腔道式热疗口罩的表层和出口温度数值模拟结果

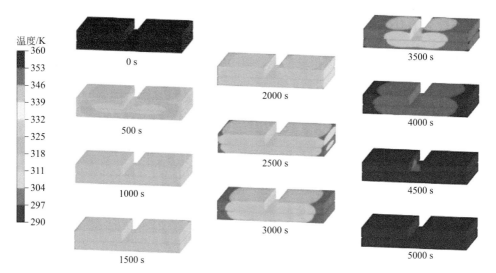

图11-11　RT44HC/中空纤维基腔道式热疗口罩不同时间的热温度场

　　为了优化口罩性能，可以通过构建口罩放热性能的优化理论对材料组成、传热结构进行优化。当石蜡的质量分数不同时，石蜡/中空纤维复合相变材料块状物的导热系数、显热焓值和潜热焓值均不相同，各个因素协同影响。为了更加系统地研究这些因素对该材料放热性能的影响，采用有效能进行表征。因该材料属于热敷产品，使用温度在人体温度以上，故将有效能定义为材料在 37℃以上所含的热量，见式（11-1）：

$$Q = m\varphi c_p(t_{ini} - t_{aim}) + m\varphi h \tag{11-1}$$

式中　Q——材料的有效能，J；

m——石蜡/中空纤维块状物的质量；

c_p——石蜡/中空纤维的比热容；

t_{ini}、t_{aim}——石蜡/中空纤维块状物的起始温度和环境温度；

φ——石蜡的质量分数；

h——石蜡/中空纤维的凝固焓值。

图 11-12 是在对流传热系数为 20W/（m² · K）时，复合相变材料质量相同情况下，改变石蜡质量分数获得不同导热系数、显热和潜热焓值的石蜡/中空纤维块状物的有效能。随着石蜡的质量分数由 60% 增加到 80%，石蜡/中空纤维块状物的有效能增加近 80%，但由于随着石蜡质量分数的增加材料的导热系数随之增加，对应的放热时长仅由 1358s 缓慢增加至 1634s；并且当质量分数和导热系数相同时，即便对流传热系数改变石蜡/中空纤维块状物的有效能保持不变。说明质量分数的增加会引起石蜡/中空纤维块状物的有效能的增加，是影响其有效能的重要因素。

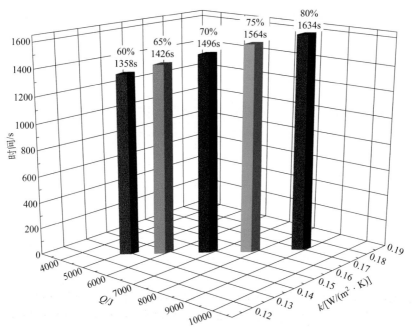

图11-12　石蜡/中空纤维复合相变材料块状物的有效能

当对流传热系数相同时，石蜡/中空纤维块状物的放热时间取决于其导热系数、显热焓值和潜热焓值。图 11-13 是在对流传热系数为 20W/（m² · K）时，放热时长的变化率 (t/t_0) 与其导热系数、显热焓值和潜热焓值的变化率的关系。可以看出石蜡/中空纤维块状物的放热时长的变化率与其显热焓值和潜热焓值的变化率呈现正相关，显热焓值和潜热焓值的增大均会引起放热时长的增加。当潜热焓值增加 30% 时，石蜡/中空纤维块状物的放热时长增加 0.225 倍，而当显热焓值增加 30% 时，放热时长仅增加 0.075 倍，说明相比显热焓值，潜热焓值对放热时长的影响更大。相反，放热时长与导热系数呈负相关，当导热系数增大时，放热时长减小。当导热系数增加 30% 时，放热时长减小为原来的 90%。

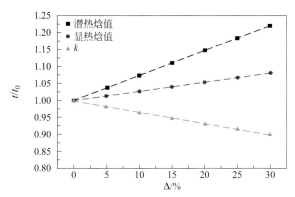

图11-13 导热系数、显热和潜热焓值的变化率对放热时长的变化率的影响

在中空纤维复合相变材料制备的口罩模型基础上，研究[12]进一步开发了高分子复合相变材料，将 SEBS 作为石蜡类相变材料的载体，制备得到形状稳定的复合相变材料，按照图 11-14 所示，用具有开孔结构的复合相变块替代商用过滤型口罩的滤芯，制备得到了具有加热功能的口罩。

该研究对比了两种不同相变温度的相变材料，其中 H-75 为熔点 51℃的石蜡与 SEBS 按照 75：25 的质量比进行复合；L-75 为熔点 46℃的石蜡与 SEBS 按照 75：25 的质量比进行复合。L-75 复合相变块的熔化和凝固温度分别为 46.3℃和 53.0℃，其熔化和凝固焓值分别为 143.1J/g 和 143.9J/g；同时，H-75 复合相变块的熔化和凝固温度分别为 51.61℃和 59.70℃，其熔化和凝固焓值分别为 140.9J/g 和 140.0J/g。复合相变块 L-75 和 H-75 的相变焓值均在 140J/g 以上，具有较高的潜热。实验测试了 5 名志愿者佩戴上该口罩吸入空气的温度，通过监测 A 点和 B 点两个不同位置温度的变化，对比了不同材料的放热性能。

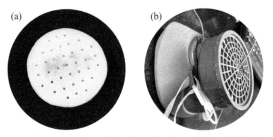

图11-14 开孔后的相变块（a）和组装后的热疗口罩（b）

图 11-15（a）为对比两种相变材料制作的口罩以及不加相变材料的口罩在 A 点温度变化图，A 点为相变材料芯材温度。可以看出初始阶段，由于只有块体显热的释放，且块体的初始温度相同、所处的环境相同以及相似的导热系数，所以三种口罩中块体的温度下降趋势基本一致。在温度继续下降的过程中，H-75 和 L-75 系列曲线分别在不同的温度和时间出现拐点及温度平台，而没有相变材料的口罩曲线中则没有出现拐点和温度平台。具体来说，H-75 系列口罩降温曲线在 472s 约 59.7℃ 处出现拐点，L-75 系列口罩降温曲线在 707s 约 53℃ 处出现拐点，拐点及温度平台的出现是由相变过程开始发生，储存的潜热开始释放导致，也证明了相变材料能延缓温度的变化。

图 11-15（b）是 B 点处三种不同口罩的温度变化图，B 点靠近鼻部，代表了进入鼻部空气的温度。三条曲线都经历了一个上升的过程，达到最高温度值后，温度开始下降。由于在显热释放阶段，三种块体具有相似的温度及导热系数，所以在前期 B 点温度的变化及达到的最高温几乎一致，随后，由于相变材料的作用及相变温度的差异，温度下降趋势出现差异。

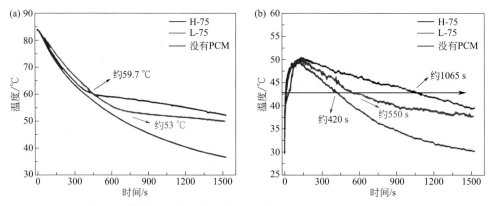

图11-15 三种不同口罩在不同位置的温度变化对比图
（a）A点；（b）B点

在对放热性能的评估中，以吸入空气温度高于 43℃ 的时间作为考察标准，即考察 B 点温度维持在 43℃ 以上的时间。由图 11-15（b）可以看出，无相变材料系列热疗口罩中，维持在 43℃ 以上的时间约为 420s，而 L-75 系列热疗口罩中，维持在 43℃ 以上的时间约为 550s，H-75 系列热疗口罩中，维持在 43℃ 以上的时间约为 1065s。没有相变材料的块体，只能储存显热，所以温度维持的时间最短；而含有相变材料的块体除了能储存显热，还能储存潜热，因此在 B 点维持 43℃ 以上的时间较长。尽管 L-75 的凝固焓值略高于 H-75，但由于 H-75 的相变温度更高，H-75 系列口罩能够在更长时间提供 43℃ 以上高温。因此结果表明，通过将加热后的复合相变块与常用的过滤型口罩相结合，能有效地对吸入人体的空气进行加热，且维持一定的时间，其中将 H-75 系列复合相变块放入过滤型口罩中能满足温度敏感型过敏性鼻炎的热疗需求。

二、热疗鼻贴

尽管热疗口罩能有效提升患者鼻部温度，但在佩戴舒适度和美观性等方面还有待进一步加强。鼻贴是生活中常用的一款美肤产品，具有小巧、美观等优点。因而，制备得到一种能够快速加热且具有储热功能的热疗鼻贴，更方便人们使用。石蜡/SEBS 复合相变材料既保留了相变材料优异的能量储存和释放的功能，又保留了 SEBS 热塑性弹性体优异的力学性能。在一定温度下，石蜡/SEBS 复合相变材料具有较好的柔软度，使其能够贴合不同的曲面。而且该材料不溶于水，能与水接触而不影响其性能，方便日常使用。

研究[12]制备了如图 11-16 所示鼻贴，通过对热疗鼻贴放热性能的测试，考察鼻贴厚度、相变材料的相变温度对鼻贴发热性能的影响。测试过程分为以下步骤：首先将热疗鼻贴放置于 80℃的烘箱中，加热约 30min，使热疗鼻贴中的相变材料完全发生相变；接着将用于温度探测的 K 型热电偶插入热疗鼻贴中接触皮肤的一侧距离边缘约 1mm 的位置，用来探测热疗鼻贴与皮肤接触面的温度，为了避免高温对皮肤造成烫伤，等待热疗鼻贴温度降到约 60℃时，将其贴于皮肤组织上进行实验；最后，通过安捷伦数据采集仪记录温度随时间的变化。

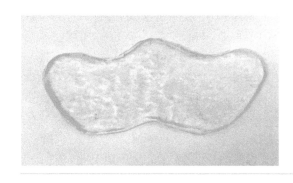

图11-16
热疗鼻贴照片

通过制备熔点分别为 44℃、46～48℃、50℃以及 55℃的复合相变材料 OP44E/SEBS、P46-48/SEBS、OP50E/SEBS、OP55E/SEBS，测试了热疗鼻贴对鼻部的加热特征。不同的相变温度和不同的厚度，所维持的时间不一样。如图 11-17 所示，当厚度为 5mm 时，四种热疗鼻贴与皮肤接触面温度维持在 43℃以上的时间分别为 162s、543s、516s、444s，时间较短，均无法达到 15min 以上，无法满足热疗需求；而当厚度增加到 10mm 时，四种热疗鼻贴与皮肤接触面温度维持在 43℃以上的时间分别为 381s、1062s、1206s、1134s，较 5mm 厚的放热时间增加了约一倍。其中，P46-48/SEBS、OP50E/SEBS、OP55E/SEBS 的接触面温度维持在 43℃以上的时间都在 15 min 以上。OP50E/SEBS 热疗鼻贴维持的时间最久达 1206 s，维持在 50℃以上的时间小于 5 min，能在满足热疗需求的同时避免长时间高温接触引起的烫伤。因此，10 mm 厚度的 OP50E/SEBS 热疗鼻贴被认为具备最佳的热疗效果。

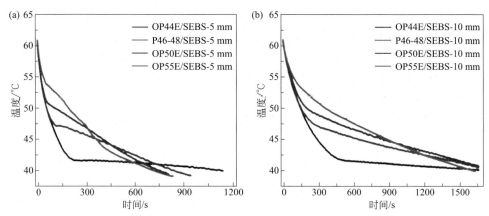

图11-17 不同相变温度热疗鼻贴在不同厚度下的放热曲线
（a）5 mm；（b）10mm

作为一种便携式的热疗鼻贴，它需要适用于多种不同的场合，在具备较好放热性能的同时，应该也能在短时间内通过一种便捷的方式进行加热。因此，寻找出一种便捷快速的加热方式，是非常必要的。由于该相变材料可以直接与水接触，因此可以将该鼻贴直接放入开水中进行加热。图 11-18 所示，放入开水中后仅需 282s，鼻贴温度即可达使用温度 60℃。相比传统的空气加热方法，热水加热的激活时间比热空气加热节省近 3/4，而且加热过程极为方便，为鼻贴在实际生活中被快速激活使用提供了便利。

此外，人体的鼻部是一个不规则的曲面，为了能较好地对鼻部进行加热，所使用的材料必须在一定条件下具备较好的柔软性能，使之能与鼻部完全贴合。该材料具有良好的机械特性，通过硬度测试发现该类材料的硬度随温度的降低而升高，如图 11-19 所示。当温度高于 50℃时，在相变材料熔化状态下，复合相变材料具备较好的柔软性，能够舒适地与鼻部贴合。热疗鼻贴中的相变材料处于液态相，热疗鼻贴的邵氏硬度值均为 0HA，处于一种非常柔软的状态；随着温度的继续下降，在 50℃左右时，达到相变材料的凝固点，相变材料开始由液态向固态转变，因而热疗鼻贴的硬度值有所增加，且随着温度的降低，液固转变率不断增大，硬度也随之增大；当温度下降到20℃左右时，此时OP50E/SEBS复合相变块中的相变材料几乎完全凝固，因而材料的硬度值几乎达到最大，在80HA以上。冷却后该材料具有较好的硬度，能维持相应的形状，保持与鼻部的贴合状态。因此制备得到的OP50E/SEBS热疗鼻贴既能够在温度高于所用石蜡相变温度时，与鼻部接触柔软舒适，又能在放热完成后维持形状不变，维持机械结构稳定。

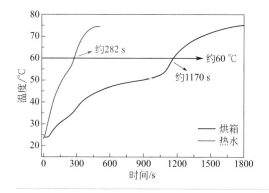

图11-18
热疗鼻贴通过烘箱和热水加热的温度曲线图

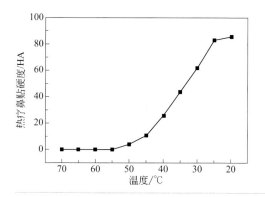

图11-19
热疗鼻贴硬度随温度的变化曲线图

三、降温头套

发热在临床上是最为常见的症状之一，并且持续39℃以上的高烧发热具有极高的危险性，有可能引起头晕、惊厥、休克等症状，严重者甚至有可能导致猝死[13]。因此，在发热早期应及时选择适当的降温方法有效地进行体温控制。临床研究表明，与10～15℃冷量的接触可有效快速降温且不会对患者机体造成损害[14,15]。但现存的冷敷方法，包括冷水袋、冷毛巾或者通过蒸发吸热方式的擦拭酒精法，操作方式相对烦琐，且均不能有效控制冷敷的温度和时长，进而影响患者的恢复。

由于相变材料可以利用其储热过程提供恒温环境，因此也可用于降温头套，以缓解发热期间带来的不舒适感。研究[16]制备了一种相变温度为10℃、相变焓为133.2J/g的OP10E/SEBS复合相变材料，发现OP10E可以填充在SEBS聚合物的空间空位中并在平板热压法的作用下可与SEBS发生分子交联。相变材料熔化后能保留在SEBS内不发生泄漏。而且将该复合相变材料在0～25～0℃的温度范围内进行50次冷热循环后进行了DSC测试，并用扫描电镜观察其微观形貌，结果见图11-20。循环前复合相变材料的熔点和凝固点分别为5.86℃和6.13℃，吸热焓和放热焓分别为133J/g和133.2 J/g；循环之后，熔点和凝固点分别为5.92℃和6.36℃，吸热焓和放热焓分别为131.5J/g和132.6J/g，变化极小。循环后的SEM图表面仍极为光滑，说明该复合相变材料在冷热循环过程中不会发生泄漏并且具有较好的热稳定性。

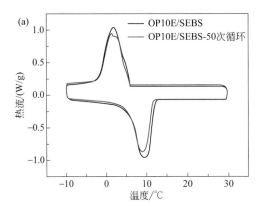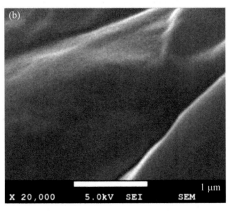

图11-20　50次冷热循环后OP10E/SEBS复合相变材料的DSC曲线（a）和SEM图(b)

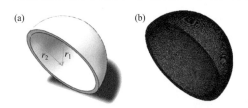

图11-21　OP10E/SEBS相变油凝胶基降温头套示意图(a)及数值计算网格划分图(b)

由于该聚合物复合相变材料具有弹性，可以设计成如图11-21所示的中空球形的头套，以应用于儿童发热期间降温。为了计算头套的尺寸与相变材料的用量，通过人体热平衡动态模型和相变材料传热模型，利用数值仿真计算得到了关于儿童身高 H_b（cm）、体重 W_b（kg）、发热温度 ΔT（℃）与所需OP10E/SEBS

质量 m (g) 和降温头套厚度关系式。

图11-22是儿童身高对降温头套所需OP10E/SEBS复合相变材料质量的影响，分析了身高为50cm、80cm、110cm和140cm时头套所需质量随体重和发热温度的变化趋势。图中颜色的深浅代表质量的大小，颜色越红，质量越大。可以看出，当身高一定时，降温头套所需复合相变材料的质量随体重和发热温度的增大而增大。不论身高为50cm、80cm、110cm还是140cm，此变化趋势均保持一致，降温头套所需OP10E/SEBS复合相变材料质量的变化程度都基本一致。

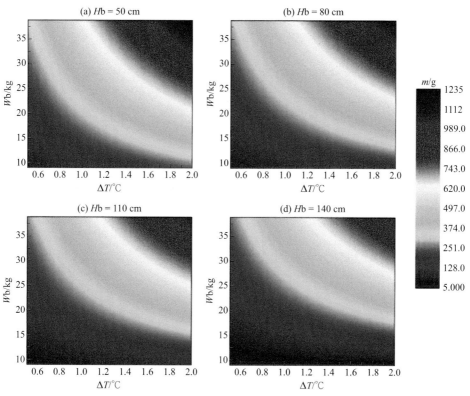

图11-22　不同身高对降温头套所需的OP10E/SEBS复合相变材料质量的影响

体重对降温头套所需OP10E/SEBS相变材料的质量的影响如图11-23所示。可以看出，当体重一定时，降温头套所需OP10E/SEBS复合相变材料的质量随发热温度的增加而增加，但随身高的增加而减小。此外，当身高和发热温度相同时，随着体重的增加，降温头套所需OP10E/SEBS复合相变材料的质量随之增加。例如，当身高为50cm，发热温度为2℃时，体重由10kg增加到40kg，降温头套所需OP10E/SEBS复合相变材料的质量由150g增加到1200g。主要原因是人体的新陈代谢率随体重的增大而增大。结果表明，体重是影响降温头套所需OP10E/SEBS复合相变材料质量的主要因素。

发热温度对降温头套所需的OP10E/SEBS复合相变材料质量的影响巨大。当身高和体重一定时，所需质量随发烧温度的增大而增大。例如，体重为30 kg，身高为50cm时，发热温度从0.6℃增大至2℃，所需OP10E/SEBS复合相变材料的质量从120g增加到1200g。因为发热温度对新陈代谢产热率的影响巨大。此外，从图中可看出身高对降温头套所需OP10E/SEBS复合相变材料的质量影响较小，为简化理论计算模型，身高可取为定值。

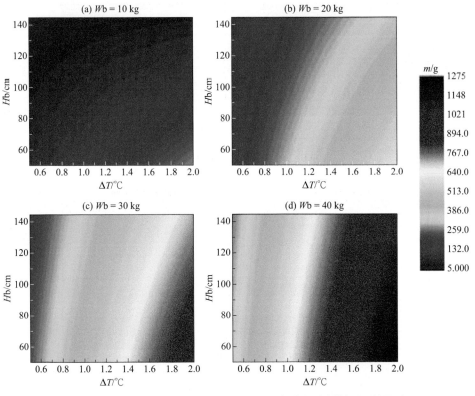

图11-23　不同体重对降温头套所需的OP10E/SEBS复合相变材料质量的影响

由图11-24可以看出，当身高、体重和发热温度一定时，降温头套所需OP10E/SEBS复合相变材料的质量也是定值。例如，当儿童的身高、体重和发热温度同时达到最大时(145cm、40kg和2℃)，降温头套所需OP10E/SEBS复合相变材料的质量仅为1032g，对应的头套厚度仅为0.84cm。随着儿童身高、体重和发热温度的降低，头套质量和厚度也会逐渐降低，OP10E/SEBS复合相变材料基降温头套适合人体佩戴的承重范围。因此，OP10E/SEBS复合相变材料基降温头套非常适合儿童的低烧降温。

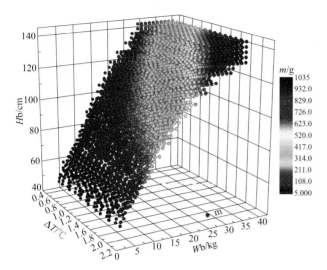

图11-24　降温头套所需OP10E/SEBS复合相变材料质量与身高、体重、发热温度的关系

第三节
冷链运输

生物医疗冷链是为特定的生物医疗场景提供低温存储设备及解决方案的行业，核心产品是低温储存设备，主要包括医用冷藏冷冻箱、血液冷藏箱、医用低温保存箱等。生物医疗低温存储设备对温度要求苛刻，需要长期将温度恒定在特定温度以下，如疫苗的温度需控制在2～8℃，弱毒活疫苗须保存在-15℃以下，血浆制品等需要控制在-18℃以下等。一旦环境温度超过特定标准，就会导致生物医药制品的失效，如果失效的产品流通市场，会造成不可估量的医疗事故和经济损失。

对于一些无法使用制冷设备的冷链系统，使用低熔点的相变材料制作相变蓄冷箱，可以利用相变储热技术为生物医药制品提供长时间的低温环境。如图 11-25 所示蓄冷保温箱体，外层在共聚丙烯材料的包裹下，内层填充聚苯乙烯泡沫，低导热系数的聚苯乙烯泡沫能够有效地阻止热量向容器内部传递，提高户外保温箱的控温性能。夹层添加疏水性十二烷/气相二氧化硅复合相变材料作为相变保温材料，其相变温度为-9.7℃，相变焓为147.2J/g。采用如图11-25（c）所示的热电偶分布，全面测量保温箱内不同位置目标物体的温度来表征保温箱的控温性能。

保温箱中整齐放置两排共8个模拟冷藏物质，其中1号和3号热电偶测试中间两个模拟物质中心温度，2号和4号热电偶测试靠近户外保温箱短边侧的两个物体中心温度。十二烷/疏水型气相二氧化硅复合相变材料采用尺寸为长104mm、宽63mm、高43mm的聚丙烯塑料盒封装，按对称原则放置在户外保温箱中靠近内壁的四个面旁。相变材料的添加量分别为0g、600g、900g和1200g。

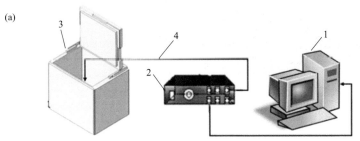

1—电脑；2—数据记录仪；3—蓄冷箱；4—热电偶

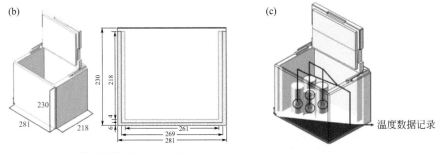

温度数据记录

图11-25　冷链保温箱系统示意图
(a)测试系统；(b)箱体尺寸；(c)热电偶分布图

图11-26为不同含量的保温箱内模拟冷藏物质的升温曲线。图中观察到绿色虚线代表不添加十二烷/疏水型气相二氧化硅复合相变材料的温度上升曲线，在仅采用隔热的保温箱控温作用下，温度从-16℃上升至0℃需要70min。当相变材料添加量分别为600g、900g和1200g时，三条曲线均出现了相变温度平台，证明保温箱中的十二烷/疏水型气相二氧化硅复合相变材料存在相变行为，能够控制保温箱温度。随着相变材料使用量的增大，保温箱内部的升温速率逐渐下降，测温点温度从-16℃升至0℃用时分别延长至185min、310min和470min，

平均温升速率为11.25min/℃、19.38min/℃和29.38min/℃。1.2kg的相变材料即可将保温箱的温度控制在0℃以下470min，而且约有400min都恒定在-5℃以下。

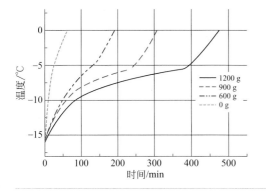

图11-26
不同添加量的质量分数85%复合相变材料户外保温箱温升曲线

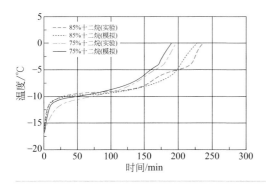

图11-27
不同质量分数的复合相变材料实验数据与数值模拟对比曲线

在实验的基础上进一步通过数值传热模型分析蓄冷保温箱的传热性能。选取7号测温点的实验数据与数值模拟进行对比。结果对比如图11-27所示。从图中可以看出，7号测温点的数值模拟规律与实验测量的结果吻合程度高，温度平均误差小于0.7℃。

利用数值模拟结果可以分析保温箱内部的温度云图。图11-28（a）～图11-28（h）是不同实验阶段的数值模拟温度场云图。图11-28（a）为实验初始阶段的温度场，系统的初始温度为-23℃。图11-28（b）为蓄冷保温箱放在室温2500s时候的温度场分布情况，最高温度出现在外壁面处，温度为-4.8℃，但保温箱内部温度仍然保持在-14.2℃。对比数值模拟温度场云图和实验数据，发现第一阶段由于温差推动力巨大，而且相变材料利用储热密度较小的显热吸热，箱体内部温升速率大。但由于十二烷/疏水型气相二氧化硅相变材料的存在，内部温度并没有像外壁面那样迅速提升。观察图11-28（c）～图11-28（h），可以清楚地看到系统的温度随着时间的变化而逐渐升高，温度场云图变化规律明显，温度从系统的体中心往六个外壁面逐渐提升。图 11-28（c）～图 11-28（e）为第二阶段即相变储热过程中箱体内部的温度场分布云图，在这时间区域内十二烷／疏水型气相二氧化硅相变材料利用潜热吸收外界传递的热量，系统温升速率降低，但温度的均匀性也进一步降低，从图中可以看到随着时间的推移，系统温度梯度增大，整体温度均匀性降低。图 11-28（f）～图 11-28（h）为第三阶段控温，相变材料的相变潜热耗尽，重新采用显热储热，系统整体温度迅速上升，内部温度达到设定的控制温度，数值模拟计算结束。通过数值模拟结果，可以看到保温箱内部的温度变化过程，从而为冷藏箱保温隔热层的优化设计、内部存放空间结构设计等提供理论参考。

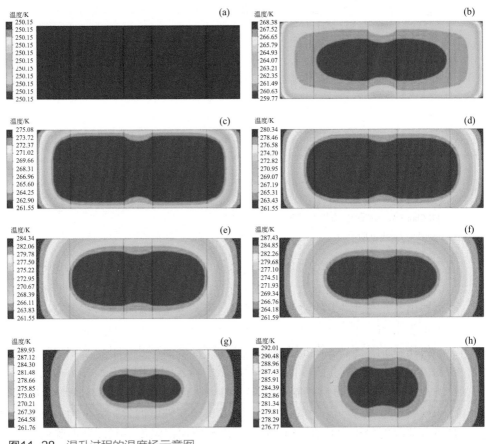

图11-28　温升过程的温度场示意图
(a)0s；(b) 2500s；(c)5000s；(d)7500s；(e)10000s；(f)12500s；(g)15000s；
(h)17500s

本章介绍了相变材料在生物医疗领域的应用，选取温度合适且可生物降解的相变材料为芯材，采用合适的封装材料对其进行封装，基于相变储热技术制备了新型生物医用材料，可应用于热疗热敷的口罩、鼻贴，冷敷降温产品以及药物多重控释体系等，而且相变材料也可作为蓄冷介质应用于医疗产品冷链运输过程。当前相变材料在生物医药方面的应用逐渐兴起，未来随着不同病症治疗手段的发展，以及新型相变材料的开发，相变材料与医疗领域的结合将越来越紧密。生物冷链已逐渐显现出了巨大的市场容量，以相变材料为核心的冷藏保温系统的发展空间也将极为广大。

参考文献

[1] Graudenz G S, Landgraf R G, Jancar S,et al. The role of allergic rhinitis in nasal responses to sudden temperature changes [J]. Journal of Allergy and Clinical Immunology, 2006, 118 (5): 1126-1132.

[2] 李国栋，张俊华，焦耿军，等. 气候变化对传染病爆发流行的影响研究进展 [J]. 生态学报，2013, 33 (21): 6762-6773.

[3] Hu K H, Li W T. Clinical effects of far-infrared therapy in patients with allergic rhinitis[C] ∥ 2007 29th Annual International Conference of the IEEE Engineering in Medicine and Biology Society. Lyon,France: IEEE,2007:1479-1482.

[4] Axelrod P. External cooling in the management of fever [J]. Clinical Infectious Diseases, 2000, 31 (Supplement5): S224-S229.

[5] Choi S W, Zhang Y, Xia Y N. A temperature-sensitive drug release system based on phase-change materials [J]. Angewandte Chemie International Edition, 2010, 49 (43): 7904-7908.

[6] Moon G D, Choi S W, Cai X,et al. A new theranostic system based on gold nanocages and phase-change materials with unique features for photoacoustic imaging and controlled release [J]. Journal of the American Chemical Society, 2011, 133 (13): 4762-4765.

[7] Li J, Hu Y, Hou Y,et al. Phase-change material filled hollow magnetic nanoparticles for cancer therapy and dual modal bioimaging [J]. Nanoscale, 2015, 7 (19): 9004-9012.

[8] Zhang Q, Liu J, Yuan K J,et al. A multi-controlled drug delivery system based on magnetic mesoporous Fe_3O_4 nanopaticles and a phase change material for cancer thermo-chemotherapy [J]. Nanotechnology, 2017, 28 (40): 405101.

[9] Braxmeier S, Hellmann M, Beck A,et al. Phase change material for thermotherapy of Buruli ulcer:Modelling as an aid to implementation [J]. Journal of Medical Engineering & Technology, 2009, 33 (7): 559-566.

[10] 张孝文，方晓明，宋丽娟，等. 一种热疗口罩 :CN104644321B [P]. 2016-11-23.

[11] Zhang Q, He Z B, Fang X M,et al. Experimental and numerical investigations on a flexible paraffin/fiber composite phase change material for thermal therapy mask [J]. Energy Storage Materials, 2017, 6: 36-45.

[12] Zhang C, Lin W, Zhang Q,et al. Exploration of a thermal therapy respirator by introducing a composite phase change block into a commercial mask [J]. International Journal of Thermal Sciences, 2019, 142: 156-162.

[13] Badjatia N. Hyperthermia and fever control in brain injury [J]. Critical Care Medicine, 2009, 37 (S7): S250-S257.

[14] Stewart B K. Temperature-controlled, compression sheet for use in hot or cold therapy applications, has composite sheet arranged with temperature control component and elastic structural component, which includes material with elastomeric properties:US2018049914-A1 [P]. 2018-12-22.

[15] Kwiecien S Y, McHugh M P, Howatson G. The efficacy of cooling with phase change material for the treatment of exercise-induced muscle damage: Pilot study [J]. Journal of Sports Sciences, 2018, 36 (4): 407-413.

[16] Zhang Q, Wu Y, Fang X M,et al. A recyclable thermochromic elastic phase change oleogel for cold compress therapy [J]. Applied Thermal Engineering, 2017, 124: 1224-1232.

第十二章

储热器在热泵、太阳能领域的应用

第一节　热泵热水储热器 / 358

第二节　热泵化霜储热器 / 385

第三节　太阳能热水系统储热器 / 387

在工业生产和日常生活中，对热水供应的需求量巨大。新型热水器如热泵热水器、太阳能热水器等民用产品逐渐占据重要的地位，因为新型热水器具有运行成本低、节能效果突出、环保无污染、性能稳定等诸多优点。然而，作为热源的空气能、太阳能等存在能量供需在时间和空间上不匹配的矛盾，难以直接满足实际需求，基于相变储能的储热器可解决这种矛盾。储热器是将相变材料与传统换热器结合起来，形成具有储热功能的换热体系。换热器将相变材料进行封装，起到容纳、保护、传热的作用。与显热储能相比，由于相变材料的高储热密度，在相同热量下，潜热储能系统容器的体积较小，且使用过程中温度波动小、容易控制。目前储热器已经在诸多领域得到了广泛应用，如热泵热水储热、太阳能利用等，被认为是热能工程应用领域重要的能源技术。

储热器是潜热储能系统中的核心设备，它的性能极大部分决定了系统的储热量、功率等效益。储热器是由相变材料与换热器两部分组成的。其中，换热器是进行热交换操作的通用工艺设备，用于两种或两种以上流体实现物料之间热量传递的设备，被广泛应用于石油、化工、医药、冶金、航空等工业部门，特别是在石油炼制和化学加工等领域占有重要地位。换热器的性能对产品质量，能源利用率以及系统的经济性、稳定性起着重要作用。随着经济的不断发展，对换热器技术发展提出更高的要求，如进一步降低能耗和设备成本，进一步提高设计精确度等 [1-3]。

第一节
热泵热水储热器

热泵是一种将低品位热源的热能转移到高品位热源的装置，具有适用范围广，节能效果突出，环保无污染，性能稳定等诸多优点。但目前在国内推广并不广泛，主要原因在于热泵系统需要装配体积较大的储水罐，成本较高且占地面积较广，而我国居民住宅以单元房为主，面积有限，限制了热泵热水器的实际应用。因此可以考虑采用相变材料储能系统，利用相变材料的高储热密度可极大减小热泵系统尺寸。将热泵系统和相变储能技术相结合，开发具有高效相变储能式热泵热水器，具有节能效果突出，占地面积小，供水温度波动较小，环保无污染的优点。并可与峰谷电相结合，在用电低谷生产热水，在用电高峰期提供热水供用户使用，实现用电的削峰填谷，减小电网压力。将相变储能技术与热泵相结合适用于大范围推广，具有良好的市场前景及经济效益，具有研究前景。

    基于相变材料的相变储热器是一种热力系数高、节能省电、环保安全的蓄能装置，目前作为热泵相变储热器的多为管壳及管翅式换热器[4]。Agyenim 等[5] 对一种应用于热泵系统的纵向翅片式相变储热器的蓄放热特性进行研究，采用石蜡 RT58 作为相变材料。该系统由一个 1.2m 长的铜套管组成，共填充 93kg 相变材料，翅片内管用作传热管流通工作流体。结果表明，该系统的传热系数与工作流体温度呈现二次方程关系，加热过程入口温度提高 21.9%，总传热系数增加 45.3%。经过优化储热器的尺寸可减小45.3%，减少生产成本及运行成本。Mehmet[6] 通过实验与理论相结合的方法研究了与太阳能热泵系统相连的圆柱形相变储热罐的蓄放热特性。文章定义了用于相变单位瞬态行为的仿真模型。相变材料填充于圆柱形管内，流体平行于圆管进行流动。作者将模型的传热问题简化为二维处理，使用基于焓的有限差分法进行数值求解，并与 Comakli[7] 的实验数据进行对比验证。实验在 1992—1993 以及 1993—1994 的 11 月至 5 月的加热季节完成，对储热罐中的平均水温以及入口、出口温度进行测量。数值模型的结果与实验数据显示出一致性。结果如下：①因为在实验初始阶段储热罐的出口水温低，所以加热过程较慢，为了改善这种情况，应选择较短的管道长度以及较短的水箱内部高度；②管壁的厚度应该尽可能减少，以便减小存储在管壁中的能量；③在实验研究的前四个月中，通过热泵所释放的 PCM 储存的能量不足以满足整个加热空间的需求，还需辅助电能以满足加热量；④在阴天但气温较高的时候，太阳能辅助热泵和空气源蒸发器可以更有效地利用热量；⑤应长期检查热泵系统所使用的太阳能辅助储罐的性能。Benli 等[8] 开发了一种地源热泵相变材料潜热储能系统，用于使用自然能源来控制温室的热环境。采用热泵的性能系数（COP_{HP}）以及系统性能系数（COP_{sys}）来考察 PCM 在加热放热过程期间的热量，实验证明系统具有良好的工作性能，适用于给温室进行加热。在寒冷天气的情况下，COP_{HP} 值高于空气源热泵，且压缩机运行稳定。相变材料表现出良好的稳定性及导热性，因此温室中实现了合理的热分布。所测量的平均加热 COP_{HP} 和 COP_{sys} 的范围分别为 2.3 ~ 3.8 以及 2.0 ~ 3.5，根据温室环境的温度，热泵将温度升高 5 ~ 10℃，化学物质平均升温 1~3℃（辅助加热），整个系统的峰值 COP_{HP} 和 COP_{sys} 分别为 4.3和 3.8。由于在低温环境下，空气源热泵的加热能力与性能系数（COP）都会降低，压缩机的压缩比也会增加，因此 Niu 等[9] 设计了一种与 PCM 相结合的并联三套筒式储能换热器，以确保热泵在恶劣环境下的可靠操作以及提高系统的热性能。该设备还与太阳能集热器相结合，采用水作为传热流体可将热量传递至 PCM 中进行储存。实验研究了该增强型热泵系统的加热及放热性能，分析了温度、压力和传热速率的影响。实验结果表明，当三种传热介质（水 /PCM/ 制冷剂）达到稳态时，最终 COP 可达到 3.9，水与 PCM 夹层间的制冷剂的传热为动态平衡过程，在稳态下测量的 PCM 温度为 12.8 ～ 14.2℃。蒸发器入口和出口处的水温差稳定在 2.8℃左右。以上研究结果表明，需要对 PCM 放热过程进行更多的研究以探索其机制，进一步改善 PCM 以辅助热系统的运行。

一、管壳式储热器

目前文献中所研究的储热器多为单通道结构，无法应用于具有多个工作流体的储能系统，如热泵系统中的制冷剂 - 水之间的能量储能换热。进一步地，相变材料往往具有导热系数较低的缺点（尤其是有机相变材料），成为相变材料实际应用的限制条件。因此，为提高相变材料的导热系数，研究者对相变材料添加高导热材料进行了探讨。膨胀石墨作为一种具有高导热系数的疏松多孔的物质，对相变材料具有良好的吸附性，能够将液态相变材料吸附于孔隙当中，形成稳定的复合物质，从而减少 PCM 在相变过程中发生液漏等问题，并且可极大地提高材料的导热系数。

1. 管壳式储热器几何结构

基于上述问题，Lin[10] 等以生活热水制备为背景，设计并研究了一种新型的用于热泵热水储能领域的管壳式换热器。选择相变温度为 45 ～ 50 ℃的石蜡作为相变材料，与高导热系数的膨胀石墨复合，形成稳定且具有相对高导热系数的复合相变材料。储热器的具体结构如图 12-1 所示，石蜡 / 膨胀石墨复合相变材料填充于环形间隙中，水作为工作流体流经管程及壳程。膨胀石墨添加量为 15%（质量分数），材料潜热值较高为 155J/g，导热系数为 2.35W/（m•K）。该储热器可在夜晚低谷电时对热泵加热，将能量进行储存，在白天进行释放能量用于居民用水，达到电力削峰填谷的效果。石蜡的相变温度接近居民生活用水温度，且添加了高导热的膨胀石墨以强化系统的传热。内管按正三角方式进行排布，壳程安装弓形隔板支撑管束同时引导流体进行流动。工作流体在管程及壳程中的流线如图 12-1 中所示，在管程中，流体垂直流过管束并于管箱中折返流动。壳程弓形隔板可保证流体进行横向流动，与 PCM 进行充分换热。换热器的具体尺寸如表 12-1 所示。换热器被设计成两个工作流道的结构，将加热与放热流体进行分离，避免了能量的损失浪费，同时还提高了实际操作的灵活性。

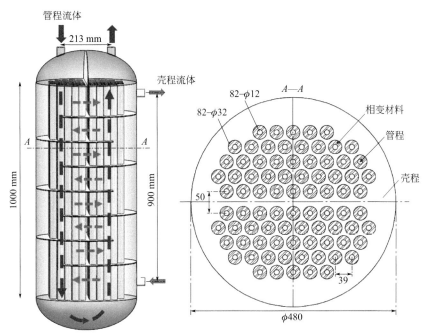

图12-1 储热器结构

表12-1 储热器几何尺寸

项目	参数	参数值
内管	管径/mm	12.1
	管心距/mm	39
	管束间距/mm	50
	管长/mm	1000
	管数量	82
	入口出口间距/mm	213
环形管	管径/mm	32
	管长/mm	1000
壳程	直径/mm	480
	壳体长度/mm	1000
	入口出口间距/mm	900
折流板	折流板间距/mm	115
	折流板高度/mm	360
	折流板厚度/mm	3
材料	—	不锈钢

图12-2为该实验系统装置流程图。系统由热泵空调、缓冲水箱以及新型储热器构成。空气源热泵空调用于对缓冲水箱中的水进行加热或冷却，当水箱中的水达到指定温度后，以恒定流速流经储热器与相变材料进行换热，当流经储热器

出口与入口时的温度相差低于2℃时，停止实验。加热过程入水温度为55℃，放热实验入水温度为30℃，工作流体流量从0.3m³/h增加至1.2m³/h。实验过程对进水温度、出水温度以及水流量进行测量记录。实验所用温度传感器及流量计精度分别为±0.1℃和±3%。换热器外壁面及管道均包覆保温棉以减少热损失。

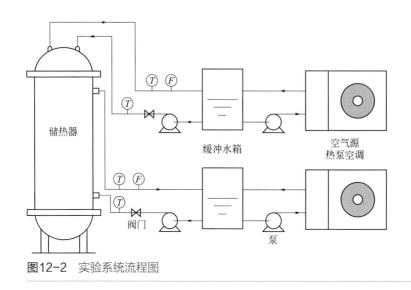

图12-2　实验系统流程图

2. 管壳式储热器热性能分析

图12-3为不同流量下壳程加热/放热过程出水温度曲线。如图12-3（a）所示，加热过程出水温度在初始阶段上升较快，对应相变材料的显热储热过程。当温度达到相变温度时，相变材料逐渐熔化，进入潜热吸热过程，因此温度曲线的斜率减小。从结果中可以看出，入水流量越高，加热/放热速率越快，完成总加热/放热的时间越短。在同一时间下，流量越高的工况出水温度越高，这是由于流量较高会增加传热系数，随着入水流量从0.3m³/h增加至1.2m³/h，壳程传热系数从390.3W/(m²·K)增加至780.7W/(m²·K)。

壳程加热及放热过程的总能量以及平均功率如图12-4所示，加热/放热总能量随着流量增加而减少，平均功率随着流量增加而增加。这是由于随着流量增加，壳程传热系数增加，平均功率增加。随着平均功率的增加，出水达到指定温度所需时间减少，由于相变材料导热系数相对较小，系统加热放热相对不充分，因此总能量随着流量增加而减少。壳程加热过程中，系统吸热量为7.5MJ至13.5MJ，放热过程放热量为7.0MJ至10.1MJ。系统平均功率随着工作流体流速的增加而增大，约为4kW至14kW，表明该系统具有较高的工作效率。

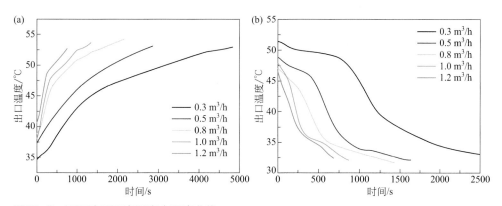

图12-3 不同流量下壳程出水温度曲线
（a）加热过程；（b）放热过程

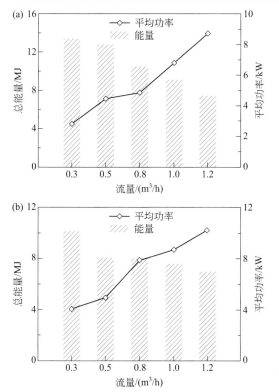

图12-4 不同流量下壳程加热/放热总能量及平均功率
（a）加热过程；（b）放热过程

　　管程加热/放热过程出水温度与壳程呈现一样的趋势。如图12-5所示，管程加热过程出水温度在48～50℃范围内相对平稳，表明材料在此温度范围内进行相变。当流量从0.3m³/h增加至1.2m³/h，管程的流体传热系数从241.7W/（m²·K）

增加至 383.7W/（m²·K），随着入水流量的增大，流体传热系数显著增加，完成加热及放热过程的时间减少。

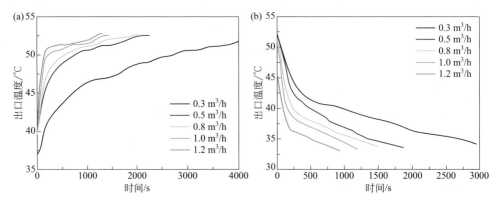

图12-5 不同流量下管程出水温度曲线
（a）加热过程；（b）放热过程

如图 12-6 所示，管程加热过程系统储热量为 7.2MJ 至 10.1MJ，放热过程释放能量为 6.3MJ 至 9.9MJ。加热/放热过程的平均功率均随着流量增大而增加，从 2.5kW 变化至 10.0kW。当流量从 0.8m³/h 增加至 1.2m³/h 时，系统平均功率变化并不明显，这是由于相变材料的导热系数相对较低，在较高流量下系统的热阻存在于相变材料一侧。总体而言，该管壳式储热器具有较高的储热量及工作功率，放热能量高达 10MJ，放热过程平均功率可达 14kW。由于壳程具有更大的储水体积，壳程加热过程系统能够储存更高的能量。该储热器具有双流道分布、操作灵活、储热量大且功率高等优点，适用于热泵储能领域。

管程蓄放热及壳程蓄放热的平均功率对比如图 12-7 所示，在该储热器的蓄放热实验中，放热过程的平均功率始终高于加热过程，这是由于放热过程入水温度与相变材料相变温度有较大的温差。加热水温 55℃，与相变材料熔化温度 51℃ 具有较小的温差，而放热过程入水温度为 30℃，与相变材料凝固温度 45℃ 相差较大，具有更高的温差驱动力。同时，图 12-7 表明了壳程的加热功率高于管程，这是由管壳程体积差异导致壳程在加热过程中可储存更大量的热水，壳程的体积为 0.115m³ 而管程体积为 0.027m³，因此在相同的加热条件下，壳程相比管程可储存更大量的热水，因此加热功率更高。结合图中功率情况可以得出，该双流道管壳式储热器在实际使用过程中，选用壳程进行加热，管程进行放热的工作方式可获得更高的工作功率。

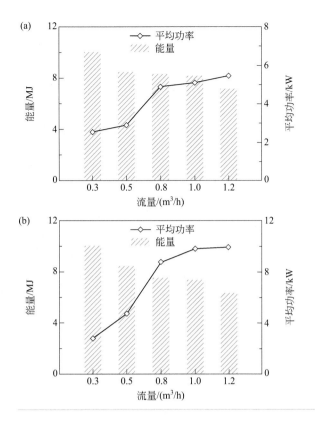

图12-6

在不同流速下，管程加热/放热
总能量及平均功率

（a）加热过程；（b）放热过程

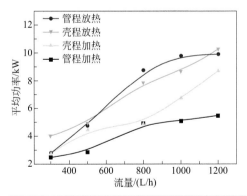

图12-7

管程壳程平均功率对比

3. 管壳式储热器数值模型构建及可靠性验证

Fluent 是国际上通用的计算流体动力学（CFD）软件，可用于计算流体流动、热传递和化学反应等过程。它具有丰富的物理模型、先进的数值方法，可用来模拟物质及能量之间的传热及流动。在对该储热器的研究中，由于实验条件限制，在实验过程中无法对储热器内部的相变材料熔化及凝固过程进行监控，因此考虑使用数值模拟方法对其进行分析。作者使用商用软件 FLUENT 对换热器流体流动及传热过程进行分析[11]，使用熔化‑凝固模型对相变材料发生相变过程进行模拟。经雷诺数计算，管程流体为层流状态，壳程流体为湍流状态，因此开启 $k\text{-}\varepsilon$ 黏度模型用于计算壳程流体流动。采用速度入口及压力出口为边界条件，换热器壁面为绝热，利用 Fluent 中的"Solidification and Melting"模型来模拟相变材料的相变过程。在数值模拟过程中，首先使用建模软件 Solidworks 建立几何模型，构建的几何模型如图 12-1 所示。接着采用 ANSYS-Mehsing 软件对几何模型进行网格划分，由于该几何模型结构复杂，在壳程部分，选择了非结构化网格（四面体网格）对流体域进行划分。而在形状规整的管程流体域以及相变材料处，选择了六面体网格对其进行划分，网格划分结果如图 12-8 所示。为了获得精确的仿真结果，考察了网格的独立性。采用出口温度及传热系数作为判断标准，网格数为 1.12×10^7 和 1.50×10^7 的仿真模型出口温度和传热系数的相对偏差均小于 1.0%。综合考虑仿真精度及计算资源成本，最终采用网格数为 1.12×10^7 的数值模型进行仿真研究。

图12-8
网格划分图

将模拟数据与实验结果进行对比以验证模型的准确性。采用流量为 1000L/h 的管程及壳程蓄放热过程的出水温度进行分析，对比结果如图 12-9 所示。分析结果可得，在管程加热过程中实验与模拟出水温度值最大误差为 6.27%（文中温度默认为摄氏度，℃），放热过程中最大误差为 7.27%。壳程加热及放热过程中实验与模拟值的最大误差分别为 3.47% 及 7.91%。模拟所得数值结果与实验结果具有良好的吻合度，证明数值模型具有较高的可靠性。

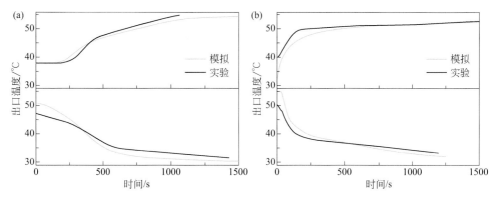

图12-9 流量为1000L/h，实验与模拟蓄放热过程出水温度对比
（a）壳程；（b）管程

由于储热器为封闭系统，在实验过程中无法对内部相变材料的温度及相变情况进行跟踪，而该数值模型已被验证为具有较高的准确度，因此采用经过验证的数值模型对相变材料在加热及放热过程中的相变过程进行仿真。壳程在加热及放热过程中 PCM 液化分率如图 12-10 所示。图中表明，随着流量的增加，相变材料的熔化速率及凝固速率均逐渐增加。在初始阶段相变材料熔化及凝固速率较快，当 PCM 与工作流体温差逐渐减小时，材料熔化及凝固速率逐渐减小。当流量为 1200L/h，相变材料熔化时间约为 2000s，凝固时间约 1500s，与图 12-7 所表明的放热过程具有较高功率结果相一致。管程相变材料加热及放热过程的液化分率如图 12-11 所示，其熔化及凝固过程与壳程具有相同的趋势，在 1200L/h 流量的条件下，管程相变材料总熔化时间约 2500s，高于壳程加热过程，这与图 12-7 所显示的壳程加热过程具有较高工作功率结果一致。

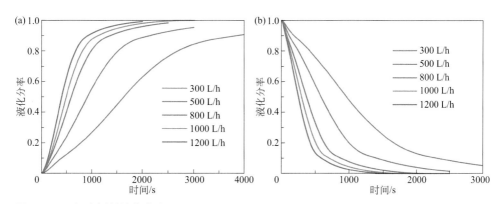

图12-10 相变材料液化分率
（a）壳程加热；（b）壳程放热

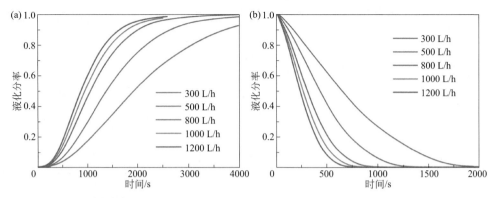

图12-11 相变材料液化分率
（a）管程加热；（b）管程放热

图 12-12 和图 12-13 为管程及壳程在加热 500s 情况下工作流体与相变材料温度分布云图，入水流量为 1200L/h，温度为 328.15K。图 12-12 中表明，壳程工作流体随着弓形隔板逐渐流动，与环形套管中的 PCM 发生热交换，加热相变材料。PCM 的温度分布与隔板一致，随着工作流体流线方向逐渐升温。图 12-13 为管程加热过程工作流体与 PCM 的温度分布云图，水流经管侧入口部分，在管箱中折返流入出口部分，因此温度沿垂直方向逐渐发生变化。另外，可注意到在 500s 情况下，壳程中绝大部分水仍为 303.15K，由于相变材料的导热系数较低，因此管程加热过程的平均功率较小。

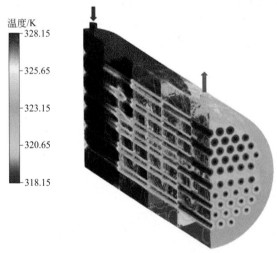

图12-12 壳程加热过程温度分布云图（ *t*=500s, *V*=1200L/h ）

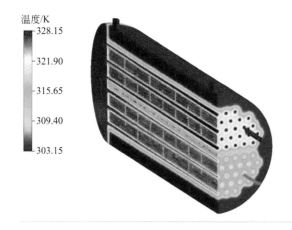

温度/K
328.15
321.90
315.65
309.40
303.15

图12-13
管程加热过程温度分布云图
（t=500s, V=1200L/h）

4. 管壳式储热器性能优化

为提高该储热器的传热性能，作者进一步对该储热器进行优化。该储热器填充的石蜡相变材料，是一种性能稳定且具有高潜热值的相变材料，具有极大的应用前景，但其较低的导热系数[0.24W/（m·K）]限制了实际应用。通过将液体石蜡吸收到具有多孔结构、高导热系数的膨胀石墨中，可以显著提高其导热系数。研究发现，含有15%（质量分数）膨胀石墨的石蜡复合相变材料导热系数提高至2.35W/（m·K）（复合相变材料密度为300kg/m³），约为纯石蜡的10倍。由于EG是多孔基质，因此石蜡/EG复合相变材料具有良好的可压缩性。石蜡/EG复合相变材料的导热系数不仅取决于EG的添加量，其压实密度也会显著影响材料的导热系数，在较高的压实密度下，复合相变材料的导热系数将显著提高。本节对固定添加量的石蜡/EG复合相变材料的不同压实密度进行研究，考察了五种不同的压实密度：300kg/m³、400kg/m³、500kg/m³、600kg/m³和700kg/m³。根据Ling等[12]提出的有机相变材料/膨胀石墨的导热系数模型，可以计算出石蜡与15%（质量分数）膨胀石墨复合后在不同密度下的导热系数，如表12-2所示。基于已经验证过的数值仿真模型，使用模拟方法对系统在不同石蜡/EG复合相变材料压实密度下的放热过程性能进行研究。放热过程工作流体的流量为1200L/h，入口温度为30℃。

表12-2 不同压实密度下石蜡/膨胀石墨的导热系数

密度/（kg/m³）	导热系数/[W/（m·K）]
300	2.35
400	3.44
500	4.30
600	5.16
700	6.02

在不同压实密度下，壳程放热过程出水温度的数值模拟结果如图 12-14 所示，PCM 初始温度均保持为 55℃。随着放热过程的进行，PCM 逐渐凝固向工作流体释放热能，工作流体逐渐被加热。在放热过程中可以清楚地观察到相变材料发生凝固的三种状态。第一个过程发生液态显热释放，此时温度迅速下降；然后，PCM 达到凝固温度发生相变，开始释放潜热能，此时出水温度变化缓慢；当 PCM 完全释放潜热后开始固态显热释放。图 12-14 表明在复合相变材料压实密度较大的情况下，系统放热时间更长。这是由于在相同的体积情况下，系统在压实密度大的材料下可填充更大质量的 PCM。因此，系统总的储热量增大，需要释放出来的能量也越多，从而导致了更长的放热时间。

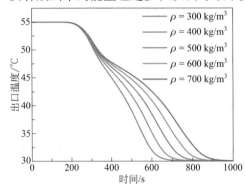

图12-14
在不同压实密度下壳程出水温度图

在该潜热储能系统中，工作流体从系统中获得的能量和平均功率如图 12-15 所示。图中结果表明，随着相变材料密度的增加，总释放能量及平均工作功率都增大。随着密度从 300kg/m³ 增加到 700kg/m³，总释放能量从 15.2MJ 增加至 19.6MJ，而出口功率从 16.9kW 增加至 21.8kW，表明该系统具有较高的工作功率。总释放能量的增加是由于在较高密度的相变材料情况下，系统所填充的相变材料的总质量越高，因此储热量更高。而工作功率的增加是由于相变材料的导热系数随着压实密度的增加而增大，相变材料与流体之间的换热速率更快，因此工作功率更高。

为了更直观地观察壳程放热过程温度的分布情况，放热时间为 400s 时，不同 PCM 密度下壳程流体及相变材料的温度分布云图如图 12-16 所示。云图左边部分代表壳程流体的温度，右边部分代表环形套管填充的 PCM 的温度分布。可以清楚地看到，PCM 及水的温度都随着壳体中的弓形挡板逐渐变化，这与工作流体的流动轨迹一致。从云图中可以明显看出，在相同的放热时间情况下，密度更高，即导热系数越高的相变材料平均温度越高，未释放的能量越多。从以上数值结果可得，密度更高的石蜡／膨胀石墨复合相变材料可提供更高的储热量及工作功率。但是密度过高的石蜡／膨胀石墨复合材料具有不稳定的结构，在多次加热和冷却循环后会出现高体积膨胀。因此，考虑到系统的整体性能，最终选择密度为 600 kg/m³，导热系数为 5.16W/（m·K）的相变材料进行下一步研究。

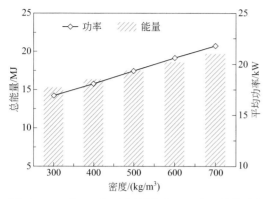

图12-15　在不同相变材料密度下，壳程放热总能量及平均功率

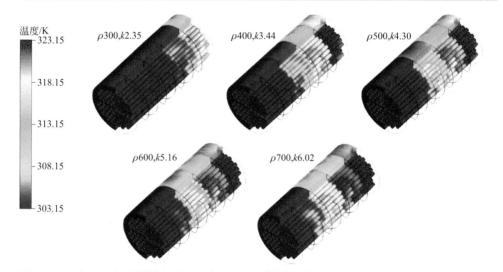

图12-16　在不同相变材料密度下，壳程及相变材料温度分布云图
（t=400s, V=1200L/h）

　　为提高该双流道管壳式储热器的传热性能，进一步研究了传热管的直径，以提高工作流体和相变材料之间的传热速率。在 PCM 体积恒定且密度为 600kg/m³ 的情况下，内管的直径从 10mm 增加至 19mm。为了简化模拟，使用带有环形相变材料的单个 U 型管来研究具有不同内管直径的储能系统的放热过程，水以 1200L/h 的流量和 30℃的入口温度流入内管。放热过程的出口温度如图 12-17 所示，系统释放的能量和平均功率如图 12-18 所示。在较大的内管管径下，工作流体的出口温度始终较高，这意味着系统的功率较高。在给定工作时间下（800 s），

随着管径增大，系统释放能量从 7.5MJ 增加至 9.4MJ，而功率从 9.8kW 增加至 12.0kW。在相同体积的相变材料下，直径较大的管能够提供更大传热面积，同时相变材料分布较薄，减小了与水之间的热传递距离，带来更高的工作功率。

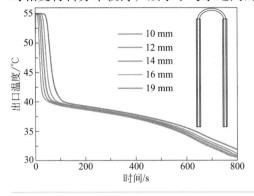

图12-17
不同传热管径下出水温度曲线

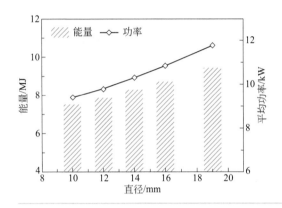

图12-18
在不同传热管径下，系统放热总能量及平均功率

计算可得，在相同的工作流体流量下，传热管中工作流体的雷诺数和传热系数均随着管径的增大而减小，如图 12-19 所示。当内管直径从 10mm 增加至 19mm 时，雷诺数逐渐从 1575 减小至 829，管侧传热系数从 494.8W/（m² · K）减小至 230.7W/（m² · K），两者均呈现减小的趋势。但是，尽管传热系数随着管径增大而逐渐降低，但系统的平均工作功率却随着管径的增加而逐渐增大，这是由相变材料与工作流体之间的接触面增大所导致的。这表明与降低工作流体一侧的传热系数相比，增加相变材料的接触面积对传热过程的影响更大。即使导热系数达到 5.16W/（m · K），相变材料在该工况下仍具有相对较高的热阻。因此，在管径恒定为 19mm 的情况下，进一步考虑通过增加扩展表面来强化相变材料的导热。

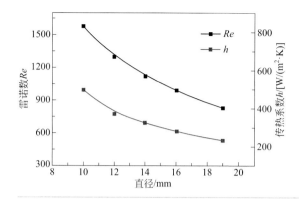

图12-19
不同传热管径下，管程雷诺数及传热系数
（V=1200 L/h）

为了进一步提高相变材料的导热性，对七种不同几何形状的翅片进行了研究，翅片几何参数如表12-3所示。模拟中对不同数量、形状和高度的翅片进行了仿真，案例1～案例4研究了不同高度，4mm至7mm的矩形翅片。案例3和案例5研究了不同形状的翅片，分别为矩形及三角形。案例1和案例6，案例3和案例7分别研究了在相同体积下不同厚度的翅片。为简化计算，仍然使用包覆环形相变材料的单U型管进行模拟，工作流体以1200L/h的恒定流量和30℃的入水温度对U形管进行放热。图12-20中表明了案例1～案例7中系统放热过程中相变材料液化分率随时间变化情况。

在所有案例中，相变材料的液化分率在初始情况下均为1.0，表明相变材料在初始状态中均保持为液相。随着放热过程的进行，相变材料储存的能量逐渐释放，逐渐变成固相，液化分率逐渐降低。图12-20（a）表明，在案例1至案例4中，随着翅片高度的增加，相变材料的凝固速率逐渐加快，这是由于翅片传热面积随着高度增加而增加。但是，当高度达到7mm时，液化分率变化几乎与6mm保持一致。因此选择高度为6mm的矩形翅片，进一步研究在相同体积下不同翅片的形状。如图12-20（b）所示，相比于三角形翅片，矩形翅片的系统中相变材料凝固速率更快，这可以通过矩形翅片具有较大接触面积来解释。案例1和案例3以及案例6和案例7研究了固定体积下翅片的不同厚度。图12-20（c）清楚地表明，当翅片高度为4mm时，案例6中16个翅片，厚度为0.1mm，相比案例1导热性显著提高。当高度达到6mm时（案例3），相变材料凝固速率与案例7接近。案例7中的翅片的接触面积明显大于案例3，但是传热速率并未发生明显变化，这意味着此时已经消除了相变材料一侧热阻。因此，案例3中具有8个矩形翅片，6mm高度的扩展表面足以优化复合相变材料的传热速率。

表 12-3　不同几何参数的翅片

案例	形状	数量	高度/mm	厚度/mm
1	矩形	8	4	0.2
2	矩形	8	5	0.2
3	矩形	8	6	0.2
4	矩形	8	7	0.2
5	三角形	8	6	0.4
6	矩形	16	4	0.1
7	矩形	16	6	0.1

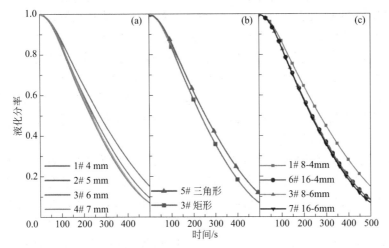

图 12-20　不同翅片下相变材料液化分率

（a）不同高度；（b）不同形状；（c）不同数量

在相同的工作时间下，含有不同翅片的 U 形管横截面的温度云图如图 12-21 所示。从案例 1 与案例 2、案例 3 的云图分布中可以明显看出，随着翅片高度的增加，系统的传热速率逐渐加快，在同一工作时间下，材料的完全凝固区域（绿色部分）逐渐扩散。然而，案例 4 中的温度分布云图与案例 3 差别不大，这与上图 12-20（a）的结果吻合，图 12-20（a）的结果表明相变材料的凝固速率在矩形翅片高度 6mm 及 7mm 之间变化很小。在相同高度下，矩形翅片（案例 3）在强化传热上表现出比三角形翅片（案例 5）更优秀的性能，这也与图 12-20（b）中的结果相符。考虑到系统的传热性能及生产成本，最终选择了案例 3 中，8 个矩形翅片，高度为 6mm，厚度为 0.2mm 作为优化的翅片配置以提高相变材料的导热性。

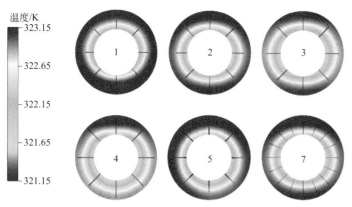

图12-21 在不同翅片下，相变材料温度分布云图
（*t*=200s, *z*=500mm）

弓形隔板通常用于管壳式换热器的壳程部分中，以支撑管束并提高壳程流体的传热速率。在壳程中安装弓形隔板可以改变流体的流动轨迹，使其以"Z"字形的流动方式流经壳程，充分换热，同时隔板增强了工作流体的湍流程度，进一步提高了传热速率。为进一步提高壳程的传热强化程度，设计并研究了四组不同间隔的弓形隔板，如表12-4所示。在换热器壳程长度恒定的情况下，考察了不同的弓形隔板间距（100mm 至 125mm），弓形隔板数量（从 7 片至 9 片）。在相同的条件下研究壳程的放热过程，并采用 $Nu/Pr^{1/3}$ 作为评估壳程流体传热性能的标准。另外，为研究其综合性能，进一步计算了单位压降下的壳程侧传热系数，结果如图12-22 所示。图中显示 $Nu/Pr^{1/3}$ 随着弓形隔板间距的增加而逐渐减小，这表明在较小的隔板间隔中会有较高的传热速率。但是，隔板间距减小会导致流体压降的升高，如图中红色曲线所示，单位压降下的壳程侧传热系数随着隔板间距的增加先减小然后增大，在 100mm 及 125mm 的间隔中具有最大值 12.1W/（m²·K·Pa）。由于潜热储能系统中压降相对较低，因此本研究主要集中于提高传热速率。因此，最终选择具有 100mm 间隔的弓形隔板（案例 4）作为壳程侧优化参数。

表12-4 不同几何参数的隔板

案例	数量	厚度/mm	隔板间距/mm	切割比例/%
1	7	3	125	25
2	7	3	120	25
3	8	3	112	25
4	9	3	100	25

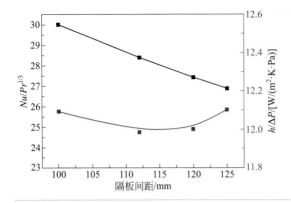

图12-22

不同隔板下，壳程$Nu/Pr^{1/3}$及单位压降下的壳程侧传热系数

二、枕形板储热器

1. 枕形板储热器的基本结构

管壳式换热器具有良好的换热性能，但其占地面积较大，在实际中较难进行安装。为了解决这个问题，作者进一步开发了一种结构紧凑的新型枕形板储热器[13, 14]，该储热器包括15片枕形换热板，相变材料填充于换热板间隙中。枕形换热板由两块金属板贴合形成，两块金属板的四周通过激光焊接进行连接，进一步焊接出板内两个流道的分布，使用高压膨胀的方法将流道进行膨胀以形成流动空间。为了加强工作流体的湍流程度，在流道中进行点焊形成扰流点。枕形板的详细几何结构如图12-23所示。该板由长度为500mm，高度为250mm的不锈钢板制成，厚度为2mm，流动通道的宽度为50mm。该储热器中一共含15块枕形板，板间距为18mm。三水醋酸钠（SAT）相变材料均匀分布于板间间隙中。工作流体从外部流入，均匀流入所有枕形板中，对系统进行加热或放热。实验中共填充了30kg的相变材料，相变材料为三水醋酸钠，添加了0.5%（质量分数）的羧甲基纤维素（CMC）作为增稠剂，以及2%（质量分数）的十二水磷酸氢二钠（DHPD）作为成核剂，以抑制三水醋酸钠的过冷及相分离。

本实验中所使用的实验装置如图12-24所示，主要由枕形板储热器、恒温水箱、水泵和阀门等组成。储热器及水管的外表面均包裹保温棉进行隔热，以减少系统的热损耗。实验过程中将水箱中的水加热或冷却至设定温度，然后通过泵将工作流体输送至储热器中，对系统进行加热或放热。在加热过程中，入水温度恒定为75℃，由阀门控制以恒定的流量（100L/h到500L/h）流经储能系统。相变材料逐渐熔化并存储能量，直到加热过程停止。放热过程恒定入口水温为25℃，相变材料释放储存的热量用以加热工作流体。实验过程中水的流动方向由图12-24所示，红色部分表示加热过程，蓝色部分表示放热过程。在此实验中，使用了两个恒温水箱将工作流体加热或冷却至特定温度，使用两个液体涡轮流量计对流量进行测量，精度为 ±0.5%，在两个工作回路中安装了两个阀门，以控制水的流量。

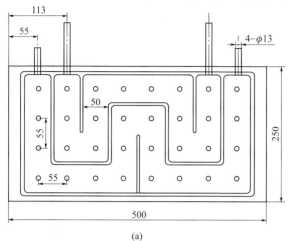

(a)

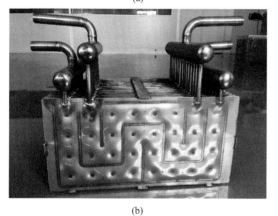

(b)

图12-23
枕形板储热器的结构
（a）结构示意图；（b）结构
实物照片

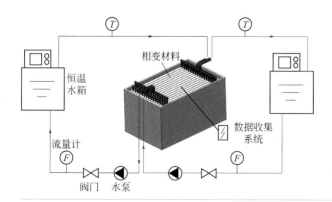

图12-24
实验装置示意图

2. 枕形板储热器的性能分析

图 12-25（a）显示了该储热器在加热过程中，不同流量下出口温度的变化情况。在加热的初始阶段出口温度显著升高，从系统的初始温度 25℃ 快速上升至约 70℃。之后，温度以几乎恒定的速率升高，直到测试停止。工作流体的流量对出水温度具有显著的影响，在较高的流量下相变材料熔化速度加快，系统的加热功率会增加，因此在相同的加热时间下，随着流量的增加，出口温度会增加。放热过程中的出口温度如图 12-25（b）所示，在放热过程中工作流体的入口温度保持恒定为 25℃。随着放热过程的进行，由于 PCM 和工作流体之间的温差逐渐减小，出口温度逐渐降低。对于凝固过程，PCM 的放热过程经历三个阶段：液体显热能量释放、液相到固相的相转变以及固体显热能量释放。

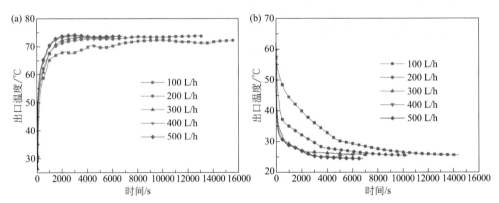

图12-25　加热（a）及放热（b）过程中出水温度随不同流量变化图

该枕形板式储能系统的放热总能量及平均功率如图 12-26 所示。为了更好地显示，仅给出了前 3000s 的数据，因为长时间后的数值变化具有相近趋势。可以看出，总能量随着时间延长呈现逐渐增加的趋势，随着流量的增加逐渐增大，从流量 100L/h 至 500L/h，总能量大约为 4.3MJ 至 6.3MJ。在放热实验刚开始出现较大的放热功率，后随着时间的增加功率会迅速降低，并且在测试的大部分时间内保持 2kW 至 5kW。工作功率随着流量的增加而增加，但在测试的后期差异并不明显。结果表明这种新型的枕形板式储热系统具有良好的热性能，适宜应用于实际工作中。

在图 12-27 中可以观察到放热过程中系统的放热效率变化情况。在较低流量下系统具有更高的放热效率。效率在 300L/h 到 500L/h 之间变化很小，这是由于在较高湍流程度的情况下系统的热阻存在于 PCM 一侧。结合图 12-26 中的工作功率，在高流量情况下系统具有更高的功率，但相应的效率会减少，建议在实际应用中考虑应用场合，以在系统的功率和效率之间实现最佳平衡。

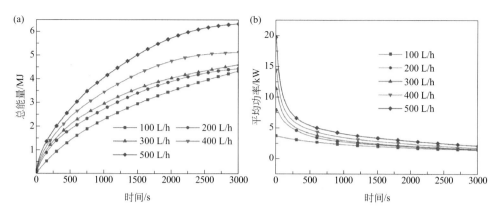

图12-26 在不同流量下放热总能量（a）和平均功率（b）随时间的变化图

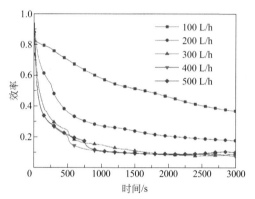

图12-27 在不同流量下放热效率随时间的变化图

放热过程中的总传热系数及传热面积 UA 值如图 12-28 所示，其趋势与加热过程相同，UA 随流量的增加而增加，总体上呈线性增加的趋势。与放热实验相比，加热实验中的 UA 值总体上相对较高，这是由于熔化过程具有自然对流。在冷却过程中，枕形板附近的 SAT 首先凝固，但固体没有流动能力，热传导主导整个传热过程，因此在加热过程中的总传热系数会更高，导致较高的 UA。实验结果表明，当流量由 100L/h 变化至 500L/h 时，系统在放热过程的总能量约为 4.3MJ 至 6.3MJ，同时平均工作功率保持在 2kW 至 5kW。对于 100L/h 至 500L/h 的流量，总传热系数及传热面积 UA 值从 28W/K 变化至 62W/K，加热过程的 UA 值略高于放热过程。这种新型的枕形板式储热系统显示出良好的热性能，具有很高的实际应用潜力。

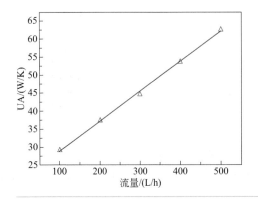

图12-28
不同流量下枕形板式储热器的总
传热系数及传热面积

三、套管式储热器

湛立智等[15] 开发了一种同心圆环储热器并对其蓄放热特性进行研究，将石蜡及石蜡/膨胀石墨复合相变材料填充于同心圆管壳式换热器中，其中石蜡熔点为 58 ～ 60℃。储热单元及实验系统如图 12-29 所示，外面的套管是由内径 57mm 的 PVC 管做成，中间的导热流体管是由内径和外径分别为 10.0mm 和 14.0mm 的铜管做成，相变材料填充在环形空间内。用 K 型热电偶来测定相变材料的温度和热流体进出管道的温度，共 11 根热电偶，沿着圆柱轴长平等分布在三个位置，具体如图 12-30 所示：在垂直方向上分别位于从管底部算起 100mm、200mm、300mm 处，在轴向上每个位置有 3 根热电偶分布在 21.5mm 的长度上。

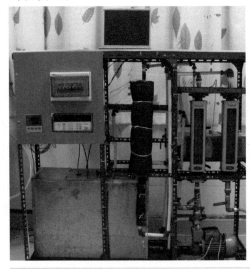

图12-29
传热性能测试系统图

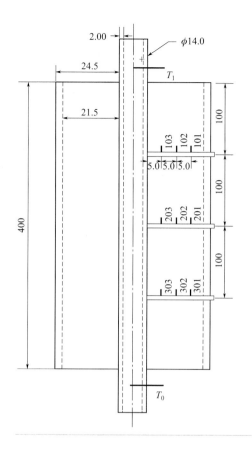

图12-30
储热器单元图及热电偶分布图

图 12-31 为在不同半径和不同轴径上分布的 9 条热电偶测得的石蜡温度随时间变化图形。升温阶段热流体进口温度均为 70℃，流量分别为 300L/h、350L/h、400L/h，降温阶段为室温下的冷水。从图 12-31 中可以看出石蜡在蓄放热阶段的基本特征：热流体的流量对蓄放热过程有一定影响，流量越高，储热总时间越短，但影响很小。以热电偶 301 为例，热流体流量从 300L/h 增大至 400L/h 时，储热过程从室温升至平衡温度 65℃ 的总时间分别为 35400s、34830s 和 33970s，放热过程从平衡温度降到进口水温所需时间分别为 17830s、17325s、16920s。显热储热阶段，发生固液相变前，内侧的升温速率大于外测，此阶段传热主要是相变材料的导热，与相变材料的导热系数有关，越靠近铜管壁面，其传热推动力越大，温度上升就越快。而在相同半径不同高度的位置（同轴圆柱面上），其升温速率几乎相同，三条曲线相互重叠，这是由于热流体流速较大，热流量较大，而传热速度较慢，所以在这个阶段热流体流经换热器后温度变化很小，壁面温度差别不大。相变储热阶段，在 55℃ 左右发生固液相变，各条曲线均出现平台，此阶段可近似看作是等温过程，由于相变过程吸收了大量的热能，所以温度变化很

小。此阶段的最大特点为换热器单元上部的石蜡先开始熔化而不是热流体进口位置的下部，石蜡熔化过程的固-液界面从上到下从内到外移动，从图中可知顶部测温点 101、102、103 先达到 60℃，此现象主要是由于石蜡开始熔化后一段时间，传热由自然对流主导，随着熔化的进行，由于相变液体的密度和黏度比固体相变材料小，相变材料熔化后将移向容器顶部而固体相变材料将沉降到容器底部。储热第三阶段，固液相变后，各条升温曲线的斜率明显变大，在很短的时间内便达到平衡，这是由于石蜡熔化后，导热变为自然对流控制，传热速度加快。在放热阶段，由于放热为储热的反过程，所以有相似的地方，在开始时，由于自然对流控制，温度下降很快，发生固液相变时，变为导热控制，温度变化变慢。

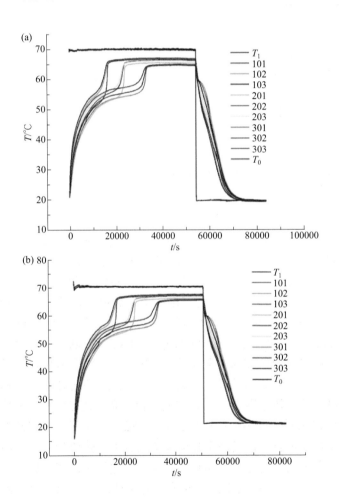

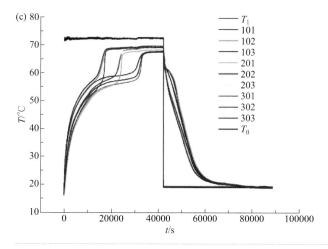

图12-31

热流体进口温度70℃、不同流量下温度随时间变化图
（a）300 L/h；（b）350 L/h；（c）400 L/h

　　当储热器中填充不同含量的石蜡／膨胀石墨复合相变材料时，蓄放热结果如图 12-32 所示。从图中可以看出，所有温度测试点从室温升至平衡温度，石蜡约为 33050s，石蜡／膨胀石墨复合相变材料（石蜡含量 90%）约为 6385s，减少 80.7%；石蜡／膨胀石墨复合相变材料（石蜡含量 80%）为 5135s，减少 84.5%；石蜡／膨胀石墨复合相变材料（石蜡含量 70%）为 4430s，减少 86.6%。放热过程，从平衡温度下降到进口水温时，石蜡需 17830s，而石蜡／膨胀石墨复合相变材料石蜡含量为 90%、80%、70% 时分别需要 2955s、2515s、2195s。比石蜡所需时间分别减少 83.8%、85.9%、87.7%。可见，由于石墨具有较高的导热系数，大大提高了石蜡／膨胀石墨复合相变材料在蓄／放热过程的传热性能，无论储热还是放热时间，都比石蜡明显减少。但由于储热过程中，传热为自然对流控制，而放热过程中传热为导热控制，导热系数的提高更有利于强化放热过程的传热，所以放热过程中其所需时间减少更多。石墨含量对传热性能有一定影响，膨胀石墨含量越高，导热性能越好。另一方面，石墨含量越高，其单位质量储热密度越小，与石墨含量呈反比，在实际应用中，储热密度应为主要考虑因素。实验结果表明复合相变储热材料在同心圆柱体换热器中的传热性能与纯有机物相变材料对比，纯有机物相变材料由于熔化前后密度的影响，固 - 液界面为从上到下，而有机物／膨胀石墨复合相变材料没有出现类似现象，在同心圆管换热器中各层面的温度变化比较均匀。储热和放热过程，石蜡／膨胀石墨复合相变材料所需时间比石蜡大大减少，传热速率大大提高。

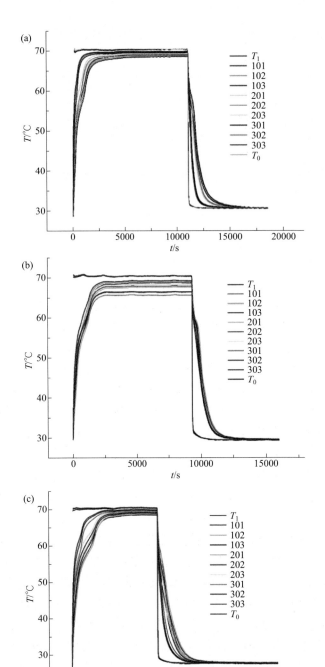

图12-32

热流体进口温度70℃、流量为300L/h时温度随时间变化图
（a）石蜡含量70%；（b）石蜡含量80%；（c）石蜡含量90%

第二节
热泵化霜储热器

空气源热泵空调器作为一种节能的空调产品，由于具有一机两用，结构紧凑，安装方便，施工周期短，管理简单，不占用机房面积等优点，在我国已得到日益广泛的应用，尤其特别适用于夏热冬冷地区。但在我国长江中下游、西南、华南等气温偏低且相对湿度较高的地区使用时，当热泵的室外侧蒸发器表面温度低于空气露点温度且低于0℃时，蒸发器表面就会结霜。结霜不仅增大了空气的流动阻力，还降低了热泵的制热能力，结霜严重时还会使机组停机。除霜时，又需要消耗大量的热量，且影响供热及机组的稳定运行。如果不能合理地控制化霜时间及频率，大量的热能被浪费。在冬季温度较低的情况下，空气源热泵制冷剂流量减小，蒸发温度降低，导致换热器从环境中吸收的热量减少。当翅片换热器温度低于0℃，相对湿度大于75%时，空气中的水蒸气遇到热泵外部的翅片换热器发生冷凝以霜的形式析出。霜层的存在增加了翅片换热器的导热热阻，增加了空气流过室外机阻力，降低了机组供热性能。因此，需要定期对热泵系统进行除霜以获得稳定的功效。

目前主流的空气源热泵空调器存在诸多缺陷：①空调器制热周期短，除霜时间长，除霜结束冷风保护时间长，在低温严寒天气下制热舒适性差；②四通换向阀频繁切换，压缩机启动频繁，一定程度上影响系统的使用寿命与稳定运行；③空调器在严寒天气条件下，启动时间长，无法实现快速供热；④压缩机外围直接与环境空气接触，损失大量热量，影响空调器的制热效率；⑤除霜不完全，影响空调室外机的传热性能，增大空气流动阻力，降低空调器制热效率。

目前市场上的空调产品功能多种多样，在舒适性与节能方面性能良好。但对于空气源热泵空调器，一直没能解决除霜时室内不制热造成短暂不舒适性以及除霜需停机且除霜时间过长等问题。尤其是在冬季寒冷易结霜地区，结霜除霜频繁，除霜时间漫长，严重影响制热舒适性。而压缩机工作时表面温度较高，对环境进行散热，一般情况下压缩机都是采用隔音棉隔音的，任其自由与环境进行热交换，损失部分压缩机所做的功和热能。

针对以上问题，研究者提出一种利用压缩机废热的空气源热泵储热式不停机化霜系统。该系统是在原先制冷系统的基础上加入了储热器和电子三通阀。系统制热运行时，储热器通过吸收压缩机的废热进行储热。需要除霜时，压缩机排气端的高温冷媒通过室内机后进入室外机除霜，然后通过电子三通阀的连通作用，流入储热器吸热蒸发，回到压缩机吸气端完成一次系统循环，为除霜和室内供热提供充足的能量。化霜流程图如下图12-33所示。该实验系统中采用石蜡/膨胀石墨复合相变材料作为储热材料，石蜡质量分数为90%，其相变潜热可达161.2J/g。膨胀石墨具有较高的导热系数，大大提高相变材料的整体导热系数，增加系统传热速率，缩短了储热和放热时间。

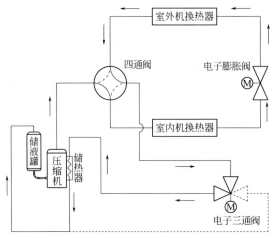

图12-33　化霜过程系统流程图

实验结果表明该空气源热泵储热除霜系统的化霜时间为3.6min。储热器在化霜时放热速度很快，储热器测点温度在2.62min内下降了16.3℃。同时，在储热过程中，储热器上部温度比其他部分温度明显低。储热器除上部温度外，其他部分温度上升到最高温度后，开始下降，但储热器上部的温度仍在缓慢上升。因此，为了使储热器的储热、放热速率匹配整机运行的要求，进一步通过仿真对储热器结构进行优化设计，使其达到最佳的储热、放热速率。

储热器储热过程的仿真条件按照实验室测试储热40min，瞬态计算40min。结果可得，在储热过程中，排气管高温通过热传导方式将热量快速传递到导热铝板，导热铝板大面积接触储热材料和铝板肋片作用，使得储热材料与铝板接触面积增大，增加热传导速率，使得储热过程储热时间缩短，满足储热要求。对比所设计的三种结构方案，方案一排气管设置了两个U形结构，基本能满足储热速率要求；方案二排气管设置一个U形结构，对于导热铝板的利用率不够，为了能更好保证储热速率；方案三排气管设置一个U形结构，导热铝板高10mm，既能有效利用导热铝板又能保证传热速率，而且其结构设计成本较低，为最优的结构方案。

进一步对放热过程进行计算，将上一步储热计算40min，储满状态时储热器的温度分布作为放热过程初始温度分布值，仿真三种结构形式储热器的放热特性，瞬态计算8min。在吸气管低温情况下，吸气管周围储热材料温度迅速降低，在6min内底层储热材料温度迅速降低到同吸气管温度相当，由于排气管高温作用，上层储热材料呈温度分层平衡状态。对比三种结构储热器放热过程，基本放热特性一致，且都能在 6min 内完全放热。所以对于三种设计方案，放热速率都能满足要求。与常规的化霜设备相比，在最佳的 APF（Annual Performance Factor，全年能源消耗效率）条件下，优化后的储热化霜设备室外机平均出风温度由 38.9℃提升至 41.5℃，提升了 2.6℃。在最佳 APF 条件下，化霜时间缩短时间 66%，化霜更加迅速。化霜完成后恢复至化霜前出风温度效果的时间仅 145s，缩短时间达到 11.6min。同时低温制热量提升 833W，提升幅度达到 12%，APF 提升 0.031，提升幅度约 1%。最终开发出的储热式热泵空调器内部结构及储热器如图 12-34 所示。

图12-34　储热式热泵空调器及储热器
（a）储热式空调器内部结构图；（b）储热器

第三节
太阳能热水系统储热器

　　由于社会经济的不断发展，对化石能源的消耗量逐渐增大，化石能源不可再生且会引发环境污染问题，开发新能源技术是缓解能源危机和环境问题的有效途径。太阳能作为一种分布广、可再生、清洁的新能源，逐渐受到关注并得到了推广应用 [16]，其中，太阳能热水器是太阳能利用的一种重要方式。太阳能利用存在时间分布不均匀的特点，限制了实际使用。因此，可将太阳能利用与储热器相结合，在白天时储热器吸收太阳能进行能量储存，夜晚需要使用时释放能量用于加热居民生活用水。太阳能热水器的工作效率极大程度取决于集热器的工作性能，集热器吸收、转化太阳光的效率越高，太阳能热利用系统的制热能力越强。目前使用的集热器有间接式集热器和直接式集热器两种。间接式集热器的工作原理为：集热器表面有一层光吸收涂层，涂层吸收太阳光辐射并转化为热能，然后把热量传递到涂层下方的金属管中，集热工质在金属管内流动并带走热量。这种间接式集热器的集热效率偏低，因为涂层与空气存在较大的温差，集热器的对流散热及辐射热损失较大。同时，涂层与集热工质之间存在较大的热阻，涂层的热量传递到工质之间存在较大的损耗。相比于间接式集热器，直接式集热器直接使用集热工质进行吸热，集热工质为黑色吸光液体，兼具集热、传热双重功能。集热工质直接吸收太阳光能量，因此其最高温度分布在集热工质内部，集热器对外环境的热损失大大减小。此外，在直接式太阳能集热器中，集热工质直接转化太阳光能量，省去了间接式集热器表面吸热再向内部传递的过程，其热阻小于间接式集热器。综合而言，直接式集热器的集热效率比间接式集热器更高，成本更低。由工作原理可得，直接式太阳能集热器的工作效率极大程度取决于集热工质的集热效率。可见，研制兼具优良的集热和传热双重功能的新型流体是直接式太阳能集热器推广应用的核心问题。

一、平板式太阳能相变集热器

Xiao 等[17]开发了一种新型的集热器，结构如图 12-35 所示。它由冷板、铝合金框、相变材料以及一层亚克力板构成。新型集热器的工作原理如下：将具有光热转化能力的相变材料通过冷压的方式填装到铝合金框中，如图 12-36（a）所示，然后与冷板、亚克力板等通过螺纹封装，使相变材料完全被密封。亚克力板具有高的透光性，因此在本章中作为集热器的盖板。集热器在太阳光照下，光热转化相变材料吸收太阳辐射，并转化为热能。温度升高，相变材料发生相变，此后，热能以潜热的方式储存。在冷板上有四根贯穿的通道，用于集热器和水进行热交换，制备热水，同时带走热量。采用三水醋酸钠/氧化石墨烯/膨胀石墨复合相变材料作为储热介质，相变材料由相同的四块组成，分别填装在铝合金框的四个空腔中。每个相变材料的尺寸为 185mm×110mm×20mm，接受太阳辐射的表面积为 814cm²。

对于新型的太阳能热水系统，热能储存在相变材料中，通过热交换过程转移到水中，提高水温。在本实验中，将太阳能集热器与一个盛有 10L 水的水箱相连，太阳能集热器收集的热量转移到 10L 水中。开启水泵，设定水流量为

60L/min，相变材料和水发生如图 12-37 的温度变化。相变材料温度在 25min 内由 70℃降低到 38.2℃，而水温则从 25℃升高到 38.2℃，两者达到平衡。放热过程的效率可用 10L 水在升温过程中吸收的热量与新型太阳能集热器从 70℃降低到 38.2℃释放出的热量的比值来表示。太阳能集热器释放的热量包括 1628g 相变材料温度降低释放的显热、相变过程释放的潜热以及冷板和相变材料框温度降低释放的显热。计算可得该实验系统效率等于 54.5%，高于太阳能热水系统的国家标准。此外，生活热水的适宜温度为 35 ～ 40℃，而本实验中水的平衡温度为 38.2℃，在舒适的范围内。总之，本实验制备的光热转化相变材料具备高的光热转化效率和储热密度，适合用于太阳能热水系统中。与常规的太阳能热水系统相比，该系统具备更高的储热密度，更低的维护成本，并且可以应用于冬季严寒地区。

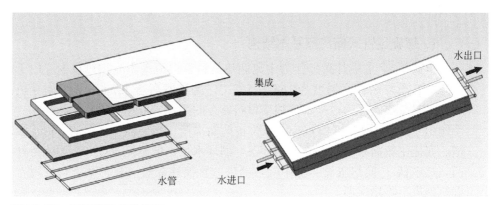

图12-35 新型集热器的结构

图12-36 未填装相变材料的集热器（a）和填装相变材料的集热器（b）

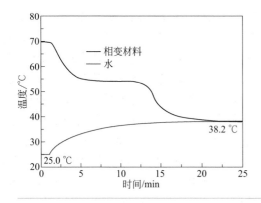

图12-37
集热器中的相变材料和10 L水的
温度变化

二、螺旋盘管式太阳能储热器及热水系统

1. 螺旋盘管式储热器基本结构

秦朋等[18]采用甘露醇作为中温储热材料，模拟太阳能集热技术应用于热水系统。甘露醇的相变温度为164～168℃，潜热值高达322.8J/g。采用导热油对相变材料蓄热，再通过冷水将相变材料储存的热量提取用于供给生活热水。实验系统示意图如图12-38所示。该系统包括储水箱、储热器、高温油浴锅、缓冲水槽、安捷伦数据采集仪、高温循环泵、循环水泵、低温流量计、高温流量计、阀门、热电偶、换热盘管，其中储热器内放置换热盘管。整套系统均采用石棉保温材料进行隔热保温。

作者设计一种具有双流道的螺旋盘管储热器，相变材料填充于壳程中，工作流体流经管程部分对系统进行加热或放热。储热器如图12-39所示，它是由不锈钢材料做成的，腔体呈圆柱体状，其厚度为5mm，高度为200mm，腔体顶部直径为300mm。2个独立的螺旋盘管换热器置于储热器腔体内，一个用于储热过程，管内流体为导热油，一个用于放热过程，管内流体为水，2个螺旋盘管换热器结构参数完全相同。盘管为外径9.52mm的不锈钢管，盘管圆环直径为140mm。2个换热器构成的整体盘管其上下端入口和出口距离顶部和底部均为50mm。甘露醇相变材料填充在储热器内。采用K型热电偶来测定相变材料的温度以及传热流体的进出管道温度、储水箱的温度，共计15根。其中，12根热电偶(1#～12#)分布在储热器内测量不同位置相变材料的温度，其测量温度点的分布如图12-40所示。在垂直方向(纵向)上从储热器底部算起分别在0mm(底部)、100mm(中间)、200mm(顶部)处，共三个测温点；在水平方向上(横向)从中心点开始，距离中心点50mm、100mm、150mm(壁面)，且中心点与该测温点连线相互之间夹角均为120°，每个平面上共四个测温点。

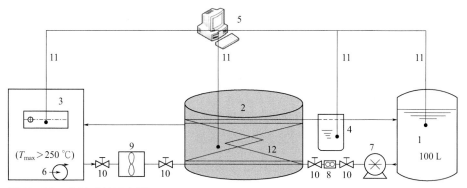

图12-38 实验系统示意图

1—储水箱；2—储热器；3—高温油浴锅；4—缓冲水槽；5—安捷伦数据采集仪；6—高温循环泵；7—循环水泵；8—低温流量计；9—高温流量计；10—阀门；11—热电偶；12—换热盘管

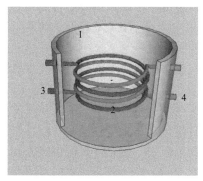

图12-39 储热器示意图

1—壳程；2—传热管；3—热流体入口；4—冷流体入口

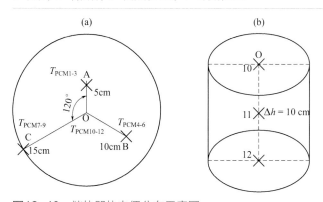

图12-40 储热器热电偶分布示意图

  储热系统的性能测试包括两个部分：储热测试和放热测试。在储热测试时，导热油在高温油浴锅中被加热到指定的温度，然后启动高温循环泵，高温导热油通过耐高温氟橡胶管，从储热器的热流体进口端进入盘管中，通过不锈钢盘管与相变材料发生热交换。热流体把一部分热量传递给相变材料后，通过高温流量计，然后回到高温油浴锅中，被加热到指定温度后再经高温循环泵继续参与循环。当相变材料完全相变以后，即停止储热测试实验，开始进行放热测试。进行放热实验时，储水箱中预先装满 100L 的常温水，作为实验中的冷流体。水箱中的冷水经过循环水泵后，通过 PVC 管从储热器的冷流体进口端进入盘管与相变材料发生热交换后流回水箱中，在水箱中经搅拌后进入循环水泵进行下一次的换热过程。

2. 螺旋盘管式储热器的储放热性能

图 12-41 为储热器中心位置（11#）的储热与放热过程相变材料的温度随时间的变化关系曲线。储热时，导热油的入口温度为 210℃，体积流量分别为 330L/h、360L/h 和 390L/h。放热时水的入口温度为 30℃，流量为 60L/min。从图中可以看出，储热过程中，在相同导热油入口温度下，随着体积流量的增加，储热器中心点处相变材料的温度变化规律基本相同。在 160 ~ 170℃之间发生固液相变过程，体积流量的增加，对应相变材料的温度也升高。这主要是导热油流量增加，换热负荷增大，促进了传热过程，相变材料的对应温度也升高。放热过程中，在 150℃左右发生液固相变过程，相变过程非常明显，由于存在过冷现象，液固相变温度低于固液相变温度。从发生相变过程的时间来看，液固相变的时间明显长于固液相变时间，这是因为液固相变时传热过程为导热控制，而甘露醇的导热系数低，导致相变时间长，而在固液相变过程中，传热受对流传热控制，传热速率要高得多，所以时间短。但在显热放热阶段，由于放热过程的传热温差比储热过程大得多，所以温度下降更快。导热油体积流量大的储热过程，其放热过程相变材料对应的温度也高。

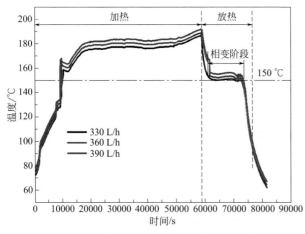

图12-41 导热油进口温度为210℃、不同体积流量时11#热电偶的温度对比曲线

图 12-42 分别表示了导热油进口温度为 210℃，体积流量分别为 330L/h、360L/h 和 390 L/h 时，2#、5#、8#、11#、13#、14# 和 15# 热电偶测温点处的温度变化曲线。2#、5#、8#、11# 测温点表示储热器中心平面（高度 100mm）距中心点 50mm、100mm、150mm 和 0mm 处的热电偶温度。13#、14# 和 15# 测温点分别表示导热油的进口、出口和储水箱的温度。从图 12-42（a）～图 12-42（c）可以看出，在储热过程中，导热油的进口温度保持不变，部分热量传递给甘露醇导致出口温度低于进口温度，但出口温度的变化很小，近似看为恒热流密度的传热过程。从 2#、5#、8# 和 11# 测温点处发现，相变材料内部温度变化差异较大，主要是固液相变过程为自然对流传热控制，由于液相的密度小，在浮力的作用下向上移动，不同测温点距盘管换热器加热表面的位置存在差异，导致不同的传热推动力（温差），从而形成明显不同的温度变化特征。导热油体积流量的增加，加快了其在管内对流传热，从而促进了与甘露醇的换热过程，但甘露醇在发生固液相变过程中其内部自然对流非常复杂，固液界面的移动过程也很复杂，温度变化存在明显的波动性，在体积流量为 330L/h 和 360L/h 时，难以看到明显的固液相变平台特征。固液相变结束后，传热过程完全变成液体的自然对流传热，没有固液的相变过程，因此，随着导热油流量的变化，2#、5#、8# 和 11# 测温点处的温度变化规律一致，从高到低的变化为 5#、2#、8#、11#，这阶段体积流量的变化对温度的影响较小。在放热过程中，由于传热受导热过程控制，水的入口温度和体积流量相同，因此在不同导热油体积流量下的放热过程中，甘露醇的温度变化趋势基本一致，都在 150℃附近出现明显的液固相变平台。30℃的入口水与甘露醇进行热交换，甘露醇将其储存的热量进行释放，水箱内的水温不断升高，循环放热过程经过 22000s 左右，100L 标准水箱内的水温升到了 55℃，达到家庭生活的热水温度要求。

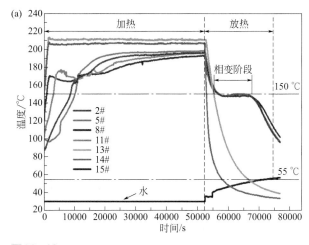

图12-42

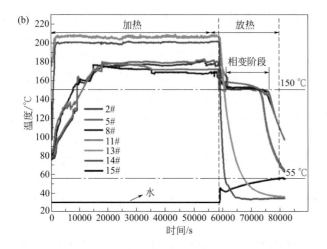

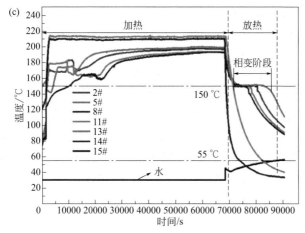

图12-42　不同位置热电偶的温度曲线

（a）导热油进口温度为210℃、体积流量为330 L/h；（b）导热油进口温度为210℃、体积流量为360 L/h；（c）导热油进口温度为210℃、体积流量为390 L/h

实验研究了不同工作流体入口流量和入口温度对该系统加热过程的影响[19]。首先，以不同流量（5.0L/min、6.0L/min 和 7.0L/min）的导热油对填充了 SA/EG 复合相变材料的系统进行加热，导热油入口温度恒定为 180℃，以研究工作流体流量的影响。图 12-43（a）比较了在不同流量下 O2 处相变材料的升温过程，从图中可以看出，工作流体流量越快，PCM 熔化所需的时间越少。但是增加流量对加快相变材料的熔化过程影响并不显著。从图 12-43（b）中，几乎看不到各种流量下的功率差异，这意味着主要的传热阻力在导热管外部，即相变材料本身。

较大的流量会降低管内的热阻，但对PCM侧的强化传热效果并不明显，因此系统总体传热速率的提高并不显著，加热功率变化并不明显。

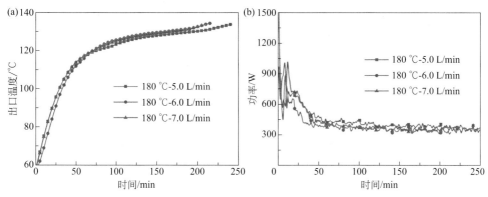

图12-43　在不同加热工作流体流量下O2处相变材料升温温度曲线（a）和加热功率（b）

接着在固定工作流体流量6.0L/min下，对不同进口温度（160℃、180℃和200℃）对SA/EG复合材料的加热影响进行研究。从图12-44（a）可以看出，工作流体进口温度对储热系统加热效率的影响相比不同入口流量更为强烈。随着工作流体进口温度从160℃增加到200℃，系统完成加热时间从333min减少到135min。如图12-44（b）所示，工作流体进口温度从160℃增加到200℃时，加热功率从250W增加到550W。显然，较高的进口温度为工作流体向PCM的传热提供了更高的驱动力，因此带来较高的传热系数，保证了较快的加热速率。

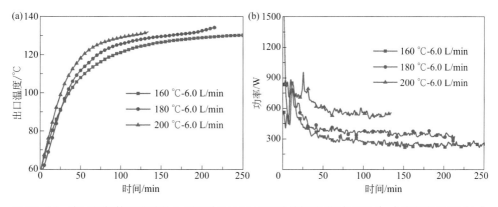

图12-44　在不同加热工作流体入口温度下O2处相变材料升温温度曲线（a）和加热功率（b）

3. 螺旋盘管式储热器传热过程的数值仿真

作者进一步采用数值模拟的方法研究了不同压实密度的 SA/EG 复合相变材料对加热过程的影响。由于膨胀石墨具有多孔结构，其复合材料的压实密度会影响材料的导热系数。不同压实密度的 SA/EG 复合相变材料其相应导热系数见文献 [20] 所示。不同压实密度下的 PCM 在加热过程中的平均温度如图 12-45 所示，随着复合材料导热系数的提高，加热过程中 PCM 平均温度升温速率变化不大。但在相同体积下，PCM 的密度越大，系统所填充的总的相变材料越多。在 PCM 平均温度相同的情况下，由于 PCM 密度的增大，系统中存储的总能量越多，如图 12-46 所示。随着材料导热系数的增大，PCM 的升温速率理论上会随着增加，但随着系统总储热量的增加，PCM 的平均温度不变，因此 PCM 的液化分率不随材料导热系数的增大而变化，如图 12-47 所示。

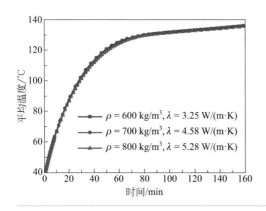

图12-45

不同压实密度下相变材料的升温过程

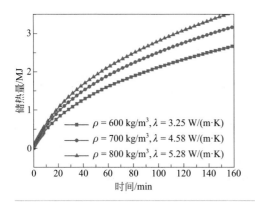

图12-46

不同压实密度下相变材料的储热量

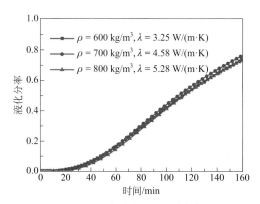

图12-47 不同压实密度下相变材料的液化分率

为了更直观地研究 PCM 的熔化性能，SA/EG 在加热过程中的温度分布云图如图 12-48 所示。图中蓝色区域表示相变材料已经完全凝固，红色区域表示相变材料依然为液相。当导热油持续流经盘管时，PCM 吸收导热油的热量逐渐熔化成液体。因此加热管附近及储热器中心区域的相变材料熔化显著。在云图中的右上和左下区域，由于距离换热管较远，该区域的相变材料受热较为缓慢，因此温度变化速率较慢。总体可以发现，加热时间从 15min 到 150min，PCM 的整体温度明显升高，但相变材料完全熔化区域 (图中红色部分) 增加并不明显，这是由于 SA/EG 复合相变材料具有较高的潜热 (187J/g)。总的来说，盘管周围相变材料的温度较高，其中在储热器内远离传热表面的壁面温度最低。

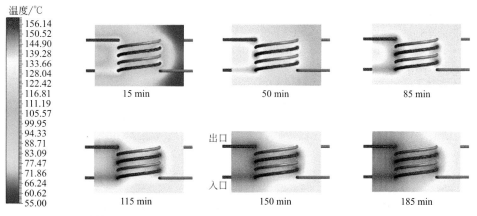

图12-48 相变材料在中间截面上的温度分布云图

本章围绕储能式热水系统，介绍了热泵储热器、太阳能热水器领域的储能器的相关研究。包括管壳式储热器、枕形板储热器、螺旋管储热器等。储热器可用于储备能量制造生活用水，同时也可用于热泵化霜领域。所设计制造的储热器具有良好的蓄放热性能，具有多流道分布，操作灵活，储热量大且功率高等优点。将储热器用于热泵化霜可大幅减少化霜时间，化霜时间缩短 66%，化霜更加迅速。将储热器用于生活热水制备具有合适的出水温度及加热、放热速率，适宜用于实际应用。

相变材料储热器在节能领域具有广泛应用前景，笔者认为，在这方面的研究还需在以下方面进行下一步的深化。

首先对材料本身，相变材料虽具有诸多优势，但目前仍旧存在许多问题，无法完全进行商用。如有机的相变材料存在导热系数较低的问题，无机的相变材料存在稳定性较差、对金属具有腐蚀性的问题等。解决好材料这一关键性问题是将储热器进行商用化的最重要的一步。

其次是相变储热器本身，储热器的合理设计也是相变储热器进行大规模应用的重要步骤。在这其中，能提供在各种不同应用场合的储热器的设计选择指导尤为重要，如不同需求温度、不同储热量、不同热效率场合下应选择什么样的相变储热器。结合具体的应用情形，能方便快捷地选择合适的相变材料及储热器，给系统提供最佳的储热设备，由此能极大减少储热器制备的时间及成本，提高商用能力。

参考文献

[1] 林文珠，曹嘉豪，方晓明，等 . 管壳式换热器强化传热研究进展 [J]. 化工进展，2018, 37 (4): 1276-1286.

[2] Salahuddin U，Bilal M，Ejaz H. A review of the advancements made in helical baffles used in shell and tube heat exchangers [J]. International Communications in Heat and Mass Transfer, 2015, 67: 104-108.

[3] 陈永东，陈学东 . 我国大型换热器的技术进展 [J]. 机械工程学报，2013, 49 (10): 134-143.

[4] Moreno P, Solé C, Castell A, et al. The use of phase change materials in domestic heat pump and air-conditioning systems for short term storage: a review [J]. Renewable and Sustainable Energy Reviews, 2014, 39: 1-13.

[5] Agyenim F, Hewitt N. The development of a finned phase change material (PCM) storage system to take advantage of off-peak electricity tariff for improvement in cost of heat pump operation [J]. Energy and Buildings, 2010, 42 (9): 1552-1560.

[6] Esen M. Thermal performance of a solar-aided latent heat store used for space heating by heat pump [J]. Solar Energy, 2000, 69 (1): 15-25.

[7] Comakli O, Kaygusuz K, Ayhan T. Solar-assisted heat pump and energy storage for residential heating [J]. Solar Energy, 1993, 51 (5): 357-366.

[8] Benli H, Durmuş A. Evaluation of ground-source heat pump combined latent heat storage system performance in greenhouse heating [J]. Energy and Buildings, 2009, 41 (2): 220-228.

[9] Niu F X, Ni L, Yao Y, et al. Performance and thermal charging/discharging features of a phase change material assisted heat pump system in heating mode [J]. Applied Thermal Engineering, 2013, 58 (1/2): 536-541.

[10] Lin W Z, Wang Q H, Fang X M,et al. Experimental and numerical investigation on the novel latent heat exchanger with paraffin/expanded graphite composite [J]. Applied Thermal Engineering, 2018, 144: 836-844.

[11] Lin W Z, Huang R, Fang X M, et al. Improvement of thermal performance of novel heat exchanger with latent heat storage [J]. International Journal of Heat and Mass Transfer, 2019, 140: 877-885.

[12] Ling Z Y, Chen J J, Xu T,et al. Thermal conductivity of an organic phase change material/expanded graphite composite across the phase change temperature range and a novel thermal conductivity model [J]. Energy Conversion and Management, 2015, 102: 202-208.

[13] 张正国，林文珠，方晓明 . 一种双流道板翅式相变蓄热器 :CN111306973A [P]. 2020-06-19.

[14] Lin W Z, Zhang W B, Ling Z Y, et al. Experimental study of the thermal performance of a novel plate type heat exchanger with phase change material [J]. Applied Thermal Engineering, 2020, 178: 115630.

[15] 湛立智，李素平，张正国，等 . 添加碳素复 (混) 合相变储热材料的研究及应用进展 [J]. 化工进展，2007, 26(12): 1733-1737,1757.

[16] 闫云飞，张智恩，张力，等 . 太阳能利用技术及其应用 [J]. 太阳能学报，2012, 33 (S1): 47-56.

[17] Xiao Q Q, Cao J H, Zhang Y X, et al. The application of solar-to-thermal conversion phase change material in novel solar water heating system [J]. Solar Energy, 2020, 199: 484-490.

[18] 秦朋 . 中温相变材料甘露醇蓄放热特性的实验研究与数值模拟 [D]. 广州 : 华南理工大学，2014.

[19] Lin W Z , Ling Z Y , Zhang Z G , et al . Experimental and numerical investigation of sebacic acid/expanded graphite composite phase change material in a double-spiral coiled heat exchanger [J]. Journal of Energy Storage, 2020, 32: 101849.

[20] Wang S P , Qin P, Fang X M , et al . A novel sebacic acid/expanded graphite composite phase change material for solar thermal medium-temperature applications [J]. Solar Energy, 2014, 99: 283-290.

索引

B

包覆率　156

包覆型水合无机盐定形复合相变
　材料　063

被动式电池热管理系统　251

被动式加热系统　267

被动式建筑节能　214

被动与主动相结合　241

苯乙烯－丁二烯－苯乙烯嵌段共聚物
　（SBS）　092

泵功耗　263

比热容　005，141

便携式　346

表观比热容　143，178

表观密度　081

表面包覆　061，063

表面封装　066

表面活性剂　052

并联　130

不停机化霜系统　385

不锈钢304L　070

步冷曲线　058

C

插电式混合动力汽车　250

超声波粉碎机　156

超声辅助细乳液原位聚合法　158

成核剂　015

成型性　045

持续液冷　261

翅片　373

储、放热速率　038

储能系统　002

储热材料　003

储热－放热特性　026

储热和隔热双重功能　058

储热技术　002

储热冷屋顶　227

储热量　193，398

储热密度　003，008，304

储热器　040

储热容量　195

储热特性　041，188

储热系统　002

储热性能　007，040

传热流体　007，166

传热速率　026

传热性能　007

串联　130

D

导电相变材料　271

导热控制　382

导热系数　003，006，045，140

导热系数分析仪　034

导热系数模型　106

导热油　007

等效电路模型　276，284

低熔点合金　078

低熔点金属　305

低温环境　250

低温相变材料　035

地板采暖中　232

电池保温　251

电池保温系统　264

电池被动式冷却　251

电池产热模型　276

电池冷却　251

电池寿命　289

电池外短路　316

电动汽车　250

电化学模型　276

电力成本　241

电热水器　006

电压差异　265

电子器件热管理　086

吊顶　215

定形（Form-Stable）复合相变
　材料　029

定形性　053

多孔碳材料　033

多孔载体　039，063

多孔载体吸附法　032

E

二氧化硅　033

二氧化硅基定形复合相变材料　033，037

F

放电倍率　254

放电电压　264

非金属矿物　037

分形计算模型　106

峰谷电　358

峰谷电价差　246

腐蚀性　007，050

负载　065

复合热管理系统　292

复合乳化剂　172

复合相变材料　039

复合相变块　063

复配乳化剂　150

复配型高分子表面活性剂　177

G

甘露醇　042，390

干压成型　042

高倍率放电　256

高分子乳化剂　172

高分子型复配乳化剂　173

高功率密度　296

高密度聚乙烯　090

高温储热　005

各向同性　122

各向异性　126

弓形隔板　375

功率　264

共晶技术　026

共晶盐　006，051

固态显热储热材料　004

固相比热容　082

管程加热　363

管壳式储热器　360

灌封胶　319

光固化聚合物　061

光热转化性能　143，146

光热转换效率　149

光吸收特性　142

硅系合金　078

癸二酸　041

过冷　012

过冷度　012，176，261

过热　250

H

焓模型　275

黑匣子　322

红外热成像仪　191

化学储热　318

化学反应储热　022

化学反应储热材料　023

混合动力汽车　250

混合熔盐　067

J

机械强度　005

集热墙　005

集热砖　005

加热　251

加热－冷却一体化　271

加热速率　270

甲基纤维素（MC）　144

间歇式发热器件　297

减少　243

建筑节能　037，059

降温头套　347

交变磁场　337

胶囊型复合相变材料　134

结晶水散失　066

界面聚合法　135

界面缩聚　135

金属合金　050

金属及合金　018

金属及合金相变材料　078

经济回收期　235

静态失重法　070

矩形翅片　373

聚苯乙烯壁纳米相变胶囊　156

聚苯乙烯-二氧化硅双壳层纳米相变
　胶囊　158

聚苯乙烯-二氧化硅双壳层纳米相变胶
　　囊浆料　159
聚丙烯中空纤维　100
聚合物　090
聚合物包覆　061
聚合物基定形复合相变材料　090
聚合物基复合相变材料　090
聚氰胺-甲醛树脂　138
聚乙二醇　332
聚乙二醇-600　172
聚乙烯醇　172
均质机　156

K

开放型孔结构　060
抗癌药物　332
壳程加热　362
可靠性　003，026
克拉佩龙方程　068
空气源热泵　386
孔径分布　039
孔隙　044
孔隙率　070
控制热阻　126
块状伍德合金 / 膨胀石墨复合相变
　　材料　081

L

冷链运输　332，351
冷热循环实验　041

冷屋顶　227
冷压压制法　081
离子液体　138
锂离子电池　250
粒径分布　183
量输入　003
流变特性　178
六水氯化钙　269
六水氯化钙 / 膨胀石墨定形复合相变
　　材料　061
六水硝酸镁 [$Mg(NO_3)_2 \cdot 6H_2O$]　063
螺旋盘管式储热器　390
铝扣板　215
滤芯　343

M

脉冲式发热器件　306
镁害　051
闷晒实验　185
密度　005，076

N

纳米二氧化硅　037
纳米石墨　143
纳米石墨改性石蜡相变乳液　182
纳米石墨改性相变乳液　185
纳米石墨改性 OP10E 相变乳液　195
纳米石墨改性相变微胶囊　142
纳米相变胶囊　134
纳米相变胶囊浆料　157

纳米相变乳液　166，200，262

内阻　264

能耗　005

能源　002

黏度　007，157

凝固　012

O

耦合式电池冷却　253

P

泡沫金属　014，079

泡沫石墨　079

硼酸　323

膨润土　033，037

膨胀率　074

膨胀石墨　014，033，298

膨胀石墨基定形复合相变材料　040

膨胀石墨基复合相变材料　039

膨胀石墨块　052

膨胀珍珠岩　223

膨胀珍珠岩（EP）　056

膨胀珍珠岩基定形复合相变材料　059

膨胀蛭石　060

平板式太阳能相变集热器　388

破坏过冷　269

Q

气凝胶　325

气相 SiO_2　264

气相二氧化硅　033

潜热　009

潜热型功能热流体　134

腔道式热疗口罩　340

强制空气对流　253

强制液冷　257

羟甲基纤维素钠　269

亲水改性　051

亲水改性膨胀石墨　052

氢化苯乙烯 - 丁二烯嵌段共聚物
（SEBS）　090

氢键　064

R

染料修饰型相变微胶囊　154

热泵化霜储热器　385

热泵热水储热器　358

热沉　304

热冲击频率　311

热反射 - 储热 - 隔热　324

热反射涂层　226

热防护系统　312

热可靠性　038

热疗　339

热疗鼻贴　345

热疗口罩　339，343

热容　004

热失控　250，313

热舒适性　215

热水　393

热塑性弹性体　092

热稳定性 005，300

热物性 004，140

热物性参数 178

热效率 398

热质量 215

容量 264

溶胶 – 凝胶 135

溶胶 – 凝胶法 032

熔化 – 凝固模型 366

熔融共晶盐 071

熔融 – 浸渍法 032

熔盐 006，015，050

熔盐储热系统 006

熔盐 / 膨胀石墨复合相变块体 071

熔盐 / 膨胀石墨复合相变块体材料 074

柔软 346

肉豆蔻醇 334

乳化剂 166

S

三水醋酸钠 313，376

三水醋酸钠 – 甲酰胺 223

三元相变块 043

扫描电镜 034

邵氏硬度 346

升温和降温速率 045

生活 393

十八烷 @ 聚苯乙烯纳米相变胶囊 158

十二水硫酸铝铵

　［$NH_4Al(SO_4)_2 \cdot 12H_2O$］051

十四烷 @ 聚苯乙烯纳米相变胶囊 156

石蜡 011，298

石蜡 /SEBS 复合相变块 092

石蜡 @ 纳米石墨改性三聚氰胺 – 甲醛

　树脂微胶囊 138

石蜡 / 膨胀石墨 380

石蜡 / 膨胀石墨复合相变材料 040

石蜡 @ 氧化石墨烯改性二氧化硅相变微

　胶囊 150

石墨相氮化碳（$g\text{-}C_3N_4$）063

石墨纸 043

石墨纸（GP）075

室内温度波动 219

数值仿真 396

数值模型 365

双层相变板 219

水合无机盐 050

水合盐 015

水暖型地板采暖系统 235

T

太阳能集热流体 141

太阳能集热器 389

太阳能聚光发电站 006

太阳能热发电 067

太阳能热利用 041

太阳能热水器 006

太阳能热水系统 387

太阳能转化和存储 193

碳材料 039

碳纳米材料　182

碳纤维　043

糖醇　012

套管式储热器　380

铜系合金　078

W

微波膨化法　045

微波膨化工艺　040

微观结构调控　046

微胶囊技术　134

微胶囊型相变材料　029

围护结构　214

温度分布云图　397

温度均匀性　253，261，267

温度敏感型过敏性鼻炎　339

温度梯度　257

温度振幅　242

温致变色 OP10E/SEBS 复合相变油
凝胶　095

稳定过冷　270

稳定性　003，183，256

无机壳微胶囊　153

无机 / 无机定形复合相变材料　050

无机 – 无机共晶相变材料　019

伍德合金　080，309

伍德合金 / 膨胀石墨复合相变材料　082

物理共混　090

物理吸附　043

X

吸附容量　040，045

吸附速率　052

烯烃嵌段共聚物（OBC）　091

系统性能系数　359

细乳液　156

细乳液聚合　155

先混合再压块最后热处理的新
工艺　074

纤维素自组装工艺　145

显热储热　004

显热储热材料　004

显热储热技术　008

显热容量　082

相变材料热物性　252

相变材料乳液　166

相变储热密度　086

相变储热器　359

相变隔热屋顶　221

相变焓　009，010，076

相变焓和导热系数　253

相变块体　042

相变料浆　134

相变墙体　215

相变乳液　166

相变乳液电池液体冷却　261

相变通风系统　241

相变微胶囊　134

相变围护结构　241

相变温度　010，252

相分离　015

相容性　050

响应曲面法　279

协同效应　241

新风系统　230

性能优化　369

蓄冷保温箱　351，353

蓄冷技术　195

蓄冷介质　195

削峰填谷　358

血浆制品　351

循环稳定性　026

Y

压实密度　042

延迟液冷　259

氧化石墨烯　144

氧化石墨烯改性二氧化硅相变微
　　胶囊　154

药物控制释放　333

药物释放特性　336

夜间通风　244

液滴　166

液漏测试　033

液态金属　007

液态显热储热材料　004，006

液相比热容　082

乙基纤维素　144

异相成核位点　064

疫苗　351

用电峰值　243

优化　279

有机-无机共晶相变材料　019

有机相变材料　011

有机-有机共晶相变材料　019

有限元分析　275

有限元模型　278

有效能　342

原理分析　328

原位聚合法　135

Z

载体　037，067

增稠剂　015

真空浸渍法　060

枕形板储热器　376

正三十二烷@聚苯乙烯纳米相变
　　胶囊　158

脂肪酸　012

中空纤维　090，342

中温相变材料　041

主动建筑节能　230

主动散热　253

主动式加热系统　271

转移　243

自然对流　382

阻燃性　313

最大吸附量　100

其它

Al(OH)$_3$ 包覆的膨胀石墨　055

Al$_2$O$_3$ 改性膨胀石墨　055

Al-Cu 合金　079

Al-Mg-Zn 系合金　078，079

Al-Si 合金　079

BET 表面积　040

CaCl$_2$·6H$_2$O　056，217

CaCl$_2$·6H$_2$O/EP 复合相变材料　056

CaCl$_2$·6H$_2$O/TiO$_2$ 改性膨胀石墨复合相变块　055

CaCl$_2$·6H$_2$O-NH$_4$Cl-SrCl$_2$·6H$_2$O　235

DSC　034，139

LiNO$_3$-KCl/ 膨胀石墨复合相变材料　067，070

MgCl$_2$·6H$_2$O　051

MgCl$_2$·6H$_2$O/ 改性膨胀石墨复合相变块　055

MgCl$_2$·6H$_2$O-NH$_4$Al(SO$_4$)$_2$·12H$_2$O/ 改性膨胀石墨复合相变块　052

MgCl$_2$·6H$_2$O-NH$_4$Al(SO$_4$)$_2$·12H$_2$O 混合盐　051

MgCl$_2$-KCl/ 膨胀石墨复合相变块体　071

MgCl$_2$-KCl/GP/ 膨胀石墨复合相变块　075，077

Na$_2$HPO$_4$·12H$_2$O　236

OP28E 纳米相变乳液　201

PCM 液化分率　367

PCM 砖　223

RT44HC/ 中空纤维复合相变材料　100

SEBS　092

SrCl$_2$·6H$_2$O　056

TiO$_2$ 改性膨胀石墨　055

TX-100　052